“十二五”普通高等教育本科国家级规划教材
电力行业“十四五”规划教材
中国电力教育协会
高校电气类专业精品教材

POWER SYSTEM PLANNING

电力系统规划

（第三版）

程浩忠　主编
柳　璐　张沈习　张　衡　张啸虎　编写
王秀丽　主审

中国电力出版社
CHINA ELECTRIC POWER PRESS

内 容 提 要

本书为“十二五”普通高等教育本科国家级规划教材。在继承第二版理论框架的基础上，本书围绕新型电力系统发展需求，优化知识结构，提升实用性，系统阐述了电力系统规划的理论、方法及前沿技术，强化了新能源规划、新型储能影响分析等现代电力系统关键问题。全书共12章，主要包括电力负荷预测、电力系统规划的经济评价、电源规划、电网规划基础、确定性电网规划、不确定性电网规划、多目标多阶段电网规划、新型电力系统的源网荷储协同规划、配电网规划、含分布式电源与微电网的主动配电网规划、电力系统无功规划等。

本书可作为普通高等院校电气工程及其自动化专业高年级本科生和研究生的教材，也可作为电力系统及相关领域从事电力系统规划、计划工作的工程技术人员和管理人员的参考书和培训教材。

图书在版编目（CIP）数据

电力系统规划 / 程浩忠主编；柳璐等编写 .
3版 . -- 北京：中国电力出版社，2025.8. -- ISBN
978-7-5239-0040-6

Ⅰ. TM715

中国国家版本馆CIP数据核字第2025KG1799号

出版发行：中国电力出版社
地　　址：北京市东城区北京站西街19号（邮政编码100005）
网　　址：http://www.cepp.sgcc.com.cn
责任编辑：陈　硕（010-63412532）
责任校对：黄　蓓　郝军燕
装帧设计：郝晓燕
责任印制：吴　迪

印　　刷：北京雁林吉兆印刷有限公司
版　　次：2014年1月第一版　2025年8月第三版
印　　次：2025年8月北京第一次印刷
开　　本：787毫米×1092毫米　16开本
印　　张：15.5
字　　数：372千字
定　　价：52.00元

前言

《“十二五”普通高等教育本科国家级规划教材 电力系统规划（第二版）》出版已近十年，这十年来中国电力系统建设投资规模不断加大，发生了翻天覆地的变化。在当前全球能源安全、环境污染问题严峻的形势下，大力发展风能、太阳能等新能源，实现新能源逐步成为发电量主体结构，是我国乃至全球实现能源与经济可持续发展的迫切需求。我国已成为全球体量最大的新能源开发国家，新能源装机不断增加，电源结构与电网格局正在发生重大变化。与此同时，特高压交直流电网逐步形成，微电网、主动配电网、多端柔性直流输电、综合能源系统、新型储能等新形态应运而生，电力电子化趋势越来越明显，电网特性发生深刻变化，电力系统规划工作也面临着全新背景和挑战。

本书注重理论与实用方法的结合，书中内容经过二十多届本科生、研究生的教学试用和完善，并且经过第一版（印刷 5 次、12000 册）和第二版（印刷 14 次、14500 册）的使用，能使读者对电力系统规划问题有一个全面的了解并可较快地进入这一领域。

《电力系统规划（第三版）》的修订工作旨在响应国家能源战略转型需求，适应新型电力系统规划发展需求，使读者对电力系统规划问题有一个全面了解的同时，可以掌握电力系统规划技术前沿方向。全书在编写体系和叙述上，继承了第二版中侧重规划基础理论和方法的简明阐述，以负荷预测、电源规划、电网规划为核心，删除了可靠性评价，增加了源网荷储协同规划、微电网与主动配电网规划等内容以丰富全书体系；增加了新能源相关规划的比重，更新了实用方法的展示，分析了新能源、新型储能等因素对规划结果的影响，以更好地满足和适应新型电力系统发展的需求。修订工作一方面依托近年来本科生、研究生的教学使用情况，另一方面依托编写团队近年来完成的国家自然科学基金重点项目、国家重点研发计划等相关课题的报告和论文，可供从事电力系统规划设计、运行和科学研究的人员参考。

相较第二版，第三版修订内容如下。第 1 章重新梳理了电力系统发展历程，增加新型电力系统展望，描述了电力系统规划中的重大举措及重要导则。第 2 章对不确定性负荷预测方法进行了深入介绍，增加“2.5 考虑经济转型与电力需求关联的负荷预测案例”。第 3 章调整了章节顺序，在财务评价、国民经济评价的过程中先介绍评价指标，再介绍评价方法，契合学生的学习思路。第 4 章增加“4.2 电力电量平衡计算”和“4.4 含新能源的电源规划教学模型”，介绍电源规划发展方向。第二版第 5 章电力系统规划的可靠性评价方法整体删除，另有电力系统可靠性教材专门描述。第三版第 5 章“电网规划基础”对应第二版的第 6 章，增加“5.2 输电方式选择”，介绍交流和直流的比选，侧重电网规划的基础理念，是输电网和配电网共用的基础。第 6～9 章从输电网的角度，第 10、11 章从配电网的角度，进行规划方法的具体介绍。第三版第 6 章是从第二版第 6 章中分化出来的。第三版第 7 章综合了第二版第 7 章和第 8 章，原因在于不确定性规划、柔性规划本质上都是应对不确定性因素的，只是方式、方法的不同，原有章节区分颗粒度不高，方法太过细碎，学生接受度不强，比较适宜合并。第三版第 8 章对应第二版的第 9 章，该章整体前移了，建立在掌握输电网规划和配电网规划基础之上。第三版第 9 章为新增章节，介绍新能源、储能的规划方法，提出网源协同规划、与配电网相协同的输电网规划方法等，推动传统输电网规划方法向考虑多场景、概率化、协同化的方向发展。第三版第 10 章对应第二版第 10 章配电网规划。第三版第 11 章为新增章节，含分布式电源与微电网的主动配电网规划，极大地提高了本书在配电网规划上的深度和广度，以满足现在分布式电源不断增加和主动配电网发展需求。第三版第 12 章为第二版第 11 章。第二版第 12 章删除，第 13 章有部分内容前移到第三版第 9 章和第 11 章，部分内容删除处理。

本书由程浩忠主编，柳璐、张沈习、张衡、张啸虎、马振川参编。本书第 1～3 章部分内容由柳璐编写，第 4 章部分内容由张衡编写，第 5 章部分内容由柳璐编写，第 6～7 章部分内容由张衡编写，第 8、10、11 章部分内容由张沈习编写，第 9 章部分内容由张衡、张啸虎编写，第 12 章部分内容由张啸虎、马振川编写，其余章节的其余内容由程浩忠编写并统稿。本书由西安交通大学王秀丽教授主审，并提出了许多宝贵意见，在此表示感谢。

本书第三版完善和增加的内容参阅和引用了许多文献和报告，尤其是一些课题报告及其论文等研究成果，在此表示感谢。同时对于第一版、第二版和第三版完善过程中，许多专家和编者的许多同事、朋友、家人为本书的编写创造了条件并给予关心，尤其是一起参与第二版编写的张焰教授、严正教授、刘东教授和顾洁副教授，他们发扬风格，为青年人才的成长铺路，为这本书的出版默默贡献他们的智慧和成果，在此一并向他们致以衷心的感谢。

鉴于电力系统规划内容是不断发展的，尤其是智能电网及其新型电力系统的进步，同时限于作者水平，对于书中不够正确和不完善之处，恳请读者予以批评指正。

编　者

2025 年 3 月于上海交通大学

“电力传输与功率变换控制”教育部重点实验室

第一版前言

科学合理的电力系统规划是电力系统安全、可靠、经济运行的前提。在当前国家经济和社会发展背景下，要实现科学合理的电力系统规划，迫切需要解决包括电力负荷预测、电源规划、电网规划及调度自动化规划等多个领域的众多实际课题。

本书从电力系统规划的基本内容、目的、意义出发，比较系统地阐述了有关电力系统规划的基础理论和方法。首先，介绍了电力负荷预测的理论与方法、电力系统规划的经济评价办法、电源规划的理论与方法、电力系统规划的可靠性评价方法等基础性的内容，后面进一步讲述了电网规划的方法和理论及其相关的不确定性规划、柔性规划、多目标多阶段规划、配电网规划、无功规划和自动化规划。本书注重理论与实用方法的结合，书中内容经过多届本科生、研究生的教学试用，能使读者对电力系统规划问题有一个全面的了解并可较快地进入这一领域的前沿。

编著者在电力系统规划方面有着相当丰富的研究经历和扎实的研究基础，有一支具备相当实力的科研团队（该书的全部编者都是该团队的成员），该团队从事电力系统规划研究工作 20 余年，完成了 50 多项来自国家自然科学基金、上海市重点科技攻关、曙光计划、启明星计划和上海市重点学科、国家电网公司、华东电网公司、上海市电力公司、上海市区供电公司、上海市东供电公司、市南供电公司等单位的有关电力系统规划方面的课题。本书依托以上项目的报告和论文，结合相关理论和基础工作，对编著者在电力系统规划方面的工作和成果进行整理。随着电力系统的发展和电力工业体制改革和市场化的不断深入，对电力系统规划提出了更高的要求，因此电力系统规划工作必须要有超前的眼光和先进的理论方法作指导。本课程的开设和教材的编写正顺应了这一潮流。

本书由程浩忠主编，张焰、严正、刘东、顾洁参编。本书第 2 章由顾洁副教授编写，第 4 章由严正教授编写，第 5、7 章由张焰教授编写，第 12 章由刘东研究员编写，其余章节由程浩忠教授编写，最后由程浩忠教授统稿。本书承蒙熊信银教授、陈章潮教授主审，提出了许多宝贵意见，在此表示感谢。

本书参阅和引用了不少前辈和同行的工作成果，是他们的一些工作成果使得本书能够比较系统、全面地反映一些有关电力系统规划的最新研究成果。本书在编写的过程中，范宏、张节潭、孔涛、武鹏、唐陇军博士以及朱坚强、姜翠珍等同志做了大量辅助工作；同时，上海交通大学的许多领导、专家和编者的许多同事、朋友、家人为本书的编写创造了条件并给予关心，在此一并向他们致以衷心的感谢。

鉴于目前国内外有关电力系统规划方面内容全面且深入的书籍较少，涉及应用需要的更少，同时电力系统规划领域又有许多问题尚在研究和探讨之中，且编者水平有限，因此，不完善、不正确的地方在所难免，恳望读者见谅，并请予以批评指正为盼！

编　者

2008 年 1 月于上海交通大学

第二版前言

本书第一版发行已有5年了，这5年来中国电力系统发生了很大变化，年发电量和装机容量已超过美国跃居世界第一，并且建设运行了特高压交流1000kV和直流±800kV线路。智能电网、主动配电网和微电网也有了很大的发展。为了适应新形势下电力系统规划需要，本书增加了第13章多适应性电力系统规划，该内容主要是从规划角度，为适应大规模风电和分布式发电发展，建立合理的规划模型，使电网更好地适应大规模风电和分布式发电接入；另外，在第3章经济评价方法中增加了全寿命周期成本计算。

全书在编写体系和叙述上，继承了第一版中侧重规划基础理论和方法的简明阐述，所增加的内容丰富了全书体系。全书首先介绍负荷预测理论与方法、电力系统规划经济评价方法、电源规划理论与方法、电力系统规划的可靠性评价方法等基础性内容，然后进一步阐述电网规划的方法和理论及其相关的不确定性规划、柔性规划、多目标多阶段规划、配电网规划、无功规划和自动化规划，最后讲述了大规模风电、分布式发电、网源联合规划和智能电网背景下电网规划的理念等。

本书第二版由程浩忠主编，张焰、严正、刘东、顾洁编写。本书第2章由顾洁副教授编写，第4章由严正教授编写，第5、7章由张焰教授编写，第12章由刘东研究员编写，其余章节由程浩忠教授编写，最后由程浩忠教授统稿。四川大学刘俊勇教授和上海交通大学陈章潮教授主审了本书，提出了许多宝贵意见，在此表示感谢。本书注重理论与实用方法的结合，书中内容经过十多届本科生、研究生的教学试用和完善，并且经过第一版（连续印刷5次）的使用，能使读者对电力系统规划问题有一个全面的了解，并可较快地进入这一领域开展研究工作。

本书第二版完善和增加的内容参阅和引用了许多文献和报告，尤其是一些课题报告和论文等研究成果，柳璐、洪绍云博士以及陆惠莹等同志做了大量辅助工作，洪绍云还参与了第13章的编写，在此表示感谢。同时对于第一版和第二版完善过程中，许多专家和编者的许多同事、朋友、家人为本书的编写创造了条件并给予关心，在此一并向他们致以衷心的感谢。

鉴于电力系统规划是不断发展的，尤其是智能电网的发展，同时编者水平有限，对于书中不够正确和不完善的地方，恳请读者予以批评指正。

编　者

2013年9月于上海交通大学“电力传输与功率变换控制”教育部重点实验室

目 录

第1章 概论

本章主要介绍我国电力系统发展的简要历程、发展趋势，阐述电力系统规划的任务、分类及电力系统规划的重大举措、重要导则。

1.1 我国电力系统的发展历程及发展趋势

1.1.1 基本概况

我国电力工业起步很早，上海是全世界继巴黎、伦敦之后第三个使用电能照明的城市。早在1882年德波列茨进行第一次高压输电试验时，英国商人狄斯（C. M. Dyce）和罗（G. E. Low）、魏特迈（W. S. Wetmore）便在上海投资5万两白银，创办了上海电气公司（SEC），并在上海乍浦路老同浮洋行建起了装机容量为12kW的发电厂，在上海外滩亮起了15盏明灯。具有生产、输送、分配、消费电能的，由发电机、变压器、电力线路、用电设备联系在一起组成的，统一整体的电力系统雏形初步形成。这座电厂比法国巴黎火车站电厂晚7年，与爱迪生在美国建立电厂是同一年，比俄国圣彼得堡电厂还早一年，比日本东京电灯公司早5年。其后，1911年英美在上海开办了杨树浦发电厂，1913年投入运行；至1924年，该厂装机12台，总容量121MW，成为当时远东第一大电厂。

我国电力系统的发电机装机容量、发电量、世界排名（装机容量）见表1-1、表1-2。

表1-1　我国电力系统初期的发电机装机容量、发电量、世界排名（装机容量）

年份	装机容量（MW）	发电量（亿kW·h）	中国在世界排名（装机容量）
1882	0.012	—	—
1936	1285	38	14
1949	1849	43	25

表1-2　1949年以后我国电力系统的发电机装机容量、发电量、世界排名（装机容量）

年份	装机容量（MW）	发电量（亿kW·h）	中国在世界排名（装机容量）
1949	1849	43	25
1970	23770	1159	7～8
1980	65870	3006	7～8

续表

年份	装机容量（MW）	发电量（亿 kW·h）	中国在世界排名（装机容量）
1990	137890	6213	4
2000	319320	13685	2
2010	966410	42278	2
2015	1525270	57400	1
2020	2205400	76264	1
2023	2919650	89091	1

注 数据来源于国家统计局、中国电力企业联合会历年发布的统计公报。

1.1.2 电源的发展

从 1882—1949 年，我国电力系统走过了 67 年发展历程。新中国成立之初，电源发电装机容量仅有 1849MW，还不如现在上海外高桥发电厂的装机容量大；全年发电量 43 亿 kW·h，仅相当于 2022 年上海办公建筑的用电量总和。新中国成立后，我国电源建设在早期“大力发展水电，优化发展火电，适当发展核电，因地制宜发展新能源发电，开发与节约并重”方针的指导下，得到了迅速发展。2011 年，我国全年发电量 47306 亿 kW·h，是 1949 年的 1100 倍，成为世界第一电力消费大国。2013 年，我国发电装机容量达到 1257680MW，是 1949 年的 680 倍，跃居世界第一。

截至 2023 年底，我国各类电源总装机规模 29.1 亿 kW，其中火电（含燃煤、燃气、燃油、生物质发电等）装机规模 13.9 亿 kW，占比 47.6%，装机容量最大为内蒙古自治区；水电装机规模 4.2 亿 kW，占比 14.4%，装机容量最大为四川省；并网太阳能发电装机容量 6.0 亿 kW，占比 20.8%，装机容量最大为山东省；并网风电装机容量 4.4 亿 kW，占比 15.1%，装机容量最大为内蒙古自治区；核电装机容量 0.5 亿 kW，占比 1.9%，装机容量最大为广东省。2023 年我国全年发电量 8.9 万亿 kW·h，其中火电发电量 6.2 万亿 kW·h，占比 69.9%；水电发电量 1.1 万亿 kW·h，占比 12.8%；风电发电量 8090 亿 kW·h，占比 9.1%；光伏发电量 2939 亿 kW·h，占比 3.3%；核电发电量 4332 亿 kW·h，占比 4.9%。2023 年，6MW 及以上电厂发电设备全年平均利用小时为 3592h，其中水电 3133h，火电 4466h，核电 7670h，并网风电 2225h，并网太阳能发电 1286h。

“富煤贫油少气”这一能源禀赋决定了煤电在我国电源战略中的重要地位。1974 年我国第一台 300MW 煤电机组在上海望亭电厂投产，目前已投产 300MW 煤电机组超过 1000 台。1989 年我国第一台 600MW 煤电机组在安徽平圩电厂投产，目前已投产 600MW 煤电机组超过 600 台。2006 年我国第一台 1000MW 超超临界煤电机组在浙江华能玉环电厂投产，2017 年上海汽轮发电厂研制成功 1260MW 汽轮发电机，并建成成套发电设备的生产基地，我国已经形成了具有中国特色并适合国情的电气设备制造体系，大容量机组发展较快。

1975 年，我国首座百万千瓦级的水电站——刘家峡水电站建成，总装机容量 122.5 万 kW，是我国水电史上的重要里程碑。随后，水电建设高潮迭起，水电建设的“五朵金花”，广州抽水蓄能、岩滩、漫湾、水口、隔河岩 5 个百万千瓦级水电站相继开工建设投产。1981 年，作为三峡水利枢纽（简称三峡工程）工程一部分的葛洲坝首台 17 万 kW 水电机组投入运行；2003年，三峡工程第一台70万kW水电机组并网发电；2012年，三峡工程最后一台水电机组投产；总装机容量22500MW的三峡水力发电厂目前仍是国内最大的水电厂。2021年，金沙江白鹤滩水电站投产，采用全球单机容量最大功率的国产百万千瓦水轮发电机组，总装机容量16000MW。“十二五”“十三五”期间，为适应新能源、特高压电网快速发展，抽水蓄能发展也迎来新的高峰。截至2023年底，在运抽水蓄能电站总装机容量5094万kW，约占水电装机容量的12.1%。

我国风光新能源资源丰富，华北、西北和东北地区重点发展陆上风电，华东与南方地区海上风电资源充足，华北与西北地区还具有丰富的太阳能辐射资源，而华东、华中和南方地区基于工业及商业建筑面积大力发展分布式光伏。1986年，山东省荣成市建成了我国第一个风电场，建设安装了3台来自丹麦维斯塔斯的55kW发电机组。1999年，我国第一台600kW国产风机通过验收，随后陆续形成了包括1.5～10MW之内的数十种系列化国产机组产品。光伏的发展晚于风电，但得益于分布式光伏发电的迅速发展，后来居上，总装机容量已超过风电。2.2GW的青海塔拉滩光伏发电园区，占地面积达到了609km^2，接近新加坡的国土面积。

其他方面，1994年，我国自行设计、制造、施工的浙江秦山核电站和中外合作引进法国机组建设的广东大亚湾核电站相继建成投入商业化运行，结束了我国内地长期无核电的历史。目前在运核电站多为二代压水堆机组。2021年，我国拥有完全自主知识产权的第三代压水堆堆型——华龙一号在福清核电站投入商运。1970年前后，全国兴建了十几座潮汐电站，其中4100kW江厦潮汐电站是我国运行时间最长、装机容量最大的潮汐能电站，电站采用单库双向方式运行。1977年在西藏羊八井建成的地热电站，是世界上海拔最高的地热电站。

1.1.3 电网的发展

一、输变电

1949年，我国的电力线路总和只有6474km。新中国成立后，电网规模由小变大，电压等级由低压、高压到超高压、特高压，由弱联系逐步过渡到强联系，其发展过程大体是：首先发展了城市孤立电网，然后形成地区电网，再发展成省内电网，并进一步发展为大区电网，加快大区电网互联。截至2022年底，全国220kV及以上变电设备容量共51.98亿kV·A，220kV及以上输电线路回路长度共88.2万km，是1949年的136倍。

从20世纪50年代开始，随着大型水、火电站的相继建成，各地区开始建设110kV和220kV线路。1972年，我国第一条330kV超高压输变电工程——刘家峡经天水到陕西关中的全长534km的刘天线路投运。1981年又建成从河南平顶山到湖北武汉的我国第一条全长595km的500kV线路。此后，在普遍建设220kV地区电网的基础上，500kV（包括330kV）电网工程在许多省份和大区内的省际间迅速发展，逐步形成了东北、华北、华中、华东、西北、南方六个跨省区电网，其中，华东、华北、东北、华中已形成500kV跨省市主干电网；西北电网已形成结构紧密的330kV网络。1989年，我国建成了第一条跨大区远距离±500kV直流输电线路——葛沪线。2005年，我国第一个750kV输变电工程官亭—兰州东输电系统正式投入运行。随着华中与西北联网的灵宝直流工程、三峡电站及相应的输变电工程等一批重点工程陆续投产，目前我国六大区域电网已实现互联，大电网已覆盖全国的所有城市，电网建设布局持续优化。

2009年初，我国第一个1000kV特高压交流试验示范工程投入运行（晋东南—南阳—荆门）。截至2022年，我国共有37条“20直17交”特高压输电线路建成投运，初步形成“西电东送、北电南供”的局面，跨省跨区输电能力超过了3亿kW。中国制定了全球首个具有完全自主知识产权的特高压技术标准体系，形成了特高压交直流工程从设计到制造、施工、调试、运行、维护的全套技术标准和规范。未来电力系统将呈现多种新型技术形态并存的格局，大电网将长期作为我国电网的基本形态，分布式微电网将成为有效补充。

二、城市电网

城市电网是指由110kV及以下各电压等级配电网组成的电网，本节以市区电网为主要组成部分，与农村电网区分开。在传统上，配电网是电网建设的薄弱环节。1998年我国启动了城市和农村配电网改造工程，电网规划建设中存在的“重发、轻供、不管用”的局面得到改善。2015年启动了《配电网建设改造行动计划（2015—2020年）》，提出了“加强统一规划，健全标准体系”等十大重点任务和建设“城乡统筹、安全可靠、经济高效、技术先进、环境友好”的配电网络设施的发展目标。截至2022年，我国城网、农网架空线路绝缘化率分别为71.03％、64.85％，电缆化率分别为47.54％、14.47％，供电可靠率分别为99.974％、99.883％。

目前，国家电网公司在着力加快建设一流现代化配电网，中国南方电网公司持续加强城镇配电网建设。2018年，北京金融街、上海陆家嘴等城市核心区配电网供电可靠率已达99.9999％，年户均停电时间小于0.5min；珠海多端柔性直流配电网示范工程投运，这是世界首个容量规模最大的±10kV、±110V、±375V三电压等级多端柔性直流配电网示范工程，实现了柔性直流配电技术由实验室到工程应用的跨越；张北柔性变电站及交直流配电网科技示范工程建成，是世界首个全可控电力电子柔性变电站及交直流混合配电网工程，为探索柔性变电站技术、推动源网荷融合发展提供了样板。2021年，雄安新区首个配网“双花瓣”高可靠供电示范工程正式投运，供电范围内用户年均停电时间小于21s，在满足负荷100％转供的条件下，故障段实现“零秒”自动隔离。

三、农村电网

农村电网发展经历了比城市电网更加漫长而艰辛的过程。在改革开放初期，小水电促进了农村初级电气化。1978年，乡办小水电站82387个，发电能力228.4万kW。到1997年底，广大农村和边远地区建起了45047座小型水电站、1057座小型火电厂、86084万座柴油机发电站和67278台风力发电机组，总装机容量达到43830MW；全国农村地区乡、村和农户通电率分别达到99.03％、97.66％和95.86％；全国已有14个省（自治区、直辖市）实现了村村通电；同时建成农村电气化县832个。

1993年底，全国2400多个县中，还有28个无电县1.2亿农村人口用不上电。1996年，山东省率先在全国范围内实现了“户户通电”。1998年以“两改一同价”为标志，6年的农网建设和改造工程惠及4.8万个行政村、近1.5亿户农民。农村电网供电能力明显增强，电力管理体制得到理顺，农村电价大幅下降，农村电气化水平不断提高。最明显的变化是基本实现了城乡居民生活用电同价，农户度电价格从0.76元下降到0.52元。

2006年，在国家建设社会主义新农村的宏大战略背景下，国家电网公司、中国南方电网公司推行了以大电网延伸为主的“户户通电”和无电户通电工程。农村用电量大幅度增长，供电覆盖率大幅度提高，供电质量大幅度提升，供电服务水平不断提高。至2015年底，随着青海省果洛藏族自治州班玛县果芒村和玉树藏族自治州曲麻莱县长江村合闸通电，全国如期实现“无电地区人口全部用上电”目标。

2018年，《中共中央 国务院关于实施乡村振兴战略的意见》（中发〔2018〕1号）提出“加快新一轮农村电网改造升级”，预计到2035年，基本建成安全可靠、智能开放的现代化农村电网。

1.1.4 电力体制改革及法治建设

我国早期电力体制改革主要解决电力供应严重短缺问题。1993年开始，国务院提出“政企分开，省为实体，联合电网，统一调度，集资办电”的“二十字方针”和“因地因网制宜”的电力改革与发展方针，主要解决政企合一问题。1993年11月，《电网调度管理条例》开始实施。1996年4月，《中华人民共和国电力法》也在全国范围实施。同年，《电力供应与使用条例》实施。它们为电力工业进一步深化体制改革，实行公司制改组、商业化运行、法治化管理奠定了法律基础。1997年1月，国家电力公司在北京正式成立，这个按现代企业制度组建的大型国有公司的诞生，标志着我国电力工业管理体制由计划经济向社会主义市场经济的历史性转折。

2002年3月，国务院批准了《电力体制改革方案》，并成立了电力体制改革工作小组，负责组织电力体制改革方案实施工作，进行资产重组。根据改革方案，为在发电环节引入市场竞争机制，首先要实现“厂网分开”，将国家电力公司管理的电力资产按照发电和电网两类业务进行划分。发电环节按照现代企业制度要求，将国家电力公司管理的发电资产直接改组或重组为规模大致相当的5个全国性的独立发电公司，逐步实行“竞价上网”，开展公平竞争。电网环节分别设立国家电网公司和中国南方电网公司。国家电网公司下设华北、东北、华东、华中和西北5个区域电网公司。另外还设立国家电力监管委员会，对电力产业实施必要的监管。2002年12月，新组建（改组）的11家公司宣告成立。通过产业重组，我国电力产业内实现了厂网分开，初步引入了竞争机制。

2015年3月，《关于进一步深化电力体制改革的若干意见》（中发〔2015〕9号）发布，新一轮电力体制改革开启。在进一步完善政企分开、厂网分离、主辅分离的基础上，按照管住中间、放开两头的体制架构，有序放开输配以外的竞争性环节电价，有序向社会资本开放配售电业务，有序放开公益性和调节性以外的发用电计划；推进交易机构相对独立，规范运行；继续深化对区域电网建设和适合我国国情的输配体系体制研究，进一步强化政府监管、电力统筹规划以及电力安全高效运行和可靠性供应。2022年全国市场化交易电量达3.7万亿kW·h，约为2015年的10倍，特别是以山西为代表的首批电力现货试点地区，已实现了现货市场长周期的连续运行，电力市场建设稳步有序推进。

2022年，国家发展改革委、国家能源局印发《关于加快建设全国统一电力市场体系的指导意见》，要求加快形成统一开放、竞争有序、安全高效、治理完善的电力市场体系，并明确提出将在2025年、2030年分两个阶段推进全国统一电力市场建设，标志着我国电力市场化改革又迈出了关键一步。

1.1.5 新型电力系统展望

2010年前后，国家电网公司、中国南方电网公司先后启动了电网智能化试点示范工程。国家电网公司认为坚强智能电网是以坚强网架为基础，以通信信息平台为支撑，以智能控制为手段，包含电力系统的发电、输电、变电、配电、用电和调度各个环节，覆盖所有电压等级，实现“电力流、信息流、业务流”的高度一体化融合，是坚强可靠、经济高效、清洁环保、透明开放、友好互动的现代电网。坚强智能电网的主要作用表现为，通过建设坚强智能电网，提高电网大范围优化配置资源能力，实现电力远距离、大规模输送。

2021 年 3 月，习近平总书记在中央财经委员会第九次会议上作出了构建新型电力系统重大战略部署，为新时代能源电力发展指明了科学方向，也为全球电力可持续发展提供了中国方案。

2023 年，在国家能源局统筹组织下，由电力规划设计总院牵头编写了《新型电力系统发展蓝皮书》。新型电力系统是以确保能源电力安全为基本前提，以满足经济社会高质量发展的电力需求为首要目标，以高比例新能源供给消纳体系建设为主线任务，以源网荷储多向协同、灵活互动为坚强支撑，以坚强、智能、柔性电网为枢纽平台，以技术创新和体制机制创新为基础保障的新时代电力系统，是新型能源体系的重要组成和实现“双碳”目标的关键载体。新型电力系统具备安全高效、清洁低碳、柔性灵活、智慧融合四大重要特征，其中安全高效是基本前提，清洁低碳是核心目标，柔性灵活是重要支撑，智慧融合是基础保障，共同构建了新型电力系统的“四位一体”框架体系。电力系统功能定位由服务经济社会发展向保障经济社会发展和引领产业升级转变；电力供给结构以化石能源发电为主体向新能源提供可靠电力支撑转变；系统形态由“源网荷”三要素向“源网荷储”四要素转变，电网多种新型技术形态并存；电力系统调控运行模式由源随荷动向源网荷储多元智能互动转变。

以 2030、2045、2060 年为新型电力系统构建战略目标的重要时间节点，制定新型电力系统“三步走”发展路径，即加速转型期（当前至 2030 年）、总体形成期（2030—2045 年）、巩固完善期（2045—2060 年）。

（1）加速转型期。电力消费新模式不断涌现，终端用能领域电气化水平逐步提升；碳达峰战略目标推动非化石能源发电快速发展，新能源逐步成为发电量增量主体；煤电作为电力安全保障的“压舱石”，向基础保障性和系统调节性电源并重转型；电网格局进一步优化巩固，电力资源配置能力进一步提升；储能多应用场景多技术路线规模化发展，重点满足系统日内平衡调节需求；数字化、智能化技术助力源网荷储智慧融合发展；全国统一电力市场体系基本形成。

（2）总体形成期。用户侧低碳化、电气化、灵活化、智能化变革方兴未艾，全社会各领域电能替代广泛普及；电源低碳、减碳化发展，新能源逐渐成为装机主体电源，煤电清洁低碳转型步伐加快；电网稳步向柔性化、智能化、数字化方向转型，大电网、分布式智能电网等多种新型电网技术形态融合发展；规模化长时储能技术取得重大突破，满足日以上平衡调节需求。

（3）巩固完善期。电力生产和消费关系深刻变革，电氢替代助力全社会碳中和；新能源逐步成为发电量结构主体电源，电能与氢能等二次能源深度融合利用；新型输电组网技术创新突破，电力与其他能源输送深度耦合协同；储电、储热、储气、储氢等覆盖全周期的多类型储能协同运行，能源系统运行灵活性大幅提升。

1.2 电力系统规划的任务及分类

1.2.1 电力系统规划各部分之间的关系

电力系统规划应在国家计划及能源政策指导下进行。电力负荷预测是电源规划和电网规划的基础，并同属电力系统规划。电力系统规划的结构与国家计划及能源之间的关系如图1-1所示。

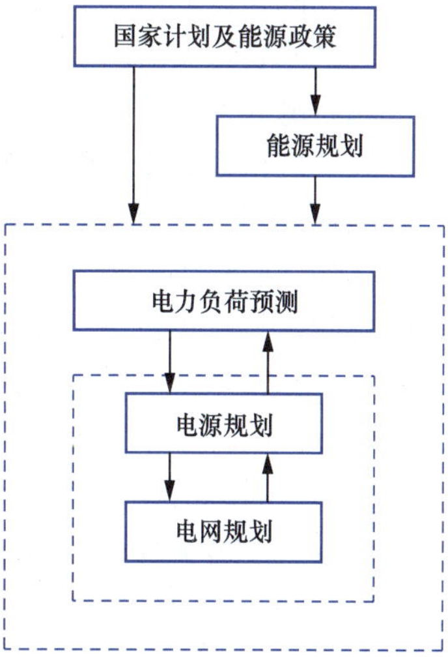

图1-1 电力系统规划的结构与国家计划及能源之间的关系

能源规划的任务是在国家计划及能源政策指导下，综合研究一次能源（如煤、石油、天然气、水能、风光、核能等）的有效利用、相互协调和替代关系，并分析能源部门与非能源部门在供求及投资需求之间的矛盾及调整对策。

电力系统的发展受到未来电力负荷增长、一次能源供应及电力技术设备供应和国家财力的直接影响。如图1-1所示，电力系统规划由电力负荷预测、电源规划和电网规划构成。电力负荷预测是电力系统规划的基础，它提供电力需求增长状况、负荷曲线及负荷分布情况。就电力系统而言，电源规划方案和电网规划方案实质上是不可分割的整体。但是由于两者侧重点不同，并且统一解决这两个问题又非常困难，所以目前不得不将电源规划与电网规划的问题分开处理，在必要时对它们采用协调技术进行迭代求解。

1.2.2 电力负荷预测

电力系统负荷一般可以分为城市民用负荷、商业负荷、农村负荷、工业负荷以及其他负荷等，不同类型的负荷具有不同的特点和规律。

（1）城市民用负荷。城市民用负荷主要是指城市居民的家用电器，它具有年年增长的趋势和明显的季节性波动特点，而且与居民的日常生活和工作的规律紧密相关。

（2）商业负荷。商业负荷主要是指商业部门的照明、空调、动力等用电负荷，覆盖面积大，且用电增长平稳，商业负荷同样具有季节性波动的特性。

（3）工业负荷。工业负荷是指工业生产用电，一般工业负荷的比重在用电构成中居于首位，它不仅取决于工业用户的工作方式（包括设备利用情况、企业的工作班制等），而且与各行业的行业特点、季节因素都有紧密的联系，一般负荷是比较恒定的。

（4）农村负荷。农村负荷是指农村居民用电和农业生产用电。此类负荷与工业负荷相比，受气候、季节等自然条件的影响更大，这是由农业生产的特点所决定的。

电力系统负荷预测包括最大负荷功率、负荷电量及负荷曲线的预测。最大负荷功率预测对于确定电力系统发电设备及输变电设备的容量是非常重要的。为了选择适当的机组类型和合理的电源结构以及确定燃料计划等，还必须预测负荷及电量。负荷曲线的预测可为研究电力系统的峰值、抽水蓄能电站的容量以及发电、输电设备的协调运行提供数据支持。

电力系统负荷预测可以分为调度电力负荷预测和规划电力负荷预测。调度电力负荷预测可以分为超短期、短期、中期和长期四种；规划电力负荷预测可以分为短期、中期和长期电力负荷预测三种。

与一般的经济预测或需求预测相比，电力负荷预测有以下几个特点：

（1）不仅要做短期预测，更要做长期预测；

（2）既要做电力预测，也要做电量预测；

（3）既要有全国的负荷预测，也要有分地区的负荷预测；

（4）电力负荷预测是“被动型”预测；

（5）负荷预测受不确定性因素影响较大。

负荷预测工作的关键在于收集大量的历史数据，建立科学有效的预测模型，采用有效的算法，以历史数据为基础，进行大量试验性研究，总结经验，不断修正模型和算法，以真正反映负荷变化规律。其基本过程如下：①确定预测内容；②收集相关资料；③分析基础资料；④预测经济发展；⑤选择预测模型；⑥应用预测模型；⑦评价预测结果；⑧评价预测精度。

当然在实际的预测应用中，并不是严格地按以上步骤进行按部就班地预测，可以根据预测时的实际情况灵活地进行处理。

1.2.3 电源规划

电源规划是电力系统电源布局的战略决策，在电力系统规划中处于十分重要的地位，规划的合理与否，将直接影响系统今后运行的可靠性、经济性、电能质量、网络结构及其将来的发展。电源规划作为电力系统规划的一个主要组成部分，近些年来已成为电力系统规划研究的一个重要课题。电源规划分为短期电源规划和中长期电源规划两类。

（1）短期电源规划考虑未来 1～5 年的发展情况，规划的具体内容包括：

1）制订发电设备的维修计划；

2）分析推迟或提前新发电机组投产计划的效益；

3）分析与相邻电力系统互联的方案及效益；

4）确定燃料需求量及购买、运输、储存计划。

（2）中长期电源规划应考虑 10～30 年的发展情况，应回答以下问题：

1）何时、何地扩建新发电机组；

2）扩建什么类型及多大容量的发电机组；

3）现有发电机组的退役及更新计划；

4）燃料的需求量及解决燃料问题的策略；

5）采用新发电技术（如太阳能发电）的可能性；

6）采用负荷管理对系统电力电量平衡的影响；

7）与相邻电力系统进行电力交换的可能性。

当电力系统规划涉及大型水电建设项目或一个水系的水电站开发时，其建设周期较长，一般需 10 年以上。在这种情况下，为充分体现其经济效益，规划周期往往要考虑 50 年或更长。

进入21世纪，人们的环保意识逐渐增强，在进行电源规划工作时，还必须考虑电厂建设对环境的影响，分析各种类型机组所排放的污染物对环境的危害程度，建立方案总费用现值最小、CO_2排放量最小和核废料排放量最小等多目标电源规划模型。

1.2.4 电网规划

电网规划是根据电力系统的负荷及电源发展规划，对输/配电系统的主要网架做出发展规划，又称输/配电系统规划。它是电力系统规划的一个重要组成部分。

电网规划的基本要求是确保供电所要求的输送容量、电压质量和供电可靠性等，把电力系统各部分组合起来使其整体结构的运行效率最高，经济上最合理，并能充分适应系统日后发展的需要。可靠性分析除了满足电力不足概率法和电能不足期望值等指标的要求外，还应进行安全性检查，满足“$N-1$”原则。

电网规划可按照时间长短分类，也可按照问题不同划分。按照时间划分，电网规划可分为短期规划（1～5年）、中长期规划（6～15年）、远景规划（16～30年）。

（1）短期规划用于制定网络扩展决策，确定详细的网络方案。它一般针对一个较短的水平年，如1～5年。

（2）中长期规划介于短期和远景规划两者之间，用于估计实际电网的长期发展或演变，比如6～15年。

（3）远景规划通过对未来各种发展情形的简单分析，给出根据环境参数进行技术选择的一般原则，并作出最后的初步选择。比如，选择电压等级、输电方式等。远景规划一般相对于一个较长水平年，如16～30年。

在三种规划中，一方面，远景规划所作出的技术选择可通过长期电网实际状况进行修正。另一方面，它又可以指导短期规划，确保短期决策同中长期电网发展相一致；反过来，中长期规划中所引入的一些假设可通过更精确的分析或短期规划得到验证。

与电源规划相比，电网规划问题更为复杂。首先，电网规划要考虑具体的网络拓扑结构，各待选路径都必须作为独立的决策变量来处理，因此电网规划决策变量的维数比电源规划更高。其次，电网规划应满足的约束条件非常复杂，其中一些约束条件不仅涉及非线性方程（如电压水平限制等），甚至还涉及微分方程（如系统稳定问题）。所以，要构成一个完整的电网规划数学模型是比较困难的，对这样的问题进行求解就更加困难。

为避免上述困难，一般将电网规划问题分为方案形成和方案校验两个阶段。

规划中要按不同类型的输电线路和变电站的性质、任务来考虑其电力网络结构。一般来说，电网规划应解决下列问题：①在何处投建新输电线路；②何时投建新输电线路；③投建何种类型的输电线路。

网架规划的目的在于根据投资及运行等费用最小的原则，确定扩建线路的类型、时间及地点，保证可靠地将负荷由发电厂送到负荷，并且出入线及沿途环境都可以接受。显然，这是一个系统优化的问题。问题具有下列特点：

（1）离散性。线路是按整数的回路架设的，所以规划决策的取值必须是离散的或整数的。

（2）动态性。网架规划不仅要满足规划年限内的经济、技术等性能指标要求，而且要考虑到网络的发展以及今后网络性能指标的实现问题。

（3）非线性。线路电气参数与线路功率及网损等费用的关系是非线性的。

（4）多目标性。规划方案不仅要满足经济、技术上的要求，还必须考虑社会、政治及环境等因素，这些因素常常是相互冲突和矛盾的。

（5）不确定性。负荷预测、设备有效度及水力条件等均存在显著的不确定性。

因此，从数学上讲，网架规划是一个动态多目标不确定性非线性混合整数规划问题。要想解决这个复杂的问题，不进行一些技术上的假设和简化是不可能的。根据简化手段的不同，形成了众多有特点的规划方法。根据对规划期间处理的不同，规划方法可分为：单阶段扩展规划和多阶段扩展规划。

单阶段扩展规划是根据规划期开始的数据寻求规划末尾（即水平年）的最佳网络结构方案。多阶段扩展规划中，前一阶段的规划结果对后一阶段有明显影响，因此，每一扩展方案既要考虑本阶段的要求又要考虑整个规划期的要求。多阶段扩展规划可采用动态规划方法，也可采用静态规划方法来实现。考虑整个规划期最优扩展方案的方法称为动态规划方法。将多阶段中每一阶段都作为单阶段规划来优化，将上阶段优化结果作为下阶段的输入，这种处理称为静态规划。动态规划处理要比静态规划复杂得多，但静态规划不能给出整个规划的最优解。

为了保证电力系统安全可靠地运行，必须对电网发展方案进行安全性检查（即方案校验）。通过计算求得设计水平年的运行电压、电流和功率（系统的各种运行方式），检查取值是否在安全范围内，从而判断方案的可行性，并为改进方案、选择合适的电气设备、采用其他安全措施提供依据。安全性检查通常包括对潮流、暂态稳定性、短路电流、工频过电压的检查。近年来，$N-1$ 校验和可靠性分析也作为安全性检查的一部分。

电网规划包括输电网络规划和配电网络规划，两者从基本要求、模型到求解方法都存在差异。配电网络规划是供电企业的一项重要工作，为了获取最大的经济效益，既要保证电网安全可靠，又要保证电网经济运行，所以配电网络规划的主要任务是在可行技术的条件下，为满足负荷发展的需求，制定可行的电网发展方案。

目前我国 1100～220kV 级为输电电压，35、110kV 级为高压配电电压，10kV 级为中压配电电压、380V 为低压配电电压。因此，规划时可将 220～1100kV 列入输电网络规划（主网规划）、380V～110kV 列入配电网络规划。

1.3 电力系统规划的重大举措及重要导则

1.3.1 电力系统规划的重要性

用户对电能需求的不断增长，只有通过电力工业本身的基本建设，不断扩大电力系统的规模才能满足。要满足国民经济发展的需要，电力工业必须先行，因此做好电力工程建设的前期工作，落实发电、输电、变电本体工程的建设条件，协调其建设进度，优化其设计方案，意义尤为重大。电力系统规划正是电力工程前期工作的重要组成部分，是关于单项本体工程设计的总体规划，是具体建设项目实施的方针和原则，是一项具有战略意义的工作。电力系统规划工作应在国家产业和能源政策指导下，在国民经济综合平衡的基础上进行，首先应进行长期电力规划，经审议后在此基础上从电力系统整体出发进一步研究并提出电力系统具体的发展方案及电源和电网建设的主要技术原则。

电力工业的发展速度及其经济合理性不仅关系到电力工业本身能源利用和投资使用的经济和社会效益，同时也对国民经济其他行业的发展产生巨大的影响。正确、合理的电力系统规划实施后可以最大限度地节约国家基建投资，促进国民经济其他行业的健康发展，提高其他行业的经济和社会效益，因而其重要性是不可低估的。

1.3.2 电力系统规划中的重大举措

1. 全国互联电网

大电网互联是世界电力发展的共同趋势，是我国适应“西电东送”格局的重要措施。互联电网的发展为电力交换提供了物理基础，促进了一体化电力市场的建设，实现了能源资源的优化配置和利用。

1999年，我国已经形成东北、西北、华北、华东、南方联营公司电网，但是山东、福建、四川（含重庆）、海南和新疆、西藏自治区都是和周边省区互不相连的独立电网，东北、西北、华北、华东、南方联营公司电网以及川渝电网也都互不相连。2003年，以三峡工程建设为中心，首先形成我国的中部电网。以此为契机，全国联网进程不断加快。目前我国呈现出东北、华北、西北、华中、华东、南方六大区域电网格局。

1990年，我国第一条±500kV高压直流输电工程——葛上直流输电工程双极投运，实现了华东和华中两个跨区电网的非同步联网。2005年，灵宝背靠背换流站直流联网工程投产，华中电网和西北电网实现异步联网。2008年，高岭背靠背换流站直流联网工程投产，东北电网和华北电网连接成一个异步电网。2010年，新疆与西北主网通过750kV线路实现联网。2011年，青海格尔木建设了一条±400kV的直流输电线路到西藏拉萨，西藏电网与西北电网相连。2009年，1000kV晋东南—南阳—荆门特高压交流试验示范工程投产，将华北电网和华中电网联系起来，打破了六大区域电网通过直流异步互联的格局。目前，东部地区还在加快形成“三华”（华东、华中、华北）特高压同步电网，西部加快构建川渝特高压交流主网架。预计到2035年，通过建设同步互联工程，我国现有西北、西南、云南、南网受端、华东、东北、华北—华中7大同步电网将互联形成东部、西部两大同步电网。

2. 特高压交流输电

特高压输电包括特高压交流输电和特高压直流输电。特高压交流输电定位于主网架建设和跨大区联网输电，同时为直流输电提供重要的支撑；特高压直流输电定位于大型能源基地的远距离、大容量外送。

2006年8月，1000kV晋东南—南阳—荆门特高压试验示范工程正式奠基，2009年初正式投运，这是我国首个特高压交流试验示范工程。该试验示范工程包括三站两线，起于山西省长治市境内的晋东南变电站，经河南省南阳市境内的南阳开关站，止于湖北省荆门市境内的荆门变电站，线路全长约653.8km。工程可行性研究报告估算静态投资约为58亿元（2004年价格水平），动态总投资约为60亿元。系统额定电压为1000kV，最高运行电压1100kV，自然输送功率约500万kVA。

晋东南变电站1000kV配电装置采用气体绝缘金属全封闭开关设备（Gas Insulated Switch，GIS），南阳开关站1000kV配电装置采用紧凑型六氟化硫全封闭组合电器设备（Hypid Gas Insulated Switch，HGIS），荆门变电站1000kV配电装置采用HGIS设备。

晋东南—南阳线路途经山西、河南两省，在河南省孟州市境内跨越黄河，线路长度约363km，其中一般线路359.5km，黄河大跨越约3.5km。山西省境内线路长度约115.2km，河南省境内约247.8km。

南阳—荆门线路途经河南、湖北两省，在湖北省钟祥市境内跨越汉江，线路全长约290.8km，其中一般线路约288km，汉江大跨越约2.8km。河南省境内线路长度约104km，湖北省境内约186.8km。

全线采用单回路，导线截面为$8\times500mm^2$，分裂间距400mm。两根地线中，一根采用OPGW-150型电力光缆，另一根采用LBGJ-150-20AC型铝包钢绞线。

该试验示范工程的建成，拉开了我国特高压电网建设的序幕，标志着我国电网发展进入了一个新阶段。截至2022年，我国已有17条特高压交流输电线路建成投运，形成了华东的南京—淮南—芜湖—安吉—吴江—练塘—东吴—泰州—南京，以及华中的南阳—荆门—长沙—武昌—武汉—驻马店—南阳两个特高交流环网。

3. 特高压直流输电

我国从2004年开始对±800kV特高压直流输电工程技术进行全面深入的研究。云南—广东±800kV特高压直流输电示范工程，西起云南楚雄州禄丰县，东至广东增城市，线路全长1438km，额定输送功率500万kW，动态总投资137亿元，于2009年单极投运，2010年双极投运。2010年还同时投运了向家坝—上海±800kV特高压直流输电示范工程。该工程起于四川宜宾复龙换流站，止于上海奉贤换流站，途经四川、重庆、湖北、湖南、安徽、浙江、江苏、上海等8省市，四次跨越长江；线路全长1907km，额定电压±800kV，额定电流4000A，额定输送功率640万kW，最大连续输送功率720万kW，动态投资232.74亿元。

2013年，锦屏—苏南±800kV特高压直流输电工程正式投运。“锦苏”直流工程是在总结“向上”直流工程成功经验的基础上，进行了大量提高输送功率的、卓有成效的研究后建设的。该工程额定输送功率7200MW，额定电流4500A，直流线路长2059km。2014年，哈密南—郑州±800kV特高压直流输电工程进一步提升输送功率至8000MW。

2019年，昌吉—古泉±1100kV特高压直流输电工程正式投运，线路总长度约3304.7km，输送功率1200万kW。±1100kV特高压直流有直接接入1000kV、分层接入（高端接入500kV、低端接入1000kV）和直接接入500kV三类方式，其中分层接入方式具有兼顾满足当地负荷需要和特高压交流电网发展的优点，进一步扩大了应用范围。

4. 风光储等多类型资源发展

电力绿色低碳转型的不断加速，风光储等多类型资源发展进入快车道，给传统电力系统规划带来了极大影响，也提出了新的要求。

2021年7月，国家发改委和国家能源局联合发布的《关于加快推动新型储能发展的指导意见》（发改能源规〔2021〕1051号）中指出：到2025年，我国新型储能规模将达到3000万kW以上；到2030年，实现新型储能全面市场化发展。实际上到2023年底，规模已达到2892万kW，远比指导意见发展的快。2022年1月，国家发改委和国家能源局编制了《“十四五”新型储能发展实施方案》，到2025年，电化学储能技术性能进一步提升，系统成本降低30%以上；火电与核电机组抽汽蓄能等依托常规电源的新型储能技术、百兆瓦级压缩空气储能技术实现工程化应用；兆瓦级飞轮储能等机械储能技术逐步成熟；氢储能、热（冷）储能等长时间尺度储能技术取得突破；到2030年，新型储能全面市场化发展。

1.3.3 电力系统规划中的重要导则

我国电力系统以GB 38755—2019《电力系统安全稳定导则》、GB 38969—2020《电力系统技术导则》、GB/T 31464—2022《电网运行准则》为核心标准体系，陆续形成并发布了一系列的国标、行标、企标，如Q/GDW 156—2006《城市电力网规划设计导则》、DL/T 5729—2023《配电网规划设计技术导则》等，是电力系统规划的重要导则。

GB 38775—2019《电力系统安全稳定导则》重点关注和解决随着特高压电网的发展，新能源大规模持续并网，特高压交直流电网逐步形成，系统容量持续扩大，电网格局与电源结构发生重大变化，电网特性发生深刻变化，给电力系统安全稳定运行带来的全新挑战。其主要内容包括术语和定义、保证电力系统安全稳定运行的基本要求、电力系统安全稳定标准、电力系统安全稳定计算分析、电力系统安全稳定工作管理。合理的电网结构和电源结构是电力系统安全稳定运行的基础。在电力系统的规划设计阶段，应统筹考虑、合理布局，满足如下要求：①能够满足各种运行方式下潮流变化的需要，具有一定的灵活性，并能适应系统发展的要求；②任一元件无故障断开，应能保持电力系统的稳定运行，且不致使其他元件超过规定的事故过负荷能力和电压、频率允许偏差的要求；③应有较大的抗扰动能力，并满足规定的有关各项安全稳定标准；④满足分层和分区原则；⑤合理控制系统短路电流；⑥交、直流相互适应，协调发展；⑦电源装机的类型、规模和布局合理，具有一定的灵活调节能力。

GB 38969—2020《电力系统技术导则》主要是明确电力系统发展应遵循的主要技术原则和方法，从电源安排及接入、系统间联络线、直流输电系统、送受端系统、无功补偿与电压控制、电力系统全停后的恢复、继电保护、安全自动装置、调度自动化、电力通信系统等方面提出了技术要求。电力系统应满足安全可靠、经济高效、灵活调节的基本原则，包括以下要求：①满足安全稳定运行要求，保障电力供应的充裕可靠，电力系统应满足GB 38755—2019《电力系统安全稳定导则》所规定的安全标准；②充分利用已有设备资源，提高整体利用效率效益。统筹发展需求、建设投资、运行成本等因素，通过多方案比选确定技术经济指标较优的规划设计方案；③适应电源结构、负荷特性、运行条件等变化，满足新能源和各类用电负荷的接入。

GB/T 31644—2022《电网运行准则》侧重于技术标准和工作程序，明确了在电力系统规划、设计与建设阶段，为满足电网安全稳定运行所要求的技术条件；明确了电网企业、发电企业所相互满足的基本技术要求和工作程序等；明确了电网企业、发电企业、电力用户在并网接入和电网运行中所满足的基本技术要求和工作程序等，以确保电力系统安全稳定运行，使我国社会经济运行、工农业生产与人民生活的正常秩序得到可靠的电力保障。

习　题

1. 电力系统规划中电力负荷预测、电源规划、电网规划三者的关系如何？

2. 电力负荷预测的任务是什么？电力网络规划的任务是什么？电源规划的任务是什么？

3. 2000—2025 年我国规划电源总装机容量是多少？主要电源类型有哪些？各类电源装机容量是多少？

4. 智能电网的主要特征是什么？

5. 新型电力系统的主要特征是什么？

6. 电力系统规划需要遵循哪些重要导则，各导则的主要内容是什么？

第2章 电力负荷预测

本章阐述了电力负荷预测的研究意义、基本原理、常用预测方法及特点，并对一些新兴的负荷预测理论、方法作了简单的分析和比较。

2.1 概　　述

2.1.1 电力负荷预测的概念与意义

电力负荷预测是电力系统规划的重要组成部分，也是电力系统经济运行的基础。任何时候，电力负荷预测对电力系统规划和运行都极其重要，负荷预测工作的水平已成为衡量一个电力企业的管理是否走向现代化的显著标志之一。

电力负荷预测是以电力负荷为对象进行的一系列预测工作。从预测对象来看，负荷预测包括对未来电力需求量（功率）的预测、对未来用电量（能量）的预测，又包括对负荷特性（如负荷曲线）的预测。其主要工作是预测未来电力负荷的时间分布和空间分布，为电力系统规划和运行提供可靠的决策依据。

电力与电量的预测对于确定电力系统发电设备及输变电设备的容量非常重要。为了选择适当的机组类型和合理的电源结构，以及确定燃料计划，构建安全经济、可靠运行的输配电网等，必须较为准确地预测电力与电量需求。负荷特性的预测可以为研究电力系统的峰值、抽水蓄能电站的容量以及发输电设备的协调运行提供数据支持。随着分布式电源及需求响应技术的推广应用，准确的负荷特性预测是实现电源、电网及用户多方资源高效利用的重要前提。

近年来，随着我国新型电力系统的建设、高比例集中式和分布式能源接入及电力市场化营运机制的推进，对电力负荷预测的准确度提出了更高的要求。与此同时，用电需求变化不断加快和信息量的膨胀，准确的电力负荷预测变得愈加困难。

2.1.2 电力负荷的构成

不同的用电单位或部门、不同的用电设备，对电力的需求量、用电方式有着明显的差别。在电力系统规划中作电力负荷预测时，或综合用电统计时，不可能也没有必要对每一个单独的用电单位的用电特点和用电需求进行分析预测，而是采用不同的分类方法，将规划区域范围内（如全国、省、地、县（市））的电力负荷分成若干类别；然后分门别类地进行分析研究并预测其可能的变化趋势；最后，在分类研究及预测的基础上，采用某些综合技术进行综合研究和预测，便可以得到电力系统规划中所需要的相关负荷资料。

我国电力行业曾采用过多种分类方法，目前主要采用按用电部门属性、按电力负荷大小的划分法，不同的分类方法应用于不同的研究目的。按用电部门的属性划分，是将电力负荷按国民经济统计分类方法划分为第一产业（主要是农业）用电、第二产业（主要是工业）用电、第三产业（除第一、二产业以外的其他行业，如商业、旅游业、金融业、餐饮业及房地产业等）用电和居民生活用电。特别是在研究全国或地区的电力系统规划时，目前广泛采用按产业划分电力负荷的分类方法。按负荷的大小划分，是指按用户用电需求变化特性中负荷的大小不同划分，电力负荷可分为最大负荷、平均负荷和最小负荷。

2.1.3 电力负荷预测的分类及特点

电力负荷预测是根据过去和现在负荷的发展，以及过去、现在和未来社会经济的发展、规划，对未来电力负荷水平、出现时间、地点等因素作出的科学合理的推测，从而为预测对象未来的电源开发建设、电网优化发展规划或合理的运行发电计划制定服务。

电力负荷预测可按多种标准进行分类。

1. 按时间分类

电力负荷预测中经常按预测时间跨度进行分类，通常分为长期、中期、短期和超短期负荷预测。由于工作性质的差异，电网调度部门与电力规划设计部门对负荷预测时间跨度的分类差别较大，因此电力负荷预测往往按照电网调度和电网规划两种方式分别进行分类。

（1）电力规划设计部门对长期、中期和短期负荷预测的时间范围划分界定如下：

1）长期负荷预测一般指预测期限为10～30年并以年为单位的预测。该类预测用于电力系统战略规划，包括对发电能源资源的长远需求的估计，确定电力工业的战略目标，确定电力新科技发展及科技开发规划，以及长远电力发展对资金总量的需求估计等，均需要从电力负荷长期预测结果出发来作出分析和判断。

2）中期负荷预测指预测期限为5～10年并以年为单位的预测。中期预测的期限大致与电力工程项目的建设周期相适应，因此，对电力部门来讲这种期限的预测至关重要。根据这种预测结果，做出发输配电项目的建设计划，对电网的规划、增容和改建工作至关重要，是电力规划部门的重要工作之一。

3）短期负荷预测指预测期限为1～5年，主要用于电力系统规划，特别是配电网规划，对配电网的增容、规划极为重要。同时由于短期负荷预测的时间较短，与电力系统的近（短）期发展直接相关，因此短期负荷预测的准确与否对于电力系统而言是十分重要的。

（2）电网调度部门对电力负荷预测的时间范围划分界定为：

1）超短期负荷预测是指时间跨度在1h之内的负荷预测，其中用于电能质量控制需要时间跨度在5～10s的负荷预测值，用于安全监视则需要时间跨度为1～5min的负荷预测值，而用于预防控制和紧急状态处理需要时间跨度为10～60min的负荷预测值。超短期负荷预测的结果用于编制发电机的运行计划、确定旋转备用容量、控制检修计划、估计收入、计算燃料及购入电量的数量和费用。该类预测结果的使用对象是电网的调度员。

2）短期负荷预测是指时间跨度在24～48h内的负荷预测，主要用于水火电分配、水火协调、经济调度和功率交换，该类预测结果的使用对象是编制调度计划的工程师。

3）中期负荷预测是指时间跨度在一周至一月内的负荷预测，主要用于水库调度、机组检修、交换计划和燃料计划。该类预测结果的使用对象是编制中长期运行计划的工程师。

4）长期负荷预测则指以年为单位的负荷预测，主要用于电源和电网的发展，需数年至数十年的负荷值。该类预测结果的使用对象是规划工程师。

2. 按负荷特性指标分类

根据表示的不同特性，负荷预测常常又分为最大负荷、最低负荷、平均负荷、负荷峰谷差、高峰负荷平均、低谷负荷平均、平峰负荷平均、全网负荷、母线负荷、负荷率等类型，以满足供电、用电部门管理工作的需要。

2.1.4 电力负荷预测的基本程序

电力负荷预测工作的关键在于收集大量的历史数据，建立科学有效的预测模型，采用有效的算法，以历史数据为基础，进行大量试验性研究，总结经验，不断修正模型和算法，以准确反映负荷变化规律。其基本过程如下：

（1）调查和选择历史负荷数据资料。多方面调查收集资料，包括电力企业内部资料和外部资料，从众多的资料中挑选出有用的部分，即把资料浓缩到最小量。挑选的标准是要直接、可靠且最新的资料。资料收集和选择得不当，会直接影响负荷预测的质量。

（2）历史资料的整理。一般来说，由于预测的质量不会超过所用资料的质量，所以要对所收集的与负荷有关的统计资料进行审核和必要的加工整理，来保证资料的质量，既要注意资料完整、数字准确，反映的都是正常状态下的水平，没有异常的“分离项”，还要注意资料的补缺，并对不可靠的资料加以核实调整。

（3）对负荷数据的预处理。针对异常数据，主要采用水平处理和垂直处理方法。

数据的水平处理是将前后两个时间点的负荷数据作为基准，设定待处理数据的最大变动范围，当待处理数据超过这个范围，就视为不良数据，采用平均值的方法平稳其变化。数据的垂直处理是考虑前后不同日期的小周期，即认为不同日期的同一时刻的负荷应该具有相似性，同时刻的负荷值应维持在一定的范围内，将超出范围的异常数据修正为待处理数据的最近几天该时刻的负荷平均值。

（4）建立负荷预测模型。负荷预测模型是统计资料轨迹的概括，预测模型是多种多样的，因此，对于具体资料要选择恰当的预测模型，这是负荷预测过程中至关重要的一步。当由于模型选择不当而造成预测误差过大时，就需要改换模型。必要时，还可以同时采用几种数学模型分别进行运算，以便对比、选择。

在选择适当的预测技术建立负荷预测数学模型后，在进行预测工作时，由于已掌握的电力负荷过去和当前发展变化规律并不能代表将来的变化规律，所以要对影响预测对象的新因素进行分析，对预测模型进行恰当的修正后确定预测值。

（5）预测模型的应用。将模型应用到实际的系统中，对未来时段的情况进行预测。

（6）预测结果的评价。通过对不同模型得到的预测结果进行比较和综合分析，根据经验和常识判断结果的合理性，对预测结果进行适当的修正，确定最终的预测结果。

（7）预测精度的评价。对所采用预测方法进行可信度分析。

（8）编写预测分析报告。结合预测工作的目的及相关部门要求，对预测对象的用电现状、用电特点进行分析总结，并根据预测的结果提出未来发展规律和主要建议及意见。

实际工作中可以根据需要对上述预测过程进行简化或调整。

2.1.5 影响电力负荷预测的因素

为了进一步加深对负荷及负荷特性的了解，把握负荷变化的规律和发展趋势，电网企业曾全面且系统地组织收集有关负荷及负荷特性资料，进行了详细深入的分析。通过对若干试点城市（或地区）的调研结果进行总结，论述了当前和今后一段时期内会对我国电力负荷及负荷特性发展规律产生影响的主要因素，这些因素有：

（1）经济发展水平及经济结构调整的影响；

（2）收入水平、生活水平和消费观念变化的影响；

（3）电力消费结构变化的影响；

（4）气候气温的影响；

（5）电价（分时电价、可中断电价）的影响；

（6）需求侧管理措施的影响（移峰填谷等）；

（7）电力供应侧（电力短缺状况、电网建设与配电网改造等）的影响；

（8）政策因素（如环保要求、对高耗电行业的优惠电价、能源替代等）的影响。

这些因素从根本上可归纳为经济、时间、气候和随机干扰四种类型，它们对不同时间跨度的负荷预测工作影响程度不同。

新型电力系统下，考虑高比例可再生电源、主动负荷（电动汽车和储能等）、市场电价及含综合能源的区域微电网等多种因素耦合作用下的新型电力负荷被称为广义负荷，相较传统电力负荷预测的影响因素进一步增多。例如风光新能源，风光出力具有明显的随机性、波动性、间歇性等特点，其与传统电力负荷、储能构成的“产消者”角色，极大地改变了负荷时空分布特性，甚至形成典型的美国加州电力负荷“鸭子曲线”。再如电动汽车，纯电电动汽车保有量 2024 年底已达到 2209 万辆，市场增速多年持续稳定在两位数，电动汽车的规模化发展会带来充电负荷的大幅度增长，其无序充电还会进一步扩大负荷曲线的峰谷差。

2.2 负荷总量预测方法

负荷总量预测属于战略预测，是将整个规划地区的电力和电量作为预测对象，其结果决定了未来规划供电地区对电力的需求量和未来规划供电区域的供电容量。

2.2.1 确定性负荷预测方法

确定性负荷预测方法是将负荷总量用一个或一组方程来描述，负荷与变量之间有明确的一一对应关系。其又可分为经验预测法、经典预测法、回归预测法、时间序列预测法和趋势外推预测法等。

按使用数据分类，确定性负荷预测方法主要有自身外推法和相关分析法两类。其中自身外推法仅以负荷自身的历史数据为预测基础，通过对负荷历史数据的分析推出负荷变化的规律与特性，并将其变化、发展模式外推而进行未来负荷预测，如常用的时间序列预测法、趋势外推预测法均为该类方法的典型代表。其缺点在于，如果负荷本身无可外推的本质时会导致误预测。相关分析法是将负荷与各种社会和经济因素综合起来考虑，即考虑负荷发展与其他社会、经济因素发展、变化的因果作用，通过寻找及建立电力负荷与影响其变化的相关因素之间的关系或数学模型，以此进行预测，如回归预测便属于这类预测方法。其缺点在于，需利用较多相关社会经济发展指标，导致实际预测困难。

1. 经验预测法

电力负荷的经验预测法主要依靠专家的判断，一般不建立数学模型。其用于针对电力负荷变化给出方向性的结论，主要有专家预测法、类比法、主观概率法。

（1）专家预测法。专家预测法分为专家会议法和专家小组法。专家会议法通过召集专家开会，面对面地讨论问题，每个专家能充分发表意见，并听取其他专家的意见。这种方法的主要缺点在于参加会议的人数有限，影响代表性；权威者的意见可能起到主导作用，并影响其他人的意见。

因此，专家会议法得出的结论有可能不能集中所有专家的正确看法。专家小组法则可以避免这些问题，专家们不通过会议形式，而是以书面形式独立地发表个人见解，专家之间相互保密，经过多次反复，给专家重新考虑并修改机会，最后综合给出预测结果。

专家小组预测法的步骤主要分为四步。

第一步，准备阶段：确定专家组成员，成员对电力预测问题应该具有专家级水平，并热心回答问题；拟定准备提出的问题，问题应该简明扼要，便于专家作出简洁明确的回答；搜集专家们可能要用到的资料。

第二步，第一轮预测：将所提出的问题以及必需的资料分送给各位专家，请专家按要求回答问题，并注明回收日期，以便及时收回材料和答案。

第三步，反复预测：将专家首次的预测意见加以综合，归纳出几种不同的方案，再次分送给各位专家复议，并请专家在比较自己的意见和别人的基础上，确定是否修改自己的意见，然后收集判断意见，再进行归纳分析。这样反复进行3～5次便可以将专家们的意见归于统一。

第四步，得出预测结果：对最后一次专家意见，用统计方法进行分析，得出最后的预测结果。

专家小组预测法克服了专家会议法的不足，又节约了专家们的时间和行程费用，有利于专家们安排时间、解决问题。

（2）类比法。类比法是将类似事物进行对比分析，通过已知事物对未知事物或新事物做出预测。例如在预测某新开发区未来的用电情况时，由于缺乏历史资料或地区的跳跃式发展，造成历史资料的参考价值降低，此时可考虑采用类比法，依据地区发展定位或其他可行的标准，选取国内外类似的城市或地区为类比对象，参考该对象的发展轨迹对本地区做出可信的预测。

（3）主观概率法。主观概率法是请若干专家来估计某特定事件发生的主观概率，然后综合得出该事件的概率。

2. 经典预测法

经典预测法主要分为以下五种。

（1）分产业产值（产量）单耗法。单耗法即单位产品电耗法，是通过某一工业产品的平均单位产品（或产值）用电量和该产品的产量，得到生产这种产品的总用电量。单耗法近期预测效果较佳，但实际中很难对所有产品较准确地求出其用电单耗，且需要做大量细致的统计调查工作，工作量非常大。有时考虑用国内生产总值 b 结合其用电量单耗（产值单耗）g，计算出用电量 A，计算式为

$$A=bg \tag{2-1}$$

（2）电力消费弹性系数法。电力消费弹性系数是电量年平均增长率与国内生产总值年平均增长率之间的比值。根据国内生产总值增长速度结合电力消费弹性系数和基准年的实际消费电量，即可得到规划期末的总用电量。与单耗法一样，电力消费弹性系数法需要做大量细致的统计工作。

由历史的用电量及国内生产总值数据可以计算出对应变量的平均增长率，分别记为 I_x 和 I_y，按照弹性系数的定义得出，电力弹性系数为

$$k=\frac{I_x}{I_y} \tag{2-2}$$

当应用类比法或其他方式，获得距当前时间 m 年的预测水平年对应的弹性系数 $\bar{k}_m$，以及国内生产总值的增长率 $\bar{I}_y$ 后，可以按照式（2-3）计算得到对应年份的电力需求增长率 $\bar{I}_x$，即

$$\bar{I}_x=\bar{I}_y\bar{k}_m \tag{2-3}$$

电力消费弹性系数法预测水平年的电量为

$$A_m=A_0(1+\bar{I}_x)^m \tag{2-4}$$

式中：A_0 为预测起始年份的用电量；A_m 为预测终止年份的用电量。

（3）负荷密度法。负荷密度法是从地区土地面积（或建筑面积）的平均耗电量出发进行预测的方法。该计算方法一般先预测未来某时期的土地面积（或建筑面积）和单位面积用电密度（土地面积、建筑面积及其用地性质需来自该土地的控制性详细规划报告），从而得到用电量预测值。其表达式为

$$A=SD \tag{2-5}$$

式中：A 为某地区的年（月）用电量，kW·h；S 为该地区土地面积（或建筑面积），m^2；D 为用电密度，kW·h/m^2。

在进行预测时，先预测出未来某时期的人口数量（或建筑面积、土地面积）S 和人均用电量（或用电密度）D。

（4）人均电量指标换算法。人均电量指标换算法是指选取一个与本地区人文地理条件、经济发展状况以及用电结构等方面相似的国内外地区作为比较对象，通过分析比较两地区过去和现在的人均电量指标，得到本地区的人均电量预测值，再结合人口分析得到总用电量的预测值。

（5）分部门法。该方法分别对生活用电和产业用电进行预测，二者相加得到总需电量的预测。其优点是考虑了社会各个部门对负荷的影响，在数据准确的情况下可达到很高的

精度，缺点是需要数据量大。该方法适合应用于预测地区面积较大时的中长期电力负荷预测。

从严格意义上讲，经验预测方法和经典预测方法都不是真正的负荷预测方法，仅仅是依靠专家的经验或一些简单的变量之间的相关关系对未来负荷值做一个方向性的结论，预测精度较差。

3. 回归预测法

电力负荷是由经济发展程度所决定的，因此回归预测类模型便通过建立负荷与经济变量间的相关关系，以回归预测技术来实现对电力负荷发展规律的捕捉。由于该方法以数理统计中的回归分析方法为基础来确定变量之间的相关关系而达到预测目的，故称为回归预测模型或经济预测模型预测法，简称回归预测法。

回归预测法是目前广泛应用的定量预测方法，通过对历史数据的分析研究，探索经济、社会各有关因素与电力负荷的内在联系和发展变化规律，并根据对规划期内本地区经济、社会发展情况的预测来推算未来的负荷，其任务是确定预测值和影响因子之间的关系。

在具体实践中，回归预测法往往是通过对影响因子值（比如国内生产总值、工农业总产值、第三产业、人口和气候等）和用电的历史资料进行统计分析，来确定用电量和影响因子之间的函数关系，从而实现预测。该方法依赖于模型的准确性，更依赖于影响因子其本身预测值的准确度。

回归预测法是最小二乘法原理的发展，根据自变量的多少，可分为一元线性回归、多元线性回归和非线性回归等模型。

（1）一元线性回归模型。其可以表述为

$$y=f(\boldsymbol{S},\boldsymbol{X})=a+bx+\varepsilon \tag{2-6}$$

式中：$\boldsymbol{S}$ 为模型的参数向量，$\boldsymbol{S}=[a,b]^{\mathrm{T}}$；$\boldsymbol{X}$ 为模型的自变量向量；x 为自变量，如时间或对负荷产生重大影响的因素；y 为依赖于 x 的随机变量，如电力负荷；ε 为服从正态分布 $N(0,\sigma^2)$ 的随机误差，又称随机干扰。

残差平方和为

$$Q(a,b)=\sum_{i=1}^{n}(y_i-a-bx_i)^2 \tag{2-7}$$

式中：x_i、y_i 为样本。

利用最小二乘方法来估计模型参数 a、b，即选取参数 a 和 b，以使 Q 达到极小值，得到模型参数估计值为

$$\begin{cases}\hat{b}=\dfrac{\sum\limits_{i=1}^{n}(x_i-\bar{x})(y_i-\bar{y})}{\sum\limits_{i=1}^{n}(x_i-\bar{x})^2}\\ \hat{a}=\bar{y}-\hat{b}\bar{x}\end{cases} \tag{2-8}$$

$$\bar{x}=\frac{1}{n}\sum_{i=1}^{n}x_i,\ \bar{y}=\frac{1}{n}\sum_{i=1}^{n}y_i$$

变量 y 对 x 的线性回归方程式，即预测方程为

$$\hat{y}=\hat{a}+\hat{b}x \tag{2-9}$$

回归预测模型建立后必须进行相应的统计检验，以保证回归方程的实用价值。

（2）多元线性回归模型。电力负荷变化常受到多种因素的影响，这时根据历史资料研究负荷与相关因素的依赖关系就要用多元回归分析方法来解决，多元线性回归分析是其中简单而又重要的一种。

多元线性回归分析的模型可表述为

$$\begin{cases} y=f(\boldsymbol{S},\boldsymbol{X})=a_0+\sum_{i=1}^{m}a_ix_i+\varepsilon \\ \varepsilon\sim N(0,\sigma^2) \end{cases} \tag{2-10}$$

式中：$\boldsymbol{X}$ 为由对负荷产生影响的一系列因素构成的自变量向量；y 为依赖于 x 的随机变量，如电力负荷。

模型参数为 $\boldsymbol{A}=[a_0,a_1,\cdots,a_m]^{\mathrm{T}}$，同样利用基于残差平方和最小的最小二乘法对参数进行估计，其表达式为

$$\hat{\boldsymbol{A}}=\begin{bmatrix}\hat{a}_0\\ \hat{a}_1\\ \vdots\\ \hat{a}_m\end{bmatrix}=(\boldsymbol{X}'\boldsymbol{X})^{-1}\boldsymbol{X}'\boldsymbol{Y} \tag{2-11}$$

其中

$$\boldsymbol{Y}=\begin{bmatrix}y_1\\ y_2\\ \vdots\\ y_n\end{bmatrix},\ \boldsymbol{X}=\begin{bmatrix}1 & x_{11} & x_{12} & \cdots & x_{1m}\\ 1 & x_{21} & x_{22} & \cdots & x_{2m}\\ \vdots & \vdots & \vdots & & \vdots\\ 1 & x_{n1} & x_{n2} & \cdots & x_{nm}\end{bmatrix}$$

将得到的参数估计值代入预测方程，得到负荷的预测数值为

$$\hat{y}=\hat{a}_0+\sum_{i=0}^{m}\hat{a}_ix_i \tag{2-12}$$

同样，只有通过假设检验的多元线性回归模型才可应用于实际工程。

（3）非线性回归模型。非线性回归模型是自变量与因变量之间存在的相关关系的表现形式是非线性的，这类情形虽然在实际系统中最为多见，但是考虑到非线性模型及参数求取的复杂性，因此常见的非线性回归模型主要指可以通过适当的变量代换将非线性关系转化为线性关系来处理的模型，一般有：

1）双曲线模型，即

$$\frac{1}{y}=a+\frac{b}{x} \tag{2-13}$$

2）幂函数曲线模型，即

$$y=ax^b\ (x>0,\ a>0) \tag{2-14}$$

3）指数曲线模型，即

$$y=a\mathrm{e}^{bx}\ (a>0) \tag{2-15}$$

4）倒指数曲线模型，即

$$y=a\mathrm{e}^{\frac{b}{x}}(a>0) \tag{2-16}$$

5）S型曲线模型，即

$$y=\frac{1}{a+b\mathrm{e}^{-x}} \tag{2-17}$$

由于回归分析中选用哪些相关因子、其关联关系如何表达等有时只是一种推测，而且影响用电因子的多样性和某些因子的不可预测性，使回归分析在某些情况下受到限制。用回归预测能测算出综合用电负荷的发展水平，但是由于对用电发展产生重要影响的社会经济发展因素统计口径上的限制，以及用电体量较小的区域用电负荷统计特征相对不明显等原因，导致回归预测模型往往无法直接应用于范围较小的区域，即无法测算出各个供电区的负荷发展水平，也就无法进行具体的设计规划。

4. 时间序列预测法

对某一个变量或一组变量 $\boldsymbol{X}(t)$ 进行观察，对应一系列时刻 $t_1,t_2,\cdots,t_n$（t 满足 $t_{i-1}<t_i<t_{i+1}$），得到一组数 $x_1,x_2,\cdots,x_n$，称为离散时间序列，用来分析离散时间序列的各种方法称为时间序列方法。时间序列方法并不考虑负荷与其他因素之间的因果关系，仅仅把电力负荷看作一组随时间变化的数列。

时间序列预测法可用于短期和中长期负荷预测，是基于统计数据的预测方法，要求尽量多的历史数据，因此也限制了该类方法的适用范围。例如，小城市或地区电网的负荷预测中，往往某些大用户可能会影响总负荷的变化规律，使负荷变化不太符合统计规律，因此不适合采用该类方法进行预测。

这种方法认为预测年的负荷值只与历史数据有关，而没有考虑负荷变化的因果关系，所以一般适用于负荷变化比较均匀的情况，所需历史数据越多越好，当阶数增加时工作量比较大。

目前被广泛使用的时间序列预测方法有一阶自回归［Auto Regression，AR(1)］、n 阶自回归［AR(n)］、自回归与移动平均（Auto Regression and Moving Average，ARMA）预测法。它们的共同点在于从历史负荷数据的相关关系出发，来预测未来年的负荷。

（1）一阶自回归 AR(1)。该模型基于简单线性回归算法，即认为观测值 y_t 与 x_t 之间为线性关系，则有

$$y_t=\beta_0+\beta_1 x_t+\varepsilon_t \tag{2-18}$$

式中：β_0、β_1 为待确定参数；ε_t 为残差，服从正态分布 $N(0,\sigma_s^2)$。

求 $\sum\limits_t \varepsilon_t^2$ 的最小值，用最小二乘法来确定 β_0、β_1 的估算值 $\hat{\beta}_0$、$\hat{\beta}_1$。

一阶自回归中前后两个时段负荷的关系为线性关系，则

$$x_t=\varphi x_{t-1}+\varepsilon_t \tag{2-19}$$

式中：x_t、x_{t-1} 分别为 t、$t-1$ 阶段的负荷值；φ 可根据 β_0、β_1 计算得到。

（2）n 阶自回归 AR(n)。n 阶自回归方法是一阶自回归方法的扩展，利用了多重回归的思路，认为变量 y_t 与一组变量 $x_{1t},x_{2t},\cdots,x_{nt}$ 有关，即

$$y_t=\beta_0+\beta_1 x_{1t}+\beta_2 x_{2t}+\cdots+\beta_n x_{nt}+\varepsilon_t \tag{2-20}$$

将 y_t 和 $x_{1t},x_{2t},\cdots,x_{nt}$ 平稳化后得到的等价表达式为

$$Y_t=\beta_1X_{1t}+\beta_2X_{2t}+\cdots+\beta_nX_{nt}+\varepsilon_t$$

式中：$\beta_1,\beta_2,\cdots,\beta_n$ 为待求参数；ε_t 为残差，服从正态分布 $N(0,\sigma_s^2)$。

令

$$\widetilde{\boldsymbol{Y}}=\begin{bmatrix}Y_1\\Y_2\\\vdots\\Y_N\end{bmatrix},\ \widetilde{\boldsymbol{X}}=\begin{bmatrix}X_{11}&X_{21}&\cdots&X_{n1}\\X_{12}&X_{22}&\cdots&X_{n2}\\\vdots&\vdots&&\vdots\\X_{1N}&X_{1N}&\cdots&X_{nN}\end{bmatrix},\ \widetilde{\boldsymbol{\beta}}=\begin{bmatrix}\beta_1\\\beta_2\\\vdots\\\beta_N\end{bmatrix}$$

则由最小二乘法求出待确定参数的值，即

$$\widetilde{\beta}=(\widetilde{\boldsymbol{X}}^{\mathrm{T}}\widetilde{\boldsymbol{X}})^{-1}\widetilde{\boldsymbol{X}}^{\mathrm{T}}\widetilde{\boldsymbol{Y}} \tag{2-21}$$

将按照式（2-21）估算出的参数值代入式（2-20），进行外推进一步得到 y_t 的预测值。

n 阶自回归方法认为 t 时段的负荷值与前面 n 个负荷值成线性相关，即

$$X_t=\varphi_1X_{t-1}+\varphi_2X_{t-2}+\cdots+\varphi_nX_{t-n}+\varepsilon_t \tag{2-22}$$

式中：$X_t,X_{t-1},X_{t-2},\cdots,X_{t-n}$ 为各时段的负荷值；$\varphi_1,\varphi_2,\cdots,\varphi_n$ 可根据 $\beta_1,\beta_2,\cdots,\beta_n$ 计算得到。

（3）自回归与移动平均 ARMA(n,m)。自回归与移动平均法考虑负荷值与前 n 个阶段的历史负荷值及前 m 个阶段的噪声关系，有

$$X_t=\phi_1X_{t-1}+\phi_2X_{t-2}+\cdots+\phi_nX_{t-n}+\varepsilon_t-\theta_1\varepsilon_{t-1}-\cdots-\theta_m\varepsilon_{t-m} \tag{2-23}$$

式中：$X_t,X_{t-1},X_{t-2},\cdots,X_{t-n}$ 为各时段的负荷值；$\varepsilon_t,\varepsilon_{t-1},\cdots,\varepsilon_{t-m}$ 为各时段的噪声。

由于对于 t 阶段来说，$t-1$ 等之前各阶段的噪声并不可知，因此 X_t 与 $X_{t-1},X_{t-2},\cdots,X_{t-n}$ 并不存在线性的关系。对自回归与移动平均法要求从 $t=0$ 时刻开始，一步一步向前推。

ARMA(n,m) 模型的建立要求 ε_t 独立于 $\varepsilon_{t-m-1},\varepsilon_{t-m-2},\cdots$ 及 $\varepsilon_{t-n-1},\varepsilon_{t-n-2},\cdots$。如果不满足该条件，则应该扩大 n、m 的值，即加大模型阶数。

5. 趋势外推预测法

电力负荷的变化一方面有其不确定性，如气候的变化、国家政策的改变、意外事故的发生等造成对电力负荷的随机干扰；另一方面，在一定条件下，电力负荷存在着明显的变化趋势。趋势外推预测法的特点是对预测序列进行分析得出变化趋势并加以外推拓展，但不对其中的随机成分进行统计处理。

利用趋势外推预测法进行电力负荷的预报工作，其原理是基于负荷变化表现出的明显趋势，按照该趋势对未来负荷情况做出预测。通过对原始数据序列的分析（如借助于散点图等方法），定性地确定负荷变化的趋势类型，一般可分为水平趋势、线性趋势、多项式趋势、增长趋势。

（1）水平趋势外推。假定负荷变化的历史数据序列为 $\{x_1,x_2,\cdots,x_T\}$，符合水平趋势变化规律，则可以由这组数据出发利用水平趋势外推法，求出负荷的预测值序列 $\{\hat{x}_1,\hat{x}_2,\cdots,\hat{x}_T,\hat{x}_{T+1},\hat{x}_{T+2},\cdots\}$。

1）全平均法。预测模型为

$$\begin{cases}\lambda_t = \dfrac{1}{t}\sum\limits_{i=1}^{t} x_i, t \leqslant T \\ \hat{x}_{t+l} = \lambda_t\end{cases} \tag{2-24}$$

一般取 $l=1$。

2）一次滑动平均法。基于“远小近大”的预测原则，在建模过程中可以对数据加以不同权重，以强化近期数据的作用，弱化远期数据的影响，从而提高预测的精度。预测模型为

$$\begin{cases}M_t = \dfrac{1}{N}\sum\limits_{i=1}^{N} x_{t-N+i}, t = N, N+1, \cdots, T \\ \hat{x}_{t+l} = M_t\end{cases} \tag{2-25}$$

式中：N 为跨度，依数据的具体情况而定，其值越大则滑动平均的平滑作用越大。

3）一次指数平滑法。取定参数 α，$0<\alpha<1$，初值 $s_0=x_1$，预测模型为

$$\begin{cases}s_t = \alpha x_t + (1-\alpha) s_{t-1} \\ \hat{x}_{t+l} = s_t\end{cases} \tag{2-26}$$

（2）线性趋势外推。

1）二次滑动平均法。二次滑动平均就是对一次滑动平均序列再作一次滑动平均处理，取跨度为 N，预测模型为

$$\begin{cases}M_t^{(1)} = \dfrac{1}{N}\sum\limits_{i=1}^{N} x_{t-N+i}, t = N, N+1, \cdots, T \\ M_t^{(2)} = \dfrac{1}{N}\sum\limits_{i=1}^{N} x_{t-N+i}{}^{(1)}, t = 2N, 2N+1, \cdots, T \\ \hat{x}_{t+l} = \dfrac{2N}{N-1} M_t^{(1)} - \dfrac{N+1}{N-1} M_t^{(2)}, t = 2N, 2N+1, \cdots, T\end{cases} \tag{2-27}$$

式中：$M_t^{(1)}$、$M_t^{(2)}$ 分别为一次滑动平均值和二次滑动平均值，其他参数含义可参照式（2-25）。

2）二次指数平滑法。二次指数平滑法也是在一次指数平滑基础上再次进行指数平滑后得到外推结果，预测模型为

$$\begin{cases}s_t^{(1)} = \alpha x_t + (1-\alpha) s_{t-1}{}^{(1)} \\ s_t^{(2)} = \alpha s_t^{(1)} + (1-\alpha) s_{t-1}{}^{(2)}, t=1,2,\cdots,T \\ \hat{x}_{t+1} = \dfrac{2-\alpha}{1-\alpha} s_t^{(1)} - \dfrac{1}{1-\alpha} s_t^{(2)}, t=1,2,\cdots,T-1\end{cases} \tag{2-28}$$

式中：$s_t^{(1)}$、$s_t^{(2)}$ 分别为一次指数平滑值和二次指数平滑值，其他参数含义可参照式（2-26）。

（3）多项式趋势外推。在负荷预测中常用呈二次多项式趋势的三次指数平滑等进行预测，预测模型为

$$\begin{cases}s_t^{(3)} = \alpha s_t^{(2)} + (1-\alpha) s_{t-1}{}^{(3)} \\ \hat{x}_t = \hat{a}_t + \hat{b}_t l + \hat{c}_t l^2 \\ \hat{a}_t = 3 s_t^{(1)} - 3 s_t^{(2)} + s_t^{(3)} \\ \hat{b}_t = \dfrac{\alpha}{2(1-\alpha)^2}\left[(6-5\alpha) s_t^{(1)} - 2\times(5-4\alpha) s_t^{(2)} + (4-3\alpha) s_t^{(3)}\right] \\ \hat{c}_t = \dfrac{\alpha^2}{2(1-\alpha)^2}\left(s_t^{(1)} - 2 s_t^{(2)} + s_t^{(3)}\right)\end{cases} \tag{2-29}$$

（4）增长趋势外推。一般下年度或季度、月度电量呈递增的变化趋势时，可采用趋势增长模型进行预测。

1）指数曲线模型。设历史用电量数据序列$\{x_1,x_2,\cdots,x_T\}$大体为指数增长趋势，即

$$x_t=a\mathrm{e}^{bt},\ a>0,b>0 \tag{2-30}$$

等式两边同时取常用对数，利用变量替换，得到

$$\mathrm{In}\hat{x}_t=\mathrm{In}a+bt \tag{2-31}$$

令$\hat{z}_t=\mathrm{In}\hat{x}_t$、$c=\mathrm{In}a$，有$\hat{z}_t=c+bt$，利用最小二乘法求出模型参数$c$和$b$，代入模型即可进行预测。

2）非齐次指数模型又称修正指数模型，模型为

$$x_t=c+a\mathrm{e}^{bt} \tag{2-32}$$

3）龚帕兹（B. Gompertz）模型。该模型由英国统计学家、数学家龚帕兹提出的，即

$$x_t=\mathrm{e}^{(c+a\mathrm{e}^{bt})},\ a<0,b<0 \tag{2-33}$$

式（2-33）同样可利用变量代换转换为线性方程，从而用最小二乘法进行求解。

4）罗吉斯蒂克（Logistic）模型。该模型由比利时数学家提出，又称为S曲线模型，即

$$x_t=\frac{1}{c+a\mathrm{e}^{bt}},\ a>0,b<0,c>0 \tag{2-34}$$

模型的求解可以利用尤拉法、若赫茨法或耐尔法等实现，具体可参考文献［14］。

2.2.2 不确定性负荷预测方法

实际电力负荷发展变化规律非常复杂，受到很多因素的影响，这种影响关系更确切地说是一种对应和相关关系，不能用简单的显式数学方程来描述。为了解决这一问题，许多专家学者经过不懈的努力，将新的方法和理论引入到负荷预测中来，为电力系统不确定因素的处理提供了有效的工具，并在实际应用中取得了很好的效果。

不确定性负荷预测方法主要有灰色预测法、模糊预测法、神经网络预测法、优选组合预测法、混沌预测法、小波预测法及各种结合方法等。其中，基于灰色系统理论建立的各种灰色预测模型适用于数据有限、波动较小的中短期负荷预测；应用模糊理论形成的众多模糊预测模型适用于具有复杂不确定性的中长期负荷预测；而神经网络预测法目前主要用于实现短期及超短期负荷预测。

1. 灰色预测法

（1）灰色系统理论。灰色系统理论是用于处理信息不完全系统的一项理论，为不确定性因素处理提供了一种新的有力工具。该理论是由黑箱—白箱—灰箱理论拓展而来的，是系统控制理论发展的产物。

灰色系统理论中将已知的信息称为“白色”信息，完全未知的信息称为“黑色”信息，介于两者之间的称为“灰色”信息。

灰色预测法是在灰色理论模型的基础上发展起来的，是目前在中短期负荷预测中应用最为广泛、效果最为理想的不确定性预测方法之一。其以灰色生成来减弱原始序列的随机性，在利用各种模型对生成后的序列进行拟合处理的基础上，通过还原操作得出原始序列的预测结果。由于电力系统本身具备灰色系统的基本特征，故而用灰色理论来对电力负荷

进行建模预测符合灰色预测模型的基本条件。该类模型具有要求负荷数据少、不考虑原始数据的分布规律、运算方便等优点，但在数据离散度较大时，预测精度将明显降低，尤其是对时间跨度较长的长期负荷预测，预测时段末端预测效果不够理想。经研究发现造成这一现象的根本原因在于灰色模型本身，因而很多相关文献针对灰色模型的缺陷做了大量改进，形成了许多改进的灰色预测模型。

灰色系统理论的核心是灰色动态建模（Grey dynamic Model，GM），其思想是直接将时间序列转化为微分方程，从而建立系统发展变化的动态模型。灰色预测模型通常称 GM 模型，目前在电力负荷预测中经常采用的动态模型是 GM(1,1)、GM(1,n）等模型。这些模型都是按照如下方法建立的：

1）将电力负荷视为在一定范围变化的灰色量，对应地其所具有的随机过程也可看作灰色变化过程。

2）生成灰色序列量。

3）累加生成灰色模型，使灰色过程变“白”。

4）结合不同灰色生成方式与数据取舍、调整和修改，以提高灰色建模的精度。

5）累减还原数据，得到预测值。

通过上述建模过程得到的基本预测模型，在实际应用中取得一定成果，但也表现出其局限性，即数据的离散程度越大预测值的误差越大。

（2）灰色预测模型。设原始数列为 $X=\{x(t)\},t=1,2,\cdots,n$，对此数列作一次累加后形成新的数列

$$\boldsymbol{X}^{(1)}(t)=\sum_{k=1}^{t}x(k) \tag{2-35}$$

式中：$\boldsymbol{X}^{(1)}(t)$为一次累加生成后的新数列。

记 $\boldsymbol{X}^{(1)}=\boldsymbol{X}^{(1)}(t)=\{x^{(1)}(t)\}$，原始的 $\boldsymbol{X}=\boldsymbol{X}^{(0)}=\{x^{(0)}(t)\}$，用一阶累加生成建立 GM(1,1）模型，其微分方程为

$$\mathrm{d}x^{(1)}/\mathrm{d}t+ax^{(1)}=\mu \tag{2-36}$$

解得的预测模型为

$$\begin{bmatrix}a\\ \mu\end{bmatrix}=[\boldsymbol{B}^{\mathrm{T}}\boldsymbol{B}]^{-1}\boldsymbol{B}^{\mathrm{T}}\boldsymbol{C} \tag{2-37}$$

$$\boldsymbol{B}=\begin{bmatrix}-\frac{1}{2}[x^{(1)}(1)+x^{(1)}(2)] & 1\\ \vdots & \vdots\\ -\frac{1}{2}[x^{(1)}(k-1)+x^{(1)}(k)] & 1\end{bmatrix},\ \boldsymbol{C}=\begin{bmatrix}x^{(0)}(2)\\ x^{(0)}(3)\\ \vdots\\ x^{(0)}(n)\end{bmatrix}$$

$$x^{(1)}(k+1)=(x^{0}(1)-\mu/a)\mathrm{e}^{ak}+\mu/a \tag{2-38}$$

经累减还原得

$$x^{(0)}(k+1)=x^{(1)}(k+1)-x^{(1)}(k) \tag{2-39}$$

（3）灰色预测模型的改进。灰色预测有一个广义的前提，即在广义能量系统内，随机序列量的累加所形成的新序列都具有指数增长发展规律，灰色预测法的模型是一个指数函数。如果某个系统不能满足这个前提，灰色预测法将不能使用，因而它适合用于发展系数

较小的短期预测。然而实际电力负荷的变化很难呈指数规律，故其预测结果必然不会令人满意。为了提高适应性和预测精度，需要对模型进行改进，如根据社会和经济的远期发展指标，将规划期划分为若干个时间段，进行分段优化，求出各个时间段对应的发展系数，用不同的值预测不同时段的电力负荷，结果与实际的情况比较接近。通常的改进方法包括：①改造原始数列；②局部残差处理；③灰色递阶技术；④等维信息填补技术。

2. 模糊预测法

模糊预测法以模糊数学为工具，针对不确定或不完整、模糊性较大的数据进行分析、处理，其核心在于以隶属函数描述事物间的从属、相关关系，不再将事物间的关系简单地视为仅有“是”或“不是”的二值逻辑，从而能更客观地对电力负荷及其相关因素作出计算和推断。这类模型通过引入模糊数学特有的计算分析操作得出负荷的发展规律，较常规的预测算法在精度、对原始数据的准确度要求及预测结果的提供形式上有很大的改进。这类预测模型一般可以同时提供负荷的可能分布区间及相应的分布概率，而并非仅单一的一个负荷点，这一特点对于不确定环境下电网的运行和发展规划极有裨益。由于理论上的局限性，在实际系统的中长期负荷预测中，上述模型大都经过较大的改进，目前使用较多的是改进后的模糊预测模型。

模糊预测法是基于模糊理论和模糊推理而形成的，它不是通过对历史数据分析而直接建立负荷和其他因素之间的关系，而是考虑了电力负荷与多因素的相关，将电力负荷与对应的环境作为一个数据整体进行加工处理，寻找出负荷的变化模式以及对应环境因素特征，并将待测年环境因素与各历史环境特征进行比较，从而求得负荷预测值。

当前应用于电力负荷预测的模糊预测方法一般可分为两大类：①对样本的分类或相似程度作模糊化的预测方法；②直接处理负荷值的模糊性的预测方法。本节以后者的典型代表，即模糊线性回归预测法为例，介绍模糊预测的基本流程。

回归分析法假定负荷与一个或多个独立变量间存在因果关系，通过建立反映因果关系的数学模型，预测出将来的负荷值。在模糊线性回归预测法中，认为观察值和估计值之间的偏差是由系统的模糊性引起的，即回归系数的模糊性引起了模型的拟合值与观测值之间的偏差，使得预测的结果为带有一定模糊幅度的模糊数。

线性回归模型为

$$\boldsymbol{Y}=\boldsymbol{Z}\boldsymbol{A}+e \tag{2-40}$$

式中：$\boldsymbol{Y}$ 为电力负荷（或待测量）；$\boldsymbol{Z}$ 为独立变量的矩阵；$\boldsymbol{A}$ 为不依赖于 $\boldsymbol{Z}$ 的未知参数；e 为随机误差。

其模糊表达为

$$\widetilde{\boldsymbol{Y}}=\boldsymbol{Z}\widetilde{\boldsymbol{A}} \tag{2-41}$$

写成另一种形式，即

$$\widetilde{y}_i(z_i)=\widetilde{a}_0+\widetilde{a}_1 z_{i1}+\cdots+\widetilde{a}_k z_{ik}, i=0,1,2,\cdots,R-1 \tag{2-42}$$

式中：R 为历史电力负荷数据的个数。

用三角模糊数 $\widetilde{a}_i=[a_{ic}, a_{ir}]$ 来表示时，式（2-42）可改写为

$$\widetilde{y}_i(z_i)=[a_{0c}, a_{0r}]+[a_{1c}, a_{1r}]z_{i1}+\cdots+[a_{kc}, a_{kr}]z_{ik} \tag{2-43}$$

$$y_{ic}(z_i)=a_{0c}+a_{1c}z_{i1}+\cdots+a_{kc}z_{ik} \tag{2-44}$$

$$y_{ir}(z_i)=a_{0r}+a_{1r}z_{i1}+\cdots+a_{kr}z_{ik} \tag{2-45}$$

式中：y_c、a_c 为三角模糊数的中心参数，其隶属度为 1；y_r、a_r 为模糊数的幅度，也就是模糊数的基（区间）的一半。

参数 A 需要通过“线性规划”的方法来求解。其目标函数与约束条件为

$$\min\sum_{i=0}^{R-1}(a_{0r}+a_{1r}|z_{i1}|+\cdots+a_{kr}|z_{ik}|) \tag{2-46}$$

$$\text{s. t.}\quad a_{0c}+\sum_{j=1}^{k}(a_{jc}z_{ij})-a_{0r}-\sum_{j=1}^{k}(a_{jr}|z_{ij}|)\leqslant y_i, i=0,1,2,\cdots,R-1 \tag{2-47}$$

$$a_{0c}+\sum_{j=1}^{k}(a_{jc}z_{ij})+a_{0r}+\sum_{j=1}^{k}(a_{jr}|z_{ij}|)\geqslant y_i, i=0,1,2,\cdots,R-1 \tag{2-48}$$

求解上述有约束的线性规划问题，求出未知参数 A 后，进一步将参数代入式（2-44）与式（2-45）得到相应的负荷预测结果。

3. 神经网络预测法

人工神经网络（ANN）是人们模拟人脑信息处理、储存的检索机制而构造的，由大量人工神经元密集连接而成的网络。根据人工神经元结构以及互连方式的不同，可以获得各种不同的人工神经网络模型，目前比较有代表性的模型有 BP（Back Propagation）模型、Hopfield 模型、Kohonen 模型等。

神经网络预测法适于解决时间序列预报问题（尤其是平稳随机过程的预报），应用于短期负荷预测要比应用于中长期负荷预测更为适宜。这是因为短期负荷变化可认为是一个平稳随机过程，而长期负荷预测与国家或地区的政治、经济、政策等因素密切相关，通常会有些大的波动而并非一个平稳随机过程。

采用神经网络法进行负荷预测时，一般有两种应用方式：①直接用于预测未来的负荷值，即网络的输出就是预测负荷值；②用于预测未来负荷的变化。选用何种方式，要根据实际情况进行考虑。

在短期负荷预测中，应用最多的是带有隐含层的 BP 模型，它通常由输入层、输出层和若干隐含层组成。带有隐含层的 BP 模型是通过多个神经元的相互连接，使其输入和输出构成一个复杂的非线性处理系统。代表输入、输出关系的有关信息主要分布在神经元之间的连接权上，不同的连接强度反映不同的输入、输出关系。网络的学习或训练的过程实质是给定输入和希望输出不断地调整权重，所遵循的预定规则就是训练算法。短期负荷预报就是利用这个过程来记忆复杂的非线性输入、输出映射关系，而这种特性正是一些传统的负荷预测方法难以实现的。

BP 网络的结构图如图 2-1 所示。

对于 BP 网络，有一个非常重要的定理：即对于任何在闭区间内的一个连续函数都可以用单隐层的 BP 网络来逼近，因而一个三层 BP 网络就可以完成任意的 n 维到 m 维的映射。

下面以三层 BP 网络为例，简要地分析其学习流程和模型建立步骤。首先介绍 BP 网络中的各符号的形式及意义：

网络输入向量 $\boldsymbol{P}_k=(a_1,a_2,\cdots,a_n)$；

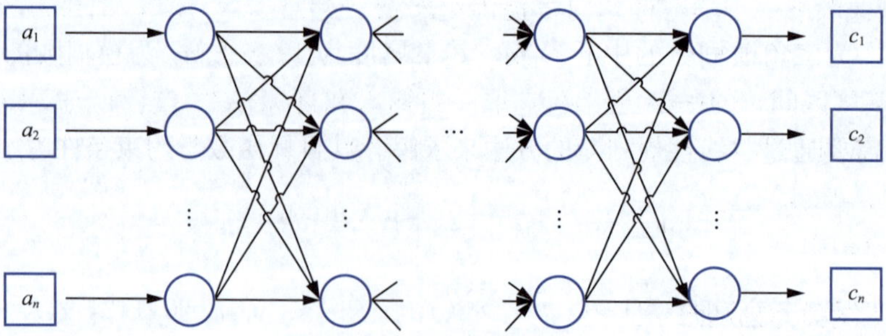

图 2-1　BP 网络结构

网络的目标向量 $\boldsymbol{T}_k=(y_1,y_2,\cdots,y_n)$；

中间层单元输入向量 $\boldsymbol{S}_k=(s_1,s_2,\cdots,s_p)$，输出向量 $\boldsymbol{B}_k=(b_1,b_2,\cdots,b_p)$；

输出层单元输入向量 $\boldsymbol{L}_k=(l_1,l_2,\cdots,l_q)$，输出向量 $\boldsymbol{C}_k=(c_1,c_2,\cdots,c_n)$；

输入层至中间层的连接权 w_{ij}，$i=1,2,\cdots,n$，$j=1,2,\cdots,p$；

中间层至输出层的连接权 v_{ij}，$i=1,2,\cdots,p$，$j=1,2,\cdots,q$；

中间层各单元的输出阈值 θ_j，$j=1,2,\cdots,p$；

输出层各单元的输出阈值 γ_j，$j=1,2,\cdots,p$；

参数 $k=1,2,\cdots,m$。

三层 BP 网络学习流程和模型建立具体步骤如下：

（1）初始化。给每个连接权值 w_{ij}、v_{ij}、阈值 θ_j、γ_j 赋予区间 $[0,1]$ 内的随机值。

（2）随机选取一组输入和目标样本 $\boldsymbol{P}_k=(a_1^k,a_2^k,\cdots,a_n^k)$，$\boldsymbol{T}_k=(y_1^k,y_2^k,\cdots,y_n^k)$ 提供给网络。

（3）用输入样本 $\boldsymbol{P}_k=(a_1^k,a_2^k,\cdots,a_n^k)$、连接权 w_{ij} 和阈值 θ_j 计算中间层各单元的输入 S_j，然后用 S_j 通过传递函数 $f(*)$ 计算中间层各单元的输出 b_j 为

$$S_j=\sum_{j=1}^{n} w_{ij}a_i-\theta_j,j=1,2,\cdots,p \tag{2-49}$$

$$b_j=f(s_j),j=1,2,\cdots,p \tag{2-50}$$

（4）利用中间层的输出 b_j，连接权 v_{jt} 和阈值 γ_t 计算输出层各单元的输出 L_t，然后通过传递函数计算输出层各单元的响应 C_t。

（5）利用网络目标向量 $\boldsymbol{T}_k=(y_1^k,y_2^k,\cdots,y_n^k)$ 和网络的实际输出 C_t，计算输出层单元一般化误差 d_t^k 为

$$d_t^k=(y_t^k-C_t)C_t(1-C_t),t=1,2,\cdots,q \tag{2-51}$$

（6）利用连接权 v_{jt}、输出层的一般化误差 d_t 和中间层的输出 b_j 计算中间层各单元的一般化误差 e_j^k 为

$$e_j^k=\left(\sum_{t=1}^{q} d_t v_{jt}\right)b_j(1-b_j),j=1,2,\cdots,q \tag{2-52}$$

（7）利用输出层各单元的一般化误差 d_t^k 与中间层各单元的输出来修正连接权 v_{jt} 和阈值 γ_t。

（8）利用中间层各单元的一般化误差 e_j^k，输入层各单元的输入 $S_k=(s_1^k,s_2^k,\cdots,s_n^k)$，来修正连接权 w_{ij} 和阈值 θ_j。

(9) 随机选取下一个学习样本向量提供给网络，返回步骤 (3)，直到 m 个训练样本训练完毕。

(10) 重新从 m 个学习样本中随机选取一组输入和目标样本，返回步骤 (3)，直到网络全局误差 E 小于预先设定的一个极小值，即网络收敛。如果学习次数大于预先设定的值，网络就无法收敛。

(11) 学习结束。

2.2.3 不同负荷预测方法比较

电力负荷预测目的及要求随所研究时间跨度而不同，因而上述预测方法也分别适用于时间长短不同的负荷预测研究，几种常见负荷预测方法特点比较见表 2-1。

表 2-1　　几种常见负荷预测方法特点比较

预测方法		优点	缺点	适用范围
确定性预测方法	回归预测法	模型参数估计技术比较成熟，预测过程简单	线性回归分析模型预测精度较低；而非线性回归预测计算量大，预测过程复杂	适用于中期负荷预测
	时间序列预测法	考虑了负荷行为及主要相关因素的随机影响	依靠人的经验识别比较困难	适用于电力系统短期负荷预测
	趋势外推预测法	简单、快速	预测精度较差	适用于预测量大、周期短的负荷预测
不确定性预测方法	灰色预测法	抗干扰能力强，计算复杂度低	对数据规律性有要求，长期预测精度下降	适用于数据有限、波动较小的中短期负荷预测
	模糊预测法	处理不确定性因素的能力强，可以区间及概率形式提供预测结果	要求提供较多的历史数据，造成使用中的困难，计算复杂度高	尤其适合于未来社会经济发展有很大不确定性的新开发区中、长期负荷预测
	神经网络预测法	对大量非结构性、非精确性规律有自学习自适应功能	样本训练时间及在不同预测地区间的通用性上存在很大问题	适合于平稳时间序列预测，短期负荷预测

2.2.4 负荷预测模型检验

1. 变量显著性检验 (t 检验)

变量显著性检验，即判断某一个解释变量 x_i 是否对因变量 y 具有显著影响，需要进行假设检验：H_0：$\beta_i=0$，H_1：$\beta\neq0$。

如果原假设成立，表明解释变量 x_i 对因变量 y 可能并没有显著的影响。如果一个解释变量对因变量具有很强的经济意义上的解释能力，自然期望拒绝原假设而接受备选假设。

由于最小二乘法估计量是最优线性无偏估计量，系数 β_i 的最小二乘法估计量 b_i 服从正态分布，因此其标准化随机变量也服从标准正态分布，即

$$\frac{b_i-\beta_i}{\sigma(b_i)}\sim N(0,1) \tag{2-53}$$

其中，$\sigma(b_i)=\sqrt{\mathrm{var}(b_i)}$ 是 b_i 的标准差。可知

$$\frac{b_i-\beta_i}{\sigma(b_i)}\sim t(T-k-1) \tag{2-54}$$

将原假设的数值代入式（2-54）可得

$$t=\frac{b_i}{\sigma(b_i)}\sim t(T-k-1) \tag{2-55}$$

式（2-55）就是在分析回归分析结果时常说的 t 统计量，即系数估计值与标准差的比值，它用来检验系数为零的原假设。如果计算出的 t 值落在拒绝域里，则拒绝原假设。显著水平 α 通常可取 1%或者 5%。若 $|t|\geqslant t_{\alpha/2}(n-k-1)$，拒绝原假设，认为 β_j 显著不为零，说明自变量对因变量的线性相关关系显著；当 $|t|<t_{\alpha/2}(n-k-1)$，不拒绝原假设，认为 β_j 与零没有显著差异，说明自变量对因变量的线性相关关系不显著。

2. 拟合优度检验

利用线性回归模型对 y 的变动进行解释的效果如何，即模型的估计值或者称拟合值对实际值拟合的好坏，可以通过 R^2 统计量来衡量，它刻画了自变量所能够解释的因变量的波动。

定义如下：

$$\begin{aligned} TSS&=\sum(y_t-\bar{y})^2\\ ESS&=\sum(\hat{y}_t-\bar{y})^2\\ RSS&=\sum(y_t-\hat{y})^2 \end{aligned} \tag{2-56}$$

式中：TSS 为离差平方和，反映因变量波动的大小；ESS 为回归平方和，反映由模型解释变量计算出来的拟合值 $\hat{y}$ 的波动；RSS 为残差平方和，是因变量总的波动中不能通过回归模型解释的部分。

由正规方程组确定的残差序列和解释变量序列不相关，可以得到这三者的关系为

$$TSS=ESS+RSS \tag{2-57}$$

对于一个拟合得好的模型，离差平方和与回归平方和应该较为接近，选择二者接近程度作为评价模型拟合优度的标准。定义如下：

$$R^2=\frac{ESS}{TSS}=1-\frac{RSS}{TSS} \tag{2-58}$$

R^2 值较大表明模型对因变量拟合的较好，因变量的真实值距离拟合值更近，如果能够完全解释，也就是拟合值与实际值完全相等，其值将为 1[47]。

3. 方程显著性检验（F 检验）

假设 H_0：$\beta_i=\cdots=\beta_k=0$，H_1：至少有一个不为 0。可以证明：

$$F=\frac{ESS/k}{RSS/(T-k-1)}\sim F(k,T-k-1) \tag{2-59}$$

直观地说，如果 y 被解释变量解释的部分比未被解释的部分大，随着这个比例的增大，F 值也逐渐增大。因此，F 值越大，越有理由拒绝原假设。确切地说，要比较其与分布临界值，如果超过临界值，则拒绝原假设。

2.3　空间负荷预测方法

传统的负荷总量预测仅对未来规划水平年的一个地区（一个城市或城市的一个大区）的总体负荷量进行预测，普遍关注负荷的历史和现有数据，以及经济因素等对负荷的影响，而对负荷的空间分布则较少关注。

随着城市规划的发展，负荷的地理分布日益细化和规范，应用空间负荷预测的预测方法，不仅可以预测未来负荷的变化规律，更可以揭示负荷的地理分布情况。对电力规划部门而言，不仅需要预测未来负荷的量，而且需要负荷增长的空间信息，由确定的负荷空间分布，准确地进行电网变电站布点和线路走廊规划，具有重要的现实意义。

2.3.1　空间负荷预测概述

空间负荷预测的概念最早是由美国的 H·李·威里斯（H. Lee. Willis）在 20 世纪 80 年代提出的，定义为在未来电力部门的供电范围内，根据城市电网电压水平的不同，将城市用地按照一定的原则划分为相应大小的规则网格状或不规则（变电站、馈线供电区域）的小区，然后预测每个小区中电力用户负荷的数量和产生的时间，即它能够提供未来负荷的空间分布信息。

空间负荷预测与负荷总量预测存在着密切关系，负荷总量预测是空间负荷预测的约束条件之一，二者预测结果必须协调一致，在预测方法上也有可以相互借鉴的地方。

从预测年限角度看，空间负荷预测也可分为短期预测、中期预测和长期预测。从与负荷总量预测的关系角度看，空间负荷预测方法可分为自下而上的方法和自上而下的方法。自下而上的方法是先预测负荷分布，再将其累加为负荷总量；相反，自上而下的方法是先预测负荷总量，再将其“分解”到各小区，得到负荷的分布。

空间负荷预测是城市配电网规划的基础。配电网规划不仅要求能预测电力负荷的总量，而且要求预测未来负荷的空间分布。只有确定了供电区域内各小区的未来负荷，才能对变电站的位置、容量、馈线路径、开关设备及其投入时间等决策变量进行规划。在供电范围内，根据规划的城市电网电压水平不同，将城市用地按照一定的原则划分为相应大小的规则小区或不规则小区（可小到 0.01km^2），通过分析、预测规划年城市小区土地利用的特征和发展规律，可以进一步预测相应小区中电力用户和负荷分布的位置、数量和产生的时间。

2.3.2　空间负荷预测流程

空间负荷预测是将负荷总量预测分配到供电小区的过程，主要可以分为以下三个阶段：

（1）空间信息收集。近年来随着地理信息系统（GIS）在配电网中的应用，空间信息的收集和处理越来越方便，利用地理信息系统（GIS）平台对待预测区域的空间信息进行处理，可以收集到该区域在地理、交通、社区、市政和城市规划方面的信息。

（2）土地使用决策。根据不同负荷类别对区域使用条件的要求，对待预测区域内准备开发的空地进行适应度评价，按照得分高低决定未来各区域的发展情况。同时在决策过程中，要满足总量、分类负荷预测以及新增用地总面积等约束条件。

（3）负荷增长预测。根据用地决策得到的各类负荷用地区域面积，然后根据已有的各类用地的负荷密度，就可以得到该区域的新增用地的负荷增长情况。

图 2-2 为空间负荷预测的流程框图，共分为 4 个模块：数据准备模块、总量预测模块、用地仿真模块及土地决策和负荷转换模块。其中，用地仿真模块是空间负荷预测的核心，其作用是根据小区的地理、社会和交通等属性将总量用地预测分配到各小区。

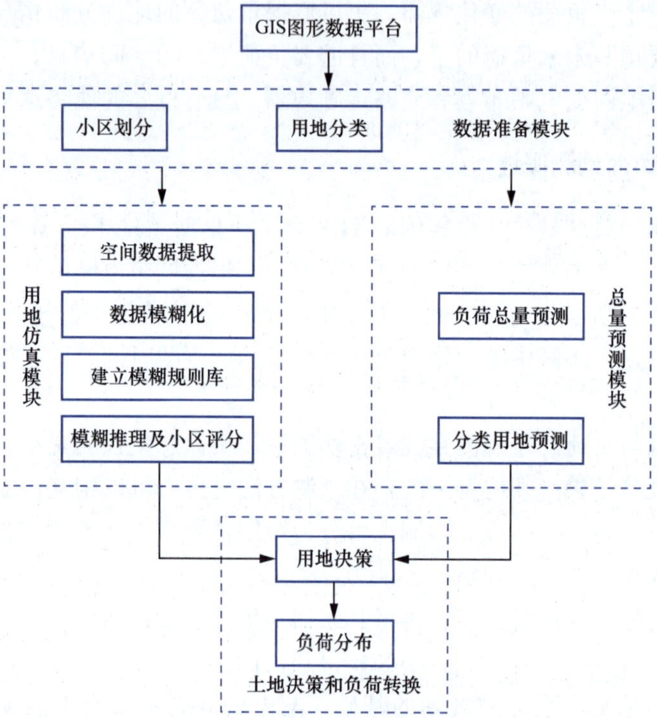

图 2-2　空间负荷预测流程框图

2.3.3　空间负荷预测基本方法

从历史数据和计算方法的角度看，H. L. Willis 将空间负荷预测方法分为解析方法（analytic methods）和非解析方法（nonanalytic methods）两大类。解析方法运用数学工具分析小区的各项原始数据（如历史负荷、相关经济指标和用地数据等），进而预测小区负荷的发展趋势。解析方法可分为负荷密度法、用地仿真法、趋势分析法等。非解析方法则更多以规划人员、专家的经验和主观判断为依据来决定负荷的大小和分布，虽然在一定程度上缺乏必要的科学性，但可作为解析方法的辅助手段。

我国配电网规划中小区负荷预测的主要手段是负荷密度法，而国外则以用地仿真法和趋势分析法为主。

1. 负荷密度法

负荷密度是指单位面积上用户消耗电力的多少，随着用户特点（土地使用功能）的不同，负荷密度的大小亦不相同。

政府有关部门和开发单位在城市规划中，会明确城市各分区中各类用地的使用性质。一般城市功能块主要划分为居住用地、工业用地、公共设施用地、市政公用设施用地、对外交通用地、商业用地等。还可以根据实际需要在大的用地分类基础上详细的进行小的分类，比如将居住用地分为一类居住用地、二类居住用地和三类居住用地，再根据研究区域的经济发展规划、人口规划等社会经济指标，参照国内外类似地区的负荷水平，对各功能区分别选择合适的负荷密度指标，计算研究区域内的空间负荷分布情况。研究区域的预测负荷值计算式为

$$A=k_n\sum_{i=1}^{n}(D_iS_i) \tag{2-60}$$

式中：A 为研究区域的预测负荷值，kW；k_n 为 n 个功能块的同时率；D_i 为各功能块的负荷密度，kW/km^2；S_i 为各功能块的面积，km^2。

为保证负荷密度法的预测精度，首先必须注意功能块的划分要合理，其次是各功能块的负荷密度确定时要保证数据的代表性和可信性。小区负荷密度指标可以看作是预测人员对规划水平年小区负荷密度的一个估计值，规划水平年小区负荷密度的预测值可以在此基础上修正得到。这个指标同时也反映了各小区负荷密度之间的比例关系。小区负荷密度数据的获得方式，主要和小区的性质有关，可以采用以下几种方法确定：①按分类平均负荷密度设置；②参考经验数据；③通过现状供电区域调查获得。

2. 用地仿真法

用地仿真法通过分析城市土地利用的特性和发展规律，来预测城市土地的使用类型、地理分布和面积构成，并在此基础上将土地使用情况转化成空间负荷。用地仿真法预测负荷及其分布包括三部分内容，即空间信息收集、土地使用决策和负荷增长预测。首先将供电区域划分为大小一致的小区，将负荷分为若干类（如工业、商业、居民），根据小区内地理、环境、交通、社会经济等信息，通过建立用地仿真模型来模拟小区的未来发展情况，对小区适合发展某类负荷的程度进行评分，然后根据评分将总负荷分配给每个小区，是一种自上而下的方法。

用地仿真法要求每类用户的年最大峰值负荷数据能较好地考虑负荷转移特性，对空地的负荷预测相关性较好，对短、中和长期预测都较适合。国内外不少学者投入了该项研究，利用卫星摄影照片获取历史年和现状年城市土地资料，为土地资料的获取奠定了基础；引入模糊逻辑，使用模糊逻辑技术对规划区域地理信息进行模糊推理并清晰化，得到各小区适于发展各类负荷的适应性评分；应用遗传算法、粗糙集等训练模糊推理规则；运用交通运输模型来分配各小区中各类负荷的增长等。

用地仿真法常用到多维模式识别、终端用户电力负荷模型以及表征工业、商业、居民等不同用户类型之间相互作用、相互影响的城市模型。该方法可包括很多方面，例如可使用“交通流量”（traffic load flow）来确定由于大城市不同位置交通情况对负荷增长的影响。就长期负荷预测而言，仿真法精度最高，甚至比最好的趋势法都要高一个数量级。基于这个原因，许多学者认为用地仿真法最适于配电网的长期规划。然而，用地仿真法需要大量有关用户、土地使用、土地分区、终端用户、人口等数据（通常电力公司很难快速获得这些数据），这在一定的程度上限制了用地仿真法的推广应用。

3. 趋势分析法

趋势分析法不仅广泛应用于对电力负荷总量的估计预测，还可以应用于空间负荷预测中。

趋势分析法是所有基于负荷历史数据外推负荷发展趋势方法的总称。趋势分析法以划分的小区为基础，利用历史年峰值负荷外推来预测将来的峰值负荷，常采用多项式曲线来拟合馈线的历史年峰值负荷，并将其外推到将来。除了曲线拟合外，还可用模板法来作趋势外推，例如，利用每条馈线的历史年峰值负荷预测其自身的将来峰值负荷。该方法主要包括负荷搜集法、扩散法、偏好系数法和时间序列法等。该方法的特点是简单方便，数据需求量小；但存在负荷增长曲线的平滑性和连续性都比较差，不能正确地处理倒供电产生的馈线或变电站间的负荷转移量等问题。此外，还要求小区的划分不能太小，而且小区的历史负荷不能为零，这就使历史年负荷为零的空地预测遇到了困难。尤其是在长期预测中，趋势分析法不能仿真那些引起负荷变化的原因（如就业引起的区域经济变化、市政分区引起的变化、经济因素引起的变化等），而仅仅利用历史负荷数据是不能推断这些变化的。因此，有关学者已证明该方法仅适用于1～4年的短期负荷预测。

空间负荷预测常用的三种预测方法中，负荷密度法比较适用于预测各功能分区的用电负荷，也适用于新开发区用电负荷的预测。用地仿真法预测精度高，尤其对那些发展变化余地较大的地区，采用仿真法往往能够满足各类配电电网规划的要求。趋势分析法采用同一地区的原始数据进行建模，其数学基础为数理统计规律，因此比较适合于样本较多，而且过去、现在和将来发展模式基本一致的地区的中长期预测。

2.4 负荷预测的综合评价

电力负荷预测是一种对未来用电情况的估计，而由于实际系统负荷的变化受多方面因素的影响，许多因素都具有很大的不确定性，如政治经济条件、天气变化等，往往难以准确预料，这给电力负荷预测工作带来了很大的困难，也使电力负荷预测具有显著的不确定性，预测的结果与客观实际存在着一定的差距，这个差距就是预测误差。

不同预测方法由于建模中侧重点不同，在实用中由于预测对象、社会环境等的不同，预测的效果会有较大的差异，需要对预测模型及其结果进行评价，以指导用户合理地选择预测方法。

2.4.1 负荷预测的误差分析

往往用预测误差来衡量一个预测模型的应用效果，在得到预测结果后对其误差进行分析，误差须处于可接受的范围内。若误差太大，就失去了预测的意义，从而导致电力规划的失误。一般来说，短期预测的允许误差为±3%，中期预测为±5%，长期预测为±15%。

可见，研究误差产生的原因，计算并分析误差的大小，不仅可以提高预测结果的准确程度，为利用预测资料作决策时提供参考，还可以改进负荷预测工作，为检验和选用最恰当的预测方法提供帮助。

1. 预测误差形成的主要原因

(1) 预测往往要用到数学模型，而数学模型大多只包括所研究对象的某些主要因素，很多次要因素被略去了。对于错综复杂的电力负荷变化来说，这样的模型只是一种经过简单化了的负荷状况的反映，与实际负荷之间存在差距，用它来进行预测，也就无可避免地会与实际负荷产生误差。

(2) 负荷所受影响是千变万化的，进行预测的目的和要求又多种多样，因而就有一个如何从许多预测方法中正确选用一个合适的预测方法的问题。如果选择不当的话，也就随之产生误差。

(3) 进行负荷预测要用到大量资料，而各项资料并不能保证都是准确可靠，这就必然会带来预测误差。

(4) 某种意外事件的发生或情况的突然变化，也会造成预测误差。此外，由于计算或判断上的错误，如平滑常数的选择不妥，也会产生不同程度的误差。

以上各种不同原因引起的误差是混合在一起表现出来的，因此，当发现误差很大，预测结果严重失实时，必须针对以上各种原因逐一进行排查，寻找根源，加以改进。

2. 预测误差分析指标

计算和分析预测误差的方法及对应指标很多，常用的主要有以下几种：

(1) 绝对误差。设 Y 表示电力负荷实际值，$\hat{Y}$ 表示预测值，则称 $E=Y-\hat{Y}$ 为绝对误差。

(2) 相对误差。设 Y 表示电力负荷实际值，$\hat{Y}$ 表示预测值，则称 $E=\frac{Y-\hat{Y}}{Y}$ 为相对误差，常以百分值形式表示。

(3) 均方根误差。设 Y 表示电力负荷实际值，$\hat{Y}$ 表示预测值，则称

$$RMSE=\sqrt{\sum_{i=1}^{n}(Y_i-\hat{Y}_i)^2} \tag{2-61}$$

为均方根误差。

(4) 后验差检验。后验差检验是参考概率预测方法中相关概念而得出，主要根据模型预测值与实际值之间的统计情况进行检验。其主要内容为：以残差为基础，根据各时刻残差绝对值的大小，考察残差较小的点出现的概率，计算得出后验差比值以及小误差概率，从而对预测模型进行评价。

2.4.2 负荷预测模型的综合决策评判

由于投资主体的目标是多元的，有的目标甚至是相互冲突的。因此，仅凭单一的经济指标评价选择投资项目方案不符合客观实际，应从技术、经济、环境、社会与文化协调发展的大局出发，对投资项目方案进行多指标综合评价优选。

类似的问题也出现在电力负荷预测方案的选取上。假定有多个电力负荷预测的方案，如何对多个方案进行评价并选出最优的方案，是做好负荷预测工作必须考虑的，这与从一组投资项目方案中选取最优的投资项目有着相似之处，如果只凭一种因素来考虑预测模型是不完全的。例如，有两个预测方案，要对5年的负荷增长趋势做出预测。第一个预测模

型的相对误差分别是1%、5%、10%、3%、15%，其相对误差平均值是6.8%；第二个预测模型的相对误差分别是6%、5%、8%、8%、7%，其相对误差平均值是7.5%。是否能因为第一个模型相对误差比第二个小，就认为它比第二个模型好吗？很明显，答案是不能肯定的。因为虽然第一个模型的预测误差平均值比第二个小，但是其预测结果的相对误差波动要比第二个大，即其稳定性方面要比第二个差。所以，不能单纯地仅凭一个相对误差因素就断定某一个模型好，必须考虑尽可能多的因素，根据它们的各个指标来进行综合评价，从中选出最优的方案。

1. 模糊熵的决策评价模型基本原理

为了评价每一种预测方案的实用与否，通过分析可以选取预测值的期望、方差、相对误差、残差等因素作为评判的指标；应用熵的原理，计算出所有指标与理想预测方案接近度之差的加权和 S_i，S_i 最大的预测方案即为所选择的最优预测方案，并按最优预测方案来对该地区的负荷做出预测，从而提高整个负荷预测的精确性。

所讨论的模型根据熵的性质，将多指标评价预测模型固有信息的客观作用与决策者经验判断的主观能力量化并结合为一个复合权值集，用它来对预测项目方案排序，并将其作为目标函数的系数，从中选出最优的预测模型。

2. 模糊熵的决策评价模型实现步骤

（1）拟定独立的备选预测方案 i（$i=1,2,\cdots,n$）。

（2）建立评价指标体系。评价指标 j（$j=1,2,\cdots,m$）包括期望值、方差、相对误差和残差等。

（3）构造指标水平矩阵 $\boldsymbol{A}$。元素 a_{ij} 为 i 方案的 j 指标水平值，a_{ij} 按如下方式进行归一化处理。

$$a'_{ij}=\frac{a_{ij}-\min a_{ij}}{\max a_{ij}-\min a_{ij}},\ j\ 为收益性指标 \tag{2-62}$$

$$a'_{ij}=\frac{\max a_{ij}-a_{ij}}{\max a_{ij}-\min a_{ij}},\ j\ 为损失性指标 \tag{2-63}$$

指标水平矩阵为

$$\boldsymbol{A}=\begin{bmatrix} a_{11} & a_{12} & \cdots & \cdots & a_{1m} \\ a_{21} & a_{22} & \cdots & \cdots & a_{2m} \\ \vdots & \vdots & & & \vdots \\ a_{n1} & a_{n2} & \cdots & \cdots & a_{nm} \end{bmatrix} \tag{2-64}$$

$$\boldsymbol{A}'=\begin{bmatrix} a'_{11} & a'_{12} & \cdots & \cdots & a'_{1m} \\ a'_{21} & a'_{22} & \cdots & \cdots & a'_{2m} \\ \vdots & \vdots & & & \vdots \\ a'_{n1} & a'_{n2} & \cdots & \cdots & a'_{nm} \end{bmatrix} \tag{2-65}$$

（4）计算各指标的熵值。为确定各预测模型方案的相对重要性，就要计算各指标在评价预测模型方案时的相对重要度，其熵值为

$$e'_j=-\sum_{i=1}^{n}\left(\frac{a'_{ij}}{\sum\limits_{j=1}^{m}a'_{ij}}\right)\text{In}\left(\frac{a'_{ij}}{\sum\limits_{j=1}^{m}a'_{ij}}\right)\ ,\ j=1,2,\cdots,m\ 且\ a'_{ij}\neq 0 \tag{2-66}$$

当 $a'_{ij}=0$ 时，取 $e'_j=0$。

由熵的极值性可知，各预测方案的指标水平值越接近相等，其熵值就越大，即当各预测方案的 $a'_{ij}/\sum_{j=1}^{m}a'_{ij}\ (i=1,2,\cdots,n)$ 数值相等时，熵值最大，$(e'_j)_{\max}=\text{In}(n)$。用 $\text{In}(n)$ 对式（2-66）进行归一化处理，得到表征指标 j 的相对重要度的熵为

$$E_j=\frac{1}{\text{In}(n)}e'_j,\ j=1,2,\cdots,m \tag{2-67}$$

根据熵的性质可以判断，E_j 越大，指标 j 的相对重要度越小。

（5）层次分析法确定表征预测模型方案的主观经验作用的权值 W_j，并将 E_j 和 W_j 复合成权值 λ_j，即

$$\lambda_j=\frac{E_jW_j}{\sum_{i=1}^{m}E_jW_j} \tag{2-68}$$

λ_j 满足 $0\leqslant\lambda_j\leqslant1$ 和 $\sum_{i=1}^{m}\lambda_j=1$。

对于预测模型方案 i，所有指标与理想预测模型方案接近度之差的加权和 S_i 为

$$S_i=1-\sum_{j=1}^{m}\frac{\lambda_j a'_{ij}}{P_j},i=1,2,\cdots,n \tag{2-69}$$

其中，P_j 为理想方案的 j 指标水平值。显然，S_i 小的预测模型方案优先，根据 S_i 的值便可对预测模型方案排序。

2.4.3 减小负荷预测误差修正

从数学角度讲，负荷预测就是估计一个时间序列未来值的问题，存在一定的误差。如果能够对预测误差进行校正处理，那么对提高预测的精度将有重要意义。目前已有不少文献提出应用带有自修正功能的方法进行电力负荷预测的误差修正。

为了提高预测精度，实际系统中可以采取以下措施进行改进。

1. 减少负荷预测误差的措施

（1）根据负荷受气象因素影响，采用分时段输入气象资料。

（2）采用模糊规则、灰色系统进行预测。

（3）对停投没有规律性的大用户负荷，采用人工及时修改负荷参数的方法。

（4）积累历史数据，并确保其正确性、完整性，对电网突发事故造成的误差，应及时修正数据。

（5）对节假日负荷的影响在模型中用特殊的方法进行修正。

2. 负荷预测滚动修正的一般方法

目前，规划研究部门所使用的各种预测方法，无外乎产值单耗法、负荷密度法、回归预测法、趋势外推预测法等几种基本类型，事实上这几种预测方法都存在缺点与局限性。2016 年我国能源局印发的《电力规划管理办法》明确要求电力规划（涵盖电力需求预测）与国民经济和社会发展五年规划同步编制，提前 2 年启动，且发布 2～3 年后，可根据经济发展和规划实施情况进行中期滚动调整。各地方政策将其细化为具体操作流程，形成事实上的行业惯例。例如，进行 10～30 年中长期电力需求预测时，在 10～30 年前做一次初

步匡算；以后 10 年预测每 3 年左右做一次滚动修正，10～30 年预测每 5～8 年滚动修正一次。事实上已有不少地方电力规划人员对近期的电力需求几乎都根据情况每 1～2 年做一次滚动修正，10～30 年预测也是每 3～5 年左右即做滚动修正一次，以期尽可能准确预测电力负荷的发展水平。

滚动修正周期取决于城市规划的修正、调整和重新编制的时间安排。进行修正的时间要根据城市规划与城市经济和城市发展相适应的情况而定。

2.5 考虑经济转型与电力需求关联的负荷预测案例

2.5.1 经济转型与电力需求关联度分析

中长期电力需求的宏观影响因素主要考虑经济发展水平、产业结构变化、电力和替代能源的价格、人口因素、气候因素、科技进步和节能效应等的影响，而微观影响因素主要是指电价水平。针对经济转型发展对电力需求的影响，采用四个与经济发展相关的因素进行分析，即经济发展水平、产业结构变化、经济可持续发展指标和居民生活水平。

（1）经济发展水平。经济发展水平是指一个国家经济发展的规模、速度和所达到的水准。反映一个国家经济发展水平的常用指标有国内生产总值、国民收入、人均国民收入、经济发展速度、经济增长速度。对一个国家或地区经济发展的水平，可以从其规模（存量）和速度（增量）两个方面来进行测量。所谓经济规模是指一个国家在特定时间范围里能够生产出来的财富总量，包括从基本的生活用品到复杂的生产资料，再到各种文化和精神产品等财富的总量。经济规模测量中最常用的指标是“生产总值”，它综合性地代表了一个国家或地区在一定时期内所生产的财富总和。在经济发展速度方面，最常用的指标是“生产总值年增长率”。

（2）产业结构变化。产业结构，也称国民经济的部门结构，是国民经济各产业部门之间以及各产业部门内部的构成。产业结构或部门结构是在一般分工和特殊分工的基础上产生和发展起来的，通常根据社会生产活动历史发展顺序分为三类。产品直接取自自然界的部门称为第一产业，对初级产品进行再加工的部门称为第二产业，为生产和消费提供各种服务的部门称为第三产业。这种分类方法是世界上较为通用的产业结构分类方法。

一般来说，第一产业指的是广义的农业，包括农业（通常指种植业）、畜牧业、林业和狩猎业等；第二产业指的是广义的工业，包括采矿业、制造业、建筑业、煤气、电力、供水等；第三产业指的是广义的服务业，包括商业、金融及保险业、运输业、服务业、公益服务业等。随着社会经济的发展，产业结构会实现由第一产业为主向第二产业为主最后向第三产业为主的过渡，即实现从农业到工业到服务业的转变。

（3）经济可持续发展。近年来，随着经济快速增长，经济发展与资源环境的矛盾日趋尖锐，全球对环境保护的重视程度逐渐提高，可持续发展的概念应运而生。1987 年世界环境与发展委员会在《我们共同的未来》报告中第一次阐述了可持续发展的概念，得到了国际社会的广泛共识。该报告中，可持续发展被定义为：“能满足当代人的需要，又不对后代人满足其需要的能力构成危害的发展。它包括两个重要概念：需要的概念，尤其是世界各国人们的基本需要，应将此放在特别优先的地位来考虑；限制的概念，技术状况和社会组织对环境满足眼前和将来需要的能力施加的限制。”美国、日本、欧盟也相继提出各自的可持续发展战略以及能源发展战略，切实推进绿色能源的使用，减少对环境的污染。

在全球倡导保护环境、节约资源的大背景下，我国从20世纪90年代起也开始重视这个问题，力求做到经济和环境的持续发展。《国民经济和社会发展第十一个五年规划纲要》提出了“节能减排”的定义。节能减排有广义和狭义定义之分，广义的节能减排是指节约物质资源和能量资源，减少废弃物和环境有害物（包括“三废”和噪声等）排放；狭义的节能减排是指节约能源、降低能源消耗和减少环境有害物排放。

（4）居民生活水平。居民生活水平又称生活程度，其具体内容包括居民的实际收入水平、消费水平和消费结构、劳动的社会条件和生产条件、社会服务的发达程度、闲暇时间的占有量和结构、卫生保健和教育普及程度等。生活水平包含一系列满足居民物质生活需要和精神生活需要的内容，一般用人均国民收入指标、实际收入水平指标、实际消费水平指标、人均寿命指标等指标来测定。

电力需求受多个因素影响，下面通过电力需求量与影响因素间的相关性分析，得到电力需求量与影响因素的相关系数，找出影响电力需求最主要的因素。运用灰色关联分析法对与电力相关的经济社会发展指标进行筛选，以电力需求量为参考序列，以与电力相关的经济社会发展指标作为比较序列。以国内A地区2000—2016年的历史实际电力需求量为基础，考虑到数据的可获得性和前述分析，对地区生产总值、地区生产总值增长率、二产占比、二产增加值、三产占比、三产增加值、电力消费弹性系数、地区人均生产总值、城镇化率9个指标进行灰色关联分析。表2-2为各类影响因素与国内A地区电力需求量之间的灰色关联度分析结果。

表2-2　　各类影响因素与国内A地区电力需求量的灰色关联度分析结果

影响因素	电力需求量	影响因素	电力需求量
地区生产总值	0.87	三产增加值	0.75
地区生产总值增长率	0.67	电力消费弹性系数	0.59
二产占比	0.64	地区人均生产总值	0.85
二产增加值	0.82	城镇化率	0.67
三产占比	0.64		

根据上述分析可知，在经济发展水平方面，电力需求量与地区生产总值具有很大的相关性，而与地区生产总值年增长率的相关性较小。一般来讲，地区生产总值的增长会直接带动电力需求的增长，而地区生产总值年增长率相对于电力需求量有一定的滞后性。从产业结构来看，二产产值比三产产值对电力需求量的影响仍然略大，而产业产值比产值占比对电力需求总量的影响更大。分析其原因，主要是产值的增量大于产值占比的增量，与电力需求量的增量更加接近；而二产的电力需求量仍大于三产。从电力消费弹性系数指标来看，其关联度系数最小，与电力需求量的相关性较弱，主要是因为电力消费弹性系数只是电力需求的限制条件，并不是主要因素影响。地区人均生产总值与地区生产总值的增长情况十分类似，与电力需求量的相关性很高。而城镇化率的增长与二、三产占比类似，与电力需求量相关性一般。

针对表 2-2，若选取灰色关联度>0.8 作为衡量相关与否标准，则认为地区人均生产总值、地区生产总值总量及二产增加值是影响电力需求量的主要因素。另外，虽然三产增加值只有 0.75，但考虑到经济转型背景下第三产业的影响将会越来越大，在做电力需求预测的研究工作中将其考虑进来也是十分必要的。

接下来采用不同方法对国内 A 地区 2017—2030 年的电力需求量进行预测。

2.5.2 多元回归预测方法

依据表 2-2 关联度分析结果，采用 A 地区生产总值 x_1 代表 A 地区的经济增长水平，地区人均生产总值 x_2 代表收入水平，二产增加值 x_3 和三产增加值 x_4 代表目前以及未来主要影响电力需求的产业结构指标，以这四个指标为主要影响因素进行多元回归模型的建立，得到线性模型为

$$E=6011.152-0.914x_1-1.499x_2+1.871x_3+1.399x_4$$

考虑线性回归的本身缺陷，同时考虑使用非线性模型来进行建模，这里选取了对数模型来进行建模分析，得到对数模型为

$$E=-26586-69615.32\ln x_1+77453.08\ln x_2-2723.05\ln x_3+4379.482\ln x_4$$

通过得到的拟合方程，将历史 A 地区的生产总值、人均生产总值、二产增加值和三产增加值数据代入方程得到电力需求量拟合值，再与实际历史值作比较来确定值的偏差程度。相关历史数据见表 2-3，2000—2016 年 A 地区电力需求量多元线性回归拟合结果见表 2-4。

表 2-3　　2000—2016 年 A 地区的相关历史数据

年份	电力需求量（亿 kW·h）	地区生产总值（亿元）	地区人均生产总值（万元/人）	二产产值（亿元）	三产产值（亿元）
2000	3009	26132.5	1.13	12602.5	10391.1
2001	3318	28884.9	1.24	13951.4	11698.4
2002	3788	32338.8	1.38	156.84.3	13323.6
2003	4522	37748.9	1.59	18950.0	15401.6
2004	5241	45247.8	1.88	23212.1	18053.8
2005	6096	53168.9	2.20	27594.7	21320.7
2006	6998	61729.1	2.53	32346.1	25000.3
2007	7983	73875.7	2.99	38341.5	30436.8
2008	8511	86189.2	3.46	44559.8	35768.5
2009	9026	94793.5	3.78	47396.8	41140.9
2010	10374	113410	4.49	57498.9	49333.4
2011	11475	133486	5.26	67410.4	57666.0
2012	12085	145819	5.72	72180.4	64597.8
2013	13049	160426	6.25	77967.0	72512.6
2014	13328	173734	6.74	82176.2	81655.0
2015	13544	185953.3	7.18	83679.0	91675.0
2016	14584	202674.4	7.77	87960.7	103566.6

表 2-4　　2000—2016 年 A 地区电力需求量多元线性回归拟合值

年份	电力需求量真实值（亿 kW·h）	电力需求量拟合值（亿 kW·h）		误差	
		线性	非线性	线性（%）	非线性（%）
2000	3009	3021.0	3014.9	8.84	0.18
2001	3318	3312.4	3343.3	4.74	0.74
2002	3788	3741.5	3861.2	0.50	1.92
2003	4522	4472.7	4427.6	2.75	−2.09
2004	5241	5340.1	5048.7	−3.65	−3.67
2005	6096	6146.9	6263.0	−5.05	2.73
2006	6998	6970.3	6929.7	−1.09	−0.97
2007	7983	7810.8	7863.6	−3.52	−1.49
2008	8511	8552.3	8698.4	−0.85	2.19
2009	9026	9147.2	9192.8	−0.92	1.84
2010	10374	10378.2	10309.9	3.19	−0.61
2011	11475	11553.6	11496.5	2.81	0.18
2012	12085	12110.3	12129.8	−0.45	0.36
2013	13049	12894.7	12860.3	−1.21	−1.44
2014	13328	13324.1	13369.2	3.59	0.30
2015	13544	13576.5	14016.3	0.45	0.08
2016	14584	14326.8	14575.0	1.26	1.06

线性多元回归预测方法的平均误差为 3.5%，小于 5%，属于二级精度。但是模型始终是线性模型，实际情况则是非线性的增长趋势，所以误差值依然很高。而非线性多元回归预测方法的平均误差仅为 1.7%，相比较线性回归，拟合情况更贴近实际。

2.5.3 时间序列预测方法

运用时间序列的 Holt 指数平滑模型，通过时间序列法不考虑电力需求量与其他因素之间的因果关系，仅把电力需求量看作一组随时间变化的数列的特点。相关历史数据见表 2-3。2000—2016 年 A 地区的电力需求量时间序列拟合值见表 2-5。

表 2-5　　2000—2016 年 A 地区电力需求量时间序列拟合值

年份	电力需求量拟合值（亿 kW·h）	误差（%）	年份	电力需求量拟合值（亿 kW·h）	误差（%）
2000	2776.3	7.74	2009	9228.7	−2.24
2001	3271.9	1.40	2010	9641.8	7.05
2002	3604.5	4.85	2011	11355.2	1.04
2003	4165.9	7.87	2012	12516.1	−3.56
2004	5077.5	3.12	2013	12911.7	1.05
2005	5878.3	3.57	2014	13943.74	−4.61
2006	6842.3	2.22	2015	14016.3	0.08
2007	7821.7	2.02	2016	14105.6	1.01
2008	8887.3	−4.41			

根据模型统计量，由 Ljung-Box 检验可知，残差并没有违反序列为随机过程的假设，并且也没有出现离群值。该拟合值的平均误差为 3.71%，效果较为理想，模型与实际数据相比误差较小，可以反映出实际情况。

2.5.4 Logistic 模型预测方法

将 A 地区电力需求量作为因变量，以历年年份 x 作为自变量，相关历史数据见表 2-3，经拟合得到 Logistc 方程为

$$E=\frac{21810.7142}{1+6.8721e^{-0.1639(x-1999)}}$$

将自变量依次代入，得到的拟合结果，见表 2-6。

表 2-6　　2000—2016 年 A 地区电力需求量 Logistic 模型拟合值

年份	电力需求量拟合值（亿 kW・h）	误差（%）	年份	电力需求量拟合值（亿 kW・h）	误差（%）
2000	3191.9	6.06	2009	9343.2	3.51
2001	3664.8	10.43	2010	10227.0	−1.41
2002	4192.0	10.65	2011	11119.8	−3.09
2003	4775.2	5.59	2012	12009.8	−0.62
2004	5414.5	3.30	2013	12885.0	−1.25
2005	6108.7	−0.20	2014	13734.7	3.04
2006	6854.7	−2.04	2015	14549.1	4.50
2007	7647.5	−4.20	2016	14789.2	2.05
2008	8480.0	−0.37			

因为 Logistic 模型旨在反映电力需求量前期的缓慢发展、中期的快速增长以及后期的饱和平稳，整体曲线时间轴较长，所以有个别时间点的拟合情况误差较大也属正常，在剔除个别畸形点之后的平均误差为 4.3%。

2.5.5 不同预测方法结果对比

本节对各种预测方法进行对比分析，2000—2016 年电力需求量拟合值与实际值对比结果见表 2-7，从拟合情况来看，多元回归的拟合平均误差较小，而时间序列和 Logistic 模型的拟合误差较大。

图 2-3 给出了不同预测方法的结果对比。在多元回归模型中，通过关联度分析所得四种经济因素作为自变量，A 地区整体电力需求总量作为因变量，就模型本身而言，体现出 A 地区电力负荷随经济变化而变化的特征，根据转型情况假设三种预测场景，通过不同的经济指标变化，可以对 A 地区电力需求进行合理的预测分析，而预测值中可以有效体现出经济转型的特征。时间序列模型只考虑时间与用电量的关系，并未考虑经济因素的影响。历史用电量中，只有最近 4～5 年的用电量增速出现下滑，而绝大部分历史值并未包含经济转型的特征，故在预测方面，预测曲线会根据历史趋势持续向上，预测结果可视为未考虑经济转型的典型情况之一。Logistic 模型本身即为 S 形自然生长曲线，符合国外典型发

达国家的用电量历史曲线走势，虽然模型中并未涉及经济因素，就模型整体而言，符合客观发展规律，即可作为考虑未来饱和趋势的负荷预测。

表 2-7　　2000—2016 年不同预测方法下的电力需求量拟合值与实际值对比

年份	电力需求量实际值（亿 kW·h）	电力需求量拟合值（亿 kW·h）		
		多元回归法	时间序列法	Logistic 模型预测法
2000	3009	3014.9	2776.3	3191.9
2001	3319	3343.3	3271.9	3664.8
2002	3788	3861.2	3604.5	4192.0
2003	4522	4427.6	4165.9	4775.2
2004	5241	5048.7	5077.5	5414.5
2005	6096	6263.0	5878.3	6108.7
2006	6998	6929.7	6842.3	6854.7
2007	7983	7863.6	7821.7	7647.5
2008	8512	8698.4	8887.3	8480.0
2009	9026	9192.8	9228.7	9343.2
2010	10374	10309.9	9641.8	10227.0
2011	11475	11496.5	11355.2	11119.8
2012	12086	12129.8	12516.1	12009.8
2013	13049	12860.3	12911.7	12885.0
2014	13329	13369.2	13943.74	13734.7
2015	13544	14016.3	14016.3	14549.1
2016	14584	14575.0	14105.6	14789.2
平均误差	—	1.7%	3.71%	4.3%

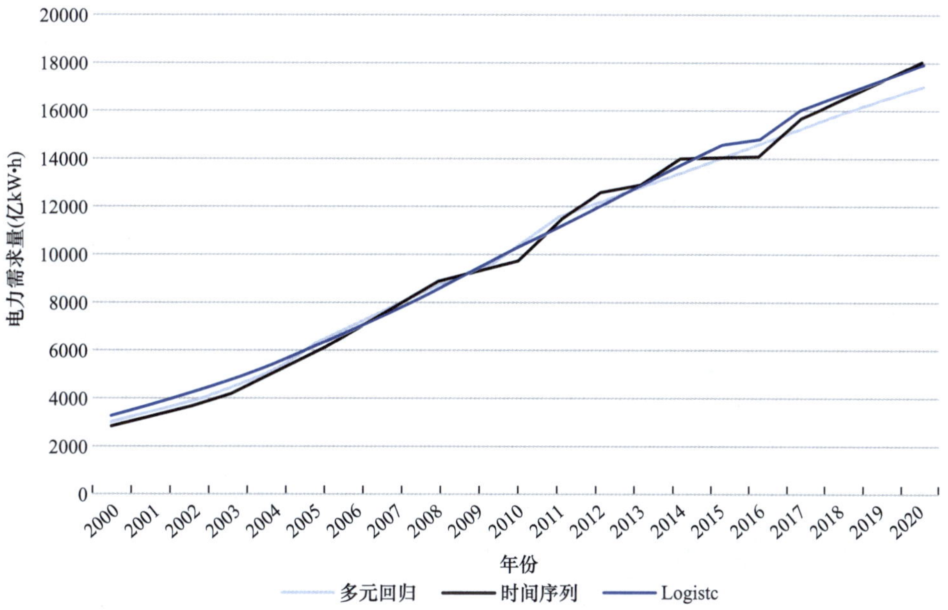

图 2-3　不同预测方法的预测结果对比

习　题

1. 简述电力系统负荷预测的流程。

2. 按照预测时间跨度进行划分，电力负荷预测一般可以分为几类？每类预测方法具体包含哪些内容？在电力系统的运行管理和规划设计工作中有什么重要意义？

3. 确定性负荷预测方法有哪些？其优缺点、适用范围分别是什么？

4. 不确定性负荷预测方法有哪些？其优缺点、适用范围分别是什么？

5. 采用负荷密度法测算自己所在小区或者乡镇的空间负荷值。

6. 综合评价方法可以广泛应用在预测方法结果优劣判断、可信度决策、投资优选中，试任选一种综合评价方法，说明其基本流程。

第 3 章　电力系统规划的经济评价

本章简要介绍电力系统规划经济评价的意义、原则、注意事项、方法及不同经济评价方法的含义与差别，说明了资金的时间价值，着重介绍了财务评价方法、国民经济方法、不确定性的评价方法、最小费用法、净现值法、内部收益率法、折返年限法，强调了各类方案比较宜考虑的因素，最后简要介绍全寿命周期经济评价方法。

3.1　概　　述

3.1.1　经济评价的意义和原则

经济评价是工程项目或方案评价的一个组成部分，而且往往是通过技术经济比较对方案进行筛选后，将其优选方案再进行国民经济评价、财务评价及不确定性分析。电力系统规划中经济评价应用最为广泛的是方案经济比较。经济评价是可行性研究的重要内容和确定方案的重要依据。

电力系统规划的成果是电力发展决策部门批准电力建设方案的依据和重要参考资料。为确定某一规划方案或一个电力建设工程项目，除了分析该方案或工程项目是否在技术上先进、可靠和适用外，还得要分析该方案或工程项目在经济上是否合理。只有技术和经济两个方面都合理后，该方案或工程项目才能实施。所以，电力系统规划方案经济评价（或经济比较）是电力建设项目决策科学化、民主化，减少和避免决策失误，提高电力建设经济效益的重要手段。

3.1.2　经济评价的注意事项

（1）电力系统规划工作需要进行经济评价的内容多种多样，经济评价的方法也有多种，应从实际需要出发，选用合适的方法。

（2）方案应有可比性，如生产能力或产量不同的方案或项目，应设法使方案不同部分等同后再比较。

（3）一般应考虑时间因素，按动态法比较分析，以静态指标进行辅助分析，对工期较短或较小型的项目，也可按静态法比较分析。

（4）电力建设的投资渠道多，贷款利率也各不相同，如涉及投资渠道和贷款利率均较为明确的电力建设工程方案比较时，应考虑建设期投资贷款利息和生产期流动资金贷款利息及其相应变动对方案的经济影响。

（5）经济评价的内容应完整、不漏项。

（6）采用的基础资料和数据应正确无误。

（7）各方案须采用同一时间的价格指标。

（8）当方案涉及相关的煤炭、水利或交通运输部门的费用和效益时，应分析其影响。

（9）某些方案若涉及社会效益或国家利益而又难以用经济指标表达时，宜将社会效益或国家利益作为经济比较的辅助材料同时列出。

（10）要对可变因素加以分析。

（11）方案比较时，一般可按现行价格进行，但若某些材料、设备在项目费用中占较大比重，而价格又明显不合理，可能影响方案确定时，应采用其影子价格。

（12）经济评价方法只是一种科学手段，不能代替规划人员的分析和判断，所以要求规划者应多做方案，多调查研究，对计算所采用的参数要慎重研究，对具体项目必须做出具体分析。

3.1.3 经济评价方法

目前采用的经济评价方法分为静态评价法、动态评价法和不确定性的评价法三类。

在评价工程项目投资的经济效果时，如不考虑资金的时间价值，则称为静态评价法。静态评价法比较简单直观，但难以考虑工程项目在使用期内收益和费用的变化，难以考虑各方案使用寿命的差异，特别是不能考虑资金的时间因素，因此一般只用于简单项目的初步可行性研究。对电力系统规划来说，由于工程项目的周期长，且涉及众多使用寿命不同的子项目（如火电站、水电站、核电站、变电站、输电线路等），在规划期内费用流比较复杂，不宜采用静态评价法。

动态评价法考虑了资金的时间因素，比较符合资金的动态规律，因而给出的经济评价更符合实际。目前世界各国在电源规划和输电规划中常用的动态评价法有四种，即净现值法、内部收益率法、费用现值法和等年费用法。

不确定性的评价方法将在**3.5**节中介绍。

3.1.4 经济评价内容的含义及其差别

经济评价内容包括财务评价、国民经济评价、不确定性分析和方案比较四方面。

财务评价是从企业角度根据国家现行财税制度和现行价格，分析测算项目的效益和费用，考察项目的获利能力、清偿能力及外汇效果等财务状况，以判别建设项目财务上的可行性。

国民经济评价是从国家整体角度考察项目的效益和费用，计算分析项目给国民经济带来的净效益，评价项目经济上的合理性。

财务评价和国民经济评价都是以国家规定的效益指标为基础作比较，并不要求多个项目相互比较。二者的相互关系是以国民经济评价为主，当二者分析结论相矛盾时，项目及方案的取舍取决于国民经济评价结果。对于某些国计民生急需项目，国民经济评价可行、财务评价认为不可行时，可向国家和主管项目的领导部门提出经济上的优惠措施建议，使项目财务可行。

财务评价与国民经济评价的差别是：

（1）分析角度不同。财务评价是从财务角度考察货币收支和盈利状况及借款偿还能力，以确定投资行为的财务可行性；国民经济评价是从国家整体的角度考察项目需要国家的投入和对国家的贡献。

(2) 效益与费用的含义和划分范围不同。财务评价是根据项目的实际收支确定项目的效益和费用，税金、利息等均计为费用；国民经济评价着眼于项目为社会提供的有用产品和服务、项目所耗费的全社会有用资源，考察其项目的效益和费用，税金、国内借款利息和补贴不计入项目的效益和费用。财务评价只计项目的直接效益和费用，国民经济评价要计入间接费用和效益。

(3) 使用价格不同。财务评价采用现行价格；国民经济评价采用影子价格。

(4) 主要参数不同。财务评价采用官方汇率，并按行业的基准收益率作为折现率；国民经济评价采用统一的影子汇率和社会折现率。

不确定性分析是分析可变因素以测定项目可承担风险的能力。

方案比较主要用于多方案筛选，排列出不同方案经济上的优劣顺序，不是最优方案不等于财务评价和国民经济评价是不可行的方案；同样，方案比较筛选出的最优方案，也可能财务评价和国民经济评价不可行。方案比较可以计算比较方案的不同部分，因而只计算各方案的部分费用，可根据项目的实际情况选用适宜的比较方法，而财务评价和国民经济评价必须严格计算规定的各项指标。方案比较常用的方法有最小费用法、净现值法、内部收益率法、折返年限法等，每种方法又可演化出不同表达式。

3.2 资金的时间价值

资金的价值与时间有密切关系。当前的一笔资金，即使不考虑通货膨胀的因素，也比将来数量相同的资金更有价值。因为当前的资金可在使用过程中产生利润。因此，工程项目在不同时刻投入的资金及获得的效益，其价值也是不同的。为了取得经济上的正确评价，应该把不同时刻的金额折算为同一时刻的金额，然后在相同的时间基础上进行比较。

在经济分析中，工程项目有关资金的时间价值可以用以下四种方法来表示：

(1) 现值 P。将不同时刻的资金换算为当前时刻的等效金额，此金额称为现值。这种换算称为贴现计算，现值也称为贴现值。

(2) 将来值 F。将资金换算为将来某一时刻的等效金额，此金额称为将来值。资金的将来值有时也称为终值。

(3) 等年值 A。将资金换算为按期等额支付的金额，通常每期为一年，故此金额称为等年值。

(4) 递增年值 G。将资金换算为按期递增支付的金额，此金额称为递增年值。

现值和将来值都是一次支付性质的，等年值和递增年值都是多次支付性质的。

以上四种类型的资金可以互相转换，它们之间的换算和众所周知的利息算法完全相同。在作工程项目的经济评价时，利息比利率的真正含义要深得多，无论在概念上和数值上都与银行存款不同，它是在资金使用过程中通过利润产生的。有时为了区分这两个概念，用贴现率代替利率。尽管概念和内涵不同，利息的计算形式目前仍被当作在理论上体现资金时间价值的正确方法。

3.2.1 由现值 P 求将来值 F

由现值 P 求将来值 F 的计算也称本利和计算。设利率为 i，则在第 n 年末的利息及本利和见表 3-1。

表 3-1　本利和计算

期数	期初金额	本期利息（增长数）	期末金额
1	P	Pi	$P+Pi=P(1+i)=F_1$
2	$P(1+i)$	$P(1+i)i$	$P(1+i)+P(1+i)i=P(1+i)^2=F_2$
3	$P(1+i)^2$	$P(1+i)^2i$	$P(1+i)^2+P(1+i)^2i=P(1+i)^3=F_3$
⋮	⋮	⋮	⋮
n	$P(1+i)^{n-1}$	$P(1+i)^{n-1}i$	$P(1+i)^{n-1}+P(1+i)^{n-1}i=P(1+i)^n=F_n$

由表 3-1 中可以看出，第 n 年末的将来值 F 与现值 P 的关系为

$$F=P(1+i)^n \tag{3-1}$$

式中：$(1+i)^n$ 为一次支付本利和系数。

利用式（3-1）进行计算时应注意 P 值发生在第一年初，而 F 值发生在第 n 年末。

3.2.2 由将来值 F 求现值 P

由将来值 F 求现值 P 的计算称为贴现计算。由式（3-1）可知

$$P=\frac{F}{(1+i)^n} \tag{3-2}$$

式中：$\frac{1}{(1+i)^n}$称为一次支付贴现系数，为一次支付本利和系数的倒数。

3.2.3 由等年值 A 求将来值 F

由等年值 A 求将来值 F 的计算称为等年值本利和计算。当等额 A 的现金流发生在从 $t=1$ 到 $t=n$ 年的每年末时，在第 n 年末的将来值 F 等于这 n 个现金流中每个 A 值的将来值的总和，即

$$F=A+A(1+i)+A(1+i)^2+\cdots+A(1+i)^{n-1} \tag{3-3}$$

这是一个等比级数之和，其公比为 $1+i$，将式（3-3）两端乘以 $1+i$ 得

$$F(1+i)=A(1+i)+A(1+i)^2+\cdots+A(1+i)^n \tag{3-4}$$

用式（3-4）减式（3-3），得

$$F(1+i)-F=A(1+i)^n-A$$

故知

$$F=A\,\frac{(1+i)^n-1}{i} \tag{3-5}$$

式中：$\frac{(1+i)^n-1}{i}$称为等年值本利和系数，表达了 n 年的等年值 A 与第 n 年末将来值 F 之间的关系。

【例 3-1】 某工程投资 80 亿元，施工期为 10 年，每年投资分摊为 8 亿元。如果全部

投资由银行贷款，贷款利率为10％，问工程投产时欠银行的金额是多少？

解：

$$F = A\frac{(1+i)^n - 1}{i}$$

$$= 8\times\frac{(1.0+0.1)^{10} - 1}{0.1}$$

$$= 8\times 15.937 = 127.496(\text{亿元})$$

3.2.4 由将来值 F 求等年值 A

由将来值 F 求等年值 A 的计算称为偿还基金计算。由式（3-5）可得

$$A = F\frac{i}{(1+i)^n - 1} \tag{3-6}$$

式中：$\frac{i}{(1+i)^n - 1}$ 为偿还基金系数。

利用偿还基金计算可以回答这样的问题：为了支付第 n 年的一笔费用，从现在起到第 n 年止，每年应该等额储蓄多少？

【例3-2】 为了在第20年末购买一台设备，预计当时的价格为20000元，若银行的年利率为7％且维持不变，每年应储蓄多少？

解：

$$A = F\frac{i}{(1+i)^n - 1}$$

$$= 20000\times\frac{0.07}{(1+0.07)^{20} - 1}$$

$$= 20000\times 0.02439$$

$$= 487.8(\text{元})$$

3.2.5 由等年值 A 求现值 P

由等年值 A 求现值 P 的计算称为等年值的现值计算。由式（3-2）可得

$$P = F\frac{1}{(1+i)^n} \tag{3-7}$$

将式（3-5）代入式（3-7）可得

$$P = A\frac{(1+i)^n - 1}{i}\times\frac{1}{(1+i)^n} \tag{3-8}$$

定义

$$PA(i,n) \triangleq \frac{(1+i)^n - 1}{i(1+i)^n} \tag{3-9}$$

称为等年值的现值系数。

【例3-3】 设某工程投产后每年净收益3亿元，希望在10年内连本带利将投资全部收回，若利率为10％，问该工程在开始投产时最多容许筹划多少投资？

解：

$$P = A\frac{(1+i)^n - 1}{i(1+i)^n}$$

$$= 3\times\frac{(1+0.1)^{10} - 1}{0.1\times(1+0.1)^{10}}$$

$$=3\times 6.1445=18.4335(\text{亿元})$$

3.2.6 由现值 P 求等年值 A

由现值 P 求等年值 A 的计算叫作资金收回计算。由式（3-8）可得

$$A=P\frac{i(1+i)^n}{(1+i)^n-1}=P\times AP(i,n) \tag{3-10}$$

定义

$$AP(i,n)=\frac{i(1+i)^n}{(1+i)^n-1} \tag{3-11}$$

称为资金收回系数，是经济分析中的一个重要系数，它表达了已知现值 P（发生在第一年初）和 n 个等年值 A（发生在第 1，2，…，n 年末）之间的等效关系。

【例 3-4】 某公司目前借款购买一台价值 20000 元的设备，该款应在 20 年中等额还清。设利息为 7%，每年末应偿还多少？

解：

$$\begin{aligned}A&=P\times AP(7\%,20)\\&=20000\times\frac{0.07\times(1+0.07)^{20}}{(1+0.07)^{20}-1}\\&=20000\times 0.09439=1887.8(\text{元})\end{aligned}$$

3.3 财务评价方法

财务评价以财务内部收益率、财务净现值、投资回收期和固定资产投资借款偿还期作为主要评价指标。

3.3.1 财务内部收益率

财务内部收益率（$FIRR$）是指使项目计算期内净现金流量现值累计等于零时的折现率，计算式为

$$\sum_{t=1}^{n}(C_\mathrm{I}-C_\mathrm{O})_t(1+FIRR)^{-t}=0 \tag{3-12}$$

式中：$(C_\mathrm{I}-C_\mathrm{O})_t$ 为第 t 年的净现金流量；C_I 为现金流入量；C_O 为现金流出量；n 为计算期。

该式现金流入、流出的计算项目按财务评价规定的计算项目核算。当 $FIRR\geqslant i_\mathrm{c}$（电力工业基准收益率）时，应认为项目在财务上是可行的；当 $FIRR<i_\mathrm{c}$ 时，认为该项目财务上不可行。

3.3.2 财务净现值

财务净现值（$FNPV$）是指按设定的折现率（一般采用基准收益率 i_c）计算的项目计算期内净现金流量的现值之和，计算表达式为

$$FNPV=\sum_{t=1}^{n}(C_\mathrm{I}-C_\mathrm{O})_t(1+i_\mathrm{c})^{-t} \tag{3-13}$$

该式符号含义同式（3-12）。按照设定的折现率计算的财务净现值大于或等于零时，项目方案在财务上可考虑接受。

3.3.3　投资回收期

投资回收期（P_t），又称投资返本年限，是该项目的净收益抵偿全部投资（包括固定资产和流动资金）所需的时间。投资回收期自工程开始年算起，按年表示的表达式为

$$\sum_{t=1}^{P_t}(C_{\mathrm{I}}-C_{\mathrm{O}})_t=0 \tag{3-14}$$

投资回收期可借助财务现金流量表推算。流量表中累计净现金流量由负值变为零或正值的年份，即为项目的投资回收期，按下式计算：

$$P_t=P_{tn}-1+\frac{C_{\mathrm{sLj}}}{C_{\mathrm{dj}}} \tag{3-15}$$

式中：P_t 为计算投资回收期（以年数表示）；P_{tn} 为累计净现金流量开始出现零或正值的年份数；C_{sLj} 为上年累计净现金流量的绝对值；C_{dj} 为当年净现金流量。

将 P_t 与电力工业投资基准回收期 P_{c} 相比较，当 $P_t<P_{\mathrm{c}}$ 时，应认为在财务上是可行的；当 $P_t\geqslant P_{\mathrm{c}}$ 时，认为在财务上是不可行的。

3.3.4　固定资产投资借款偿还期

借款偿还期（P_{d}）是指在国家财政规定及项目具体财务条件下，项目投产后可用作还款的利润、折旧及其他收益额偿还固定资产投资借款本金和利息所需的时间。其中固定资产投资借款本金与利息之和的计算式为

$$I_{\mathrm{d}}=\sum_{t=1}^{P_{\mathrm{d}}}(R_{\mathrm{P}}+D'+R_0-R_t)_t \tag{3-16}$$

式中：$(R_{\mathrm{P}}+D'+R_0-R_t)_t$ 为第 t 年可用作还款的收益额；I_{d} 为固定资产投资借款本金与利息之和；R_{P} 为年利润总额；D'为年可用作偿还借款的折旧；R_0 为年可用作偿还借款的其他收益；R_t 为还款期间企业留利。

借款偿还期可由财务平衡表直接推算出，以年表示。计算式为

$$P_{\mathrm{d}}=P_{\mathrm{dy}}-1+\frac{R_{\mathrm{dj}}}{R_{\mathrm{dSj}}} \tag{3-17}$$

式中：P_{dy} 为借款偿还后开始出现盈余的年份数；R_{dj} 为当年应偿还金额；R_{dSj} 为当年可用作还款的收益额。

财务评价还有一系列辅助指标，具体请参看有关规定。

3.4　国民经济评价方法

根据项目特点和实际需要，国民经济评价可计算经济内部收益率和经济净现值等指标。数学表达形式与财务评价数学表达形式基本相同，只是代表符号不同。

3.4.1 经济内部收益率

经济内部收益率（*EIRR*）反映项目对国民经济的相对贡献，是使项目计算期内的经济净现值累计等于零时的折现率，计算出的经济内部收益率大于或等于社会折现率的项目认为是可考虑接受的。其计算式为

$$\sum_{t=1}^{n}(C_{\mathrm{I}}-C_{\mathrm{O}})_t(1+EIRR)^{-t}=0 \tag{3-18}$$

该式符号含义同式（3-12），只是其中的现金流入、流出的计算项目需按国民经济评价规定的计算项目核算。

3.4.2 经济净现值

经济净现值（*ENPV*）是反映项目对国民经济所作贡献的绝对指标，是用社会折现率将项目计算期内各年的净效益折算到建设起点的现值之和。当经济净现值大于零时表示该项目是可以接受的。其计算式为

$$ENPV=\sum_{t=1}^{n}(C_{\mathrm{I}}-C_{\mathrm{O}})_t(1+i_{\mathrm{s}})^{-t} \tag{3-19}$$

式中：i_{s} 为社会折现率。

其余符号含义同式（3-18）。

3.4.3 经济净现值率

经济净现值率用于方案比较，当各方案投资不同时用经济净现值率表示。其计算式为

$$ENPVR=\frac{ENPV}{I_{\mathrm{P}}} \tag{3-20}$$

式中：I_{P} 为投资的现值（包括固定资产投资和流动资金）。

3.5 不确定性的评价方法

不确定性的评价方法是考虑原始数据的不确定性及不准确性的经济分析方法。电力工程项目中，这种不确定性来自电力负荷的预测误差、一次能源和电工技术设备价格的变化等。不确定性的经济评价方法又分为以下三种：

（1）盈亏平衡分析。当对于某一参数或原始数据完全无法确定时，可以分析该参数的取值范围，以确定该参数在什么范围内时方案是经济可取的，在什么范围内时方案是不经济的。

（2）灵敏度分析。当已知某参数的一些可能的取值，但不知道这些数值出现的概率时，可以分析参数不同取值对方案经济性的灵敏度。

（3）概率分析。概率分析又称风险分析，是一种用统计原理研究不确定性的方法。它通过不确定因素的概率分布寻找经济评价值的概率分布情况，进而判断方案的损益和风险。

概率分析的关键是要事先知道哪些不确定因素的概率分布，为此需要充足资料和丰富经验，并要做艰巨的数据处理工作。所以除非特殊需要，一般工程项目的经济评价都不作概率分析。

3.6 最小费用法

最小费用法是电力系统规划经济分析应用较普遍的方法，适用于比较效益相同或效益基本相同但难以具体估算的方案。最小费用法有如下不同表达方式。

3.6.1 费用现值比较法

费用现值比较法简称现值比较法，是将各方案基本建设期和生产运行期的全部支出费用均折算至计算期的第一年，现值低的方案为可取方案。其通用表达式为

$$P_w = \sum_{t=1}^{n}(I + C' - S_v - W)_t(1+i)^{-t} \tag{3-21}$$

式中：$(1+i)^{-t}$ 为折现系数；P_w 为费用现值；I 为全部投资（包括固定资产投资和流动资金）；C'为年经营总成本；S_v 为计算期末回收固定资产余值；W 为计算期末回收流动资金；i 为电力工业基准收益率或折现率；n 为计算期。

在实际工作中，也有按式（3-21）演化为终值费用或工程建成年费用进行比较的。终值费用法只需将式（3-21）中的折现系数改为终值系数即可（折现系数与终值系数互为倒数）。工程建成年费用是将建设期的投资及运营费等按终值费用法折算到建成年；生产运行期的支出费用和计算期末回收的固定资产余值与流动资金按折现法折算到建成年。终值费用法计算出的数据庞大，工程建成年费用计算较为麻烦，现值法比较简单。

3.6.2 计算期不同的现值比较法

电力系统规划中，如参加比较的方案计算期不同（如水、火电源方案比较），则不能简单地按式（3-21）计算不同方案的现值费用。一般可按各方案中计算期最短的计算，其表达式为

$$P_{w1} = \sum_{t=1}^{n_1}(I_1 + C_1' - S_{v1} - W_1)_t(1+i)^{-t} \tag{3-22}$$

$$P_{w2} = \left[\sum_{t=1}^{n_2}(I_2 + C_2' - S_{v2} - W_2)_t(1+i)^{-t}\right]\left[\frac{i(1+i)^{n_2}}{(1+i)^{n_2}-1}\right]\left[\frac{(1+i)^{n_1}-1}{i(1+i)^{n_1}}\right] \tag{3-23}$$

式中：$\dfrac{i(1+i)^{n_2}}{(1+i)^{n_2}-1}$为第二方案的资金回收系数；$\dfrac{(1+i)^{n_1}-1}{i(1+i)^{n_1}}$为第一方案的年金现值系数；$I_1$、$I_2$ 分别为第一、二方案的投资；C_1'、C_2'分别为第一、二方案的年运营总成本；S_{v1}、S_{v2} 分别为第一、二方案回收的固定资产余值；W_1、W_2 分别为第一、二方案回收的流动

资金；n_1、n_2 分别为第一、二方案的计算期（$n_2>n_1$）。

3.6.3 年费用比较法

年费用比较法是将参加比较的诸方案计算期的全部支出费用折算成等额年费用后进行比较，年费用低的方案为经济上优越方案。计算期不同的方案宜采用年费用法。计算方法只是将式（3-21）的费用现值再乘以资金回收系数，通用的年费用表达式为

$$A_C=\left[\sum_{t=1}^{n}(I+C'-S_v-W)_t(1+i)^{-t}\right]\left[\frac{i(1+i)^n}{(1+i)^n-1}\right] \tag{3-24}$$

式中：$\dfrac{i(1+i)^n}{(1+i)^n-1}$为资金回收系数；其余符号的含义同式（3-21）。

3.7 净现值法

净现值法要求计算比较项目的投入与产出效益的全部费用，因此比较项目都需具备较准确的经济评价用原始参数。该方法适用于项目决策的最后评估。采用净现值法时，如果诸方案投资相同，净现值大的方案为经济占优势方案；若诸方案投资不同，需进一步用净现值率来衡量。

净现值法又分经济净现值法和财务净现值法，具体计算式可分别参照 **3.3.2** 节和 **3.4.2** 节。二者计算项目不尽相同，见表 3-2。

表 3-2　经济净现值法与财务净现值法计算项目的比较

计算项目		经济净现值法	财务净现值法	计算项目		经济净现值法	财务净现值法
一、现金流入	1. 产品销售收入	计算	计算	二、现金流出	1. 固定资产投资	计算	计算
	2. 回收固定资产余值	计算	计算		2. 流动资金	计算	计算
	3. 回收流动资金	计算	计算		3. 经营成本	计算	计算
	4. 项目外部效益	计算	不计算		4. 销售税金	不计算	计算
	5. 计算转让费	计算	计算		5. 营业外净支出	不计算	计算
	6. 资源税	不计算	计算		6. 项目外部费用	计算	不计算

3.8 内部收益率法和差额投资内部收益率法

3.8.1 内部收益率法

内部收益率法，要先计算各比较方案的内部收益率，在内部收益率均大于电力工业投资基准收益率情况下再相互比较，内部收益率大的方案为经济上占优势方案。因为低于电力工业投资基准收益率的方案，本身就是经济上不能成立的方案。内部收益率的计算式可分别参照 **3.3.1** 节和 **3.4.1** 节。

3.8.2 差额投资内部收益率法

差额投资内部收益率法是由内部收益率计算式演化得来，其表达式为

$$\sum_{t=1}^{n}[(C_{\mathrm{I}}-C_{\mathrm{O}})_2-(C_{\mathrm{I}}-C_{\mathrm{O}})_1]_t(1+\Delta IRR)^{-t}=0 \tag{3-25}$$

式中：$(C_{\mathrm{I}}-C_{\mathrm{O}})_1$ 为投资小的方案净现金流量；$(C_{\mathrm{I}}-C_{\mathrm{O}})_2$ 为投资大的方案净现金流量；ΔIRR 为差额投资内部收益率。

差额投资内部收益率用试差法求得，当大于或等于电力工业投资基准收益率或社会折现率时，投资大的方案较优；小于电力工业投资基准收益率或社会折现率时，投资小的方案较优。

3.9 折返年限法

国家发展改革委建设部颁布的《建设项目经济评价方法与参数（第三版）》中的静态差额投资回收期法就是折返年限法。该方法的优点是计算简单，资料要求少。其缺点是以无偿占有国家投资为出发点，未考虑时间因素，无法计算推迟投资效果，投资发生于施工期，运行费发生于投资后，在时间上未统一起来；仅计算回收年限，未考虑投资比例多少，未考虑固定资产残值；多方案比较时无法一次性全部计算出这些结果。但由于计算简单，电力系统规划设计中简单方案比较还可采用。折返年限法的计算表达式为

$$P_{\mathrm{a}}=\frac{I_2-I_1}{C_1'-C_2'} \tag{3-26}$$

式中：P_{a} 为静态差额投资回收期（折返年限）；I_1、I_2 分别为两个比较方案的投资；C_1'、C_2' 分别为两个比较方案的运行费。

如果比较方案的产量不同，可按式（3-26）用产品单位投资和单位成本进行比较。

式（3-26）也可演化成式（3-27）用于计算，该方法称之为静态差额投资收益率 R_{a}，其表达式为

$$R_{\mathrm{a}}=\frac{C_1'-C_2'}{I_2-I_1} \tag{3-27}$$

式（3-26）计算的折返年限低于电力工业基准回收年限和式（3-27）计算的差额投资收益率大于电力工业基准收益率的方案为经济上优越方案。

将式（3-27）按不等式计算，其表达式为

$$\frac{C_1'-C_2'}{I_2-I_1}>i \tag{3-28}$$

式（3-28）还可以变换为

$$C_1'+iI_1>C_2'+iI_2 \tag{3-29}$$

式中：i 为电力工业投资基准收益率（或成投资效果系数）。

从式（3-29）看出，折算费用最小的方案为经济上最优的方案。

3.10 各类方案比较宜考虑的因素

3.10.1 一般性小方案比较

一般性小方案比较指如局部性的小电网、电气主接线、设备型号等不同方案的比较，要求：

（1）各比较方案生产能力相同；

（2）比较内容应包括投资、电能损失和运营费；

（3）比较方法可采用静态法，如果方案涉及到国外贷款或设备进口，应考虑到其贷款利息和进口税收影响。

3.10.2 同一电网的火电厂址方案比较

（1）比较条件应是供电能力和主设备相同。

（2）比较内容包括发电厂本体部分（土石方量、进厂铁路和公路专用线、供水、除灰、环保以及因厂址不同引起的电气主接线差异），以及电网接线和燃料运输的投资与运营费差别。如厂址不同，煤源不同，还应考虑煤矿建设与运营费的差异。

（3）因电厂建设期长，比较方法必须考虑建设期贷款利息和投资时间因素，即应当采用动态法比较。

3.10.3 水、火、核电厂方案比较

水、火、核电厂间的方案比较较为复杂，很难补齐可比条件。往往出力相同，年供电量却不同；电量相同后供电出力又不相同。因而要求：

（1）尽可能补齐可比条件，即设计水平年不同方案的逐年供电出力和供电量应设法补齐。

（2）比较内容应包括水、火、核电厂本体部分（环保、淹没损失赔偿也应计入）、电网差异部分、交通运输的不同部分、能源建设的差异部分和综合效益的差别。

（3）比较方法要考虑投资时间因素，建设期的贷款利息，水电、火电和核电的不同使用寿命等差异。

3.10.4 不同水电厂开发方案比较

（1）比较条件应是设计水平年内逐年最大负荷的供电出力和逐年供电量相同。

（2）比较内容应包括不同方案的发电厂本体（包括环保和淹没赔偿）、不同电厂的电网建设和综合效益。

（3）比较方法要考虑投资时间因素和建设期贷款利息。

3.10.5 新能源开发方案比较

（1）针对某一种新能源，比较条件应是供电能力相同。

（2）比较内容应是不同线路送出方案。

（3）比较方法要考虑不同方案的环保情况、配套设备、技术成熟度。

3.10.6　电源已定的不同网架方案比较

（1）比较条件应是供电能力相同（包括稳定运行水平、电压水平、可靠性等）。

（2）比较内容应包括不同网架方案的送变电本体、电能损失和无功补偿费用。

（3）比较方法要考虑不同方案的过渡期电网建设差异的影响，还应考虑投资时间因素和建设期的贷款利息。

3.10.7　联网方案比较

（1）比较条件应是设计水平年内逐年供电电力和供电量相同。

（2）分析联网效益的内容有错峰效益、节约备用效益、提高可再生能源出力的效益、补偿调节效益、减少弃能效益、改善运行方式节能效益、提高可靠性效益等。

（3）比较内容应包括联网和不联网发电厂建设与运营费的差别、电网建设与运营费的差别（包括送变电本体、电能损失、无功补偿）、一次能源开发和生产的差别、交通运输的差别等。

（4）比较方法应考虑时间因素和建设期贷款利息，还应对联网本体工程进行财务分析。

3.10.8　输煤输电方案比较

（1）比较方案应具备的条件是：煤源相同、供电出力和供电量相同、发电厂主设备基本相同。

（2）比较内容包括电厂本体费用的差异、输电网络费用的差异、输煤费用的差异，因输电而实现联网还应计算联网效益。

（3）比较方法要考虑建设期贷款利息和时间因素。

3.10.9　特高压超高压输电方案比较

（1）比较条件应是供电能力相同（包括稳定运行水平、可靠性等）。

（2）比较内容应包括不同输电方案的送变电本体、电能损失和无功补偿费用，改善电网结构、实现联网的效益。

（3）比较方法应考虑时间因素和建设期贷款利息以及对环境的影响等。

3.11　全寿命周期成本经济评价方法

全寿命周期成本（life cycle cost，LCC）经济评价方法是在传统规划经济评价中，需要考虑系统设备全寿命周期成本、系统成本和环境成本。分析系统设备全寿命周期成本，有利于系统和设备的最小成本管理。本节简要介绍 LCC 原理以及电网 LCC 分解方法。

3.11.1　全寿命周期成本（LCC）原理

全寿命周期成本（LCC）理论最初是一个典型的工程经济评价方法，分析范围包括建设项目的规划、设计、施工、运营维护和残值回收，其目的就是在多个可替代方案中，选定一个全寿命周期内成本最小的方案。

LCC不仅仅是考虑电网规划初期设备的一次性投入成本，而更要考虑设备在整个全寿命周期内的支持成本，包括安装、运行、维修、改造、更新直至报废的全过程，其核心内容是对设备或系统的LCC进行分析计算，根据量化值进行决策。

全寿命周期阶段分类繁多且复杂，并且不同的建设项目还有其自身的特点。电力系统的建设项目投资规模巨大、技术难度高，可采用以下LCC计算模型：

$$LCC=CI+CO+CM+CF+CD \tag{3-30}$$

式中：LCC为全寿命周期成本；CI为投资成本，为一次或二次设备投入成本（investmentcosts），即用户为获得该产品或设备一次性投入的资金；CO为运行成本（operation costs），指设备在寿命周期内正常使用过程中发生的费用，包括人员费、能源费（电、水、气、汽、燃料、油）、消耗品费、培训费、技改费、诊断检测费等；CM为维护成本（maintenance costs），指设备投入使用以后至退役前，对其进行维修与保障所发生的费用，包括备件与修理零件、各种检测设备、维修和保障设施、维修保障管理、维修培训、人员、各类数据与计算机资源等方面发生的费用；CF为故障成本，亦称惩罚成本（outage or failure costs），指因发生故障进行修理，不能正常使用（包括设备效率和性能下降）所造成的损失，如电力系统中的停电损失费用；CD为废弃成本（disposal costs），包括设备在退役阶段发生的处理费，以及退役时的残值。

在保障电力系统安全可靠运行的前提下，采用最小费用法，将待选电网规划方案的LCC统一到基准年并进行比较，认为LCC低的规划方案全寿命周期内最经济。

电力系统的全网LCC建模分为设备层建模和系统层建模。在设备层LCC模型中，可以分别考虑各个主要输变电设备的全寿命周期成本，对其成本组成进行细化；在系统层LCC模型中，从人工成本、输送电量、多重故障的角度，考虑其成本的组成。全网LCC构成为：

$$LCC_{全网}=LCC_{设备层}+LCC_{系统层} \tag{3-31}$$

3.11.2 设备层LCC分解与建模

电网设备层，包括变压器、断路器、GIS设备、母线、输电线路（架空线路/电缆）、逆变器/整流器等。在电网规划方案经济评价中，可以列写所有设备，也可以根据实际情况不考虑成本影响因素比较小的设备。这里考虑普通情况，则可供选择的设备层模型为

$$LCC_{设备层}=LCC_t+LCC_s+LCC_G+LCC_b+LCC_l+LCC_c \tag{3-32}$$

其中，变压器成本加下标t表示，断路器加下标s表示，GIS加下标G表示，母线加下标b表示，输电线路加下标l表示，逆变器/整流器加下标c表示。

以变压器为例的成本详细分解模型见表3-3，则 $LCC_t=m_1+m_2+m_3+m_4+m_5+m_6$。

断路器、GIS、母线、输电线路（架空线路/电缆线路）、逆变器/整流器等设备采用表 3-3 相似的分解模型，不再赘述。

表 3-3 设备层变压器成本（LCC_t）分解模型

成本	模型
投资成本 CI	设备购置成本，m_1
	设备安装调试费用和旧设备拆迁费用，m_2
运行成本 CO	运行成本
维护成本 CM	根据历史数据，得出设备校正维修的频率为 p，在单重故障的情况下，设每次维修成本为 x（人工、设备、备品备件、修理时间），则这部分的成本为 $m_3=px$。其中，变压器单重故障包括本体故障和外部故障，本体故障可分为漏油、匝间故障、套管故障、相间接地故障等。将所有故障频率相加和，即得到校正维修频率 p
	根据历史数据，得出设备预防维修的频率为 p，设每次维修成本为 y（人工、设备、备品备件、修理时间），则这一部分的成本为 $m_4=py$
故障成本 CF	直接故障成本 m_5 是停运概率、停运持续时间、平均停用功率和停运后维修成本的函数，可以设备停运后造成的直接经济损失来衡量。500kV 电网设备满足 $N-1$ 要求，其停运一般不会造成直接停电损失，因此这部分可以近似考虑为 0
废弃成本 CD	包括改造旧设备的报废处理，设成本为 x。考虑旧设备的运行年限以及所替换时的年限，假设旧设备成本为 a，折旧率为 b，已使用年限为 c，则旧设备替换时的残值为 $y=a(1-bc)$。那么这部分成本为 $m_6=x-y$

3.11.3 系统层 LCC 分解与建模

系统层 LCC 模型是全网 LCC 模型建立的关键，其与设备层 LCC 模型不同之处是，需要关注的问题不再是单个设备的行为，而是设备总体对全网产生的影响，即从人工成本、输电量、故障停电的角度考虑其成本的组成，因此全网 LCC 模型就不再是简单的单个设备 LCC 模型的叠加。

从整个系统的角度出发考虑，LCC 的基本分解模型系统层详细费用分解见表 3-4，也即 $LCC_{系统层}=f_1+f_2+f_3+f_4+f_5+f_6+f_7+f_8$。

表 3-4 系统层 LCC 详细成本分解

成本	模型
投负成本 CI	本年度新建工程可行性阶段的研究费用、设计费用和工程前期准备费用，f_1
	本年度新建工程地块改造和购买费用，包括房屋建筑、绿化场地部分，f_2
	各项与上述投入成本有关的本年度管理费用，如运输费、监理费、公积金等，f_3
运行成本 CO	人工成本变化影响（原有运行人员数、改造后运行人员数）。如改造后需要员工 x 人，每人年工资为 p 元，则这一部分的成本为 $f_4=xp$
	运行调度方式变化或变电站接线方法改变引起的可靠性变化，如改造后可靠性指标提高到 x，相应付出的成本为 f_5。注意到系统可靠性的变化可能不大，因此可以近似考虑为 0
	提高短路电流或其他措施后，变电站年输电量的变化。如改造后每回线输送功率增加所带来的线损为 x(kW)，这一线路的年平均重载时间为 y(h)，以每千瓦时电量收益 z（元）计，则线损成本为 $f_6=xyz$，由全网潮流计算得到线损量

续表

成本	模型
维护成本 CM	根据历史数据，得出规划方案新增设备多重故障下校正维修的频率为 p，在多重故障的情况下，设每次维修成本为 x（人工、设备、备品备件、修理时间），则这一部分的成本为 $f_7=px$。这一部分可以在进行网络 $N-2$ 故障校验时，由各设备故障率乘积可得到此类故障的发生概率，再将所有涉及新增设备的多重故障频率相加，即得到校正维修频率 p
故障成本 CF	故障成本 f_8
废弃成本 CD	无

如不考虑可靠性对LCC模型的影响，那么LCC模型就成为了单纯的经济性成本指标，这对于规划方案的评估太过片面，在追求经济性的同时必须保证电力系统对用户供电的可靠性。在前文设备层LCC模型中，CF仅仅是单台设备的直接故障成本，而一般情况下，主网十分坚强，可靠性已经较高，单台设备的直接故障导致的失负荷概率很小，因此其故障成本不高，需要将可靠性纳入到系统层LCC模型中，重点考虑单台设备的间接故障成本。

电网故障停用成本不但与本身的停用有关，还与其他分支的停用有关，以及故障后发生的供货方设备材料费、服务费，可能会发生的赔偿费用，对社会造成的不良影响以及公司信誉受损等有关。这一部分即属于设备的间接故障成本。

故障成本需要从全网停电电量损失的角度进行考虑，即可视为停电成本。停电成本与许多因素有关，包括停电发生的时间、停电量、停电持续时间、停电频率和用户类型等。

(1) 停电发生的时间。用户的活动具有时间性，在不同的季节、不同的时间，具有不同的停电成本。

(2) 停电量。电网可靠性水平越高，电网因故障而造成的用户停电量就越少，停电成本也就越低。

(3) 停电持续时间。一般在停电开始阶段，停电持续时间越长，单位停电成本越高。到达一定时间后，随着停电持续时间增加，有些用户单位停电成本下降。有资料表明，有些用户持续4h停电的单位停电成本仅为持续1h停电时的60%。这是因为停电造成的直接经济损失是一定的，而且具有即时性。但当计入由停电而造成的间接损失时，有些用户的单位停电成本将随着停电持续时间的增加而增加。

(4) 停电频率。单位时间停电次数越多，用户活动所受的干扰就越频繁，停电成本越高。

(5) 用户类型。不同的用户类型，停电成本不同。

停电成本可表述为上述这些因素的函数。理论上讲，需要对每种停电故障进行供电可靠性计算并对每种影响因素进行分析，然后由停电成本函数得出该故障下的停电成本，最后利用停电故障概率求出所有故障下的停电成本期望值。

为了将停电成本纳入到系统层LCC模型中，可考虑采用蒙特卡罗模拟得到电量不足期望值（EENS）可靠性指标，继而转化为全网停电损失费用。考虑可靠性的故障成本详细费用分解见表3-5，也即 $f_9=g_1+g_2$。

表 3 - 5　　考虑可靠性的故障成本详细费用分解

成本	模型
故障成本 CF（f_9）	间接故障成本 g_1，包括赔偿费用、对社会造成的不良影响以及公司信誉受损等间接费用
	采用蒙特卡罗模拟得到电量不足可靠性指标，为 EENS，以每千瓦时电量收益 x（元）计，则全网缺电成本为 $g_2=\text{EENS}\times x$

综上，LCC 成本分别从设备层和系统层建模，在设备层和系统层成本分解中还可以考虑环境影响因素，形成环境成本。设备层考虑环境影响时主要从设备材料的环保性和设备自身对环境影响；系统层考虑环境影响时主要是在设备层中不能单独认定是某设备所引起的影响，需要归类于系统对环境的影响，如电磁辐射和噪声。同样，在设备层和系统层成本分解中，根据政策环境背景，针对具体工程，可以考虑一些其他成本。

习　题

1. 经济评价的内容有哪四个方面？其含义与差别分别是什么？

2. 静态评价法与动态评价法的差别在哪里？

3. 考虑资金的时间价值，试分别写出由现值 P 求将来值 F 的公式？由等年值 A 求将来值 F 的公式。

4. 某工程投资 40 亿元，施工期为 8 年，每年投资分摊为 5 亿元。如果全部投资由银行贷款，贷款利率为 8%，问工程投产时银行欠款是多少？

5. 解释经济评价中的常用指标：内部收益率、净现值、投资回收期、净现值率。

6. 经济评价的最小费用法、净现值法、内部收益率法、折返年限法比较的内容及其指标分别是什么？

第4章 电 源 规 划

本章首先对电源规划的基本理论和方法作了简要介绍，内容包括电源规划的数学模型、含新能源的电源规划模型、常规的数学优化方法；然后对低碳电源规划作了简单介绍。

4.1 电源规划概述

4.1.1 电源规划问题

电源规划的任务是确定在何时、何地兴建何种类型、何种规模的发电厂，在满足负荷需求和达到各种技术、经济、环保等指标的条件下，使规划期内电力系统能安全运行且投资经济合理。

4.1.2 电源规划的投资决策原则

电源规划与负荷预测、电力电量平衡、厂址选择、机组类型和规模、燃料来源及其运输条件、水库调度、系统运行、网络规划和各种技术、经济、环保指标的选择等一系列问题有关，其决策过程必须与多个部门配合，因此是一项烦琐而艰巨的任务。由于电源规划的投资规模大、周期长，对国民经济的发展有举足轻重的影响，因此在制定电源规划方案时，必须遵循一定的原则：

（1）参与经济计算和比较的各个电源规划方案必须具有可比性。

（2）必须确定合理的经济计算年限。比较方案的计算年限要一致（采用年费用最小法时可不一致）。

（3）确定合理的经济比较标准。如各方案的投入相同时，应以比较方案的收益最大为标准；如各方案的收益相同时，应以比较方案的费用最小为标准。

（4）在投资决策中，各项费用和收益（如建设期的投资、运营期的年费用和效益）都要考虑资金的时间因素，并以同一时间为基础。

（5）决策过程必须统筹兼顾国民经济的整体利益，与相关部门密切配合。

4.1.3 电源规划的经济评价方法

电源规划的经济性评价是决策过程中的重要环节，其目的是根据国民经济整体发展战略及地区发展规划的要求，计算各方案的投入费用和产出效益，以进行多方案的技术经济比较，从而选择对国民经济的发展最有益的方案。对于可行的电源规划方案，通常认为有相同的效益，因此在满足负荷需要和各种约束条件及技术经济指标下，总投入最小的方案就是最经济的方案。如果某个方案除了发电效益以外还有其他效益，则可采用投资分摊或者计入方案费用的方法进行方案比较。常见的电源规划方案的经济性评价方法有投资回收期法、费用最小法、净现值法等，这在第 3 章已有详细介绍，不再赘述。

4.1.4 电源规划方法发展趋势

为了适应能源战略需求，应对环境变化压力，电源的发展逐渐呈现多元化趋势。电源结构在不断优化调整过程中，新能源将会得到进一步发展与利用。新能源是相对于传统常规能源而言的，种类繁多，一般包括风能、太阳能、生物质能、地热能等。新能源具有间歇性、波动性、随机性、能量密度低、可控性差、可预测性弱等特点，对电源规划有较大影响。随着新能源的大规模发展，电源规划面临新的挑战，在规划设计过程中，应符合电源规划的投资决策原则，合理地选择新能源资源丰富地区作为电厂厂址，选择与资源条件匹配的机组类型和规模，为规划方案提供基础条件。

为了满足电源规划的投资决策原则，需要考虑规划中采用的具体模型。自 20 世纪 60～70 年代数学优化方法应用于电力系统规划领域以来，随着电力系统规模的不断扩大及新元素的增加，电源规划方法已经从最初的单目标线性优化逐步发展到多目标混合整数非线性优化，从确定性模型向基于不确定性的随机优化及鲁棒优化转变。从数学优化角度构建规划模型，给出电源规划方案，但方案最终需要经过生产模拟、安全校核等流程。本书后续章节所述电源规划方法均是基于可解析化数学表征并以满足电力电量平衡为主要目标的模型和算法。

4.2 电力电量平衡计算

按发电机组动力来源的不同，电力系统可分为纯水电、纯火电和水火电联合运行系统，其中以水火电联合运行系统较为常见。对于这种系统进行电力电量平衡计算时，一般考虑采用枯水年、平水年、丰水年、特枯水年四种具有代表性水文年的电力电量平衡来概括系统全部运行情况。尽管目前光伏通常不计入电力电量平衡，风电通常按照 5%装机容量考虑，但随着风光装机规模逐步增大，有必要采用可信容量或一定置信度下的风光输出功率来参与电力电量平衡。

4.2.1 风光参与电力平衡计算方法

风光参与电力平衡能力的计算方法分为以置信容量为代表的历史数据统计法和以可信容量为代表的分析法。

置信容量含义为一定置信度下的风光输出功率，通过选取一段时间内的风电或光伏输出功率历史数据，按照从大到小顺序进行排列，某一置信度（如 95%）对应的输出功率大小，即为该置信度下风光参与电力平衡的取值。

可信容量又分为等效可靠容量、等效常规机组容量和等效带负荷能力。尽管不同定义下的计算方式略有差别，但其核心都是考虑系统的可靠性。

（1）等效可靠容量。等可靠性前提下风光新能源可以替代常规机组的容量，该定义下不考虑常规机组的强迫停运率。

（2）等效常规机组容量。考虑常规机组强迫停运率后，在等可靠性的前提下风光新能源可以替代常规机组的容量。

（3）等效带负荷能力。风光新能源接入系统前后，同一可靠性水平下系统能够供应负荷的差值。

下面以常用的等效常规机组容量为例，介绍风光可信容量评估方法。首先读入电力系统基本数据（包括常规机组各项技术参数、系统受入或输出的功率、负荷数据）根据负荷水平确定原始系统中常规机组开机容量 C_0，确定系统可靠性水平 R_0。开机容量为峰值负荷加上热备用容量。

然后生成蕴含多维风光荷数据的计算样本，计算风光新能源接入后系统可靠性 R_1，通过二分法、弦截法等调节常规机组开机容量（调节后的开机容量为 C_1），使风光新能源接入前后系统可靠性指标相差在一定误差范围内，此时常规机组开机容量的减少量 $\Delta C=C_0-C_1$ 即为 t 时刻风光新能源可信容量。风光可信容量评估流程如图 4-1 所示。

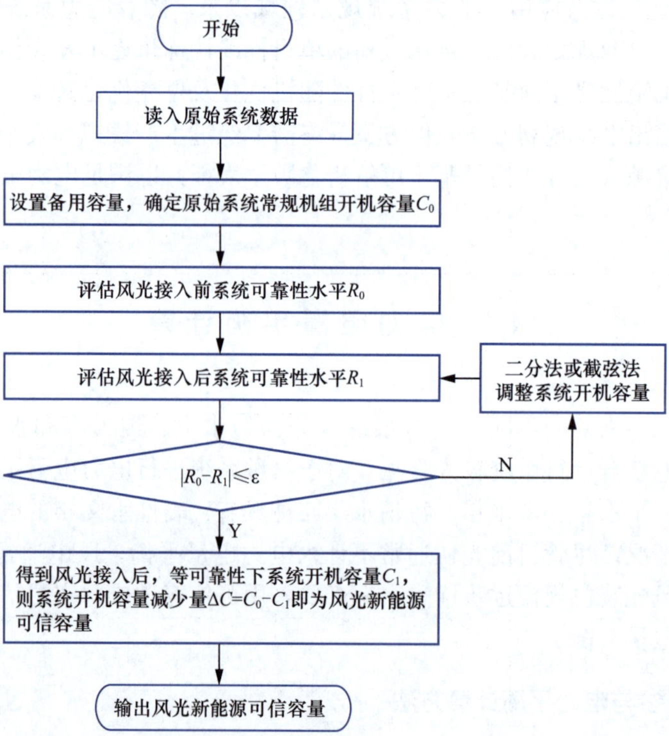

图 4-1 风光可信容量评估流程图

4.2.2 电力平衡表编制

编制电力平衡表时应选择电力平衡代表年、月。电力平衡需要逐年进行，应按逐年控制月份的最大负荷和水电厂设计枯水年的月平均功率编制。一般以每年的 12 月为代表，但还应根据水电厂逐月发电功率的变化及系统负荷的变化情况，具体分析确定。一年中也可能有 2 个月份起控制作用，应分别平衡。必要时可选择代表年进行逐月电力平衡，以便找出其中起控制作用的月份，然后按该代表月进行逐年平衡。

在系统规划中用表格法进行电力电量平衡。电力平衡表的格式见表 4 - 1。第一项最大发电负荷等于全系统计及同时率后的用电负荷加上线损和厂用电的总和。第二项为工作容量，其中风光工作容量可按照置信容量或者可信容量。第三项备用容量按照相关规程规定不得低于最大发电负荷的 20%。备用容量在水火电厂之间分配的原则是：负荷备用一般由水电承担，故障备用一般按水火电厂担负系统工作容量的比例分配，检修备用由具体情况而定。第四项需要装机容量是工作容量与备用容量的总和。第五项实际可能装机容量是根据施工情况、投资分配以及设备供应等情况在系统中实际可能的装机容量。第六项为新增装机容量总和。第七项为受阻容量总和。第八项为每年退出运行的机组容量。第九项为水电重复容量。第十项为核电重复容量。第十一项为火电需要容量与火电实际可能装机容量之差值。

表 4 - 1　　　　**电力平衡表（MW）**

年份 项目	年	年	年	年	年	备注
一、最大发电负荷						
二、水电工作容量（功率） 火电工作容量 核电工作容量 风电工作容量 光伏工作容量						
三、备用容量 其中：水电 火电 核电						
四、需要装机容量 其中：水电 火电 核电 风电 光伏						
五、实际可能装机容量 其中：水电 火电 核电 风电 光伏						
六、新增容量 其中：水电 火电 核电 风电 光伏						

续表

项目 \ 年份	年	年	年	年	年	备注
七、受阻容量 其中：水电 火电 核电						
八、退役容量 其中：水电 火电 核电 风电 光伏						
九、水电重复容量						
十、核电重复容量						
十一、火电电力盈亏						

在某些情况下，系统中控制电力平衡的月份不止1个，或者为了研究扩大电网、系统互联等问题时，需要编制某些年份的逐月电力平衡，其编制方法与逐年电力平衡相同，但在计算检修容量、受阻容量等项目时需要落实到发电厂。

当电力平衡表中新增发电厂比较多时，需要另行列出逐年新增装机容量表，见表4-2。

表4-2　　各发电厂逐年新增装机容量表（MW）

项目 \ 年份	年	年	年	年	年
一、水电厂 1.××× 2.××× ⋮ 水电厂新增容量总计					
二、火电厂 1.××× 2.××× ⋮ 火电厂新增容量总计					
三、核电厂 1.××× 2.××× ⋮ 核电厂新增容量总计					
四、风电 1.××× 2.××× ⋮ 风电新增容量总计					

续表

项目 \ 年份	年	年	年	年	年
五、光伏 1.××× 2.××× ⋮ 光伏新增容量总计					
六、系统新增容量总计					

4.2.3 电量平衡表编制

表4-3为电力系统电量平衡表，表中第一项系统月平均负荷的计算式为

$$P_{mon,ar}=P_{mon\cdot max}\sigma_{mon}\gamma_{mon}$$

式中：$P_{mon,ar}$ 为某月平均负荷；$P_{mon\cdot max}$ 为某月最大负荷；σ_{mon} 为某月月不均衡系数；γ_{mon} 为日负荷率。

月平均负荷乘以相应的月小时数，然后12个月相加即得全年的需电量。表4-3中第二项的系统月平均功率按以下顺序计算：

(1) 列出水电厂可被利用的月平均功率。

(2) 列出热电厂的供热强制功率。

(3) 列出核电厂可被利用的月平均功率。

(4) 列出风电场和光伏电站可被利用的月平均功率。

(5) 计算凝汽式电厂的月平均功率，为系统月平均负荷减去水电厂月平均功率、供热强制功率、核电厂月平均功率、风电场和光伏电站月平均功率。

(6) 将各月平均输出功率乘以相应的月小时数后相加即可得到各类电厂的年发电量，并据此校验各类电厂的利用小时数，检验电量是否平衡。

表4-3　　系统电量平衡表

项　目	月　份 1 2 3 4 5 6 7 8 9 10 11 12	合计	年电量（亿kW）	装机容量（万kW）	发电设备年利用小时数（h）
一、系统月平均负荷（万kW）					
二、系统月平均功率（万kW） 1. 水电厂功率（万kW） 其中：××电厂 ××电厂					
2. 热电厂功率（万kW） 其中：××电厂 ××电厂					
3. 凝汽式电厂功率（万kW） 其中：××电厂 ××电厂					

续表

项　目	月　份 1 2 3 4 5 6 7 8 9 10 11 12	合计	年电量 （亿 kW）	装机容量 （万 kW）	发电设备年利用小时数（h）
4. 核电厂功率（万 kW） 其中：××电厂 ××电厂 5. 风电功率（万 kW） 其中：××风电场 ××风电场					
6. 光伏功率（万 kW） 其中：××光伏电站 ××光伏电站					
三、弃水功率（万 kW）					
四、弃风功率（万 kW）					
五、弃光功率（万 kW）					

（7）分区间的电力电量交换。系统规划中，当通过电源方案的技术经济论证和电力平衡确定了逐年的发电容量后，为进行电网的潮流分布及调相调压计算，制定网络方案，选择输电线路导线截面和各种电气设备及无功补偿设备等，必须确定有关年份各种水文年不同运行方式时各发电厂的输出功率。

通过日运行方式的安排，可以求出联络线上的潮流。在规划阶段为了节省工作量，往往只求日最大和最小运行方式的电力潮流。

在整个电网规划中，电源和负荷是相对变化的。220kV 电网规划中，发电厂和上级500kV 的变电站作为电源，220kV 降压变电站则承担负荷；35kV 电网规划中，220kV 降压变电站则作为 35kV 电网的电源，35kV 降压变电站则承担负荷；其他电压等级电网依此类推。

4.3　电源规划数学模型

电源规划问题与系统规划密切相关，在确定电源规划采取的具体模型时，需要充分考虑优化系统本身的特点，以减小计算规模，提高计算速度和精度。

电源规划优化模型的一般数学形式可以表示为：

$$\min \quad f(\boldsymbol{X},\boldsymbol{Y}) \tag{4-1}$$

$$\text{s.t.} \quad U_i(\boldsymbol{Y}) \leqslant a_i \tag{4-2}$$

$$O_i(\boldsymbol{X}) \leqslant b_i \tag{4-3}$$

$$K_i(\boldsymbol{X},\boldsymbol{Y}) \geqslant d_i \tag{4-4}$$

$$\boldsymbol{X} \geqslant 0, \boldsymbol{Y} \geqslant 0 \tag{4-5}$$

式中：a_i、b_i、d_i 为待建电厂 i 所对应的约束常数，$i=1,2,\cdots,m$；$\boldsymbol{X}$ 为发电机输出功率等变量；$\boldsymbol{Y}$ 为发电机投资决策变量；m 为待建电厂数。

式（4-1）为目标函数；式（4-2）为电源建设的施工约束；式（4-3）为运行约束；

式（4-4）为发电机输出功率受电厂安装容量的限制；式（4-5）为数学模型本身要求的变量约束。

目标函数以及约束条件的具体表达，将在后文中论述。

由于电源规划问题相当复杂，在各种优化模型中，都不可避免地采用一定程度的近似和简化。不同的优化方法以及对某些问题的处理方式不同，就形成了各种各样的电源规划模型。当将 $f(\boldsymbol{X},\boldsymbol{Y})$ 与约束条件均处理为线性且 $\boldsymbol{Y}$ 为连续变量时，就构成了电源规划线性模型；若 $\boldsymbol{Y}$ 部分或全部为整数变量时，就构成了电源规划整数模型；若允许存在非线性关系，就构成了电源规划非线性模型；如果考虑时间推移，希望求得整个时间序列上的最优方案，则构成电源规划动态模型；若不考虑整体优化，而只是对各阶段进行优化，就是逐阶段优化模型；若在模型中考虑一些不确定因素，则形成了电源规划随机或鲁棒模型；若将各种随机因素作为确定量处理，则构成确定性电源规划模型。在具体计算中，这些处理方式并不是被孤立地使用，而是根据具体问题，互相配合。

4.3.1 目标函数

式（4-1）为目标函数，一般为系统总投资费用最小（也可以选择收益最大），包括两个部分：一是与安装发电机组容量有关，如发电厂的投资费用；二是与发电机的实际输出功率有关，如发电厂的运行费用，其中主要是发电厂的燃料费用。

在实际应用中，规划目标不仅仅是投资和运行费用，还应包括其他效益和支出，例如计及可靠性指标、输电线路费用、未来不确定性因素，又如负荷预测、水文数据甚至市场因素等对规划结果的影响，可见电源规划是一个多目标问题。

4.3.2 约束条件

对于不同系统，约束条件是不相同的；使用不同的优化算法，约束条件也有差异。这里只讨论通常规划中都需要考虑的条件。

1. 电源建设施工约束

（1）待建电厂各年最大装机容量约束。

$$\sum_{\tau\in t} Y_{j\tau} \leqslant P_{\max t}, \ j=1,2,\cdots,m \tag{4-6}$$

即各待建电厂某年 t 的装机容量，不应超过由施工、设备等条件决定的在该年最大容许装机容量。

（2）待建电厂总装机容量约束。

$$\sum_{t=1}^{T} Y_{jt} \leqslant P_{\max}, \ j=1,2,\cdots,m \tag{4-7}$$

即各待建电源最大装机容量受一些具体条件限制，在装机过程中各电源在规划期 T 内的总装机容量不应超过规定的最大容量。

（3）最早投入年限约束。

$$\sum_{t=1}^{t_j} Y_{jt} = 0, \ j=1,2,\cdots,m \tag{4-8}$$

即待建电厂 j 从实际可能的角度考虑，其最早建成投入年限不应早于一定年限 t_j。如果某些厂从规划年开始就可能投入，则可不受此约束。

（4）财政约束，即某个时期内电源建设不应该超过财政支付能力。

（5）待建电厂装机连续性约束，即某个电厂第一台机组投入运行后，后续机组应该连续安装，否则会给施工带来麻烦。

（6）建设顺序约束。某些电厂建设有先后顺序。

（7）环境保护约束。某些电厂建设对环境保护的影响和是否允许。

2. 系统运行约束

（1）系统需求约束。任何时候系统发电容量总和要满足系统电力需求，即

$$\sum_{j=1}^{m} P_{jt} + \sum_{r=1}^{N} P_{rt} + P_{0t} = D_t(1+\rho+\sigma) \tag{4-9}$$

式中：P_{jt}、P_{0t} 为 j 电厂和系统原有电厂在 t 时刻输出功率；P_{rt} 为新能源场站 r 在 t 时刻输出功率；D_t 为系统在 t 时刻负荷；ρ 为电厂厂用电率；σ 为系统线损率。

（2）发电机组最大、最小输出功率约束。

$$P_{j\min t} \leqslant P_{jt} \leqslant P_{j\max t},\ j=1,2,\cdots,m \tag{4-10}$$

式中：$P_{j\min t}$ 为机组 j 的最小输出功率；$P_{j\max t}$ 为机组 j 的最大输出功率。

（3）火电燃料消耗约束。

$$\sum_{\tau \in t} E_{j\tau}\beta_j \leqslant A_{jt},\ j=1,2,\cdots,k \tag{4-11}$$

式中：$E_{j\tau}$ 为电厂 j 在时间段 τ 的发电量；β_j 为电厂 j 的平均燃料单耗；A_{jt} 为电厂 j 在 t 时间段内的燃料消耗限量。

（4）水电厂水量消耗限制。

$$\sum_{t=1}^{\tau} E_{jt} \leqslant W_j\tau,\ j=k+1,k+2,\cdots,n \tag{4-12}$$

式中：E_{jt} 为水电厂 j 在 t 时段的发电量；W_j 为水电厂 j 在所考虑时段内的平均输出功率。

（5）新能源场站输出功率约束。

$$0 \leqslant P_{rt} \leqslant \bar{P}_{rt},\ r=1,2,\cdots,n \tag{4-13}$$

式中：$\bar{P}_{rt}$ 为新能源场站 r 在 t 时段的最大输出功率，该值可采用置信容量或可信容量。

3. 备用容量或可靠性约束

为了保证供电可靠性和电能质量，电力系统电源容量除了满足负荷需求外，还应计及一定的备用容量。备用容量包括调频备用、事故备用和检修备用。根据《电力系统安全稳定导则》调频备用可取为最大负荷的 2%～3%，事故备用为最大负荷的 8%～10%，并且应大于系统最大一台机组的容量，检修备用则应由检修计划安排来确定。

系统备用容量可表述为

$$\sum_{j=0}^{m} X_{jt} + P_0 - P_{mt}(1+\rho+\sigma) \geqslant \Delta P_t,\ t=1,2,\cdots,T \tag{4-14}$$

式中：X_{jt} 为新建电厂 j 在 t 年新装容量；P_0 为系统原有装机容量；P_{mt} 为系统在 t 年的最大负荷；ΔP_t 为系统在 t 年应有的备用容量；T 为规划期年数。

对于可靠性指标的考虑主要有两种方法：一种是将可靠性指标记入约束中；另一种是将其做某种处理，记入目标函数中。由于具体情况的差异，对不同系统的电源规划采用统一的可靠性标准并不现实。此外，在制定可靠性标准时要考虑其经济性，例如在建立的目

标函数中综合考虑经济性和紧急情况处置及停电损失的费用，这种处理方法在电源规划研究中被广泛采用。

根据所采用模型的不同，除了上述常用约束条件，可能还要考虑输电能力约束、最小开机容量约束、火电年利用小时数约束、抽水蓄能电站约束、核电厂 约束及分布式发电机组约束等。需要指出的是，以上所列约束条件在不同模型中表达式不同，处理方式也有差异。

4.3.3 投资决策问题

电源规划数学模型中，变量可分为离散变量与连续变量两类，据此可将电源规划模型分解为电源投资决策和生产模拟两部分。这两部分可采用不同的优化技术，相应的电源规划过程也被分成相互关联的两个阶段。其中，投资决策问题以离散变量为主要变量，其解反映了方案中各项目的建设与投产年份，以及厂址、机组类型和容量等，亦即确定了方案中与投资成本对应的费用。

4.3.4 生产模拟问题

电源规划中的生产模拟问题，是在投资决策条件给定的前提下，对方案中的运行成本等逐年进行详细优化计算的问题，考虑规划期内可能存在诸如各机组的非计划强迫停运、未来电力负荷的随机波动、水电厂来水的不确定性等因素。早期由于新能源装机比例较低，系统调节能力充足，基于半不变量法、等效电量函数法等随机生产模拟应用广泛，其可获得方案中各机组的期望生产电能、生产费用及电源可靠性指标等，该方法更强调全年的电量平衡，通常不考虑负荷、新能源、发电机组运行的时序特性。随着新能源等装机比例提高，系统的时序特征受到越来越多的关注，基于机组组合为核心技术的时序生产模拟近些年得到了快速发展，其可获得机组的开停机方案、年发电量、生产费用、系统调节能力等指标，该方法通过全年各时段的电力平衡实现电量平衡，但其通常不考虑系统元件的可靠性。当前，上述两种生产模拟技术均在生产部门使用，为电源规划的决策提供准确的反馈信息。

1. 随机生产模拟的基本原理

(1) 等效持续负荷曲线。在随机生产模拟技术发展过程中，等效持续负荷曲线（ELDC）将发电机组的随机停运和随机负荷模型巧妙结合起来，成为随机生产模拟中最重要的概念。

等效持续负荷曲线是从一般的负荷曲线发展而来的。图 4-2 为一条持续负荷曲线，其横坐标表示系统的负荷，纵坐标表示持续时间。图中 T 为研究周期，根据具体要求可以是年、月、周、日等。曲线上任何一点（x，t）表示系统负荷大于或等于 x 的持续时间，即

$$t=F(x) \tag{4-15}$$

用周期 T 除式 1 得

$$P=f(x)=\frac{F(x)}{T} \tag{4-16}$$

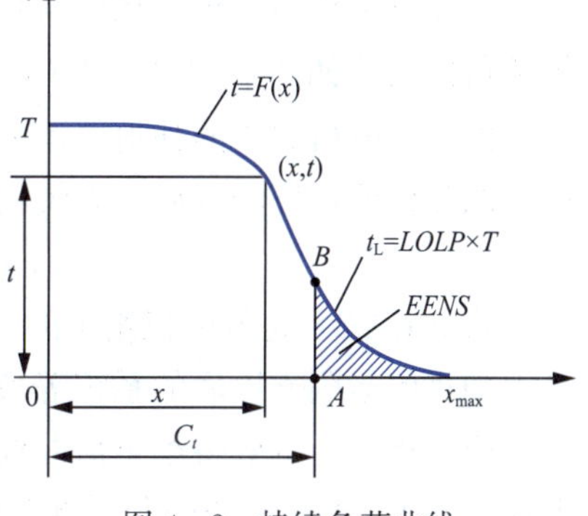

图 4-2 持续负荷曲线

其中，P 可以看作系统负荷大于或等于 x 的概率。由式（4-16）可以求得负荷总电量为

$$E_t=\int_0^{x_{\max}} F(x)\mathrm{d}x \tag{4-17}$$

将式（4-17）两边除以 T，则得到系统负荷的平均值（或期望值）为

$$\bar{x}=\int_0^{x_{\max}} f(x)\mathrm{d}x \tag{4-18}$$

设系统在该期间投入运行的发电机组的总容量为 C_t，由图 4-2 可知，系统负荷大于发电机组总容量的持续时间为

$$t_{\mathrm{L}}=F(C_t) \tag{4-19}$$

相应的概率，即电力不足概率 $LOLP$ 为

$$LOLP=t_{\mathrm{L}}/T=f(C_t) \tag{4-20}$$

在这种情况下，图 4-2 中阴影部分的负荷电量不能满足要求，其面积就是电量不足期望值，即

$$EENS=\int_{C_t}^{x_{\max}} F(x)\mathrm{d}x=T\int_{C_t}^{x_{\max}} f(x)\mathrm{d}x \tag{4-21}$$

当 $C_t>x_{\max}$，即系统发电机组总容量大于最大负荷时，在所有发电机组绝对可靠的情况下，系统不会出现电力不足，此时电量不足期望值 $EENS$ 为零。但是，如果考虑发电机组的随机故障因素，必须作进一步的分析。

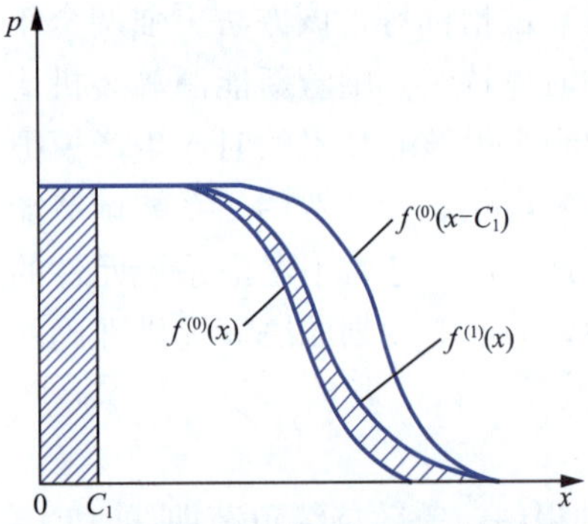

图 4-3　等效持续负荷曲线的形成

等效持续负荷曲线是将发电机组故障影响当成等效负荷对原始持续负荷曲线不断修正的结果。当发电机组故障时，系统的等效负荷就要增大。关于这一概念的几何解释可参看图 4-3。为了方便理解，在图 4-3 的纵坐标上用概率 p 代替了图 4-2 中的时间 t。

图 4-3 中 $f^{(0)}(x)$ 是原始持续负荷曲线，表示系统中所有发电机组应承担的负荷。设发电机组 1 首先带负荷，其容量为 C_1，强迫停运率为 q_1。当这台发电机组处于运行状态时，它和其他发电机组应承担的负荷由 $f^{(0)}(x)$ 来表示。发电机组 1 故障时，$f^{(0)}(x)$ 所表示的负荷应由除去发电机组 1 以外的其他发电机组承担。这样就相当于发电机组 1 和其他机组共同承担了向右平移了 C_1 的负荷曲线［如图 4-2 中 $f^{(0)}(x-C_1)$ 所示］中的负荷。

由于发电机组 1 的强迫停运率为 q_1，正常运行的概率为 $p_1=1-q_1$，所以考虑发电机组 1 的随机停运影响以后，系统的随机负荷曲线应由下式表示

$$f^{(1)}(x)=p_1 f^{(0)}(x)+q_1 f^{(0)}(x-C_1) \tag{4-22}$$

式（4-22）是发电机组 1 的随机停运与持续负荷曲线的卷积公式，其结果就是考虑该机组随机停运因素以后的系统等效持续负荷曲线。

应该指出，等效持续负荷曲线 $f^{(1)}(x)$ 比 $f^{(0)}(x)$ 的最大负荷大了 C_1，而总的负荷电量增加了 ΔE（如图中阴影部分所示）。可以证明，这里的 ΔE 正好等于发电机组 1 由于

故障而少发的电量。

对于第 i 台发电机组，上述结论可推广为

$$f^{(i)}(x)=p_i f^{(i-1)}(x)+q_i f^{(i-1)}(x-C_i) \tag{4-23}$$

式中：C_i 为发电机组 i 的容量；q_i 为发电机组 i 的强迫停运率，$p_i=1-q_i$。

在发电机组逐个卷积过程中，等效持续负荷曲线也在不断变化，最大等效负荷不断增大。设系统中共有 n 台发电机组，其总容量为 C_t。当全部发电机组卷积运算结束时，等效持续负荷曲线为 $f^{(n)}(x)$，最大等效负荷为 $x_{\max}+C_t$，如图 4 - 4 所示。这时系统电力不足概率 $LOLP$ 及电量不足期望值 $EENS$ 分别为

$$LOLP=f^{(n)}(C_t) \tag{4-24}$$

$$EENS=T\int_{C_t}^{x_{\max}+C_t} f^{(n)}(x)\mathrm{d}x \tag{4-25}$$

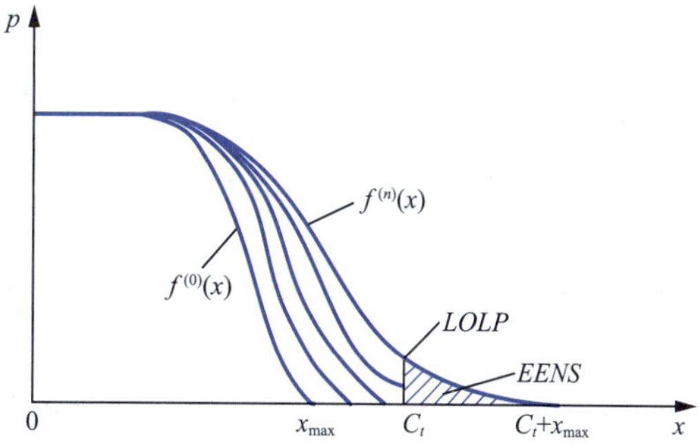

图 4 - 4　等效持续负荷曲线与可靠性指标

（2）随机生产模拟过程。随机生产模拟需要的原始资料包括负荷资料和发电机组的技术经济数据。

负荷数据主要用来形成研究期间的原始持续负荷曲线及最大负荷曲线。最大负荷曲线是指每月或每周的最大负荷按时间序列形成的曲线，其用途是安排检修计划。

火电机组的数据通常包括：

1）发电机组的类型、容量；

2）发电机组的台数；

3）各发电机组的平均煤耗率；

4）燃料价格；

5）发电机组的强迫停运率；

6）发电机组的最小输出功率；

7）发电机组所需的检修时间。

水电机组在电力系统中的运用与火电机组有很大差别。首先，水电机组的发电量是由水文条件及水库调度决定的，因此在发电调度中水电机组的发电量是给定的已知量；其次，由于水库上下游水位变动，水电机组的发电功率可能达不到其铭牌容量。这种由水力条件决定的水电机组的实际发电能力称为预想输出功率。在生产调度中，常用预想输出功率代替水电机组的容量参与电力平衡。

下面以仅包含火电机组的电力系统为例说明随机生产模拟的过程，假设检修计划已知，即参与运行的发电机组已确定。在此条件下，随机生产模拟的过程可叙述如下：

1）处理负荷资料，形成原始持续负荷曲线。

2）确定发电机组带负荷的优先顺序。火电机组按其平均煤耗率由小到大的排序，就决定了发电机组带负荷的优先顺序。由于随机生产模拟是从基荷开始逐步向上给发电机组分配负荷，按这种方式排序就能保证煤耗率小的机组分配到较大的发电量，从而保证整个系统的煤耗量最小。

3）按其带负荷顺序安排发电机组运行，计算发电量。

第 i 台发电机组的发电量 E_{gi} 应根据等效持续负荷曲线 $f^{(i-1)}(x)$ 来进行计算

$$E_{gi}=Tp_i\int_{x_{i-1}}^{x_i}f^{(i-1)}(x)\mathrm{d}x \tag{4-26}$$

$$x_i=\sum_{j=1}^{i}C_j \tag{4-27}$$

式中：T 为研究周期；p_i 为发电机组 i 的可用率，$p_i=1-q_i$；C_j 为发电机组 j 的容量。

4）修正等效持续负荷曲线。根据式（4-23）发电机组 i 参与运行后的等效持续负荷曲线。这是随机生产模拟计算量最大的部分。这时，如果发电机组已全部安排完则转入下一步，否则返回上一步。

5）按照式（4-24）、式（4-25）计算系统可靠性指标。

6）根据各发电机组的发电量计算系统燃料消耗量并进行发电成本分析。

7）进行其他特殊问题的研究。

（3）随机生产模拟计算方法。随机生产模拟的计算方法目前主要有傅里叶级数法、标准卷积法、半不变量法以及等效电量函数法等。

傅里叶级数法用 50～100 项傅里叶级数描述持续负荷曲线，然后在傅里叶领域内进行卷积计算。该方法的计算量不随系统规模迅速上升，但计算量仍很大。

标准卷积法将概率学中对随机变量概率分布函数的卷积计算公式作为算法的核心，概念很清晰，但计算工作量也很大。这是因为，在随机生产模拟计算中，为了保证计算的精确度，往往需要计算数以百计的离散点来描述其等效持续负荷曲线；而每次卷积及反卷积计算都必须重新计算这些离散点的函数值。同时，随着电力系统规模的扩大以及机组运行方式的复杂化，这种采用递归卷积计算处理离散点的方法使计算量急剧上升，给随机生产模拟的实际应用带来很大困难。

半不变量法用随机分布的数字特征——半不变量来描述系统的持续负荷曲线和各发电机组的随机停运。该方法将卷积和反卷积的计算简化为几个半不变量的加法和减法运算，减少了计算量。当已知等效持续负荷曲线的各阶半不变量时，用 Gram - Charlier 级数或 Geworth 级数展开式即可求得该曲线上各点的函数值，由此可计算出各项指标。因此，该方法计算效率比较高，应用广泛。但是，它存在误差难以控制的缺点，特别是可靠性指标电力不足概率（*LOLP*）和电量不足期望值（*EENS*）的计算都是在整个分布的右端尾部进行的，这往往会引起很大的误差，有时甚至出现负值。

等效电量函数法（equivalent energy function method）先求出电力系统在不同负荷水平下的电量需求（即形成电量函数），然后在考虑发电机组故障时直接修正各负荷水平所需的电量（即修正等效电量函数），就可以方便地完成随机生产模拟计算。该方法直接利用电量函数进行卷积和反卷积运算，使计算量显著下降，且计算精度较高，非常适合于含有多个水电厂的电力系统进行随机生产模拟。

2. 时序生产模拟

时序生产模拟以机组组合技术为核心，在预测的时序负荷、新能源输出功率等电力系统边界条件下，通过模拟全年 8760h 各类型发电机组、储能等的运行情况，对规划方案的经济性、新能源消纳能力等进行评估。

(1) 时序生产模拟目标函数。由于使用目的不同，时序生产模拟的目标函数也存在差异性。根据规划人员关心的问题来看，目前常用的目标函数包括年生产成本和新能源弃能率。

1) 年综合成本最小化。当以系统运行成本最小为目标时，考虑常规机组燃料及开机成本、新能源场站弃能成本、可中断负荷调用成本，其目标函数可表示为

$$\min F_{\text{total}}=F_{\text{fuel}}+F_{\text{su}}+F_{\text{rc}}+F_{\text{id}} \tag{4-28}$$

a. 常规机组燃料成本 F_{fuel}。

$$F_{\text{fuel}}=\sum_{t\in \boldsymbol{T}}\sum_{g\in \boldsymbol{G}_{\text{G}}}C_g^{\text{G}}p_{g,t} \tag{4-29}$$

式中：t 为时段编号；$\boldsymbol{T}$ 为生产模拟时段集合；g 为机组编号；$\boldsymbol{G}_{\text{G}}$ 为参与生产模拟的机组集合；C_g^{G} 为常规机组 g 的燃料成本；$p_{g,t}$ 为时刻 t 中机组 g 的发电功率。

b. 常规机组开机成本 F_{su}。

$$F_{\text{su}}=\sum_{t\in \boldsymbol{T}}\sum_{g\in \boldsymbol{G}_{\text{G}}}C_g^{\text{U}}y_{g,t} \tag{4-30}$$

式中：C_g^{U} 为表示常规机组 g 的开机成本；$y_{g,t}$ 为表示时刻 t 中常规机组 g 的开机动作指示变量。

c. 新能源场站弃能成本 F_{rc}。

$$F_{\text{rc}}=\sum_{t\in \boldsymbol{T}}\sum_{w\in \boldsymbol{G}_{\mathbf{R}}}C_w^{\text{R}}p_{w,t}^{\text{c}} \tag{4-31}$$

式中：w 为新能源场站编号；$\boldsymbol{G}_{\mathbf{R}}$ 为新能源场站集合；C_w^{R} 为新能源场站 w 的单位弃能成本；$p_{w,t}^{\text{c}}$ 为时刻 t 中新能源场站 w 的弃能功率。

d. 可中断负荷调用成本 F_{id}。

$$F_{\text{id}}=\sum_{t\in \boldsymbol{T}}\sum_{b\in \boldsymbol{B}}C_b^{\text{In,D}}p_{b,t}^{\text{In,d}} \tag{4-32}$$

式中：b 为母线编号；$\boldsymbol{B}$ 为母线集合；$C_b^{\text{In,D}}$ 为单位可中断负荷调用成本；$p_{b,t}^{\text{In,d}}$ 为母线 b 在 t 时刻可中断的负荷。

2) 新能源弃能率最小化。适应新能源的发展也是目前电源规划的重要目的，尽管目前关于新能源弃能的表征方式多样，如新能源消纳率、新能源弃能电量等，但是其本质上均与新能源弃能率一致，仅在数学模型描述上存在差别。因此，此处仅以新能源弃能率最小化为目标，给出表达式：

$$\min F_{\text{ReCur}}=\frac{\sum_{t\in \boldsymbol{T}}\sum_{w\in \boldsymbol{G}_{\text{R}}}p_{w,t}^{\text{c}}}{\sum_{t\in \boldsymbol{T}}\sum_{w\in \boldsymbol{G}_{\text{R}}}p_{w,t}} \tag{4-33}$$

式中：$p_{w,t}$ 为时刻 t 时新能源场站 w 的最大输出功率。

(2) 时序生产模拟约束条件。由于时序生产模拟是以机组组合技术为核心，因此，在机组组合中的约束也同样适用于时序生产模拟。本节着重对方法原理的介绍，对于储能、水电、核电、区外来电等不做详细建模，仅以常规火电为例，介绍相关约束的表征方法。

1）节点功率平衡。

$$\sum_{g\in \boldsymbol{G}_{\mathrm{G}(b)}} p_{g,t}+\sum_{l\in \boldsymbol{L}|to(l)=b} f_{l,t}-\sum_{l\in \boldsymbol{L}|fr(l)=b} f_{l,t}+\sum_{w\in \boldsymbol{G}_{\mathrm{R}(b)}}(p_{w,t}-p_{w,t}^{\mathrm{c}})$$
$$=d_{b,t}-p_{b,t}^{\mathrm{Out,d}}+p_{b_n,t}^{\mathrm{In,d}}-p_{b,t}^{\mathrm{Sout,d}}+p_{b,t}^{\mathrm{Sin,d}}-p_{b,t}^{\mathrm{In,d}},\ \forall b\in \boldsymbol{B},\ \forall t\in \boldsymbol{T} \tag{4-34}$$

式中：$p_{g,t}$ 为 t 时刻的常规机组输出功率；$\boldsymbol{G}_{\mathrm{G}(b)}$ 和 $\boldsymbol{G}_{\mathrm{R}(b)}$ 分别为接入母线 b 的常规机组、新能源场站；$f_{l,t}$ 为线路 l 的有功传输功率；$to(l)=b$ 为所有末端母线为 b 的线路；$fr(l)=b$ 为所有首端母线为 b 的线路；$p_{w,t}$ 和 $d_{b,t}$ 分别为 t 时刻的新能源场站预测输出功率和母线负荷值；$p_{b,t}^{\mathrm{Out,d}}$ 为母线 b 在 t 时刻转供到其他母线的负荷规模；$p_{b_n,t}^{\mathrm{In,d}}$ 为邻近母线 b_n 对母线 b 转供的负荷规模；$p_{b,t}^{\mathrm{Sout,d}}$ 为母线 b 在 t 时刻平移到其他时刻的负荷规模；$p_{b,t}^{\mathrm{Sin,d}}$ 为 t 时刻平移到母线 b 的负荷规模。

2）开停机逻辑。

$$y_{g,t}-h_{g,t}=v_{g,t}-v_{g,t-1},\ \forall g\in \boldsymbol{G}_{\mathrm{G}},\ \forall t\in[2,|\boldsymbol{T}|] \tag{4-35}$$

式中：$y_{g,t}$ 为机组开机操作指示变量，$y_{g,t}=1$ 表示机组进行开机操作；$v_{g,t}$ 为机组开停机状态，$v_{g,t}=1$ 表示该机组处于开机状态，$v_{g,t}=0$ 表示该机组处于关机状态；$h_{g,t}$ 为机组停机操作指示变量，$h_{g,t}=1$ 表示机组进行停机操作。

3）开停机状态互斥。

$$y_{g,t}+h_{g,t}\leqslant 1,\ \forall g\in \boldsymbol{G}_{\mathrm{G}},\ \forall t\in \boldsymbol{T} \tag{4-36}$$

4）最小开停机时间。

$$\sum_{k=t-UT_g+1}^{t} y_{g,k}\leqslant v_{g,t},\ \forall g\in \boldsymbol{G}_{\mathrm{G}},\ \forall t\in[UT_g,|\boldsymbol{T}|] \tag{4-37}$$

$$\sum_{k=t-DT_g+1}^{t} h_{g,k}\leqslant 1-v_{g,t},\ \forall g\in \boldsymbol{G}_{\mathrm{G}},\ \forall t\in[DT_g,|\boldsymbol{T}|] \tag{4-38}$$

式中：UT_g、DT_g 分别为常规机组 g 的最小开机和停机时间。特别地，机组初始状态（即 $t=0$）对于开停机安排影响较大。对于初始时刻处于开机状态的机组，假设其已经连续开机 $H_{g,u}$，若 $H_{g,u}<UT_g$，则在最初的 $UT_g-H_{g,u}$ 时段内，机组将一直保持开机状态。对于关机状态的机组，也有类似的要求。

5）系统旋转备用。

$$\sum_{g\in G_{\mathrm{G}}}(P_{g,\max}v_{g,t}-p_{g,t})\geqslant S_{\mathrm{r}}^{+},\ \forall t\in \boldsymbol{T} \tag{4-39}$$

$$\sum_{g\in G_{\mathrm{G}}}(p_{g,t}-P_{g,\min}v_{g,t})\geqslant S_{\mathrm{r}}^{-},\ \forall t\in \boldsymbol{T} \tag{4-40}$$

式中：$P_{g,\max}$ 为表示发电机组 g 的装机容量；$P_{g,\min}$ 为表示发电机组 g 的最小输出功率；S_{r}^{+}、S_{r}^{-} 分别为向上和向下旋转备用需求。

6）常规机组爬/下坡速率。

$$p_{g,t}-p_{g,t-1}\leqslant \delta_{g,\mathrm{up}},\ \forall g\in \boldsymbol{G}_{\mathrm{G}},\ \forall t\in \boldsymbol{T} \tag{4-41}$$

$$p_{g,t-1}-p_{g,t}\leqslant \delta_{g,\mathrm{down}},\ \forall g\in \boldsymbol{G}_{\mathrm{G}},\ \forall t\in \boldsymbol{T} \tag{4-42}$$

式中：$\delta_{g,\mathrm{up}}$、$\delta_{g,\mathrm{down}}$ 分别表示发电机组 g 的最大爬坡、下坡速率。

7）常规机组投建及开停机状态逻辑关系。

$$\begin{cases} v_{g,t}\leqslant x_g \\ v_{g,t},\ x_g\in\{0,1\} \end{cases},\ \forall g\in \boldsymbol{G}_{\mathrm{G}},\ \forall t\in \boldsymbol{T} \tag{4-43}$$

8）新能源场站弃能。

$$0 \leqslant p_{w,t}^{c} \leqslant p_{w,t}, \ \forall w \in \boldsymbol{G}_{\mathbf{R}}, \ \forall t \in \boldsymbol{T} \tag{4-44}$$

9）线路潮流方程。

$$f_{l,t} = B_l(\theta_{fr(l),t} - \theta_{to(l),t}), \ \forall t \in \boldsymbol{T}, \ \forall l \in \boldsymbol{L}_{\mathbf{E}} \tag{4-45}$$

式中：$\theta_{fr(l),t}$、$\theta_{to(l),t}$ 分别为线路 l 首端母线和末端母线的电压相角；B_l 为线路 l 的电纳；L_{E} 为线路集合。

10）线路传输容量。

$$-F_l^{\max} \leqslant f_l \leqslant F_l^{\max}, \ \forall l \in \boldsymbol{L}_{\mathbf{E}} \tag{4-46}$$

式中：$F_l^{\max}$ 为线路 l 的最大传输容量。

11）可转供负荷。

$$0 \leqslant p_{b,t}^{\mathrm{Out,d}} \leqslant \alpha_{\mathrm{Tr}} d_{b,t}, \ \forall b \in \boldsymbol{B}, \ \forall t \in \boldsymbol{T} \tag{4-47}$$

$$\sum_{\forall b_n \in B} p_{b_n,t}^{\mathrm{In,d}} = p_{b,t}^{\mathrm{Out,d}}, \ \forall b \in \boldsymbol{B}, \ \forall t \in \boldsymbol{T} \tag{4-48}$$

$$p_{b_n,t}^{\mathrm{In,d}} \geqslant 0, \ \forall b \in \boldsymbol{B}, \ \forall t \in \boldsymbol{T} \tag{4-49}$$

式中：α_{Tr} 为母线 b 可转供负荷的比例。

12）可平移负荷。

$$0 \leqslant p_{b,t}^{\mathrm{Sout,d}} \leqslant \alpha_{\mathrm{Sout}} d_{b,t}, \ \forall b \in \boldsymbol{B}, \ \forall t \in \boldsymbol{T} \tag{4-50}$$

$$0 \leqslant p_{b,t}^{\mathrm{Sin,d}} \leqslant \alpha_{\mathrm{Sin}} d_{b,t}, \ \forall b \in \boldsymbol{B}, \ \forall t \in \boldsymbol{T} \tag{4-51}$$

$$\sum_{t} p_{b,t}^{\mathrm{Sout,d}} = \sum_{t} p_{b,t}^{\mathrm{Sin,d}}, \ \forall b \in \boldsymbol{B}, \ \forall t \in \boldsymbol{T} \tag{4-52}$$

式中：α_{Sout} 为母线 b 可平移出负荷的比例；α_{Sin} 为母线 b 可平移入的负荷比例。

13）可中断负荷。

$$0 \leqslant p_{b,t}^{\mathrm{In,d}} \leqslant \alpha_{\mathrm{In}} d_{b,t}, \ \forall b \in \boldsymbol{B}, \ \forall t \in \boldsymbol{T} \tag{4-53}$$

式中：α_{In} 为母线 b 可中断负荷的比例。

（3）时序生产模拟求解方法。由于时序生产模拟以机组组合技术为核心，以有功平衡计算为主。因此，通常采用直流潮流模型对相关约束进行简化，其模型本质上仍然为大规模混合整数线性优化问题，理论上可以采用以 Benders Decomposition 为代表的分支定界求解方法。但时序生产模拟以全年 8760h 为模拟周期，模拟时间间隔为 1h，对于实际电力系统而言，模拟的要素种类繁多，采用全年一次性求解方式较难实现。当前为了能够实现快速求解，通常会将模拟周期分解到天、周或月，进而采用逐天、逐周或逐月的方式进行求解。

4.4 含新能源的电源规划数学模型

含新能源的电源规划模型主要分为确定性规划模型、随机规划模型和鲁棒规划模型三类。确定性规划模型将新能源作为某种类型电源，融入到传统的常规电源规划模型中，构成含新能源的确定性电源规划模型。随机规划模型中考虑了一些表征新能源特性的不确定性因素，并通过概率形式表示含新能源的电源规划随机模型。鲁棒规划模型将新能源输出功率以不确定集合的形式进行表征，主要针对可能出现的最恶劣输出功率场景，通过调节不确定集合的鲁棒参数可以改变规划方案的保守性。

4.4.1 确定性规划模型

计及新能源的确定性电源规划模型是以电源投资及运维成本最小化为目标，满足系统电力电量平衡约束，具有充足的调峰调频能力以应对新能源输出功率变化对系统造成的冲击。本章节新能源主要考虑为大规模风电场和光伏电站。该模型目标函数一般数学表达形式为

$$\min C=\sum_{t=1}^{T}(C_{ct}+C_{ht}+C_{nt}+C_{pt}+C_{wt}) \tag{4-54}$$

式中：C_{ct} 为 t 规划年内火电机组投资建设成本与运行维护成本；C_{ht} 为 t 规划年内水电机组投资建设成本与运行维护成本；C_{nt} 为 t 规划年内核电机组投资建设成本与运行维护成本；C_{pt} 为 t 规划年内光伏机组投资建设成本与运行维护成本；C_{wt} 为 t 规划年内风电机组投资建设成本与运行维护成本。

约束条件包括机组建设约束、电力电量平衡约束、可靠性约束、系统调峰约束及环保约束，具体如下：

（1）机组建设约束，即电源建设施工约束。其包括待建电厂规划年内的最大装机容量约束、待建电厂总装机容量约束及最早投入年限约束。

（2）电力电量平衡约束。

$$\sum_{\tau=1}^{t}(P_{c\tau}+P_{h\tau}+P_{n\tau}+P_{p\tau}+P_{w\tau})\geqslant D_{mt}(1+R_{Dt}) \tag{4-55}$$

式中：$P_{c\tau}$ 为 τ 时段火电机组输出功率；$P_{h\tau}$ 为 τ 时段水电机组输出功率；$P_{n\tau}$ 为 τ 时段核电机组输出功率；$P_{p\tau}$ 为 τ 时段光伏机组输出功率；$P_{w\tau}$ 为 τ 时段风电机组输出功率；D_{mt} 为 t 规划年内系统最大负荷；R_{Dt} 为 t 规划年内系统容量备用系数。

（3）电量平衡约束。

$$\sum_{\tau=1}^{t}(P_{c\tau}H_{c\tau}+P_{h\tau}H_{h\tau}+P_{n\tau}H_{n\tau}+P_{p\tau}H_{p\tau}+P_{w\tau}H_{w\tau})\geqslant E_t \tag{4-56}$$

式中：$H_{c\tau}$、$H_{h\tau}$、$H_{n\tau}$、$H_{p\tau}$、$H_{w\tau}$ 分别为火电、水电、核电、光伏、风电机组 τ 时段内的利用小时数；E_t 为 t 规划年内需要电力系统提供的发电量。

（4）系统调峰约束。

$$\alpha_{ct}P_{ct}+\alpha_{ht}P_{ht}+\alpha_{nt}P_{nt}+\alpha_{wt}P_{wt}\geqslant\Delta P_{wt}^{\max}+\Delta P_{Dt}^{\max} \tag{4-57}$$

式中：α_{ct}、α_{ht}、α_{nt}、α_{wt} 分别为火电、水电、核电和风电机组 t 规划年内的调峰深度；$\Delta P_{wt}^{\max}$ 为 t 规划年内风电最大输出功率变化；$\Delta P_{Dt}^{\max}$ 为 t 规划年内系统最大峰谷差。

（5）可靠性指标约束。

$$\begin{cases}LOLP_t\leqslant LOLP_{\max}\\EENS_t\leqslant EENS_{\max}\end{cases} \tag{4-58}$$

（6）环保约束。

$$0\leqslant\sum_{\tau=1}^{t}\gamma_c P_{c\tau}t\leqslant WR_{\max t} \tag{4-59}$$

式中：γ_c 为火电机组污染物排放系数；$WR_{\max t}$ 为系统在 t 规划年内的最大允许污染排放量。

4.4.2　随机规划模型

新能源发电具有随机波动性、间歇性、不可预测等特点，这将给电力系统安全可靠运行带来不利影响。为了体现新能源中不确定因素对电源规划的影响，一般采用随机优化法建立电源规划模型。机会约束规划作为一种常用的随机优化理论，主要用于约束条件中含有随机变量，且必须在观测到随机变量的实现之前做出决策的优化问题。机会约束规划方法允许所做决策在一定程度上不满足约束条件，但该决策应使约束条件成立的概率不小于某一置信水平。机会约束规划模型的一般数学形式可表述为

$$\min f(\boldsymbol{X}) \tag{4-60}$$

$$\text{s. t.}\quad \Pr\{g_j(\boldsymbol{X},\xi)\leqslant 0,\ j=1,2,\cdots,k\}\geqslant\beta \tag{4-61}$$

式中：$\boldsymbol{X}$ 为发电机容量变量；ξ 为新能源机组的随机变量；

式（4-61）为含新能源输出功率等随机变量的约束。

含新能源的电源机会约束规划模型中，目标函数一般也是电源的投资建设成本与运行维护成本的总和最小化。约束条件除需要考虑确定性规划模型中的一些约束外，还要考虑新能源发电及系统运行中的随机约束。下面介绍两种典型的随机约束条件。

（1）电源容量的随机约束。

$$\Pr(X_{jt}=P_{Gjt})=\alpha_{jt} \tag{4-62}$$

式中：P_{Gjt} 为新建电厂 j 在 t 规划年内的规划容量；α_{jt} 为新建电厂 j 在 t 规划年内满足约束条件的置信水平。

（2）系统负荷变化随机约束。考虑到系统负荷增长具有不确定性，合理的选择是使系统运行在约束条件之内的概率达到一个可接受的值。

$$\Pr(D_t\leqslant D_{\max})\geqslant\alpha_{Dt} \tag{4-63}$$

式中：$D_{\max}$ 为系统最大负荷；α_{Dt} 为系统负荷在 t 规划年内满足约束条件的置信水平。

4.4.3　鲁棒规划模型

鲁棒优化方法无需知道不确定因素的概率分布，可以仅依靠少量信息进行不确定因素的刻画，但其结果通常偏向于保守。鲁棒优化的数学模型有多种分类角度。按照是否计及不确定因素概率分布特征，可分为经典鲁棒优化和分布鲁棒优化。本节主要介绍基于两阶段经典鲁棒优化的电源规划模型，其数学模型可描述为式（4-64）～式（4-68）。

$$\min_{\boldsymbol{y}}\{\boldsymbol{c}^{\mathrm{T}}\boldsymbol{y}+\max_{\boldsymbol{u}}\min_{\boldsymbol{x}}\boldsymbol{b}^{\mathrm{T}}\boldsymbol{x}\} \tag{4-64}$$

$$\text{s. t.}\quad \boldsymbol{Ay}\leqslant\boldsymbol{d} \tag{4-65}$$

$$\text{s. t.}\ \underline{u_j}\leqslant u_j\leqslant\overline{u_j},\ \forall u_j\in\boldsymbol{u},\ \forall j\in\boldsymbol{N}^{+} \tag{4-66}$$

$$\text{s. t.}\ \boldsymbol{Gx}\geqslant\boldsymbol{h}-\boldsymbol{Ey}-\boldsymbol{Mu} \tag{4-67}$$

$$\boldsymbol{Hx}=\boldsymbol{z}-\boldsymbol{Py}-\boldsymbol{Nu} \tag{4-68}$$

式中：$\boldsymbol{y}$ 为电源投资决策变量，取 1 表示电源建设，0 表示电源不建设；$\boldsymbol{u}$ 为不确定因素，如规划年负荷水平，新能源输出功率等；$\boldsymbol{x}$ 为直流最优潮流计算时的控制变量和状态变量，如发电机输出功率、新能源弃能、节点电压相角、切负荷量、线路有功潮流等；$\boldsymbol{A}$、$\boldsymbol{G}$、$\boldsymbol{E}$、$\boldsymbol{M}$、$\boldsymbol{H}$、$\boldsymbol{P}$、$\boldsymbol{N}$ 为系数矩阵；$\boldsymbol{z}$ 为系数向量；$\boldsymbol{d}$ 为电源总投资金额。

在上述模型中，最外层用于确定规划方案，中层用于寻找不确定因素在给定规划方案下的最差场景，内层用于确定给定最差场景下的优化运行策略。

模型目标函数式（4-64）表示年投资运行成本之和最小。

式（4-65）表示总投资约束。

式（4-66）表示中层模型不确定因素取值集合。其表示形式多样，常用的形式包括多面体不确定集合、基数约束不确定集合、椭球不确定集合、基于不确定参数矩信息的不确定集合及基于概率分布距离的不确定集合等。本书中采用多面体不确定集合中的区间不确定形式进行介绍。

式（4-67）中包括了电源规划中常见的不等式约束，如输电线路传输容量约束、发电机最大/最小输出功率约束、节点电压相角上下限约束、节点最大切负荷约束、新能源场站最大弃能约束、各类型电源年最大利用小时数等。

式（4-68）中包括了电源规划中常见的等式约束，如节点功率平衡、有功潮流方程等。

4.5 电源规划的数学优化方法

从数学上讲，电源规划的一个方案，是一个包含许多电厂或机组的有序组合，即一个排序问题，具有高维数、非线性及随机性的特点。

（1）高维数。电源规划需要处理各种类型的发电机组，并需要考虑相当长的时期内系统电源过渡问题。这样在规划中涉及的决策变量数多得惊人。维数障碍使得运筹学中的典型算法难以直接应用。

（2）非线性。发电机组的投资现值和年运行费用都不是有关决策变量的线性函数。此外，一些约束条件，如可靠性约束也是非线性的。因而，电源规划模型实际上是非线性的，给求解带来很大困难。

（3）随机性。电源规划所需的基础数据，如负荷预测数据、燃料和设备价格、水电厂水文数据、贴现率等都包含不确定性因素，从而，电源规划问题具有明显的随机性性质。这样，人们不仅要寻求电源开发的方案，还应对方案进行一系列的灵敏度分析。

由于以上原因，即使现代大型计算机要在合理的时间里给出严格最优解也几乎是不可能的；另一方面，原始资料和参数的误差以及很多难以用数学表达的因素都会影响方案的最终决策；同时，数学上的最优解对实际工程问题而言未必是最优解。所以，目前电源规划都在数学的严格性和计算量之间作了折衷，采取了一些简化方法。

4.5.1 混合整数规划法

1. 电源规划的混合整数规划模型

由于电力系统的机组是一台一台安装的，电厂特别是水电厂是一个一个建设的，将它们作为连续变量处理，将带来一系列问题，最后归整处理又将降低优化结果的最优性。为了解决这一矛盾，将系统中某一些变量设为整数，另一些仍为连续变量。这种变量设置的数学规划称为混合整数规划。

设连续变量 $\boldsymbol{X}$，整数变量 $\boldsymbol{Y}$，则混合整数规划可表述为

$$\min[f(\boldsymbol{X})+g(\boldsymbol{Y})] \tag{4-69}$$

$$\text{s.t.}\quad \boldsymbol{AX}+\boldsymbol{BY}\geqslant b \tag{4-70}$$

$$\boldsymbol{X}\geqslant 0 \tag{4-71}$$

式中：$\boldsymbol{A}$、$\boldsymbol{B}$ 为系数矩阵；b 为常数数组。

这类电源规划模型的目标函数和线性电源规划模型类似，因为模型中整数变量只表示电厂或机组投入运行或未投入运行（0，1 变量），或表示机组装了几台或第几次装机（每次装机可能不止一台）。每次计算费用时，只需将每台机组容量或每次装机容量乘此整数变量即得出装机容量。目标函数如下：

$$\begin{aligned}\min[f(\boldsymbol{X})+g(\boldsymbol{Y})]=&\sum_{t=1}^{T}\sum_{j=1}^{J_1}[C_{zj}X_{jt}+C_{fj}C_{zj}X_{sjt}+C_{cj}X_{sjt}](1+r)^{-t}+\\&\sum_{t=1}^{T}\sum_{j=J_1+1}^{J}[C_{zj}W_jY_{jt}+C_{fj}C_{zj}W_jY_{sjt}+C_{cj}W_jY_{sjt}](1+r)^{-t}\end{aligned} \tag{4-72}$$

$$C_{cj}=(b_j+d_j)\beta_j T_{jt} \tag{4-73}$$

式中：$\boldsymbol{X}$ 为连续变量描述电厂新装容量；$\boldsymbol{Y}$ 为整数变量，用以表示电厂新装机组台数；W_j 为每台机组容量；J_1 为连续变量个数，整数变量个数为 $J-J_1$；T 为规划期；C_{zj} 为电厂 j 每千瓦装机容量的综合投资（包括相应的输电费用在内）；C_{fj} 为固定运行费用率；C_{cj} 为机组煤耗费用率；T_{jt} 为电厂 j 在第 t 年的最大负荷利用小时数；b_j 为煤价（计及了煤矿投资分摊）；d_j 为运费；β_j 为平均煤耗，t/(MW·h)；r 为贴现率；

下标 jt 表示第 j 电厂（或机组）在第 t 年的数值，下标 sjt 则表示 j 电厂到第 t 年为止新装机组或容量之和，即

$$\begin{aligned}X_{sjt}&=\sum_{\tau=1}^{t}X_{j\tau}\\Y_{sjt}&=\sum_{\tau=1}^{t}Y_{j\tau}\end{aligned} \tag{4-74}$$

若整数变量表示一个电厂的装机台数或次数，由于已上的电厂不能退下，因此有

$$Y_{jt}\geqslant Y_{j(t-\tau)},\ \tau=1,2,\cdots,(t-1) \tag{4-75}$$

2. 模型的解法

对于混合整数规划问题，可采用分支定界法或割平面法求解。然而，整数规划需要较长的计算时间。为了适应算法对计算规模的需要，很多整数规划问题可以转化为 0-1 规划问题进行求解。

4.5.2 分解协调技术

分解协调技术在电源规划中被大量采用，因为其具有以下优点：

(1) 将大系统分解成若干子系统后，求解问题规模变小，可提高工作效率和节省时间。

(2) 各子系统可以选用自己适合的模型，更符合实际情况。

(3) 使进行并行处理成为可能。

目前常用的分解技术是基于 Lagrange 松弛的分解法、Benders 分解法和列与约束生成法（column-and-constraint generation，CCG）。下面以 Benders 分解法和 CCG 算法为

例，介绍分解协调技术的数学描述和对问题的求解过程。

1. Benders 分解法

Benders 模型的标准形式为

$$\begin{aligned} \min \quad & \boldsymbol{u}^{\mathrm{T}}\boldsymbol{x} \\ \text{s.t.} \quad & \boldsymbol{A}\boldsymbol{x} \geqslant \boldsymbol{b} \\ & \boldsymbol{E}\boldsymbol{x}+\boldsymbol{F}\boldsymbol{y} \geqslant \boldsymbol{h} \end{aligned} \tag{4-76}$$

引入 Benders 分解技术，上述模型可以分解为主问题和子问题，用以下方法可以求解。

（1）在主问题中，电源规划问题的状态 $\boldsymbol{x}$ 用式（4-77）求解：

$$\begin{aligned} \min \quad & \boldsymbol{u}^{\mathrm{T}}\boldsymbol{x} \\ \text{s.t.} \quad & \boldsymbol{A}\boldsymbol{x} \geqslant \boldsymbol{b} \\ & w(\boldsymbol{x}) \leqslant 0 \end{aligned} \tag{4-77}$$

式中：$w(\boldsymbol{x})$ 为提供有关状态 $\boldsymbol{x}$ 可行性信息的割。

（2）给定 $\hat{\boldsymbol{x}}$，子问题可描述为：

$$\begin{aligned} \min \quad & w(\hat{\boldsymbol{x}})=\mathrm{d}\boldsymbol{y} \\ \text{s.t.} \quad & \boldsymbol{F}\boldsymbol{y} \geqslant \boldsymbol{h}-\boldsymbol{E}\hat{\boldsymbol{x}} \end{aligned} \tag{4-78}$$

如果目标函数 $w(\hat{\boldsymbol{x}})$ 大于 0，一旦在子问题中检测到越界现象，将生成 Benders 割 $w(\boldsymbol{x})\leqslant 0$。由子问题的结果可得到 Benders 割的线性近似，其中线性近似系数为与式（4-76）中约束条件相关的单纯形乘子 $\boldsymbol{\pi}$。Benders 割的线性形式为

$$w(\boldsymbol{x})=w(\hat{\boldsymbol{x}})+\boldsymbol{\pi}(\boldsymbol{x}-\hat{\boldsymbol{x}})\leqslant 0$$

式中：$w(\hat{\boldsymbol{x}})$ 为式（4-78）所示子问题的最优解；$\hat{\boldsymbol{x}}$ 为主问题的解；$\boldsymbol{\pi}$ 为单纯形乘子向量。

2. CCG 算法

本节以前述基于鲁棒优化方法的电源规划模型为例，介绍 CCG 算法求解步骤。前述鲁棒规划模型式（4-64）～式（4-68）具有两阶段三层框架的结构形式，无法直接求解。通常将其分解为投资主问题和运行模拟子问题，通过迭代求解的形式设计算法，基于分支定界框架的列与约束生成算法在目前最常用。其具体求解步骤如下：

（1）模型初始参数设置。设置模型结果的上下界，即上界 $UB=+\infty$，$LB=-\infty$，迭代次数 $k=0$。

（2）求解规划主问题。初次求解主问题时，可以取不确定因素的期望值代入式（4-79）～式（4-84）所示模型；当 $k\geqslant 1$ 时，则可以直接对模型求解，得到下界 $LB=\boldsymbol{c}^{\mathrm{T}}\boldsymbol{y}_{k+1}^{*}+\eta_{k+1}^{*}$。

$$\min_{\boldsymbol{y},\eta} \boldsymbol{c}^{\mathrm{T}}\boldsymbol{y}+\eta \tag{4-79}$$

$$\text{s.t.} \quad \boldsymbol{A}\boldsymbol{y}\leqslant \boldsymbol{d} \tag{4-80}$$

$$\eta \geqslant \boldsymbol{b}^{\mathrm{T}}\boldsymbol{x}^{l},\ l\in \boldsymbol{O} \tag{4-81}$$

$$\boldsymbol{E}\boldsymbol{y}+\boldsymbol{G}\boldsymbol{x}^{l}\geqslant \boldsymbol{h}-\boldsymbol{M}\boldsymbol{u}_{l}^{*},\ \forall l\leqslant k \tag{4-82}$$

$$\boldsymbol{H}\boldsymbol{x}+\boldsymbol{P}\boldsymbol{y}=\boldsymbol{z}-\boldsymbol{N}\boldsymbol{u}_{l}^{*},\ \forall l\leqslant k \tag{4-83}$$

$$\boldsymbol{y}\in \boldsymbol{S}_{y},\ \boldsymbol{x}^{l}\in \boldsymbol{S}_{x},\ \forall l\leqslant k \tag{4-84}$$

上述主问题可以视作含多场景的混合整数优化模型，可以采用已有成熟的商业求解器

进行计算。其中，式（4-82）～式（4-83）表示子问题向主问题反馈的约束，即在前 k 次迭代时子问题中不确定因素 $\boldsymbol{u}_l^*$ 的取值作为已知量，该量在之前求解子问题时已得到。

（3）求解子问题。式（4-64）～式（4-68）中给出的运行子问题 $\max\limits_{\boldsymbol{u}}\min\limits_{\boldsymbol{x}}\boldsymbol{b}^{\mathrm{T}}\boldsymbol{x}$ 具有双层结构，无法直接求解。可以看出，当主问题规划方案 $\boldsymbol{y}$ 确定以后，下层子问题将不包含任何整型变量，可以通过对偶或者 KKT（Karush - Kuhn - Tucker，KKT）条件将子问题转化为单层结构后求解。本节将以对偶转化为例，进行介绍。

子问题原始结构为

$$Q(\boldsymbol{y})=\max_{\boldsymbol{u}}\min_{\boldsymbol{x}}\boldsymbol{b}^{\mathrm{T}}\boldsymbol{x} \tag{4-85}$$

$$\text{s.t.}\quad \boldsymbol{Gx}\geqslant\boldsymbol{h}-\boldsymbol{Ey}^*-\boldsymbol{Mu}:\boldsymbol{\pi}_1 \tag{4-86}$$

$$\boldsymbol{Hx}=\boldsymbol{z}-\boldsymbol{Py}^*-\boldsymbol{Nu}:\boldsymbol{\pi}_2 \tag{4-87}$$

$$\boldsymbol{x}\in S_x \tag{4-88}$$

式中：$\boldsymbol{\pi}_1$ 为不等式约束对应的对偶变量；$\boldsymbol{\pi}_2$ 为等式约束对应的对偶变量。

通过对偶理论，可以写出模型的对偶问题如下：

$$Q(\boldsymbol{y})=\max_{\boldsymbol{u},\boldsymbol{\pi}_1,\boldsymbol{\pi}_2}[(\boldsymbol{h}-\boldsymbol{Ey}-\boldsymbol{Mu})^{\mathrm{T}}\boldsymbol{\pi}_1+(\boldsymbol{z}-\boldsymbol{Py}-\boldsymbol{Nu})^{\mathrm{T}}\boldsymbol{\pi}_2] \tag{4-89}$$

$$\text{s.t.}\quad \boldsymbol{G}^{\mathrm{T}}\boldsymbol{\pi}_1+\boldsymbol{H}^{\mathrm{T}}\boldsymbol{\pi}_2\leqslant\boldsymbol{b} \tag{4-90}$$

$$\boldsymbol{\pi}_1\geqslant 0 \tag{4-91}$$

上述对偶结构中，表征不确定因素的变量与对偶变量存在双线性项的乘积形式，即 $\boldsymbol{u}^{\mathrm{T}}\boldsymbol{M}^{\mathrm{T}}\boldsymbol{\pi}_1$ 和 $\boldsymbol{u}^{\mathrm{T}}\mathbf{N}^{\mathrm{T}}\boldsymbol{\pi}_2$。由于极端取值通常在区间不确定集合的两端得到，因此，可以通过引入 0-1 变量，将其转换为离散组合形式，进而将相关约束转化为混合整数线性形式。式（4-66）表征的区间不确定集合可表征为

$$\boldsymbol{U}=\{\boldsymbol{u}\,|\,\bar{v}_1\underline{u}_1,v_1^+\bar{u}_1,\bar{v}_2\underline{u}_2,v_2^+\bar{u}_2,\cdots,v_j^-\underline{u}_j,v_j^+\bar{u}_j,\forall j\in\mathbf{N}^+\} \tag{4-92}$$

由于 $\underline{u}_j$ 和 $\bar{u}_j$ 均为常量，则原有连续变量组成的双线性项将转化为 0-1 变量与连续量相乘，可以通过大 M 法等进行转化。以 $\bar{v}_j\underline{u}_j$ 与 $\boldsymbol{\pi}_1$ 中元素 $\pi_{1,p}$ 相乘为例，令 $F_v=\bar{v}_j\underline{u}_j\pi_{1,p}$。其中，$\bar{v}_j$ 为 0-1 变量，$\underline{u}_j$ 为常量，$\pi_{1,p}$ 为连续型变量。当 $\bar{v}_j$ 取 0 时，$F_v=0$，当 $\bar{v}_j$ 取 1 时，可得 $F_v=\underline{u}_j\pi_{1,p}$。由此上述约束可表征为式（4-92）～式（4-93）。

$$-\bar{v}_jM\leqslant F_v\leqslant\bar{v}_jM \tag{4-93}$$

$$-(1-\bar{v}_j)M\leqslant F_v-\underline{u}_j\pi_{1,p}\leqslant(1-\bar{v}_j)M \tag{4-94}$$

式中：M 为常数。

记子问题求解后得到的不确定参数取值为 $\boldsymbol{u}_{k+1}^*$，更新上界 $UB=\min\{UB,\boldsymbol{c}^{\mathrm{T}}\boldsymbol{y}_{k+1}^*+Q(\boldsymbol{y}_{k+1}^*)\}$。

（4）判断是否收敛。如果 $UB-LB\leqslant\partial$，得到最优解 $\boldsymbol{y}_{k+1}^*$；否则，判断 $Q(\boldsymbol{y}_{k+1}^*)$ 是否有界。

如果 $Q(\boldsymbol{y}_{k+1}^*)$ 有界，生成变量 $\boldsymbol{x}^{k+1}$，在主问题增加以下约束：

$$\eta\geqslant\boldsymbol{b}^{\mathrm{T}}\boldsymbol{x}^{k+1} \tag{4-95}$$

$$\boldsymbol{Ey}+\boldsymbol{Gx}^{k+1}\geqslant\boldsymbol{h}-\boldsymbol{Mu}_{k+1}^* \tag{4-96}$$

$$\boldsymbol{Hx}^{k+1}+\boldsymbol{Py}=\boldsymbol{z}-\boldsymbol{Nu}_{k+1}^* \tag{4-97}$$

更新 $k=k+1$，$\boldsymbol{O}=\boldsymbol{O}\cup\{k+1\}$，求解主问题。

如果 $Q(\boldsymbol{y}_{k+1}^{*})$ 无界，生成变量 $\boldsymbol{x}^{k+1}$，在主问题增加以下约束：

$$\boldsymbol{Ey}+\boldsymbol{Gx}^{k+1}\geqslant\boldsymbol{h}-\boldsymbol{Mu}_{k+1}^{*} \tag{4-98}$$

$$\boldsymbol{Hx}^{k+1}+\boldsymbol{Py}=\boldsymbol{z}-\boldsymbol{Nu}_{k+1}^{*} \tag{4-99}$$

更新 $k=k+1$，$\boldsymbol{O}=\boldsymbol{O}\cup\{k+1\}$，求解主问题。

3. 分解协调技术在电源规划中的具体应用

电源规划模型一般分解为电源投资决策和生产优化两个子问题，可分别采用不同的优化技术。例如，先假定不同年份的可用系数 α 和利用小时数 T，应用线性模型求出一个电源建设方案，确定各年应新装机组类型、容量和安装位置。然后，根据求出的各年新增电源和系统已有电源做运行模拟，求出新的 α 和 T。最后，使用某种方法修正原先设定的 α 和 T，做电源规划，如此交替反复，直到 α 和 T 误差小于某个允许值为止。

应用 Benders 分解法时，模型中的两个子问题可以分别计算，因此易于引入统一计算中不易考虑的因素，如储能的作用以及电力市场环境下的竞争和财政约束等。此外，在计算可靠性和生产费用时将同类电厂合并，而规划新装机组时单独计算，能减小计算规模，加快计算速度。对模型作线性优化时引入随机性，将不确定因素处理为简单事件树，并把规划期划分为多个阶段，每个阶段用分解协调技术和剪枝方法，同样能提高计算效率。

4.5.3 动态规划法

动态规划是运筹学的重要分支之一，是解决多阶段决策过程最优化的一种方法。其根据多阶段决策问题的特性，提出了解决这类问题的“最优化原理”。

1. 动态规划的基本原理

（1）动态规划的基本概念。

1）阶段。对于一个给定的多阶段决策过程，可以根据问题的特点，将整个过程划分为若干个相互联系的阶段。通常用 k 表示阶段的序号（也称为阶段变量），并按时间或空间顺序依次编号。

2）状态。状态表示系统某阶段的出发位置或状况、特征，它既是某阶段过程演变的起点，又是前一阶段某种决策的结果。通常一个阶段包含有若干个状态。

描述状态的变量，称为状态变量，常用 s_k 表示第 k 阶段的状态变量。每一阶段所有状态的集合，称为允许状态集合，它是关于状态的约束条件，并用相应于该阶段状态变量的大写字母来表示允许状态集合。

3）决策。决策就是当某阶段的状态给定后，从该状态演变到下一阶段某种状态的选择。

描述决策的变量称为决策变量，常用 x_k 表示第 k 阶段的决策变量。x_k 是状态变量 s_k 的函数，即 $x_k=x_k(s_k)$，$x_k(s_k)$ 表示第 k 阶段系统处于 s_k 状态时的决策选择。x_k 的取值决定着系统下一阶段处于哪一个状态，可以是一个数或一组数。

在实际问题中，决策变量的取值往往被限制在某一范围内，称为允许决策集合，它是决策的约束条件，常用 $D_k(s_k)$ 表示第 k 阶段系统处于 s_k 状态时的允许决策集合，显然

$$x_k(s_k)\in D_k(s_k)$$

由于从初始阶段开始到最终阶段，每一个阶段均有一决策，从而由各阶段的决策形成一决策序列，称此决策序列为系统的一个策略。使系统达到最优效果的策略，称为最优策略。对于 n 个阶段的决策过程，由第一阶段的某一状态（比如 s_1）出发，做出的决策序列 $x_1, x_2, \cdots, x_n$ 而形成的策略（即全过程策略）记为 $P_{1,n}$，即

$$P_{1,n}(s_1)=\{x_1(s_1), x_2(s_2), \cdots, x_n(s_n)\}$$

在 n 阶段决策过程中，从第 k 阶段到系统终点的过程，称 k 后部子过程，简称 k 子过程。对于 k 后部子过程相应的决策序列，称为 k 后部子过程策略，简称为子策略，记为 $P_{k,n}$，即

$$P_{k,n}(s_k)=\{x_k(s_k), x_{k+1}(s_{k+1}), \cdots, x_n(s_n)\}$$

4）状态转移方程。对于具有无后效性的多阶段决策过程，系统由阶段 k 到阶段 $k+1$ 的状态转移方程是

$$s_{k+1}=T_k(s_k, x_k) \tag{4-100}$$

式（4-100）反映了系统状态转移的递推规律，它是根据问题的特性及阶段 k 的状态与阶段的状态提供的信息确定的。

5）阶段效应与最优指标函数。在阶段 k 状态为 s_k，当决策变量 x_k 取得某个值（或方案）后，就得到一个反映这个局部措施效应的数量指标 $r_k(s_k, x_k)$，称为 k 状态的效应函数（也称阶段指标函数）。对于无后效性的多阶段决策过程，阶段效应函数完全由本阶段的状态和决策所决定，第 k 阶段的效应函数 $r_k=r_k(s_k, x_k)$。

第 k 阶段的状态 s_k，当采取最优子策略后，从阶段 k 到阶段 n 可获得的总效应，称为最优指标函数，记为 $f_k(s_k)$。通常，$f_k(s_k)$ 可写成：

$$f_k(s_k)=\underset{x_k \in D_k(s_k)}{\text{opt}}\{r_k(s_k, x_k)\odot r_{k+1}(s_{k+1}, s_{k+1})\odot\cdots\odot r_n(s_n, x_n)\}$$

其中，运算符号⊙表示某种运算，可以是加、乘或其它运算；符号 opt 是 optimization 的缩写，可根据问题的性质取 max 或 min。

（2）最优性原理。其是指作为整个过程的最优策略具有这样的性质：无论过去的状态和决策如何，相对于前面决策所形成的状态而言，余下的决策序列必然构成最优子策略。

这一原理是动态规划的核心。利用它采用递推方法解多阶段决策问题时，各状态前面的状态和决策，对其后面的子问题来说，只不过相当于初始条件而已，并不影响后面的最优决策。

（3）动态规划的数学模型。

1）动态规划的函数方程。设在阶段 k 的状态 s_k，执行了选定的决策 x_k 后，状态变为 $s_{k+1}=T_k(s_k, x_k)$。这时，k 后部子过程变为 $k+1$ 后部子过程。根据最优性原理，对 $k+1$ 后部子过程采取最优性策略后，则 k 后部子过程的最优指标函数为

$$\begin{aligned} f_k(s_k) &= \underset{x_k \in D_k(s_k)}{\text{opt}}\{r_k(s_k, x_k)\odot f_{k+1}(s_{k+1})\} \\ &= \underset{x_k \in D_k(s_k)}{\text{opt}}\{r_k(s_k, x_k)\odot f_{k+1}(T_k(s_k, x_k))\}, k=n, n-1, \cdots, 1 \end{aligned} \tag{4-101}$$

另有下列条件成立：

$$f_{n+1}(s_{n+1})=0 \text{ 或 } 1 \tag{4-102}$$

式（4-102）通常称为边界条件，是指过程结束（或过程开始）时的状况。当运算符

号⊙取加法运算时，取 $f_{n+1}(s_{n+1})=0$；当⊙取乘法运算时，取 $f_{n+1}(s_{n+1})=1$。

式（4-101）和式（4-102）一起称为动态规划的基本函数方程，简称动态规划的基本方程。它们也称为递归方程，因为最优指标函数 $f_k(s_k)$ 与 $f_{k+1}(s_{k+1})$ 之间的关系是递推关系。

2）建立动态规划模型的步骤。用动态规划方法解决实际问题，需要根据题意建立动态规划的数学模型，这是非常重要的一步，也是比较困难的一步。

建立动态规划的数学模型一般包括划分阶段，确定状态变量、决策变量及其取值范围，建立状态转移方程，确定阶段效应和最优指标函数，以及建立动态规划的函数方程等几个步骤。

（4）动态规划的求解方法。在实际问题中，最常见的最优指标函数形式，一种是加法型的，另一种是乘法型的。从而，动态规划递推形式的基本方程分别为

$$\begin{cases} f_k(s_k)=\underset{x_k\in D_k(s_k)}{\text{opt}}\{r_k(s_k,x_k)+f_{k+1}(s_{k+1})\},\ k=n,n-1,\cdots,1 \\ f_{n+1}(s_{n+1})=0 \end{cases} \tag{4-103}$$

及

$$\begin{cases} f_k(s_k)=\underset{x_k\in D_k(s_k)}{\text{opt}}\{r_k(s_k,x_k)f_{k+1}(s_{k+1})\},\ k=n,n-1,\cdots,1 \\ f_{n+1}(s_{n+1})=1 \end{cases} \tag{4-104}$$

可见，用递推基本方程式（4-103）［或式（4-104）］及状态转移方程式（4-102）求解动态规划的过程，是由 $k=n$ 递推至 $k=1$。这种由后向前逐步递推的方法，称为逆序解法。当求出全过程的最优策略时，即得到原来问题的最优解。逆序解法是一般常用的方法。有些问题也可以采用由前向后逐步递推的方法（即顺序解法），这时状态转移方程和基本方程（加法型的）分别为

$$s_{k-1}=T_k(s_k,x_k),\ k=1,2,\cdots,n \tag{4-105}$$

$$\begin{cases} f_k(s_k)=\underset{x_k\in D_k(s_k)}{\text{opt}}\{r_k(s_k,x_k)+f_{k+1}(s_{k+1})\},\ k=1,2,\cdots,n \\ f_0(s_0)=0 \end{cases} \tag{4-106}$$

与最优指标函数乘法形式对应的基本方程，既可用逆序解法求解，又可用顺序解法求解的多阶段决策过程，称为可逆过程。

2. 动态规划法在电源规划中的应用

对于电源规划这种多阶段寻优问题，动态规划是一种有效的方法。在动态规划中能够引入各种约束条件和其他方法难以考虑的因素，如水电电源的不同组合方案和不同补偿调节数据、离散变量和随机因素、重要电厂的合理装机容量以及不同年份中的一些特殊问题等。考虑到电源规划目标的多重性，还出现了多重目标的动态规划。

理论上动态规划法可以获得整体最优解，但是对于大规模问题会出现维数灾现象，且容易出现后效问题。

采用动态规划法求解电源规划问题的一般方法如下：

（1）阶段。电源动态规划模型一般有两种划分阶段的方法：第一种是按照时间划分；另一种是按投入运行的新建电厂数目划分。其中第一种方法比较符合工程的习惯且容易和

计划部门的计划阶段相配合。

(2) 状态。电源规划中的状态是系统原有和待建电厂的某种组合，对于某一阶段 $\boldsymbol{X}_i$ 可表述为

$$\boldsymbol{X}_i=\{S_j\},\ j=0,1,2,\cdots,n \tag{4-107}$$

式中：S_j 表示一个电厂或一组有先后顺序的已定电厂群。

状态可根据实际问题用数组或代码表示。

(3) 状态转移和决策变量。根据动态规划原理，在某一阶段 i，若其初始状态为 x_{i-1}，也就是上一个阶段的一个状态，经过这一阶段采取某种策略 d_i 后转移到本阶段末的状态 x_i，这种转移可用状态转移方程表示，即

$$x_i=\varphi(x_{i-1},d_i) \tag{4-108}$$

本阶段 (i) 的状态 x_i 也就是下一阶段 ($i+1$) 的初始状态，决策变量就是本阶段可能投入的新电厂或机组。这样，状态转移方程可以简单地表示为

$$x_i=x_{i-1}+d_i \tag{4-109}$$

式中：d_i 表示一个策略。

从式 (4-109) 可知，i 阶段的某个状态是 $i-1$ 阶段中可被其包含的某个状态加上一个策略后形成的状态转移，这是动态规划算法判断可行路径的基本原则。

(4) 目标函数和递推公式。电源规划的目标函数是使系统总支出最小，根据具体情况而定。费用递推公式可描述为

$$\begin{cases}F_i(x_i)=\min[f_i(x_{i-1},d_i)+F_{i-1}(x_i)]\\F_0(x_0)=0\end{cases} \tag{4-110}$$

式中：$f_i(x_{i-1},\ d_i)$ 为从第 $i-1$ 阶段状态 x_{i-1} 转移到第 i 阶段状态 x_i 所采用策略的新增机组有关费用；$F(x_i)$ 为第 i 阶段状态 x_i 至起点的费用；$F_{i-1}(x_i)$ 为第 $i-1$ 阶段状态 x_{i-1} 至起点的最小费用；$F_0(x_0)$ 为起点费用。

(5) 约束条件。电源规划动态模型中，一般考虑如下约束：各电厂最大装机容量约束；各电厂各阶段最大装机容量约束；最早可能投入运行年限约束；分区平衡或联络输电线路容量约束；水火电装机容量比例约束；可靠性指标或备用容量约束；功率平衡约束；电量平衡或发电机最大负荷利用小时数约束；机组最大和最小功率约束；火电厂燃料消耗量约束；水电厂水量和流量约束；火电最小开机容量约束；财政约束；电厂施工中装机连续性约束等。

这些约束并不像线性规划那样一一列出，大多数是直接编入程序之中，其中大部分是运行约束，直接编入运行模拟电力电量平衡程序中。电力电量平衡是指电源开发项目连同已建及在建电厂一起，在电力电量上应满足电力系统规划水平年内负荷的电力和电量需求。在进行电力电量平衡时，系统负荷的最大功率应计入网损和发电厂的厂用电。

为了减小计算规模，动态规划法中普遍采取某种措施略去一些状态，如将同类发电机组合并，按发电机组类型进行优化。

4.5.4　模拟进化法

除了上述基于混合整数规划、分解协调技术和动态规划的电源规划方法外，还有基于非线性规划方法的，如变尺度法、微分法、牛顿法、梯度法等。

这些传统的非线性规划算法应用于电源规划存在如下问题：

（1）非线性规划要求函数连续，有的算法还要求可导，而电源规划中决策变量（如机组投入等）是不连续的，按连续函数计算后进行归整处理，会带来误差。

（2）非线性规划是对凸函数进行的，而电源规划的目标函数和约束条件并不是在任何条件下都是凸的。

（3）非线性规划算法不少，但没有一类是普遍有效的，这给选择算法带来困难。

（4）非线性规划算法所求结果一般是局部最优解，而电源规划的对象投资巨大，全局最优与局部最优投资相差可能非常大。

随着计算技术的发展，出现了大量的非传统优化方法，如模糊集合论法、专家系统法、模糊进化法等，使得电源规划的求解更加方便灵活，这些方法通常称为人工智能方法。模拟进化法通过对生物进化机制的模拟发展而来，运算过程与生物进化过程相仿，其哲学基础是达尔文的“适者生存，优胜劣汰”自然选择学说。该方法能将从自然界抽象出来的人造最适应生存的“环境”与“进化算子”结合起来，形成一种强搜索过程。

目前出现的模拟进化法主要包括遗传算法（genetic algorithm，GA）、遗传规划（genetic programming，GP），进化规划（evolutionary programming，EP）和进化策略（evolution strategies，ES）等。这些方法均属于启发式智能优化方法，易于并行计算且能够较快获得可行解，但当问题规模较大时，求解效率低。

4.6 低碳电源规划

“双碳”目标的实施，对电力系统低碳化发展提出了更高要求。当前低碳化技术包括低碳化电源和碳捕集利用与封存。其中，低碳化电源主要指风电、光伏、水电和核电，是未来新型电力系统的主要电源，而煤电则将承担保障性电源作用。碳捕集利用与封存（carbon capture utilization and storage，CCUS）是指将生产生活中产生的二氧化碳进行捕集分离，进而进行封存和再利用的技术。通过低碳电源和CCUS技术的应用，未来新型电力系统将实现低碳甚至零碳排放。

与**4.4.1**节给出的电源规划的确定性规划模型相比，低碳电源规划模型中将同时考虑电源投资和CCUS设备投资。(4-54）的目标函数需要修正为

$$\min C=\sum_{t=1}^{T}[C_{ct}+C_{ht}+C_{nt}+C_{pt}+C_{wt}+C_{CCUS}] \tag{4-111}$$

式中：C_{CCUS} 为 t 规划年内碳捕集利用与封存设备投资建设成本与运行维护成本。

约束条件除了机组建设、电力电量平衡、调峰和可靠性等**4.4.1**节列出的约束条件外，碳排放总量将成为重要的约束条件。考虑不同类型电源产生的碳排放以及CCUS吸收的碳排放量，则净碳排放量需要满足相关政策要求，可表示为

$$\sum_{\tau=1}^{t}\lambda_{c}P_{c\tau}H_{c\tau}-C_{CCUS,t}\leqslant C_{ar,t}^{max} \tag{4-112}$$

式中：λ_c 为火电机组 c 的度电碳排放；$C_{CCUS,t}$ 为时段 t 内CCUS吸收的碳排放量；$C_{ar,t}^{max}$ 为时段 t 内允许的最大碳排放量。

习 题

1. 写出电源规划中含有火电、水电、核电、风电的电力电量平衡的关系式，简单解释其含义如何？

2. 阐述经典电源规划问题的目标、特点和一般考虑的约束条件。

3. 含新能源的电源规划的目标函数、约束条件、解算方法上，与传统电源规划相比分别有哪些不同的考虑？

4. 在电力系统鲁棒优化模型中，常见的不确定参数集合构建方法有哪些？

5. 简述随机生产模拟流程，重点说明不同类型电源承担负荷的顺序或原则。

第5章 电网规划基础

本章简要阐述电网规划的内容、要求、方法和流程，然后分别从电压等级选择、输电方式选择、变电站站址及容量选择、网络结构规划的常规方法、电力线路的不同角度，介绍电网规划的基础和一般性原则。

5.1 概述

5.1.1 电网规划主要内容

电网规划包括输电网规划和配电网规划，以负荷预测和电源规划为基础。电网规划是确定在何时、何地、投建何种类型的线路及其回路数，以达到规划周期内所需要的输电能力，在满足各项技术指标的前提下使系统的费用最小。其主要内容有：

（1）确定输电方式；

（2）选择电压等级；

（3）确定变电站布局和规模；

（4）确定网络结构。

电网规划往往是针对具体电网发展中需要解决的问题确定具体内容的。目前，我国电网规划要解决的主要问题为：

（1）大型水、火电厂（群）及核电厂接入系统规划。这类电厂出线较多，距离较长，如何与电网连接的问题比较复杂，一般需要作专题研究；

（2）各大区电网或省级电网的受端主干电网规划；

（3）大区之间或省级电网之间联网规划；

（4）城市/农村电网规划；

（5）大型园区的综合能源系统规划。

5.1.2 电网规划要求

电网规划的最终结果主要取决于原始资料及规划方法。没有足够的、可靠的原始资料，任何优秀的规划方法都不可能取得切合实际的规划方案。一个优秀的电网规划必须以坚实的前期工作为基础，包括搜集整理系统的电力负荷资料、当地的社会经济发展状况、电源点和输电线路方面的原始资料等。具体如下：

（1）规划年度用电负荷的电力、电量资料，包括总水平、分省、分区及分变电站的电力、电量值和必要的负荷特性参数。

(2) 规划年度电源（现有和新增）的情况，包括电厂位置（厂址）、装机容量、单机容量和机型等；对水电厂，除上述参数以外，还应有不同水文年发电量、保证输出功率、受阻容量、重复容量、调节特性等参数。

(3) 现有电网（包括在建设和已列入基建计划的线路和变电站）的基础资料，包括电压等级、网络接线、线路长度、导线型号、变电站主变压器容量、型式、台数等主要规范资料，一般应有系统现况图（地理接线及单线接线图）。对未来网络规划的发展情况，包括可能架设新线路的路径、长度以及扩建和待建变电站站址资料，以便能够形成足够数量的网络方案。

电网规划和电源规划有着密切联系，往往只有在全盘考虑电源与电力网络的条件下，才能找到最合理的供电方案。例如，在离负荷点远处有较经济廉价的电源，近处则有较不经济的电源，若它们之间进行比较和选择时，就必须全盘考虑电源与电网，才能选出合理的方案。

电网规则中，一个理想的网架结构应满足以下基本要求：

(1) 输、变、配电比例适当，容量充裕。要求电网在各种运行方式下都能将电力安全经济地输送到用户，并有适当的裕度。在电网上既没有薄弱环节，造成发电能力不能充分利用的现象，也不存在设备能力闲置、资金积压现象。

(2) 电压支撑点多。电压支撑点的设置数量要能保证在正常及事故情况下电力系统的安全及电能质量。电网规划必须考虑全系统的安全，在绝大多数可能出现的故障情况下仍能持续供电，不引起系统不稳定及电网解列，也不出现不允许的电压及频率降低或甩负荷情况。在某些罕见的复合故障下可限制其后果。例如，允许系统分块解列运行，以保障重要供电不中断并能较快地恢复正常运行；对停电的时间及范围有所限制，但不允许出现全系统失步、电压崩溃等导致系统瓦解的重大事故。为此，在电网规划中要考虑各种措施。例如，单回线的输电容量不得超过受端容量的35%～50%；又如，对大容量、远距离输电应采用双回线或多回线，同路径或同杆塔线路在中途分段并互相连接，设置中间开关站。这样，如一点发生故障时可以分段切除，只失去一回路中的一段，其他部分仍可继续运行，可以显著地提高运行安全性。

(3) 保证用户供电的可靠性。对于供电中断将会造成国民经济或人民的生命财产重大损失的一级负荷及重要供电地区，必须设置两个及以上彼此独立的供电电源；对于无重要用户的三级负荷及地区，规划中一般不考虑备用电源；介于上二者之间的二级负荷及地区，是否设置备用电源，应视系统情况权衡停电损失及装备备用电源增加的综合投资成本后确定。

(4) 系统运行的灵活性。电网结构应能适应多种可能的运行方式，包括正常及事故情况下、高峰及低谷负荷时的运行方式；有大水电站或水电比重大的系统还应分别考虑丰、平、枯水时的运行方式。

(5) 系统运行的经济性。电网中潮流分布合理，无迂回倒流或输电距离过长等现象，线路损失小，投资及运行费用低。提高线路的输送容量是降低单位容量造价、提高输电线路效益的重要措施。提高输送容量主要采用串联感性补偿或并联电容补偿，或两者并用。串联补偿对提高输送容量效果显著，但需注意避免发生次同步谐振；并联补偿可以控制线路波阻抗，提高输送容量并控制过电压。为了维持线路电压恒定，要求其在轻载时阻抗为感性，重载时为容性。

(6) 便于运行。在变动运行方式或检修时，操作简便、安全，对通信线路影响小等。一般在电力系统规划时先进行系统最高一级电压网络的规划。当系统中新采用高一级电压，其电力网络尚未充分发展时，要同时考虑原系统中最高一级电压与新出现的电压网络的规划，在地区供电规划中再考虑较低电压等级的网络规划。

确定一个较理想的电网结构方案是涉及多方面因素的复杂问题，应在考虑各种因素下制定出若干可行方案，经过充分的系统分析及比较后选定。

5.1.3 电网规划方法

目前的电网规划方法处于传统的规划方法和数学方法并用的状态。传统的电网规划方法以方案比较为基础，是从几种给定的可行方案中，通过技术经济比较选择出推荐的方案。一般情况下，参与比较的方案是由规划人员根据经验提出的，并不一定包括客观上的最优方案，因此最终推荐方案包含相当主观的因素。

近年来，计算机的普及应用和系统工程、运筹学领域的成果促使电网规划的数学方法取得了很大的进展。优化理论的应用不仅使规划方案的技术经济评价更加精确全面，而且也大大减轻了规划人员的烦琐工作，加快了规划工作的进程。规划和决策人员有对各种潜在问题进行深入比较分析研究的能力，这为其制定各种应变规划、滚动规划创造了条件。

根据数学方法分类，电网规划方法可分为启发式方法和数学优化方法。

一、启发式方法

启发式方法以直观分析为依据，通常基于系统某一性能指标对可行路径上一些线路参数的灵敏度，根据一定的原则，逐步迭代直到满足要求为止。这种方法的优点是直观、灵活、计算时间短，便于人工参与决策且能给出符合工程实际的较优解；缺点是难以选择既容易计算又能真正反映规划问题实质的性能指标，并且当网络规模大时，指标对于一组方案差别都不大，难以优化选择。常用的启发式方法可分为基于线路性能指标（如线路过负荷）的启发式方法和基于系统性能指标（如系统年缺电量）的启发式方法。

电网规划启发式方法的计算过程可归纳为过负荷校验、灵敏度分析和方案形成三部分。

(1) 过负荷校验。在电网规划方案形成阶段，最关键的问题是输送容量是否足够，即线路是否出现过负荷的问题，因此要进行过负荷校验。根据电力系统安全运行要求，不仅要保证系统在正常情况下各线路不发生过负荷，还要保证在任一线路无故障或因故障断开情况下，其他线路也不出现过负荷，这就是“$N-1$”原则。因此，为检验线路是否过负荷，网络中的潮流分布和断线计算就成为重要的分析依据。“$N-1$”原则也是最常用的确定性安全要求。为便于实现，一般将网架规划过程分成两步来实现：第一步，在现有网络基础上，以费用最小为原则，在合适支路上增建新线，使之满足正常状态的供电要求，该网络称为最小费用网络；第二步，在最小费用网络基础上，恰当增加一些线路使之满足安全性要求。

由于交流潮流方程计算量过大，因此目前许多220kV及以上电网规划都采用直流潮流方程进行过负荷校验。直流潮流方程是交流潮流方程的简化形式，具有计算速度快和便于进行断线分析等特点，并且能够获得较高的计算精度，比较适合于规划研究。有关直流潮流方程及其计算可参见其他文献。对于 110kV 及以下电网规划仍以交流潮流方程计算为宜。

（2）灵敏度分析。当系统中有过负荷线路时，就要通过灵敏度分析选择最有效的线路来扩展网络，以消除系统存在的过负荷。所谓线路“有效”是指该线路单位投资所起的作用最大。但不同的规划人员可能对线路“有效”有不同的理解，因而出现了不同的衡量标准，并且也产生了计算线路有效性指标的不同方法。

（3）方案形成。根据灵敏度分析对待选线路按照有效性指标进行排序后，就可以按一定方式确定具体的网络扩展方案。比较简单的方式是将最有效的一条或一组线路加入系统，逐步扩展网络；也可以采用将有效线路的组合加入系统进行试探，最后根据对系统运行情况的实际改善效果确定最佳接线方案的方法。在形成方案时，规划人员可以通过人机联系参与决策过程。

电网规划启发式方法总的特点是逐步扩展网络，但不能考虑各扩建线路的相互影响，因此启发式方法不能保证给出数学上的最优解，这是它的主要缺点。

二、数学优化方法

数学优化方法就是将电网规划的要求归纳为运筹学中的数学规划模型，然后通过一定的优化算法求解，从而获得满足约束条件的最优规划方案。电网规划数学优化模型主要包含变量、约束条件和目标函数三个要素。

（1）变量。变量有决策变量和状态变量两类。决策变量表示线路是否被选中加入网络，因而是整数型变量，它确定了规划网络的拓扑结构。状态变量表示系统的运行状态，如线路潮流、节点电压等，状态变量一般是实数型变量。

（2）目标函数。目标函数是决策变量、状态变量的函数，主要包括电网的输变电建设投资费用和运行费用。

（3）约束条件。约束条件包括决策变量的建设条件约束、各状态变量的上下界和各变量应满足的制约关系等。传统电网数学优化模型只考虑线路过负荷约束和潮流方程约束，没有考虑电压、稳定、可靠性指标、资金投资限制等约束。

数学优化方法考虑了各变量之间的相互影响，因而在理论上比启发式方法更严格些。但由于电网规划的变量数很多、约束条件复杂，现有的优化理论对于求解这样大规模的规划问题存在很大困难，因此数学优化方法在建立模型时不得不对具体问题作大量简化。此外，有些规划决策因素难以用数学模型表达，因此数学上的最优解未必是符合工程实际的最优方案。对于电网优化规划的模型几乎可以运用运筹学中的各种优化理论求解。目前已有线性规划、整数规划、动态规划、混合整数规划、非线性规划及图论等方法。为了提高电网规划方法的实用性，现在的发展趋势是将启发式方法和数学优化方法结合起来，充分发挥各自的优势。

5.1.4 电网规划流程

根据对象的不同，电网规划流程分为输电网规划流程和配电网规划流程。配电网规划流程将在第 10 章中介绍，这里先介绍输电网规划流程。

（1）原始资料的收集和论证。其主要工作内容为预测地区用电需求，分析线路路径可能的选择以及变电站站址选择，了解电源开发规划等。

（2）制定连接系统规划。根据电源和地区负荷分布及线路路径、站址条件，制定连接系统规划。

（3）环境条件分析：

1）确定输电薄弱环节。输电薄弱环节主要是指原有线路的输电能力或原有输电网的设备容量不能满足输电地区的用电需要，或由于用户用电的增加及电源发电能力的增加，原有输电网难以适应这种变化，必须对原有输电网进行更新改造。

2）确定不经济的设备。原有输电网中的某些设备尽管还可以满足供电的需要，但由于设备已经老化，或者效率太低、损失过大、运行维护费用太高，应该及时更换新设备。

3）确定因社会环境条件变化而必须改建或迁建的送变电项目。由于城市的建设规划、道路建设、其他公共设施的建设及美化环境的要求，需要改变原有输电网中某些元件的配置（包括线路走向和变电站布置），以及对已经规划但未建设的输电网设施重新作出安排。

（4）制定规划方案。提出的各种输变电规划方案既要能满足系统供电要求，又应力求技术上先进。

（5）技术经济评价：

1）社会环境的适应性。分析各方案是否满足社会环境方面提出的要求，并确定其满足的程度。

2）供电可靠性。分析各可行方案是否能满足规划地区的供电可靠性要求，并确定其满足的程度。

3）运行维护条件。分析各方案是否运行方便、灵活，便于调度。

4）供电质量。分析各方案的供电质量（主要是电压质量）是否能满足要求。

5）经济性。分析各方案的投资和经营费用情况，并对各方案的经济效益指标进行计算、分析和比较。在综合分析和比较的基础上选出最佳的输电网规划方案。

输电网规划的基本流程可以用图 5 - 1 表示。

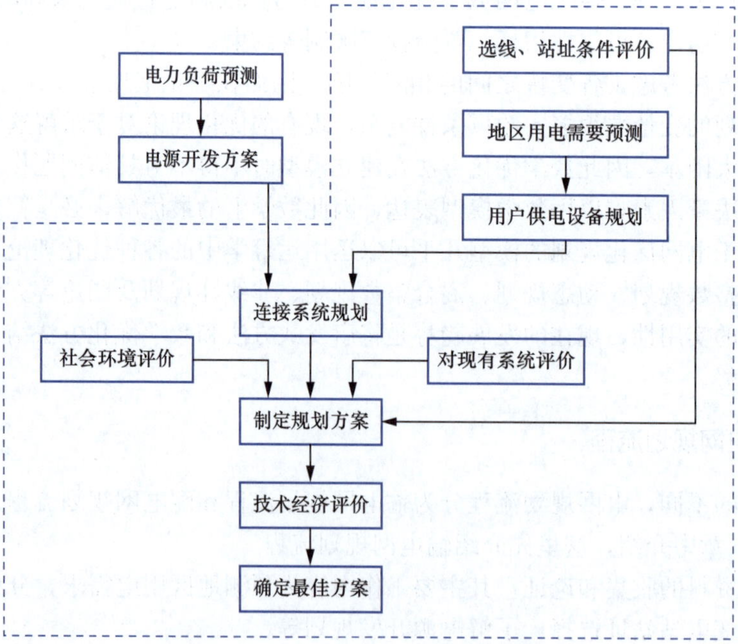

图 5 - 1　输电网规划基本流程框图

5.2 输电方式选择

5.2.1 交直流输电方式选择的原则

输电方式主要有交流输电和直流输电两种。

19世纪90年代，曾有过关于电力系统采用直流还是交流作为标准的相当大的争论。在世纪之交，交流系统对直流系统取得了胜利，其主要原因是：交流系统的电压水平更容易转换，因此提供了使用不同电压的发电、输电和用电的灵活性；交流发电机较直流发电机结构简单、价格便宜。交流输电也是过去以及现阶段我国电网的主要输电方式。交流输电中间可以落点，可以形成电网，除了电源送出的功能外，还具备网络构建功能。交流输电的电力根据受端需求自然分布，潮流控制和调节通常较为灵活。交流输电应用成熟，交流变电站设备种类少、结构简单、运行可靠性高、互联性较好。但同时交流输电也存在无功电压调节、电磁环网等制约输电能力的因素。

直流输电工程是直达快车。一般来说，直流输电的传输损耗要小于交流输电的传输损耗，可以实现远距离、大容量、高效率的输电，特别适合海底或地下等难以架设交流线路的地方。但是，直流输电由于需要特殊的变换器或逆变器来与交流电网连接，因此互联性较差，调节能力和适应性较弱，需要协调好各个变换器或逆变器之间的控制策略和运行模式，通常输电曲线单一。此外，虽然直流输电线路的造价明显低于交流输电线路，但直流换流站造价远高于交流变电站。直流换流站内设备种类多，系统结构和运行方式复杂，运行可靠性不高。

2024年，我国首个“交流改直流”输电工程——扬州—镇江±200kV直流输电线路工程在江苏省扬州市投运，将五峰山大跨越的输电能力由原来的50万～60万kW增加到120万kW，远景输送能力可提升至360万kW，极大提升了江苏省北电南送的断面能力。相较于交流输电，同样电压等级的直流输电输送功率更大、电损更小。因此，除了新建输电通道外，在原有线路上进行交改直改造或交流升压改造，是提升存量电网输送能力行之有效的解决办法。

交流输电和直流输电相比，各有优劣。总体而言，输电方式的选择应遵循交、直流输电相辅相成、共同发展的原则。在实际应用中，应根据不同的需求和条件，合理配置交、直流受电比例，充分发挥两类输电方式的优点。

5.2.2 交直流输电方式的重点问题

（1）直流落点近区潮流疏散和网架承载力。超大容量的直流落点对受端电网潮流疏散和转移能力提出了更高的要求。直流受端落点近区网架承载能力的评估主要通过扫描各类运行方式下的潮流分布，校核各关键输电断面 $N-1/N-2$ 故障后的线路、变压器是否超过其热稳定限额。在各类运行方式中，受端负荷水平、直流输电功率、本地开机方式、新能源输出功率水平等因素都会影响到最终的评估结果，一般重点对夏季高峰直流双极闭锁、冬季高峰水电直流枯水期小方式运行、汛期低谷直流满送、新能源大发叠加直流满送等较为严重的方式开展校核。

（2）短路电流。受端直流换流变通常网侧均为星形接线且直接接地，导致换流站近区单相短路电流水平提升。同时，随着柔性直流技术的应用逐渐广泛，因柔直系统具备无功支撑的能力，在某些情况下也会向系统提供一定的短路电流。

（3）无功支撑能力。传统直流系统的换相电流是由交流系统的相间短路电流提供，要保证换相可靠，受端交流系统必须足够“强壮”。国内外研究学者为评估交流系统对直流系统的支撑能力及交直流相互影响程度，提出了短路比（SCR）、多馈入短路比（MSCR）等指标进行评价。从短路比表达式可以看出，直流接入容量增大，会降低短路比指标。直流接入回路数增加后，直流系统间的交互作用增强，也会导致多馈入短路比指标降低。当电网中直流接入容量足够大时，可能造成部分直流系统的（多馈入）短路比达到系统运行要求的临界值，影响直流系统正常运行。短路比指标是限制电网直流接入能力的重要指标。

（4）受端电网频率和电压稳定。交流系统保持频率的能力取决于交流系统的转动惯量，为达到满意的性能，交流系统必须有一个相对于直流系统规模的最小转动惯量。此外，由于直流系统运行中需要消耗大量无功，给交流系统电压支撑能力带来较大压力，使得交直流系统的电压稳定问题日益突出。

（5）电力电子元件造成的各类宽频振荡。随着越来越多区外来电以直流输电形式落点受端电网，以及越来越多新能源并网，造成受端电网内电力电子元件渗透率逐年升高。电力电子元件与电网之间相互作用引发的宽频振荡问题已逐渐成为受端电网安全稳定运行的重要挑战之一。

（6）交直流故障对系统的影响。直流输电系统在向交流系统输送有功功率的同时还消耗大量无功功率（换流站一般都配置了足够的无功补偿装置），有功的改变可影响与直流系统相连的交流系统中发电机的功角，无功的改变会影响交流系统中相应母线的电压幅值。交直流系统间存在的复杂相互作用，主要通过各交流换流母线处有功与无功功率的平衡以及各直流子系统交流换流母线的电压来体现。

5.3 电压等级选择

5.3.1 电压等级选择的原则

交流方面，我国现有电网的电压等级配置大致分为两类，即非西北地区 110/220/500/1000kV 和西北地区 110/330/750kV。220kV 以下电压等级的配置则为 10/63/220kV 和 10/35/110/220kV 两种系列。直流方面，我国跨省跨区直流输电已基本形成±500、±660、±800、±1000kV 四个电压等级序列。

针对交流系统，选定的电压等级应符合国家电压标准，电压等级有 3、6、10、35、63、110、220、330、500、750、1000kV。同一地区、同一电网内，应尽可能简化电压等级，以减少变电重复容量；各级电压级差不宜太小。根据国内外经验，110kV 及以下（或称配电电压等级），电压级差一般在 3 倍以上；110kV 以上（或称输电电压等级），电压级差一般在 2 倍左右。

网络规划中不应选用非标准电压，选定的电压等级要能满足近期过渡的可能性，同时也要能适应远景系统规划发展的需要，故在确定电压等级时应了解动力资源的分布与工业布局，考虑电力负荷增长、新建电厂容量等情况。

在确定电压系列时应考虑到与主系统及地区系统联络的可能性，故电压等级应服从于主系统及地区系统。如果顾及地区特点不可能采用同一种电压系列，应研究不同系统互联的可能措施。

如果是跨省电网之间的联络线，则应考虑适应大工业区域经济体系的要求，进一步建成一个统一的联合系统，最好采用单一的合理的电压系列。

大容量发电厂向系统输电，考虑采用高一级电压一回线还是低一级电压多回线，与该电厂在系统中的重要性有关。

对于单回线供电系统，在输电电压确定后，一回线输电容量与电力系统总容量应保持合适的比例，以保证在事故情况下电力系统的安全。

5.3.2 电压等级选择的依据

(1) 应根据线路输电容量和输电距离选择电网电压。我国交流电网各级电压输送能力统计见表 5-1。

表 5-1 我国交流电网各级电压输送能力统计

电压等级（kV）	输送容量（MW）	传输距离（km）	适用范围
0.38	0.1 及以下	0.6 及以下	低压配电网
3	0.1～1.0	3～1	中压配电网
6	0.1～1.2	15～4	
10	0.2～2.0	20～6	
35	2～10	50～20	高压配电网
63	3.5～30	100～30	
110	10～50	150～50	
220	100～500	300～100	省内输电
330	200～1000	600～200	省、网际输电
500	600～1500	1000～400	
1000	5000～10000	2000～1000	网际输电

注 由于负荷密度的增加，提升配电电压在技术上是合理的。国内已出现 20kV 配电电压。

(2) 从控制电力损失角度选择电压等级。电压等级与电网电力损失有密切的关系。在一般情况下，即输电线路采用铝导线、电流密度 $0.9A/mm^2$、受端功率因数为 0.95 的条件下，各级电压线路每千米电力损失的相对值近似为

$$\Delta P\% = \frac{5L}{U_N} \tag{5-1}$$

式中：$\Delta P\%$为每千米电力损失的相对值；U_N 为线路的额定电压，kV；L 为线路长度，km。

输电线路的电力损失相对值正常不宜超过5%，由式（5-1）可求得各级电压合适的输电距离。

（3）考虑工程投资、运行费用、线损费用等，我国直流输电各级电压输送能力统计见表5-2。

表5-2　我国直流输电各级电压输送能力统计

电压等级（kV）	输送容量（MW）	经济距离（km）	线损率（%）	线损率百千米变化率（%）
±1000	9000	2500～4500	6.54～10.58	0.20
±800	7200	1400～2500	5.98～9.50	0.32
±660	3960	1000～1400	5.85～7.58	0.43
±500	3000	<1000	4.49～7.48	0.60

在具体工程方案选择中，除应遵循经济性原则、考虑经济输电距离的因素外，还须综合考虑输电损耗、送端电源容量匹配、受端电能需求及电网安全稳定性等问题，确定合理的电压等级选择方案。

5.4　变电站站址及容量选择

5.4.1　变电站的站址选择

变电站站址选择工作可分为规划选址和工程选址两个阶段。

（1）规划选址在编制电网发展规划时进行，对规划电网内可能布置变电站的点进行预先选择，以便在编制电网规划的过程中有充分的技术资料进行综合经济比较，从中规划出新建变电站的地点或范围。但由于是规划性的工作，故随着电网负荷的变化会相应发生变化。

（2）工程选址根据电力系统规划中所确定的地点或范围进行，工程选址工作都是一次完成的（个别特殊情况也会反复几次）。

选址时需要明确变电站在系统中的作用，即明确该变电站是否是系统枢纽变电站、地区重要变电站或一般变电站中的中间变电站、终端变电站、开关站、企业变电站、二次变电站。

变电站站址应符合下列要求：

（1）接近负荷中心。在选择站址方案时，事先需明确本变电站的供电负荷对象、负荷分布、供电要求、变电站本期和将来在系统中的地位和作用。选择比较接近负荷中心的位置作为变电站的站址，以便减少电网的投资和网损。

（2）使地区电源布局合理。应考虑地区原有电源、新建电源及计划建设电源情况，使地区电源和变电站不集中在一侧，以便电源布局分散，从而既减少二次电网的投资和网损，又达到安全供电的目的。

（3）高低压各侧进出线方便。应考虑各级电压出线的走廊，不仅要使输电线能进得来走得出，而且要使输电线交叉跨越少、转角少。

（4）站址地形、地貌及土地面积应满足近期建设和发展要求。在站址选择时，应贯彻以农业为基础的建设方针，不仅要贯彻节约用地、不占或少占农田的精神，而且要结合具体工程条件，采取多种布置方案（如阶梯布局、高型布置等），因地制宜地适应地形、地势，充分利用坡地、丘陵地。站址不能被洪水淹没或受山洪冲刷，而且地质条件应适宜。对建设发展用地，最好哪年用哪年征，但需留有发展空间。

（5）确定站址时，应考虑其与邻近设施的相互影响。飞机场、导航台、收发信台、地震台、铁路信号等设施，对无线电干扰有一定要求，站址距上述设施距离要满足有关规定要求，以便保证变电站对附近原有设施无影响。站址附近不应有火药库、弹药库、打靶场等设施。当站址附近工厂排出腐蚀性气体时，布置时应根据风向避开有害气体。

（6）交通运输方便。选择站址时不仅要考虑施工时设备材料及变压器等大型设备的运输，还要考虑运行、检修时的交通运输便捷。一般情况下站址要靠近公路或铁路，引接公路要短，以便减少投资。

（7）其他。所选站址应具有可靠水源，排水方便，并且应满足施工条件方便等。

5.4.2 变电站的电气主接线及容量的选择

1. 变电站的电气主接线

35～500kV 变电站的电气主接线有变压器—线路单元接线、桥形接线、3～5 角形接线、单母线、单母线分段、双母线、双母线分段、增设旁路母线或旁路隔离开关及 $1\frac{1}{2}$ 断路器接线等。

变电站采用哪种电气主接线，应根据变电站在电力系统中的地位、变电站的电压等级、出线回路数、设备特点、负荷性质等条件，以及满足运行可靠、简单灵活、操作方便和节约投资等要求来决定。

2. 变电站主变压器容量的选择

变压器容量既可按电力系统 5～10 年发展规划的需要来确定，也可由上一级电压电网与下一级电压电网间的潮流交换容量来确定，同时也需考虑“$N-1$”情况下的负荷安全送进送出，满足负荷率规定。

500/220kV 变压器的 500kV 及 220kV 侧均为星形接线，故从结构上要求 500/220kV 变压器具有 35～63kV 的第三绕组，第三绕组的容量应不小于变压器容量（对自耦变压器为串联绕组容量）的 15%，最大不超过变压器容量的 $\left(1-\frac{1}{K_{12}}\right)$ 倍（K_{12} 为高压侧与中压侧的变比）。具体容量也可根据变电站装设的无功补偿容量来确定。

3. 主变压器台（组）数及型式的选择

（1）对大城市郊区的一次变电站，在中、低压侧已构成环网的情况下，变电站以装设 2 台主变压器为宜。但随着站址征地的困难程度提高，系统变电容量的增加，现在已大量采用 3 台主变，也有研究采用 4 台主变的可行性。

（2）对于地区性孤立的一次变电站或大型工业企业专用变电站，在设计时应考虑装设 3 台主变压器的可能性。

（3）对 220kV 及以下电压等级的变电站，一般采用三相变压器，不采用单相变压器。

（4）变压器按绕组型式可分为双绕组变压器、三绕组变压器和自耦变压器。一般变电站选用双绕组变压器；当变电站具有三种电压，且通过主变压器各侧绕组的功率均达到该变压器容量的15%以上时，主变压器一般采用三绕组变压器。自耦变压器与同容量的普通变压器相比具有很多优点，在220/110kV、330/110kV、330/220kV及500/220kV变电站中，宜优先选用自耦变压器。

5.5 网络结构规划的常规方法

网络结构规划的常规方法一般分为方案形成和方案检验两个阶段。

5.5.1 方案形成

方案形成阶段的任务是根据输电容量和输电距离，拟订几个可比的网络方案。目前，方案拟订还是由技术人员来完成的，很大程度上依赖于规划者的经验。

（1）输电距离的确定。一般是在有关的地形图上量得长度，再乘以曲折系数1.1～1.15（这是个经验数字，各个地区可以根据地形复杂情况选用，或应用实际积累的数值，但一般最多不超过1.4）；可参考同路径已运行的线路实际长度，或取输电线路可行性研究后的设计长度。

（2）输电容量的确定。将一个待规划的电网分成若干区域（行政区或供电区），在每个区域内根据其负荷与装机容量进行电力（或电量）平衡，观察各区内电力余缺，以便明确哪些地区盈余，哪些地区不足，哪些电厂属区域性电厂，哪些电厂属地区性电厂，电力是从哪里送给哪个地区的，从而确定各地区间的输电量。

待规划电网的输电距离和输电容量确定后，应用**5.6**节中关于电力线路输电能力的数据、以往类似工程实例和规划者的经验，即可拟出几个待选的网络连接方式。

由于现代电网的结构越来越复杂，所以规划时没有标准模式可套用，一般应根据规划年份内的负荷分布、数量大小、用电特性及其供电距离等进行考虑。现代电网的结构只能非常近似地加以描述和分类。

从可靠性角度分，电网接线基本上可分为无备用网络和有备用网络两大类。无备用网络又可分为单回路放射式和单回路链式，如图5-2所示。有备用网络又可分为双回路放射式、双回路链式、环网和双回路与环网混合型等，如图5-3所示。

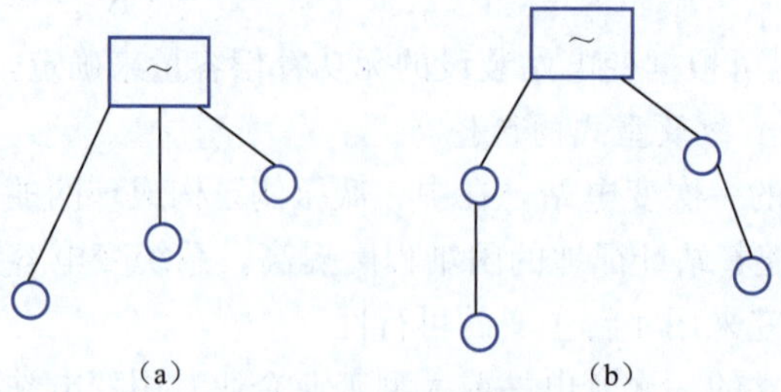

图5-2　无备用网络
(a) 单回路放射式；(b) 单回路链式

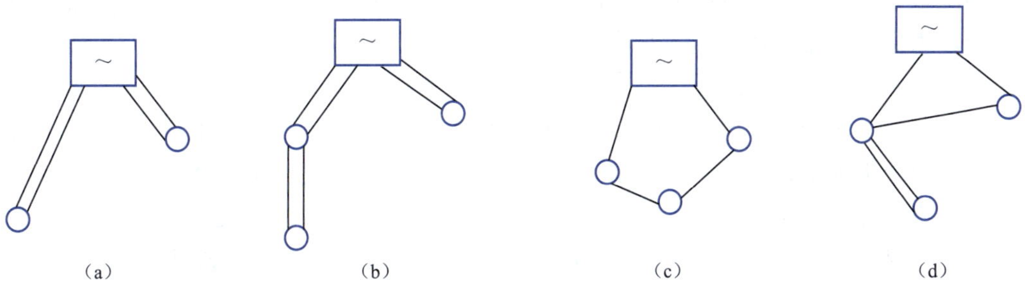

图5-3　有备用网络
(a) 双回路放射式；(b) 双回路链式；(c) 环网；(d) 双回路与环网混合型

在规划电网方案时，可分为静态电网规划法和动态电网规划法。静态电网规划法只对未来一个水平年的电网接线方案进行研究，因而又称水平年规划法。动态电网规划法将规划期分为几个年度并考虑其过渡问题。

5.5.2　方案检验

方案检验阶段的任务是对已形成的方案进行技术经济比较，其中包括潮流计算分析，调相、调压计算，暂态稳定计算、短路电流计算和技术经济比较等。在进行网络结构方案检验的同时，还可以根据检验得到的信息增加或修改原有的网络结构方案。

1. 潮流计算分析

潮流计算分析主要是观察各方案是否满足正常与故障运行方式下对系统输电能力的需要。在正常运行方式下，各线路潮流一般应接近线路的经济输送容量，各主变压器（联络变压器）的潮流应小于额定容量。在“$N-1$”的故障（包括计划检修的情况）运行方式下，线路潮流不应超过持续允许的发热容量，变压器应没有长时间过负荷现象。

2. 暂态稳定计算

暂态稳定计算是检验各方案在DL/T 5429—2009《电力系统设计技术规程》中所规定的、关于电网结构设计的稳定标准下，电力系统是否能保持稳定。

检验以下故障时网络结构是否满足系统稳定运行和正常供电：

(1) 单回线输电网络中发生单相瞬时接地故障重合成功；

(2) 同级电压多回线和环网发生单相永久接地故障重合不成功及无故障断开不重合(对于水电厂的直接送出线，必要时采用切机措施)；

(3) 主干线路各侧变电站同级电压的相邻线路发生单相永久接地故障重合不成功及无故障断开不重合；

(4) 核电厂送出线出口及已形成回路网络结构的受端主干网络发生三相短路不重合；

(5) 任一台发电机（除占系统容量比例过大者外）跳闸或失磁；

(6) 系统中任一大负荷突然变化，如冲击负荷或大负荷突然退出。

另外，还应检验以下形式故障：

(1) 单回线输电网络发生单相永久接地故障重合不成功；

(2) 同级电压多回线，环网及网络低一级电压的线路发生三相短路不重合。

以上故障时可采取措施保持系统稳定运行，但允许损失部分负荷。

网络结构规划一般仅对推荐方案和少数主干网络比较方案进行静态和暂态稳定计算，但若根据系统特点能判断哪类稳定起控制作用时，则可只进行这类稳定计算，必要时再进行动态计算。

稳定计算应注意分析过渡年份接线及某些系统最小运行方式的稳定性。

当系统稳定水平较低时，应采取提高稳定的措施，如设置中间开关站、串联电容补偿、调相机、静止无功补偿器以及电气制动、送端切机、汽轮机快关和受端切负荷等措施。可根据电网具体情况初步分析并推荐一种或几种措施，为下阶段进行设计提供依据。

在配电网规划中一般不用考虑稳定性的指标。

3. 短路电流计算

短路电流计算的主要目的是确定各水平年的网络短路容量能否被网络中所有断路器所承受，提出今后发展新型断路器的额定断流容量，以及研究限制系统短路电流水平的措施，包括提高变压器中性点绝缘水平。

网络结构规划应按远景水平年计算短路电流，选择新增断路器时应按投运后 10 年左右的系统发展容量进行计算，对现有断路器进行更换时还应按过渡年计算。

网络结构规划中应计算三相和单相短路电流，如单相短路电流大于三相短路电流时，应研究电网的接地方式以及接地点的多少等。

当短路电流水平过大而需要大量更换现有断路器时，首先应研究限制短路电流的措施。

4. 调相、调压计算

无功补偿应满足系统各种正常及事故运行方式下电压水平的需要，达到经济运行的效果，原则上应使无功就地、分层、分区基本平衡。

无功补偿一般选用分组投切的电容器和电抗器；当对系统稳定有特殊要求时，应研究装设调相机或静止无功补偿器。

经调相、调压计算，在系统各种运行方式下变电站母线的运行电压不符合电压质量标准时，应增加无功补偿设备；在增加无功补偿设备后电压波动幅度仍不能满足要求时，可选用有载调压变压器。除上述情况外，有载调压变压器一般应装设在供、配电网中。

5. 技术经济比较

用第 3 章所述的方法进行技术经济比较。技术经济比较是选择电网方案的重要因素，但不是唯一的决定因素，选择方案时还应综合考虑下列因素：

（1）主干电网结构；

（2）厂内或者变电站内接线；

（3）运行灵活性；

（4）是否便于过渡；

（5）电源、负荷变化的适应性；

（6）对国民经济其他部门的影响；

（7）国家资源（如土地、劳力、矿藏等）利用政策；

（8）国家物资、设备的平衡；

（9）环境保护和生态平衡；

（10）工程规模和措施是否与现有技术水平相适应；

（11）缩短建设工期和改善技术经济指标的可能性和必要性；
（12）建设条件和运行条件；
（13）对人民生活条件的影响；
（14）对远景发展的适应情况等。

5.5.3 网络结构规划步骤

（1）确定负荷水平及电源布置。
（2）进行电力、电量平衡以明确输电线的输电容量及输电方向。
（3）核定输电距离。
（4）拟订电网方案。
（5）进行必要的电气计算。
（6）进行技术经济比较。
（7）综合分析，提出推荐方案。

5.6 架空线路导线截面及输电能力

5.6.1 架空线路导线截面选择和检验

架空线路导线截面一般按经济电流密度来选择，并根据电晕、机械强度以及事故情况下的发热条件进行校验，必要时通过技术经济比较确定。但对超高压线路，电晕往往成为选择导线截面的决定因素。

1. 按经济电流密度选择导线截面

按经济电流密度选择导线截面用的输送容量，应考虑线路投入运行后5～10年的发展。在计算中必须采用正常运行方式下经常重复出现的最高负荷，但在系统发展还不明确的情况下，应注意勿将导线截面选择得过小。导线截面积的计算式为

$$S=\frac{P}{\sqrt{3}JU_{\mathrm{N}}\cos\varphi} \tag{5-2}$$

式中：S为导线截面积，mm^2；P为输电容量，kW；U_{N}为线路额定电压，kV；J为经济电流密度，A/mm^2，铜线和铝线在不同最大负荷小时数下的经济电流密度见表5-3。

表5-3　经济电流密度J（A/mm^2）

导线材料	最大负荷利用小时数$T_{\max}$（h）		
	3000以下	3000～5000	5000以上
铝线	1.65	1.15	0.9
铜线	3.0	2.25	1.75

注　经济电流密度的确定，涉及电力和有色金属等部门的供应、分配和发展等国民经济情况，目前有待统一修订标准。

2. 按电晕条件校验导线截面

在高海拔地区，110～220kV线路及330kV以上线路的导线截面，电晕条件往往起主

要作用。导线产生电晕会带来两个不良后果：①增加输电线路的电能损失；②对无线电通信和载波通信产生干扰。关于电晕损失，现在趋向于用导线最大工作电场强度 E_{max}（单位：kV/cm）与全面电晕临界电场强度 E_0 的比值来衡量。110～500kV 架空线路设计技术规程中有不必验算电晕的导线最小截面表，具体可查阅架空线路设计技术规程。

许多国家（如瑞典、前苏联等）认为，三相平均的导线表面最大工作电场强度与全面电晕临界电场强度之比若小于 0.9$\left(\text{即}\frac{E_{max}}{E_0}<0.9\right)$，则认为是经济的。

3. 按导线长期容许电流校验导线截面

选定的架空输电线路的导线截面，必须根据各种不同运行方式和故障情况下的传输容量进行发热校验，即在设计中不应使预期的输送容量超过导线发热所能容许的数值。

按容许发热条件的持续极限输送容量的计算公式为

$$S_{max}=\sqrt{3}U_N I_{max} \tag{5-3}$$

式中：S_{max} 为极限输送容量，MV·A；U_N 为线路额定电压，kV；I_{max} 为导线持续容许电流，kA。

4. 按电压损失校验导线截面

只有当电压为 6、10kV 以下，而且导线截面积在 70～95mm² 以下的线路，才进行电压损失校验。因为截面积大于 95mm² 的导线，采用加大截面的办法来降低电压损失的效果并不十分显著，而且会引起投资及有色金属的增加。此时，采用经典电容器补偿或带负荷调压的变压器以及其他措施更为合适，但应进行技术经济比较确定。

线路允许电压损失的量，应视线路首端的实际电压水平确定。对于线路末端受电器电压，一般允许低于其额定电压的 5%；个别情况下（如故障情况），允许低于其额定电压的 7.5%～10%。

5. 按机械强度校验导线截面

为保证架空线路必要的安全机械强度，对于跨越铁路、通航河流和运河、公路、通信线路、居民区的线路，其导线截面积不得小于 35mm²。通过其他地区的导线截面，按架空线路等级分，容许的最小截面见表 5-4。

表 5-4　按机械强度要求的导线最小容许截面（mm²）

导线构造	架空线路等级		
	35kV 以上线路	1～35kV 线路	1kV 以下线路
单股线	不许使用	不许使用	不许使用
多股线	25	16	16

5.6.2　架空线路输电能力

架空输电线路的输电能力是指输送功率大小与输送距离远近，它与电力系统运行的经济性、稳定性有很大关系。

1. 线路的自然输送容量

线路的自然输送容量 P_λ（亦称自然功率）可查表 5-5 或按式（5-4）计算

$$P_\lambda=\frac{U_N^2}{Z_\lambda}\approx 2.5U_N^2\times 10^{-3}(MW) \tag{5-4}$$

式中：U_N 为线路额定电压，kV；Z_λ 为线路波阻抗，260～380，Ω。

表 5-5　线路的自然输送容量

电压（kV）	导线分裂数	线路波阻抗 Z_λ（Ω）	自然输送容量 P_λ（MW）	电压（kV）	导线分裂数	线路波阻抗 Z_λ（Ω）	自然输送容量 P_λ（MW）
220	1	380	127	500	3	270	925
330	2	309	353	750	4	260	2160

当线路传输功率为自然功率 P_λ 时，电力传输具有如下特征：

（1）全线各点电压及电流大小一致；

（2）线路任一点功率因数都一样；

（3）没有无功功率传输，即每单位长度所消耗的无功功率等于其单位长度所产生的无功功率。

当输送功率小于自然功率时，线路电压从始端往末端提高；当传输功率大于自然功率时，线路电压从始端往末端降低。如果维持送受两端电压相等，且传输功率不等于自然功率时，线路中点电压偏移最严重。

220kV 及以上电压等级输电线路每回线的输送容量大致接近自然功率，对于短线路可能大于自然功率；而对于长线路，由于稳定原因往往达不到自然功率，必须采取措施。

2. 超高压远距离输电线路的传输能力

远距离输电线路的传输能力主要决定于发电机并列运行的稳定性，以及为提高稳定性所采取的措施。远距离输电一般不输送无功（或仅输送极少无功），可在受端装设适当的调相调压设备。若要提高线路输送能力，必须保证一定的技术经济指标，包括输电成本，电能质量及正常和事故运行情况下系统的稳定性。

精确确定输电线路传输能力要通过稳定性计算，但在电网规划中可按照输电线路的极限传输角作为稳定性判据。根据功角特性公式并计及 $Z_c=Z_\lambda\sin\lambda$（Z_c 为输电线路的阻抗），可求出传输功率的近似估算式为

$$P=P_\lambda\frac{\sin\delta_y}{\sin\lambda} \tag{5-5}$$

式中：λ 近似取 6°/100km；δ_y 为输电线路的允许传输角；P_λ 为线路的自然功率。

当 δ_y 取 25°～30°时，有

$$P\approx(400\sim480)\frac{P_\lambda}{L} \tag{5-6}$$

考虑补偿后，应为

$$P\approx\frac{400\sim480}{1-K}\times\frac{P_\lambda}{L} \tag{5-7}$$

式中：K 为补偿度；L 为线路长度。

3. 按静稳定条件决定的输送能力

按静稳定条件决定 100km 输电线路的输送能力，见表 5-6。

表 5-6　　按静定稳定条件决定的输送能力

电压（kV）	输送能力（100km·MW）	电压（kV）	输送能力（100km·MW）
220	400～600	500	3800～4000
330	1400～1600	750	7200～7400

4. 线路的经济输送容量

线路的经济输送容量是按经济电流密度 J 计算求得。

5. 架空线路在电压降为10%时的负荷距

对于中、短距离输电线路，其传输能力不决定于系统的稳定，而决定于允许的电压损失（一般限制在10%以内）与功率及能量损耗，而这些又与调相设备、导线材料及电流密度有关。

6. 线路的极限输送容量

很短线路的极限输送容量决定于导线允许的发热条件。线路持续极限输送容量可查阅相关设计手册中的计算公式或表格。

习　　题

1. 电网规划的内容有哪些？
2. 交流输电与直流输电方式选择的依据是什么？
3. 我国电网有哪几个电压等级，各个电压等级的作用是什么？
4. 画出输电网规划流程图。

第6章　确定性电网规划

本章介绍了确定性电网规划中数学方法的启发式方法，包括逐步扩展法、逐步倒推法、满足确定性安全准则的启发式网络规划；介绍电网数学规划方法中的线性和混合整数线性规划模型。

6.1　逐步扩展法

逐步扩展法是根据各待选线路对过负荷支路过负荷量消除的有效度，即以减轻其他支路过负荷的多少来衡量待选线路作用，选择恰当待选线路加到网络上直到网络无过负荷为止。

为计算各待选线路的有效度，需要计算各待选线路电纳增加后对过负荷支路潮流的影响，即需要进行变结构直流潮流计算。

6.1.1　变结构直流潮流计算

当网络结构相对于基本情形发生变化时，可以直接根据基本情形潮流求出变结构时的支路潮流，而不必重新求解潮流方程，从而大大节省计算时间。

要想计算结构变化后的支路潮流变化量 $\Delta\boldsymbol{P}$，需先求出节点电压相角变化量 $\Delta\boldsymbol{\theta}$。

设网络中只有支路 k 电纳发生变化，设其变化量为 ΔB_k，则有

$$\boldsymbol{\theta}=(\boldsymbol{B})^{-1}(\boldsymbol{P}_{\mathrm{G}}-\boldsymbol{P}_{\mathrm{D}}) \tag{6-1}$$

$$\boldsymbol{\theta}'=(\boldsymbol{B}+\Delta\boldsymbol{B})^{-1}(\boldsymbol{P}_{\mathrm{G}}-\boldsymbol{P}_{\mathrm{D}}) \tag{6-2}$$

$$\Delta\boldsymbol{\theta}=\boldsymbol{\theta}'-\boldsymbol{\theta}=[(\boldsymbol{B}+\Delta\boldsymbol{B})^{-1}-\boldsymbol{B}^{-1}](\boldsymbol{P}_{\mathrm{G}}-\boldsymbol{P}_{\mathrm{D}}) \tag{6-3}$$

式中：$\Delta\boldsymbol{B}$ 为电纳矩阵变化量，$\Delta\boldsymbol{B}=\boldsymbol{e}_k\delta\boldsymbol{B}\boldsymbol{e}_k^{\mathrm{T}}$，$\delta\boldsymbol{B}=\Delta\boldsymbol{B}_k$；$\boldsymbol{e}_k$ 为一列向量，其第 i 行元素为−1，第 j 行元素为−1，其他元素均为 0，i、j 为支路 k 的起始和终止节点。

令 $\boldsymbol{D}_1=\boldsymbol{B}$，$\boldsymbol{D}_2=\boldsymbol{e}_k$，$\boldsymbol{D}_3=\boldsymbol{e}_k^{\mathrm{T}}$，$\boldsymbol{D}_4^{-1}=-\delta\boldsymbol{B}$，根据 Household 公式得

$$(\boldsymbol{D}_1-\boldsymbol{D}_2\boldsymbol{D}_4^{-1}\boldsymbol{D}_3)^{-1}=\boldsymbol{D}_1^{-1}+\boldsymbol{D}_1^{-1}\boldsymbol{D}_2(\boldsymbol{D}_4-\boldsymbol{D}_3\boldsymbol{D}_1^{-1}\boldsymbol{D}_2)^{-1}\boldsymbol{D}_3\boldsymbol{D}_1^{-1} \tag{6-4}$$

则有

$$\Delta\boldsymbol{\theta}=-\boldsymbol{B}^{-1}\boldsymbol{e}_k(\delta\boldsymbol{B}^{-1}+\boldsymbol{e}_k^{\mathrm{T}}\boldsymbol{B}^{-1}\boldsymbol{e}_k)^{-1}\boldsymbol{e}_k\boldsymbol{B}^{-1}(\boldsymbol{P}_{\mathrm{G}}-\boldsymbol{P}_{\mathrm{D}}) \tag{6-5}$$

令 $\boldsymbol{X}=\boldsymbol{B}^{-1}$，$\boldsymbol{X}_k=\boldsymbol{B}^{-1}\boldsymbol{e}_k$，则有

$$\Delta\boldsymbol{\theta}=-\boldsymbol{C}\boldsymbol{X}_k\boldsymbol{X}_k^{\mathrm{T}}(\boldsymbol{P}_{\mathrm{G}}-\boldsymbol{P}_{\mathrm{D}}) \tag{6-6}$$

$$\Delta P_k=(B_k+\Delta B_k)\Delta\theta_k+\Delta B_k\theta_k=\frac{1-B_l\chi_{lk}}{1+\Delta B_k\chi_{kk}}\frac{\Delta B_k}{B_k}P_k$$

对于任一支路 l，支路两端相角差增量 $\Delta\theta_l$ 为

$$\Delta\theta_l=-\boldsymbol{e}_l^{\mathrm{T}}\boldsymbol{C}\boldsymbol{X}_k\boldsymbol{X}_k^{\mathrm{T}}(\boldsymbol{P}_{\mathrm{G}}-\boldsymbol{P}_{\mathrm{D}})=-\boldsymbol{C}\boldsymbol{e}_l^{\mathrm{T}}\boldsymbol{X}_k\boldsymbol{e}_k^{\mathrm{T}}\theta=-\boldsymbol{C}\chi_{lk}\theta_k \tag{6-7}$$

其中，$\chi_{lk}=\boldsymbol{e}_l^{\mathrm{T}}\boldsymbol{X}_k^{\mathrm{T}}$，同样 $\boldsymbol{e}_l$ 为一列向量，对应起始节点的相应元素为1，对应终止节点的相应元素为−1，其他元素均为0。

支路 l 潮流增量为

$$\Delta P_l=B_l\Delta\theta_l=\frac{-B_l\chi_{lk}}{1+\Delta B_k\chi_{kk}}\frac{\Delta B_k}{B_k}P_k \tag{6-8}$$

支路 k 潮流增量为

$$\Delta P_k=(B_k+\Delta B_k)\Delta\theta_k+\Delta B_k\theta_k=\frac{1-B_k\chi_{kk}}{1+\Delta B_k\chi_{kk}}\frac{\Delta B_k}{B_k}P_k \tag{6-9}$$

将式（6-8）和式（6-9）合写成

$$\Delta P_l=\beta_{lk}\frac{\Delta B_k}{B_k}P_k \tag{6-10}$$

$$\beta_{lk}=\frac{\delta_{lk}-B_l\chi_{lk}}{1+\Delta B_k\chi_{kk}},\quad \delta_{lk}=\begin{cases}0(l\neq k)\\1(l=k)\end{cases}$$

6.1.2 规划方案的形成

设网络中线路 l 出现了过负荷，设法寻找待选线路 k，使得该线路加入系统后能够最有效地降低线路 l 的过负荷量。由式（6-10）可知，线路 k 加入系统后，线路 l 潮流变化量 ΔP_{lk} 为

$$\Delta P_{lk}=\beta_{lk}\frac{\Delta B_k}{B_k}P_k \tag{6-11}$$

式（6-11）直接反映了线路 k 对降低线路 l 过负荷的作用。设线路 k 的建设投资为 C_k，考虑投资因素后，待选线路有效性指标可定义为

$$E_{lk}=\frac{\Delta P_{lk}}{C_k} \tag{6-12}$$

这样，对所有待选线路而言，E_{lk} 最大的线路就是最有效线路。

当系统中存在多条过负荷线路时，应当考虑增加一条新线路对所有过负荷线路的综合效益，为此定义综合有效性指标为

$$E_k=\sum_{l\in\boldsymbol{M}_{ol}}E_{lk} \tag{6-13}$$

式中：$\boldsymbol{M}_{ol}$ 为过负荷线路集。

需要指出的是，在规划中经常遇到有新建电厂及新负荷中心的问题。当新建一个发电厂或新出现一个负荷中心时，网络通常是不连通的，因此无法对该网络进行潮流计算。对于初始不连通网络，可以通过在所有可扩展支路上增加一个虚拟线路来消除，虚拟线路电抗一般要远大于正常电抗值（比如 10^4 倍）。由此，对于不连通区域间的虚拟线路将严重过负荷。这样，分离区域的连接问题同样可作为减少过负荷问题来实现。

整个网架规划可以通过两个阶段来实现：第一阶段实现在正常状态下无过负荷线路；第二阶段考虑“$N-1$”故障下无过负荷线路。

第一阶段的迭代过程可描述为：

(1) 计算直流潮流。

(2) 检查线路是否过负荷，若有，形成过负荷线路集，计算待选线路的综合有效性指标，转步骤(3)；否则，转步骤(4)。

(3) 选综合有效性指标最大者加入电网中，转步骤(1)。

(4) 输出结果。

第二阶段的迭代过程可描述为；

(1) 分析所有预想故障集，若无过负荷，转步骤(3)；否则，根据总过负荷量大小的不同，找出最严重故障，转步骤(2)。

(2) 断开最严重故障所对应的线路，执行第一阶段迭代过程，在最有效线路上增加一条线路，转步骤(1)。

(3) 输出结果。

6.1.3 逐步扩展法网络规划模型的计算流程

逐步扩展法网络规划模型的计算流程框图如图6-1所示。

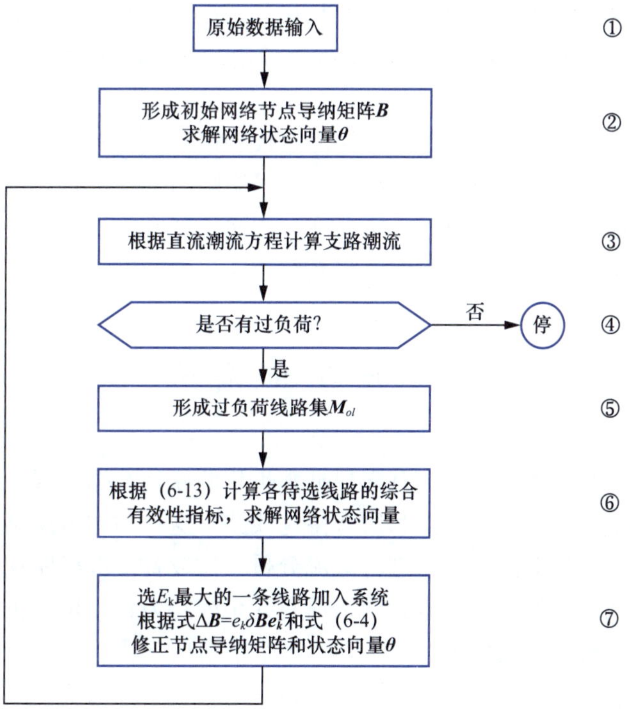

图6-1 逐步扩展法网络规划模型的计算流程框图

现将图6-1各步骤的意义简述如下：

① 水平年规划的原始数据主要包括该水平年各节点的负荷分布、发电机功率、待选

线路的各项参数、现有电网结构及参数、线路传输容量等。

② 初始网络的节点阻抗矩阵可以通过导纳矩阵求逆或支路追加等方法求得。然后根据式（6-1）可直接求出网络状态向量 $\boldsymbol{\theta}$。

③ 根据 θ，进而由 $\boldsymbol{P}=\boldsymbol{B\theta}$ 计算各支路潮流。

④ 检验线路过负荷的关系式为

$$|P_k| \leqslant \overline{P}_k \tag{6-14}$$

式中：P_k 为线路 k 的潮流计算值；$\overline{P}_k$ 为线路 k 的传输容量。

$\overline{P}_k$ 值取决于线路发热约束、稳定约束和电压损耗约束。在规划方案形成阶段，线路传输容量的稳定约束和电压损耗约束很难给出。因此在实际应用中，人们往往根据线路的型号、长度由经验曲线给出传输容量，也有一些文献根据线路两端允许的最大相角差来确定传输容量。

⑤ 将不满足式（6-14）的线路记录于过负荷线路集 $\boldsymbol{M}_{ol}$ 中。

⑥ 根据式（6-13）计算各待选线路的综合有效性指标。在式（6-13）中，设线路 k 两端节点为 i、j，线路 l 两端节点为 m、n，则

$$\boldsymbol{e}_k^{\mathrm{T}}\boldsymbol{X}\boldsymbol{e}_l = x_{im} + x_{jn} - x_{jm} - x_{in} \tag{6-15}$$

式中：x_{im}、x_{jn}、x_{jm}、x_{in} 均为 $\boldsymbol{X}$ 中的相应元素。

⑦ 在所有待选线路中选 E_l 最大的线路加入系统。该线加入系统后，网络节点导纳矩阵和状态向量都要发生相应变化，这时使用式 $\Delta\boldsymbol{B}=\boldsymbol{e}_k\delta\boldsymbol{B}\boldsymbol{e}_k^{\mathrm{T}}$ 和式（6-7）的直接修正公式，修正节点导纳矩阵 $\boldsymbol{B}$ 和状态向量 $\boldsymbol{\theta}$ 非常方便，且可以减少计算工作量、提高计算速度。

从整个规划流程可以看出，这是一个循环迭代、逐步扩展网络的过程，直到系统没有过负荷为止。应该指出，这种方法以系统节点导纳矩阵为基础进行灵敏度分析，当网络中有孤立节点或不连通现象时，阻抗矩阵不存在，因而使其应用受到一定限制。为了解决这个问题，可以先用阻抗值很高的虚拟线路将系统连通，然后再进行分析计算。

6.2 逐步倒推法

逐步倒推法的方案形成策略为：首先根据水平年的原始数据构成一个虚拟网络，该网络包含系统现有网络、所有孤立节点和所有待选线路，这样的虚拟网络一般是连通的，冗余度很高但不经济；然后对虚拟网络进行潮流分析，比较各待选线路在系统中的作用和有效性，逐步去除有效性低的线路，直到网络没有冗余线路为止，也即去掉此时任何新增线路都会引起系统过负荷或系统解列。

6.2.1 最小费用网络的形成

满足“N”安全性的最小费用网络可由下面的迭代过程完成：

（1）将所有待选线路全部加入现有网络，形成虚拟网络。

（2）采用直流潮流模型（也可采用其他潮流模型），计算支路潮流。

（3）逐步倒推法以线路在系统中载流量的大小衡量其作用。考虑线路投资影响后，认为投资小并且载流量大的线路为有效线路，因此定义线路有效性指标为

$$E_l=\frac{|P_l|}{C_l} \tag{6-16}$$

式中：P_l 为待选线路 l 上潮流；C_l 为待选线路 l 建设投资。

按 E_l 从小到大顺序排列，设具有最小有效性指标的待选线路为线路 k。

（4）去掉线路 k 后，重新计算潮流。网络是否有过负荷，若有，保留线路 k，转步骤（5）；否则，转步骤（3），继续迭代。

（5）输出最小费用网络方案。

6.2.2 满足"$N-1$"安全性要求的网络形成

在找到最小费用网络后，再通过下面的迭代步骤形成满足安全性要求的网络方案。

（1）对现有网络进行"$N-1$"分析，得到所有"$N-1$"故障下的线路总过负荷值为

$$\Phi=\sum_{i\in \boldsymbol{M}}\sum_{l\in \boldsymbol{M}_{ol,oi}}\max\{|P_l|-\overline{P}_l,0\} \tag{6-17}$$

式中：$\boldsymbol{M}$ 为所有支路集；$\boldsymbol{M}_{ol,oi}$ 为支路 i 单线开断时过负荷线路集。

若 Φ 为 0，转步骤（5）。

（2）对候选线路集任取一线路加入网络后，再进行"$N-1$"分析，得到新线加上后的"$N-1$"故障总过负荷值 Φ'。

（3）计算各待选线路的有效性指标，即

$$E_l'=\frac{\Phi-\Phi'}{C_l} \tag{6-18}$$

（4）将 E_l' 最大的待选线路加入网络，转步骤（1）。

（5）输出最终规划网络方案。在逐步去除有效性低的线路时，有些线路的有效性指标虽然较低，但它们对系统或其他线路的影响较大，因此应当保留。这些线路主要有以下两类：①该线去除后会引起系统解列的线路；②该线去除后会引起其他线路过负荷的线路。

以上选择有效线路只是针对待选线路而言，系统中的原有线路一律保留。

6.2.3 逐步倒推法网络规划模型的计算流程

在图 6-2 中，⑤步对待选线路按其有效性指标从小到大排序，是为了首先分析和去除有效性最低的线路。⑥步去掉线路 l 是试探性的，因而可不必修改节点阻抗矩阵而直接修改状态向量 $\boldsymbol{\theta}$，这一框的计算为第⑦框提供了基础。在修改过程中，如果该线去掉会引起系统解列，则不宜去掉该线，否则可在修正 $\boldsymbol{\theta}$ 后计算各线路潮流并用式（6-14）检验是否有过负荷。当⑦步确定线路 l 应该去除时，因为新的状态向量和线路潮流已经求出，所以此时只需要修正节点阻抗矩阵 $\boldsymbol{X}$，见⑩步。如果线路 l 应该保留，则无需修正节点阻抗矩阵 $\boldsymbol{X}$，只要将状态向量恢复为开断线路 l 前的值即可，见⑧步，并进而分析其它待选线路的情况。图中其他各步的意义比较明确，不再赘述。

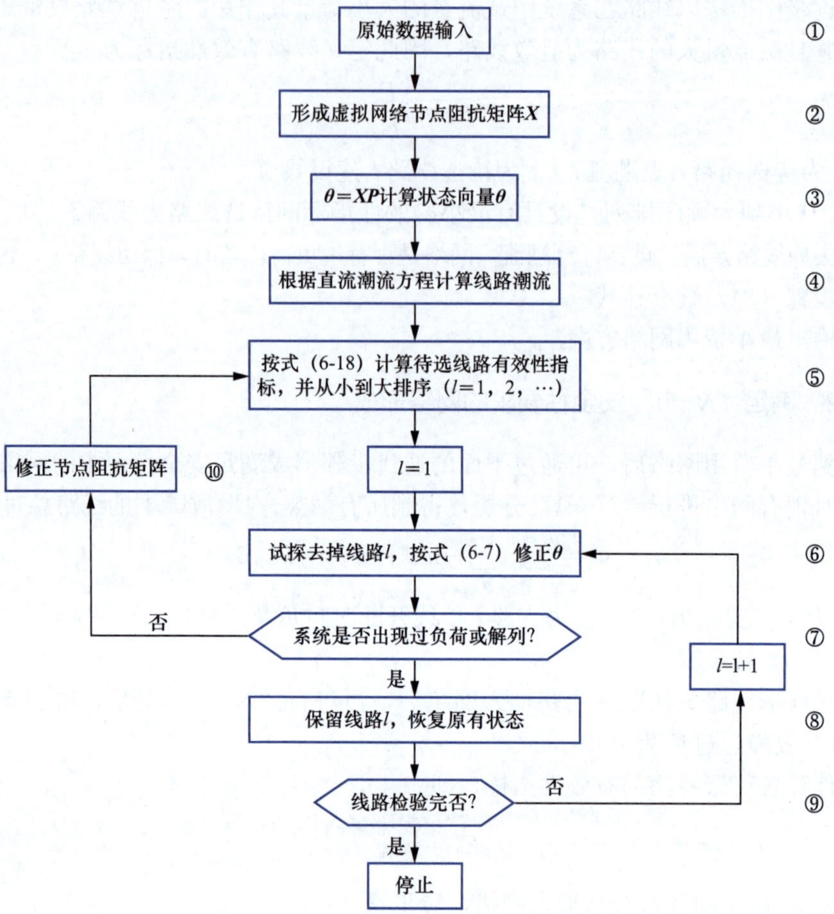

图 6-2　逐步倒推法网络规划模型的计算流程框图

6.3　满足确定性安全准则的启发式网络规划

启发式网络规划的思路为系统每一运行状态下的运行行为，在满足安全性的前提下采用一个基于直流潮流的最小切负荷模型来模拟。最小切负荷模型和所需满足安全性约束条件为

$$\min Z=\sum_{i\in \boldsymbol{N}} R_i \tag{6-19}$$

$$\text{s.t.}\begin{cases}\text{约束条件} & \text{对偶变量}\\ \boldsymbol{P}_{\mathrm{G}}+\boldsymbol{R}-\boldsymbol{B\theta}=\boldsymbol{P}_{\mathrm{D}} & \pi_{\mathrm{D}}\\ |\boldsymbol{P}|\leqslant\overline{\boldsymbol{P}} & \pi_{\overline{\mathrm{P}}}\\ \underline{\boldsymbol{P}}_{\mathrm{G}}\leqslant\boldsymbol{P}_{\mathrm{G}}\leqslant\overline{\boldsymbol{P}}_{\mathrm{G}} & \pi_{\mathrm{G}}\\ 0\leqslant\boldsymbol{R}\leqslant\boldsymbol{P}_{\mathrm{D}} & \pi_{\mathrm{R}}\end{cases} \tag{6-20}$$

式中：π_{D}、$\pi_{\overline{\mathrm{P}}}$、$\pi_{\mathrm{G}}$、$\pi_{\mathrm{R}}$ 为对应于约束式（6-20）的对偶变量，又称 Lagrange 乘子；$\boldsymbol{N}$ 为系统节点集合；$\boldsymbol{R}$ 为节点切负荷量；$\overline{\boldsymbol{P}}$ 为支路传输功率的极限值。

对偶变量$\pi_{Di}=\frac{\partial Z^*}{\partial P_{Di}}$表示最优解时节点$i$负荷增加所引起的切负荷增量，$\pi_{Gi}=\frac{\partial Z^*}{\partial P_{Gi}}$表示节点$i$发电机容量增加引起的切负荷增量，$\pi_{\bar{P}k}=\frac{\partial Z^*}{\partial \bar{P}_k}$表示支路$k$容量增加引起的切负荷增量。当$P_{Gi}\leqslant\bar{P}_{Gi}$时，$\pi_{Di}\leqslant 0$；当$R_i>0$时，$\pi_{Di}=1$；当$P_{Gi}=\bar{P}_{Gi}$时，$\pi_{Di}\geqslant 0$。

由于支路k线路扩展时，支路k同时有两个参数即支路容量$\bar{P}_k$及电纳B_k发生变化，因此，有两类有关支路参数的灵敏度系数，可以用于选择对消除切负荷最有效的支路，即：

（1）支路容量$\bar{P}_k$的灵敏度系数$\pi_{\bar{P}_k}$。

（2）支路电纳B_k的灵敏度系数π_{B_k}。

灵敏度$\pi_{\bar{P}_k}$可直接由模型中求出。但使用该灵敏度有两个不便之处：①对于初始节点间无线路连接的支路，不可能求出此值；②一般线性规划最优解只有一部分线路在其极限上，只有这部分线路才有非零乘子，无法反映出许多实际规划问题中可增加支路对系统指标的影响。为此，本节利用π_{B_k}进行规划。

由于支路潮流可表示为

$$P_k=B_k(\theta_i-\theta_j) \tag{6-21}$$

所以

$$\pi_{B_k}=\frac{\partial Z^*}{\partial B_k}=\frac{\partial Z^*}{\partial P_k}(\theta_i-\theta_j) \tag{6-22}$$

而$\frac{\partial Z^*}{\partial P_k}$表示$P_k$单位增量对$Z^*$的影响，可用节点$i$负荷增加一个单位，而$j$负荷减少一个单位来表达，即

$$\frac{\partial Z^*}{\partial P_k}=\frac{\partial Z^*}{\partial P_{Di}}-\frac{\partial Z^*}{\partial P_{Dj}}=\pi_{Di}-\pi_{Dj} \tag{6-23}$$

将式（6-23）代入式（6-22），得

$$\pi_{B_k}=(\pi_{Di}-\pi_{Dj})(\theta_i-\theta_j) \tag{6-24}$$

再考虑投资影响，定义支路k有效性指标为

$$E_k=\frac{-\pi_{B_k}b_k}{C_k} \tag{6-25}$$

式中：b_k、C_k分别为支路k增加一回线的电纳及投资增量。

由此，满足“N”安全性的规划方案可通过下面的迭代过程来实现：

（1）求解最小切负荷模型。

（2）若无切负荷，转步骤（4）；否则，计算各支路有效性指标。

（3）选择有效性指标最大支路加一回线，转步骤（1）。

（4）输出网络方案。

满足“$N-1$”安全性的规划方案迭代过程为：

（1）模拟每一次$N-1$线路故障。每次故障后计算一次最小切负荷量及其相应灵敏度。若无切负荷，转步骤（4）。

（2）计算任一支路k有效性指标的平均值。

$$\bar{E}_k = \frac{1}{M_C}\sum_{i=1}^{M_C} E_{ki} \tag{6-26}$$

式中：M_C 为 $N-1$ 故障数；E_{ki} 为第 i 个 $N-1$ 线路故障时支路 k 的有效性指标；$\bar{E}_k$ 为支路 k 有效性指标的平均值。

（3）将有效性指标平均值最大的支路加一回线，转步骤（1）。

（4）输出结果。

同样，对于式（6-20）所示模型，为同电网实际运行更接近，可将目标函数的切负荷用切负荷费用代替，以体现负荷重要性不同的影响；也可将目标函数改为切负荷费用与发电费用之和，规划时可采用基于运行及缺电总费用的支路有效性指标进行线路选择。

6.4 电网规划的线性规划方法

电网规划的线性规划方法将网络扩展中选择有效线路的问题，归结为对一个“综合网络模型”求解线性规划的问题。综合网络由现有网络和待选线路网络两部分构成。

6.4.1 现有网络

（1）对现有网络采用直流潮流方程进行模拟，因此应满足 KCL 和 KVL 方程，由直流潮流方程可知，现有网络应满足约束条件

$$\boldsymbol{B\theta} = \boldsymbol{P}' \tag{6-27}$$

式中：$\boldsymbol{P}'$为现有网络在不过负荷的情况下能够输送的节点注入功率。

（2）现有网络中的线路受到传输容量的限制，即对所有现有线路 k 应有

$$|P_k| \leqslant \bar{P}_k$$

若表示成相角的函数，则为

$$|\boldsymbol{B}_l\boldsymbol{A\theta}| \leqslant \bar{\boldsymbol{P}}_l \tag{6-28}$$

式中：$\bar{\boldsymbol{P}}_l$ 为由现有线路输送容量构成的向量。

6.4.2 待选线路网络

（1）模型对待选线路网络采用网流方程模拟，即只要求网络满足 KCL 方程。设该网络的关联矩阵为 $\boldsymbol{K}$，由该网络输送的节点注入功率向量为 $\boldsymbol{P}''$，则该网络满足的约束条件应为

$$\boldsymbol{K}^{\mathrm{T}}\boldsymbol{P}_{\mathrm{D}} = \boldsymbol{P}'' \tag{6-29}$$

式中：$\boldsymbol{P}_{\mathrm{D}}$ 为待选线路潮流向量。

（2）待选线路不受传输容量的约束。

（3）假定待选线路的功率传输费用与流过的潮流成正比，且费用系数为该线路的建设投资。整个待选线路网络的功率传输费用为

$$\boldsymbol{Z} = \boldsymbol{C}_{\mathrm{D}}^{\mathrm{T}}|\boldsymbol{P}_{\mathrm{D}}| \tag{6-30}$$

式中：C_{D} 为各待选线路的建设投资费用。

对于综合网络而言，其节点注入功率向量为

$$\boldsymbol{P} = \boldsymbol{P}' + \boldsymbol{P}'' \tag{6-31}$$

$\boldsymbol{P}$ 中各元素为水平年各节点的净注入功率。网络规划的目标是在网络满足约束条件的情况下使总的投资费用最小。因此，综合网络选择有效线路的问题可归结为如下线性规划问题：

$$\left.\begin{aligned} &\min Z = \boldsymbol{C}_{\mathrm{D}}^{\mathrm{T}} |\boldsymbol{P}_{\mathrm{D}}| \\ \text{s.t.}\quad &\boldsymbol{B\theta} + \boldsymbol{K}^{\mathrm{T}}\boldsymbol{P}_{\mathrm{D}} = \boldsymbol{P} \\ &|\boldsymbol{B}_l \boldsymbol{A\theta}| \leqslant \overline{\boldsymbol{P}}_l \end{aligned}\right\} \tag{6-32}$$

另外，在确定注入功率 $\boldsymbol{P}$ 时应满足系统总的功率平衡要求，即总的发电输出功率应与总负荷相等。

在式（6-32）的线性规划中，由于目标函数的作用，其最终解的功率潮流必将尽可能利用现有线路，待选线路网络只是承担现有网络无力承担的过负荷部分。对式（6-32）求解，可能出现以下两种情况：

（1）当目标函数等于零时，说明网络中没有过负荷存在，这时现有网络已满足正常情况的运行要求，因而不必增加新线路。

（2）当目标函数大于零时，说明网络中有过负荷存在，并且由求解后的向量 $\boldsymbol{P}_{\mathrm{D}}$ 中可知各待选线路上的潮流大小。由于目标函数已计及各线路功率传输费用的影响，所以此时潮流最大的待选线路就是扩展网络最有效的线路。将该线路加入系统可以最大程度地减轻网络过负荷并且投资最小。

在具体形成扩展网络方案时，可按以下步骤进行：

（1）求解式（6-32）所示的线性规划问题。

（2）若目标函数为零，则结束扩展过程；若目标函数大于零，则选 $\boldsymbol{P}_{\mathrm{D}}$ 中潮流最大的线路为加入系统的有效线路。

（3）将步骤（2）选出的有效线路加入系统，修改式（6-32）中矩阵 $\boldsymbol{B}$、$\boldsymbol{B}_l$、$\overline{\boldsymbol{P}}_l$ 等中的相应参数，形成追加线路后新的线性规划问题。返回步骤①。

这种方法能够同时校验网络是否可行和选择最有效的扩展线路，可以很方便地处理孤立节点问题，对现有网络的模拟比较精确。对式（6-32）可利用通用的线性规划程序求解，因而计算程序比较简单。

6.5 电网规划的混合整数线性规划方法

随着优化算法及计算机性能提升，电网规划模型采用整型变量（即0-1变量）表征输电线路投建状态的建模方法得到广泛应用。当基于直流潮流进行建模时，可得到基于混合整数线性优化问题的电网规划模型，其目标函数包括投资成本和运维成本两部分。需要特别指出的是，尽管混合整数线性规划模型得到了广泛应用，但其并非现有研究中的唯一模型。在目标函数方面，当运维成本中燃料成本采用发电机输出功率的二次函数表征时，模型将转化为混合整数二次规划问题。在约束条件方面，由于直流潮流无法考虑无功及电压约束，可将交流潮流松弛为二阶锥结构，考虑无功平衡及节点电压约束，并在此基础上构建混合整数二阶锥规划模型。本书着重介绍电网规划的混合整数线性规划模型。

6.5.1 目标函数

综合考虑投资费用、燃料成本及新能源弃能惩罚成本，确定性输电网规划模型可表示为

$$\min\sum_{i\in\boldsymbol{\Omega}^{+}}C_{l_i}l_i+T_{\mathrm{d,max}}\left(\sum_{k\in\boldsymbol{\Gamma}}O_{\mathrm{p}k}P_{\mathrm{G},k}+\sum_{s\in\boldsymbol{\Phi}}W_{\mathrm{p}k}W_s\right)\tag{6-33}$$

式中：$\boldsymbol{\Omega}^{+}$ 为待选线路集合；C_{l_i} 为投建线路 i 的成本；l_i 为线路 i 的投建状态，0 表示未投建，1 表示投建；$\boldsymbol{\Gamma}$ 为发电机集合；$T_{\mathrm{d,max}}$ 为最大负荷利用小时数；$O_{\mathrm{p}k}$ 为发电机 k 的单位生产费用；$P_{\mathrm{G},k}$ 为规划目标年负荷最大时发电机 k 的输出功率；$W_{\mathrm{p}k}$ 为新能源场站弃能惩罚成本；$\boldsymbol{\Phi}$ 为新能源场站集合；W_s 为新能源场站弃电功率。

其中，新能源场站弃电功率可表示为

$$W_s=\overline{P}_{\mathrm{Re},s}-P_{\mathrm{Re},s}\tag{6-34}$$

式中：$\overline{P}_{\mathrm{Re},b}$ 为规划目标年最大负荷时新能源场站预测输出功率，可由可信容量等得到；$P_{\mathrm{Re},b}$ 为新能源场站实际参与电力平衡的有功功率。

6.5.2 约束条件

（1）节点功率平衡约束。

$$\sum_{k\in\boldsymbol{\Gamma}_b}P_{\mathrm{G},k}+\sum_{s\in\boldsymbol{\Phi}_b}P_{\mathrm{Re},s}+\sum_{\forall m,n\in\boldsymbol{\Psi}_b}f_{mn(i)}=P_b\tag{6-35}$$

式中：$\boldsymbol{\Gamma}_b$ 为母线 b 中发电机集合；$\boldsymbol{\Phi}_b$ 为母线 b 中新能源场站集合；$\boldsymbol{\psi}_b$ 为母线 b；Ψ 为母线集合；$P_{\mathrm{Re},s}$ 为新能源场站 s 的输出功率；$f_{mn(i)}$ 为线路 i 的有功潮流，m、n 为线路 i 两端的母线编号；P_b 为母线 b 的负荷。

（2）新能源场站输出功率约束。

$$0\leqslant P_{\mathrm{Re},s}\leqslant\overline{P}_{\mathrm{Re},s}\tag{6-36}$$

（3）已有线路直流潮流约束。

$$f_{mn(i)}-r_{mn(i)}(\theta_m-\theta_n)=0,\ \forall i\in\boldsymbol{\Omega}^{-}\tag{6-37}$$

式中：$r_{mn(i)}$ 为线路 i 的电纳值；θ_m、θ_n 分别为线路两段母线 m 和 n 的相角；$\boldsymbol{\Omega}^{-}$ 为已有线路集合。

（4）新建线路直流潮流约束。

$$|f_{mn(i)}-r_{mn(i)}(\theta_m-\theta_n)|\leqslant M(1-l_i),\ \forall i\in\boldsymbol{\Omega}^{+}\tag{6-38}$$

式中：M 为常数。

（5）已有线路容量约束。

$$-P_{L_i,\max}\leqslant f_{mn(i)}\leqslant P_{L_i,\max},\ \forall i\in\boldsymbol{\Omega}^{-}\tag{6-39}$$

式中：$P_{L_i,\max}$ 为线路 i 的容量。

（6）待选线路容量约束。

$$|f_{mn(i)}|\leqslant P_{L_i,\max}l_i,\ \forall i\in\boldsymbol{\Omega}^{+}\tag{6-40}$$

（7）发电机输出功率约束。

$$P_{\mathrm{G},k\min}\leqslant P_{\mathrm{G},k}\leqslant P_{\mathrm{G},k\max},\ \forall k\in\boldsymbol{\Gamma}\tag{6-41}$$

式中：$P_{\mathrm{G},k\min}$ 为发电机 k 的最小输出功率；$P_{\mathrm{G},k\max}$ 为发电机 k 的最大输出功率。

（8）母线相角约束。

$$\theta_{b,\min}\leqslant\theta_b\leqslant\theta_{b,max},\ \forall b\in\boldsymbol{\Psi} \tag{6-42}$$

式中：$\theta_{b,\min}$ 为节点 b 的相角最小值；$\theta_{b,\max}$ 为节点 b 的相角最大值。

（9）新建线路状态约束。

$$l_i\in\{0,1\},\ \forall i\in\boldsymbol{\Omega}^+ \tag{6-43}$$

（10）参考节点相角约束。

$$\theta_s=0 \tag{6-44}$$

（11）线路投资总额约束。

$$\sum_{i\in\boldsymbol{\Omega}^+}C_{l_i}l_i\leqslant\Pi_{\text{Line}} \tag{6-45}$$

式中：Π_{Line} 为投资总额。

式（6-33）～式（6-45）给出的电网规划模型基于直流潮流，且变量类型均为0-1整型变量和连续型变量，约束条件均为线性或者混合整数线性。因此，上述输电网规划属于混合整数线性规划问题，可以采用 Benders Decomposition 等分支定界算法求解，也可以采用成熟的商业求解器，如 Gurobi、Cplex 等。

需要特别指出，上述输电网规划模型仅从电力平衡角度分析了架线需求，对于“$N-1$”确定性安全准则并未考虑。从构建“$N-1$”约束角度考虑，可将其视为一种多场景的规划模型，所有线路“$N-1$”均作为约束内嵌于规划模型。考虑确定性“$N-1$”安全准则的输电网规划模型中，模型目标函数仍然为式（6-33）不变，仍然为正常状态（非“$N-1$”状态）下系统的投资成本、燃料成本及弃能惩罚成本。

约束条件：

$$\sum_{k\in\boldsymbol{\Gamma}_b}P^{\text{c}}_{\text{G},k}+\sum_{s\in\boldsymbol{\Phi}_b}P^{\text{c}}_{\text{Re},s}+\sum_{\forall m,n\in\boldsymbol{\Psi}_b}f^{\text{c}}_{mn(i)}=P_b \tag{6-46}$$

$$0\leqslant P^{\text{c}}_{\text{Re},b}\leqslant\bar{P}_{\text{Re},b} \tag{6-47}$$

$$f^{\text{c}}_{mn(i)}-r_{mn(i)}(\theta^{\text{c}}_m-\theta^{\text{c}}_n)=0 \tag{6-48}$$

$$|f^{\text{c}}_{mn(i)}-r_{mn(i)}(\theta^{\text{c}}_m-\theta^{\text{c}}_n)|\leqslant M(1-C^{\text{c}}_il_i) \tag{6-49}$$

$$-C^{\text{c}}_iP_{\text{L}_i,\max}\leqslant f^{\text{c}}_{mn(i)}\leqslant C^{\text{c}}_iP_{\text{L}_i,\max} \tag{6-50}$$

$$|f^{\text{c}}_{mn(i)}|\leqslant P_{\text{L}_i,\max}(C^{\text{c}}_il_i) \tag{6-51}$$

$$P_{\text{G},k\min}\leqslant P^{\text{c}}_{\text{G},k}\leqslant P_{\text{G},k\max} \tag{6-52}$$

$$\theta_{b,\min}\leqslant\theta^{\text{c}}_b\leqslant\theta_{b,\max} \tag{6-53}$$

$$l_i\in\{0,1\},\ \forall i\in\boldsymbol{\Omega}^+ \tag{6-54}$$

$$\theta_s=0 \tag{6-55}$$

$$\sum_{i\in\boldsymbol{\Omega}^+}C_{l_i}l_i\leqslant\Pi_{\text{Line}} \tag{6-56}$$

上述约束中，上标c表示不同线路“$N-1$”情况下各个变量的取值。当系统中已有输电线路和待选集中的输电线路总数量为 N_l 时，则在规划模型中需要考虑的线路“$N-1$”共计

需要 N_l 个场景，结合正常状态下最高负荷时的规划场景，则上述模型中场景总数为“N_l+1”。

下面以对线路 i 进行“$N-1$”安全校核为例，说明确定性“$N-1$”安全准则场景的构建方法。对线路 i 进行“$N-1$”安全校核时，可以认为该线路处于非运行状态，即 $C_i^c=0$；其他线路处于正常运行状态，即 $\boldsymbol{C}_j^c=1$ 且 $j\neq i$。此时表征线路状态的向量 $C_i^c=[\underbrace{1,1,1,\cdots,}_{i-1}\underbrace{0,}_{1}\underbrace{1,1,\cdots,1}_{N_l-i}]$，即前 $i-1$ 个线路状态取值为 1，第 i 条线路状态取值为 0，第 $i+1$ 到 N_l 条线路状态取值为 1。对应到上述模型约束中，若 i 表示已有线路，当进行该线路进行“$N-1$”安全校核时，若其处于开断状态，则在构建约束中忽略式（6-48），由式（6-50）将其线路潮流限制为 0。若该线路为待选线路，且处于开断状态，则由式（6-51）将其线路潮流限制为 0；若该待选线路处于非开断状态，则式（6-49）和式（6-50）同常态场景下的约束式相同，因为该线路状态取 1 时，$C_i^c l_i$ 即为 l_i。

习　题

1. 电力网络规划的数学模型如何描述？

2. 在电网规划的启发式方法中，试分别画出实现逐步扩展法的流程图，逐步倒推法流程图。

第7章　不确定性电网规划

本章介绍了电网规划中随机不确定性因素和模糊性不确定性因素的特点及处理方法。在此基础上，结合随机不确定性因素处理方法，介绍了基于等微增率准则和线路备选概率的电网柔性规划、基于区间不确定集合的鲁棒规划、考虑约束违反概率的机会约束规划；结合模糊性不确定性因素处理方法，介绍了基于模糊优化方法的电网规划模型。

7.1　不确定性影响因素及处理方法

7.1.1　电网规划中考虑不确定性影响因素的意义

规划与不确定性问题是分不开的，电网规划中不可避免地要涉及大量规划人员控制之外或预料之外的不确定性因素。不确定性因素对规划方案的合理制定有着显著影响，若不加恰当考虑，则会因规划时的条件、参数与运行年实际条件、参数间的较大差异，导致制定出的所谓最优网架方案在将来投运后并不是最优；还可能因过度冗余而极不经济，或因规划的电网结构不符合运行年实际要求而造成缺电、窝电，最终可能会因改建或扩建造成巨大经济损失，还会给国民经济各部门带来难以估量的损失。一种合理的规划方法应该是处理不确定性问题方法与最优化方法的有机结合。回避不确定性问题而单独运用最优化方法，得出的规划结果将失去“最优”意义。

7.1.2　随机性不确定性因素的特点及处理方法

随机性是由于事物因果律破缺而造成的一种不确定性。随机性所反映的事件本身有着明确含义，只是由于事件发生的条件不充分，使得条件与事件之间不能出现确定的因果关系，从而事件的发生与否表现出不确定性。例如，设备故障这一事件本身有着明确含义，但该设备在运行过程中什么时候发生故障、一年发生故障几次，却因受各种因素影响而具有随机性。不确定事件在电力系统中是比较多的，如发电机、变压器、线路、断路器等电气设备的故障，系统停电事件的发生以及规划的目标年某负荷水平，风光新能源输出功率等都具有随机性。对这类不确定性因素，可根据历史资料或模拟试验得到统计数据，采用不确定性因素的参数概率分布或集合进行描述。

1. 基于参数概率分布的不确定性因素描述方式

例如，电气设备的工作寿命 T_U 及设备故障后的修复时间 T_D 是典型的随机变量。根据设备的运行日志、继电保护动作记录以及设备检修记录等资料或模拟试验记录，可得到

关于 T_U、T_D 的统计数据，然后利用直方图等方法确定 T_U、T_D 的概率分布并加以检验。大量资料表明，电气设备的 T_U 一般呈指数分布，T_D 呈非指数分布。但若只研究稳态运行情况，可认为不受分布影响，即认为 T_U、T_D 均呈指数分布。根据设备可靠性理论，故障率 λ 及修复率 μ 就都为常数，它们与设备平均无故障工作时间 $MTTF$ 及平均修复时间 $MTTR$ 的关系为

$$MTTF = E(T_U) = \int_0^\infty t f_U(t)\mathrm{d}t = \int_0^\infty t\lambda \mathrm{e}^{-\lambda t}\mathrm{d}t = \frac{1}{\lambda} \tag{7-1}$$

$$MTTR = E(T_D) = \int_0^\infty t f_D(t)\mathrm{d}t = \int_0^\infty t\mu \mathrm{e}^{-\mu t}\mathrm{d}t = \frac{1}{\mu} \tag{7-2}$$

式中：$E(T_U)$、$E(T_D)$ 分别为随机变量 T_U、T_D 的数学期望值；$f_U(t)$、$f_D(t)$ 分别为 T_U、T_D 的概率密度函数。

当 $MTTF$、$MTTR$ 或 λ、μ 通过设备可靠性统计参数的点估计和区间估计得到后，设备的工作概率（又称可用率）及故障停运概率（又称不可用率）分别为

$$\begin{cases} p_U = \dfrac{\mu}{\lambda+\mu} \\ p_D = \dfrac{\lambda}{\lambda+\mu} \end{cases} \tag{7-3}$$

再如，系统某运行状态是由系统负荷状态与各设备运行状态所确定的，其发生的概率为

$$P_S = P_L \prod_{i\in \boldsymbol{F}} P_{Di} \prod_{j\in \boldsymbol{Z}-\boldsymbol{F}} P_{Uj} \tag{7-4}$$

式中：P_S 为系统状态概率；$\boldsymbol{Z}$ 为所有支路集；$\boldsymbol{F}$ 为故障支路集；P_{Di} 为第 i 条支路的等值故障停运概率；P_{Uj} 为第 j 条支路的等值工作概率；P_L 为系统负荷状态概率。

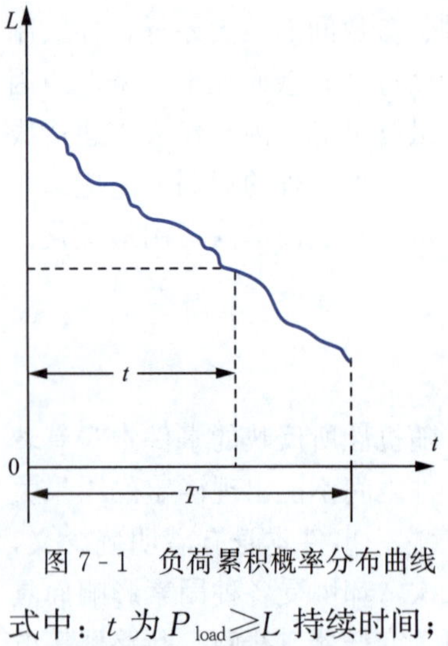

图 7-1　负荷累积概率分布曲线

系统负荷状态变化的随机性，可用负荷的累积概率分布曲线予以描述。根据典型负荷曲线，按负荷大小及持续时间排列得到持续负荷曲线。若认为负荷随时间的变化是个平稳的随机过程，则该曲线即为负荷的累积概率分布曲线，如图 7-1 所示。曲线上某一点（t，L）表示负荷 P_{load} 大于或等于负荷水平 L 的概率，即

$$P_L = P(P_{load} \geqslant L) = \frac{t}{T} \tag{7-5}$$

式中：t 为 $P_{load} \geqslant L$ 持续时间；T 为研究的负荷周期；P 为取概率操作。

2. 基于参数集合的不确定性因素描述方式

在实际规划问题中，往往某些参数的真实概率分布难以获得，仅能从有限信息中得到参数的大致范围。此时，可采用基于参数集合的不确定性因素描述方式，采用鲁棒优化方法构建相关规划模型，使得规划方案能够满足不确定参数在集合中的任意取值。这样尽管可能造成规划方案偏于保守，但在不确定因素愈发多样的背景下，采用集合方式描述不确定参数取值的鲁棒优化方法在输电网规划中获得了广泛关注。常见的不确定参数集合构建

方法如下。

（1）多面体不确定集合。由不确定参数波动区间构成的不确定集合称为多面体不确定集合或盒式不确定集，结构为

$$\boldsymbol{U}=\{\boldsymbol{u}:\underline{\boldsymbol{u}}\leqslant\boldsymbol{u}\leqslant\bar{\boldsymbol{u}}\} \tag{7-6}$$

式中：$\underline{\boldsymbol{u}}$、$\bar{\boldsymbol{u}}$ 分别为不确定参数的上、下界。

虽然多面体不确定集合表征方式简单，并且在鲁棒优化问题中易于变换结构，但其仅考虑了取值的上下界，导致优化结果过于保守。

（2）基数约束不确定集合。基数约束不确定集合考虑了参数偏差量，其结构为

$$\boldsymbol{U}=\left\{\boldsymbol{u}:\underline{u}_i\leqslant u_i\leqslant\bar{u}_i,\sum_{u_i\in\boldsymbol{\Omega}}\left|\frac{u_i-\hat{u}_i}{\underline{u}_i-\bar{u}_i}\right|\leqslant\Gamma\right\} \tag{7-7}$$

式中：u_i 为第 i 个不确定参数；$\hat{u}_i$ 为第 i 个不确定参数平均值；$\boldsymbol{\Omega}$ 为所有不确定参数的集合；Γ 为不确定集合的预算，用于约束不确定参数总偏差量。

（3）椭球不确定集合。椭球不确定集合可以刻画不确定变量相关性，但其对等转化后为二阶锥优化问题，求解复杂，结构为

$$\boldsymbol{U}=\left\{\boldsymbol{u}:[\boldsymbol{u}-\boldsymbol{\mu}_0]^{\mathrm{T}}\sum\nolimits_0^{-1}[\boldsymbol{u}-\boldsymbol{\mu}_0]\leqslant\gamma\right\} \tag{7-8}$$

式中：$\boldsymbol{u}$ 为不确定参数 u 组成的不确定向量；$\boldsymbol{\mu}_0$、$\sum_0$ 分别为 $\boldsymbol{u}$ 的期望向量和协方差矩阵；γ 为以 $\boldsymbol{\mu}_0$ 为中心的椭球不确定集合半径。

（4）基于概率信息构建边界的不确定集合。考虑不确定参数处于某个多面体集合内的概率时，可以通过设定概率阈值有效地缩小多面体不确定集合范围，降低保守性，结构为

$$\boldsymbol{U}=\{\boldsymbol{u}:\underline{\boldsymbol{u}}\leqslant\boldsymbol{u}\leqslant\bar{\boldsymbol{u}},\Pr(\underline{\boldsymbol{u}}\leqslant\boldsymbol{u}\leqslant\bar{\boldsymbol{u}})\geqslant1-\beta\} \tag{7-9}$$

式中：β 为不确定参数 u 的置信度水平。

约束条件 $\Pr(\underline{\boldsymbol{u}}\leqslant\boldsymbol{u}\leqslant\bar{\boldsymbol{u}})\geqslant1-\beta$ 表示不确定参数 u 变化范围在区间 $[\underline{\boldsymbol{u}},\bar{\boldsymbol{u}}]$ 的概率应不低于 $1-\beta$，可排除概率极低的不确定参数取值。

（5）基于不确定参数矩信息的不确定集合。不确定参数的历史数据中包含丰富的矩信息（如一阶矩期望、二阶中心矩方差、三阶中心矩偏度等）。基于矩信息的不确定集合假定不确定参数的概率分布属于具有相同矩信息的一簇概率分布，可分为矩信息确定/矩信息不确定的不确定集合。

1）矩信息确定的不确定集合。

$$\begin{cases}\boldsymbol{U}=\{P\in\mathcal{P}(\Xi):P(u\in\boldsymbol{S})=1\\E_P([\boldsymbol{u}-\boldsymbol{\mu}_0]^{\mathrm{T}}\sum_0^{-1}[\boldsymbol{u}-\boldsymbol{\mu}_0])\leqslant\gamma_1\\E_P([\boldsymbol{u}-\boldsymbol{\mu}_0][\boldsymbol{u}-\boldsymbol{\mu}_0]^{\mathrm{T}})\leqslant\gamma_2\sum_0\}\end{cases} \tag{7-10}$$

式中：$\boldsymbol{\Xi}$ 为变量 u 的支撑集合；$\boldsymbol{S}$ 为变量 u 的样本集合，$\boldsymbol{S}$ 通常取为变量 u 的多面体不确定集合；$P\in\mathcal{P}(\Xi)$ 为变量 u 的概率分布函数，P 属于支撑集合 $\boldsymbol{\Xi}$ 上的概率分布簇 $\boldsymbol{\mathcal{P}}$；γ_2 为 $\sum_0$ 的半定锥不确定集范围参数；$\leqslant$ 为半定约束符号。

2）矩信息不确定的不确定集合。

$$\begin{cases}\boldsymbol{U}=\{P\in\mathcal{P}(\Xi):P(\boldsymbol{u}\in S)=1,\\ E_P(\boldsymbol{u})=\mu,E_P((\boldsymbol{u}-\mu)^2)=\boldsymbol{\sigma}^2,\\ \underline{\boldsymbol{\mu}}\leqslant\boldsymbol{\mu}\leqslant\bar{\boldsymbol{\mu}},\underline{\boldsymbol{\sigma}}^2\leqslant\boldsymbol{\sigma}^2\leqslant\bar{\boldsymbol{\sigma}}^2\}\end{cases}\tag{7-11}$$

式中：$\boldsymbol{\mu}$、$\boldsymbol{\sigma}^2$ 分别为 $\boldsymbol{u}$ 的期望和方差；$\bar{\boldsymbol{\mu}}$、$\underline{\boldsymbol{\mu}}$ 和 $\bar{\boldsymbol{\sigma}}^2$、$\underline{\boldsymbol{\sigma}}^2$ 分别为期望和方差的上、下限。

（6）基于概率分布距离的不确定集合。基于概率分布距离的不确定集合，假定不确定参数的真实概率分布属于某种参照概率分布（通常采用经验分布）附近范围内，其形式取决于选取的距离测度函数。典型的距离测度函数包括范数距离、KL（Kullback - Leibler）散度和 Wasserstein 距离。

1）基于范数距离的不确定集合。基于范数距离的数学表示形式为

$$\begin{cases}d_l(P_1,P_N):=\|u_1-\hat{u}_N\|_l\\ d_l(P_1,P_N)\leqslant\varepsilon\end{cases}\tag{7-12}$$

式中：P_1、P_N 分别为不确定参数 u_1 和参照随机变量 $\hat{u}_N$ 的概率分布；d_l 为 P_1、P_N 的范数距离；$l=1$、2、∞分别对应于 1 范数、2 范数以及无穷范数，其中 1 范数和无穷范数因其线性性质便于鲁棒对等变换，在电力系统分布鲁棒优化中应用较多。

2）基于 KL 散度的不确定集合。KL 散度起源于信息论，又称相对熵，形式为

$$\begin{cases}d_{\mathrm{KL}}(P_1\|P_N)=\sum\limits_{u\in S}P_1(\boldsymbol{u})\log\dfrac{P_1(\boldsymbol{u})}{P_N(\boldsymbol{u})}\\ d_{\mathrm{KL}}(P_1\|P_N)\leqslant\boldsymbol{\varepsilon}\end{cases}\tag{7-13}$$

式中：$d_{\mathrm{KL}}(P_1\|P_N)$ 为 P_1、P_N 的 KL 散度，KL 散度有非对称性，$d_{\mathrm{KL}}(P_1\|P_N)\neq d_{\mathrm{KL}}(P_N\|P_1)$。

与范数距离相比，KL 散度衡量概率分布之间的相对距离，能包含更丰富概率分布信息，但缺点在于若两个分布的支撑集没有重叠或者重叠非常少，则 KL 散度可能无法反映距离远近。

3）基于 Wasserstein 距离的不确定集合。Wasserstein 距离数学表示形式为

$$\begin{cases}d_{\mathrm{W}}(P_1,P_N):=\inf\limits_{\boldsymbol{\Pi}}\left\{\int_{\boldsymbol{\Xi}^2}\|u_1-\hat{u}_N\|\Pi(\mathrm{d}u_1,\mathrm{d}\hat{u}_N)\right\}\\ d_{\mathrm{W}}(P_1,P_N)\leqslant\boldsymbol{\varepsilon}\end{cases}\tag{7-14}$$

式中：$\Pi(\mathrm{d}u_1,\mathrm{d}u_2)$ 为不确定参数 u_1、u_2 的联合概率分布；$\boldsymbol{\Xi}^2$ 为所有可能的 u_1、u_2 联合概率分布构成的集合，在 $\boldsymbol{\Xi}^2$ 中寻找某个联合分布使 u_1 与 $\hat{u}_N$ 距离的期望最小，则此期望的下确界即为 P_1、P_N 的 Wasserstein 距离 $d_{\mathrm{W}}(P_1,P_N)$。

式（7 - 14）即构建了以参照分布 P_N 为中心、$\boldsymbol{\varepsilon}$ 为半径的 Wasserstein 球形不确定集合。相对于 KL 散度，Wasserstein 距离能够刻画支撑集没有重叠两个分布间的相似度，且在历史数据足够多时能够保证收敛性。但是基于 Wasserstein 球形不确定集合的鲁棒优化计算复杂性较高，需要结合相关问题开发特定估计算法才能有效求解。

7.1.3 模糊性不确定性因素的特点及处理方法

模糊性是与随机性不同的另一类不确定性，它是由于事物排中律破缺而引起的。模糊性所反映的事件本身的含义并不明确，事件类属间具有不清晰性，从属于某一类到不属于

某一类并不存在截然的划分界限，“亦此亦彼”。模糊性一般存在于对事件的某些现象、参数以及它们相互关系的定义当中。由于主观因素较重或数据资料不完整难以进行准确预测等所引起的不确定性事件就属于模糊性事件。那些因规划当年信息资料不足、无法精确预测而造成数值上模糊的不确定性事件，如负荷水平预测值的模糊性、电源输出功率变化的模糊性、设备单价、电能价格以及贴现率的模糊性等，都属于模糊性不确定事件。因它们并不具有随机性，不存在一定的概率分布，所以很难用经典的概率方法加以描述。而模糊集合论却是描述和处理这类不确定性问题的有力工具。

模糊集可用［0,1］中的一个数来表示事件 x 属于这个集合的程度，定义如下：论域 $\boldsymbol{X}$ 上的模糊集合 $\widetilde{\boldsymbol{A}}$ 可表示为

$$\widetilde{\boldsymbol{A}}=\{(\mu_{\widetilde{\boldsymbol{A}}}(x)\in[0,1],x)\mid x\in\boldsymbol{X}\} \tag{7-15}$$

式（7-15）中，$\mu_{\widetilde{\boldsymbol{A}}}(x)$ 称为 x 对 $\widetilde{\boldsymbol{A}}$ 的隶属度，也称为 $\widetilde{\boldsymbol{A}}$ 的隶属函数。$\mu_{\widetilde{\boldsymbol{A}}}(x)=1$ 表示 x 完全属于 $\widetilde{\boldsymbol{A}}$；$\mu_{\widetilde{\boldsymbol{A}}}(x)=0$ 则表示 x 完全不属于 $\widetilde{\boldsymbol{A}}$。$\mu_{\widetilde{\boldsymbol{A}}}(x)$ 在 0～1 中的取值越大，说明 x 属于 $\widetilde{\boldsymbol{A}}$ 的隶属度越高。模糊集 $\widetilde{\boldsymbol{A}}$ 完全由其隶属函数所刻画。比如，对“i 号母线上的负荷近似为 50MW”这样的模糊性描述，就可以通过隶属函数将其转换为模糊集，负荷的每一个可能值都有一隶属函数值与之对应，最有可能出现的负荷值其隶属函数值为 1，随着可能性下降，隶属函数值相应降低，不可能出现的负荷值其隶属函数值为 0。

用模糊集合论研究和解决模糊性问题时，常要用到以下几个基本概念：

（1）模糊集的 α 一截集（$\alpha-cut$）。模糊集是通过隶属函数来定义的。如果要知道 $\widetilde{\boldsymbol{A}}$ 究竟由哪些事件组成，就必须对隶属度取一定的阈值。这就引导到截集的概念。

设 $\widetilde{\boldsymbol{A}}$ 为论域 X 上的模糊集，对任意 $\alpha\in$［0，1］，记

$$(\widetilde{\boldsymbol{A}})_{\alpha}\triangleq\{x\mid\mu_{\widetilde{\boldsymbol{A}}}(x)\geqslant\alpha,x\in\boldsymbol{X}\} \tag{7-16}$$

（$\widetilde{\boldsymbol{A}}_{\alpha}$）为 $\widetilde{\boldsymbol{A}}$ 的 α 一截集，简记为 $\boldsymbol{A}_{\alpha}$，其中的 α 称为置信水平。$\boldsymbol{A}_{\alpha}$ 的含义如图 7-2 所示。其直观意义是，若 x 对 $\widetilde{\boldsymbol{A}}$ 的隶属度达到或超过 α 者，就认为是 $\boldsymbol{A}_{\alpha}$ 的成员；否则，不是 $\boldsymbol{A}_{\alpha}$ 的成员。属于 $\boldsymbol{A}_{\alpha}$ 成员的全体构成 $\boldsymbol{X}$ 的一个普通子集。α 一截集是把模糊集合论中的问题通过普通集合来解决的重要工具。

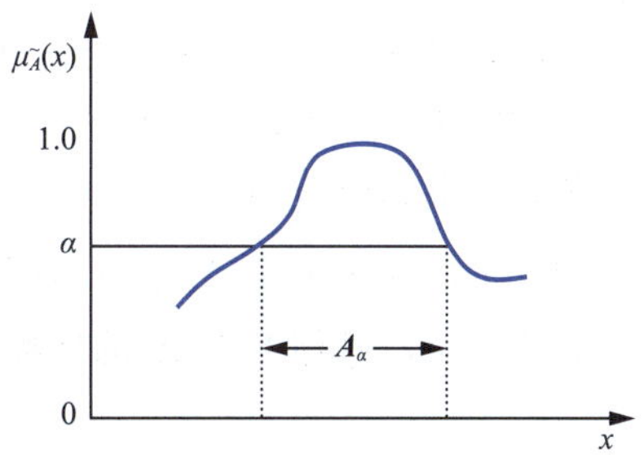

图 7-2 α 一截集

（2）模糊数（Fuzzy Numbers）。模糊数是满足下列条件的模糊子集 $\widetilde{\boldsymbol{I}}$：

1）$\widetilde{\boldsymbol{I}}$ 是以实数域 $\boldsymbol{X}$ 作为论域上的正规模糊子集，即 $\exists x\in[a_1,a_2]$，$\mu_{\widetilde{I}}(x)=1$，且 $\Phi\notin I_{\alpha}=1$；

2）对 $\forall\alpha\in[0,1]$，I_{α} 均为一闭区间。

数量上的模糊性可以用模糊数描述和处理。

模糊数形式多种多样，计算也较繁复，选择合适的模糊数对以后的分析至关重要。一般，规划中采用三角模糊数（triangular fuzzy number，TiFN）和梯形模糊数（trapezoidal fuzzy number，TrFN）较为合适。它们既能刻画数量上的模糊性，又给计算带来许多方便之处。本书具体应用时采用具有较宽适应性的梯形模糊数 TrFN 来描述长期电网规划中

的模糊性不确定因素。三角模糊数和某些工程中常用的区间数均可视为是梯形模糊数在满足一定条件下的特例。

梯形模糊数是一种以左、右拓展函数 $L(x)$ 及 $R(x)$ 为基准函数、以一组实参数 (b,c,r,β) 表征的 L-R 型模糊数，其隶属函数曲线呈梯形，如图 7-3 所示。隶属函数表达形式为

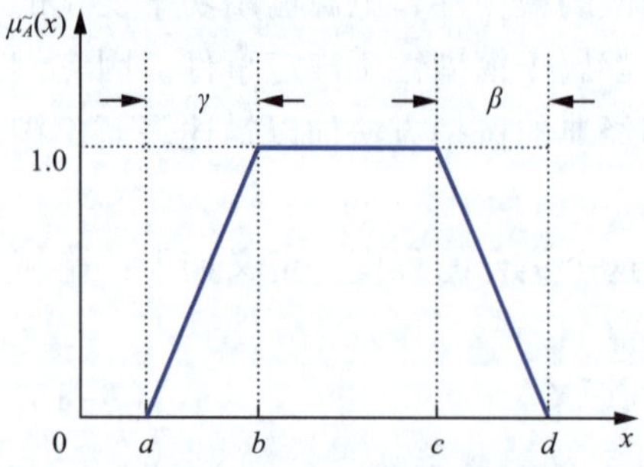

图 7-3　梯形模糊数

$$\mu_{\widetilde{A}}(x)=\begin{cases}L(x), & a\leqslant x<b\\ 1, & b\leqslant x<c\\ R(x), & c\leqslant x<d\\ 0, & \text{其他}\end{cases} \tag{7-17}$$

$$L(x)=\frac{x-(b-r)}{r},r>o$$

$$R(x)=\frac{(c+\beta)-x}{\beta},\beta>o$$

式中：$L(x)$ 为 $[a,b]$ 内的单增函数；$R(x)$ 为 $[c,d]$ 内的单减函数。

梯形模糊数中心值 m 为 $(b+c)/2$；模糊范围由 r、β 及 $(c+b)/2$ 决定；a，d 分别为模糊数的左、右边界。

用梯形模糊数刻画数值上的模糊性具有较宽的适应性。如预测一系统某年最高负荷，由模糊预测法可能会得出这样的结论："最高负荷 L 不会大于 900MW 或小于 750MW，很有可能在 800～850MW 之间"，这就可用如图 7-4 所示的梯形模糊数表示。其他，如发电机输出功率、设备单价、电能价格及贴现率等参数的模糊性都可用类似的梯形模糊数表示。

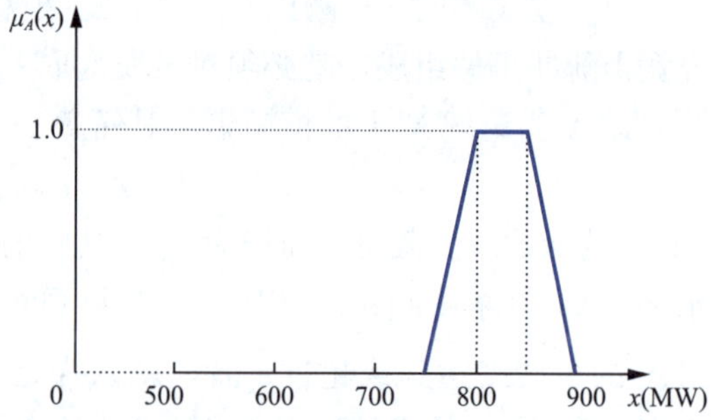

图 7-4　用梯形模糊数描述的一个模糊负荷

（3）可能性分布（possibility distribution）

定义 7.1　设 $\widetilde{F}$ 是论域 U 上的一个模糊子集，其隶属函数为 $\mu_{\widetilde{F}}(u)$，X 是在 $\boldsymbol{U}$ 上取值的变量，如果 $\widetilde{F}$ 对 X 的取值起到可伸缩性限制作用时，则称 $\widetilde{F}$ 是 X 的模糊约束。记为

$$X=u:\mu_{\widetilde{F}}(u) \tag{7-18}$$

这里的 $u_{\widetilde{F}}(u)$ 表示当 X 取 u 时，满足约束 $\widetilde{F}$ 的程度。

定义 7.2　设 $\widetilde{F}$ 是论域 $\boldsymbol{U}$ 上的一个模糊子集，且 X 是在 $\boldsymbol{U}$ 上取值的变量，设

$$\Pi_X \triangleq \widetilde{F} \tag{7-19}$$

Π_X 为变量 X 在 $\widetilde{F}$ 限制下的可能性分布。

显然，可能性分布与模糊集具有共同的数学表示式，但模糊集是普通集概念的推广，而可能性分布则反映了变量 X 取不同值时，命题"X 是 F"是否可能。

定义 7.3　设

$$\pi_X(u)\triangleq\mu_{\widetilde{F}}(u)=\mathrm{Poss}\{X=u\} \tag{7-20}$$

其中，Poss(＊）为 X 的可能性分布函数。可能性分布函数在数值上等于模糊集 $\widetilde{F}$ 的隶属

函数。本书就是以模糊集隶属函数来描述各变量取值的可能性分布。

如同隶属度与概率有区别一样，可能性分布与概率分布也不同。可能性分布为一些值（或事件）属于某模糊集的可能性程度分布，而概率分布则为一些值（或事件）出现的概率大小分布。

7.2 电网柔性规划模型

7.2.1 基于等微增率准则的电网柔性规划

预估方法绕过了对不确定性信息的直接分析和处理，直接对未来规划年环境进行预测和分析，从而将电网规划中的不确定性问题转化为多个确定性问题，降低了求解难度，提高了计算速度。

1. 多场景投资方法

（1）多场景方法。在实际工程中，对于未来环境中的各种不确定性因素，通过分析和预测往往可以得到一系列可能出现的值，如经济增长率为5%、7%或10%，利率为4%或5%，负荷增长率为3%或5%等。对于这些信息的处理，可以采用组合的方法将各种不确定性信息可能的取值分别组合为一个未来可能环境，称之为一个场景，如经济增长率为5%，利率为5%，负荷增长率为3%等就组成了一个场景。在此场景中的各种不确定性信息是已知的、确定的数值，但该场景仅仅是未来环境中一种可能环境，并不是真实的未来环境。

未来环境是指电网规划中的所有不确定性因素皆已变成现实时的环境，这时各种不确定性信息的取值也都是确定的和真实的。但这些值的获得必须是未来环境变为现实环境的那个时刻，而在规划起始年是不可能确知的。由于每个场景代表了某个可能的未来环境，因此未来可以通过合理选择一系列的场景来近似表示。

从直观的角度来看，每个场景相当于一个小的集合 $\boldsymbol{S}_i$，在该集合中的各种不确定性信息均为已知的数值。所有的场景集合就组成了一个大的未来环境集合 $\boldsymbol{F}$，如图7-5所示。由于多场景方法是利用各种不确定性信息所有可能的取值进行组合而形成的，因此，在未来环境集合 $\boldsymbol{F}$ 中势必包含了未来环境 $\boldsymbol{F}^*$，但是 $\boldsymbol{F}^*$ 究竟会出现在哪个场景集合 $\boldsymbol{S}_i$，在现在是无法确定的。

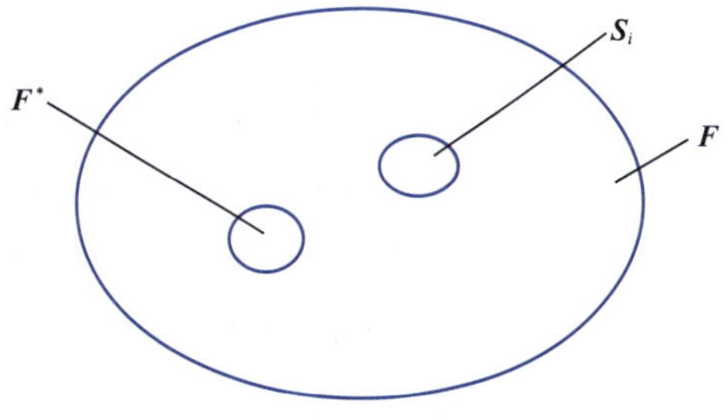

图7-5 多场景方法示意图

多场景方法的出发点就是在未来环境集合中寻找一个规划方案，使之能够适应该集合中绝大多数场景子集 $\boldsymbol{S}_i$，同时也最大可能地适应其中包含的那个真实未来环境 $\boldsymbol{F}^*$。也就是，该最优电网柔性规划方案对于某一个场景而言只是“次优”或“较好”的方案，但对于未来环境集合 $\boldsymbol{F}$ 中绝大多数场景子集，该方案都是“次优”或“较好”的，其适应性和灵活性显然是较好的。

因此，多场景方法就是根据现在已有的信息资料，通过采用组合的方法合理地设想多种可能的未来场景环境，其中每一个场景表示一个已知的未来环境，在此场景中的各种不确定性因素都是确定的，因此可以在每个场景中采用常规电网规划方法求得该场景下的最优规划方案。

多场景方法通过将难以用数学模型表示的不确定性因素，转变为较易求解的多个确定性场景问题来进行处理。初看起来场景方法需要进行多次规划计算，计算量较大，但是由于在场景方法中每个场景中的所有不确定性因素已成为确定性参数，从而可以在每个场景下进行常规的电网优化规划，这使得规划求解的难度大为降低，减少了每次求解的计算量，使计算速度大为加快。

由于多场景方法不是直接对不确定性因素进行数学建模，从而可以避免建立十分复杂的电网规划模型，降低建模和求解的难度。从机理上讲，多场景方法对于影响电网规划的不确定性因素的处理是采用类似枚举的方法，因此可以比较全面和准确地考虑各种不确定性因素的影响，同时也具有较高的计算效率，这是与其他电网柔性规划方法相比所具有的优势。

未来负荷增长的不确定性是影响电网规划的主要不确定性因素。在采用多场景方法处理电网规划中的不确定性信息时，通过合理的分析、调查研究和预测得到若干场景，即负荷高速、中高速、中速、中低速、低速增长等场景，在每种场景下进行常规电网优化规划。

（2）初始投资与补偿投资。假设对未来规划年负荷变化共取 k 种场景，在第 i 种场景下，由于各种不确定性信息已变为确定值，采用常规的电网规划方法可以求得在该场景下的电网最优投资方案及最优投资 C_i，称为初始投资；当未来场景变化时，为了提高所得规划方案的鲁棒性，在此选取负荷变化为最大可能的场景，这时为了使系统中不出现过负荷就需在原最优规划方案基础上追加投资 ΔC_i，称为补偿投资。显然，在负荷较小场景下初始投资比较少，但当未来环境变为最大可能负荷时该方案所需的补偿投资也较大，即初始最优投资 C_i 与补偿投资 ΔC_i 是成反比例关系的（见图 7-6）。

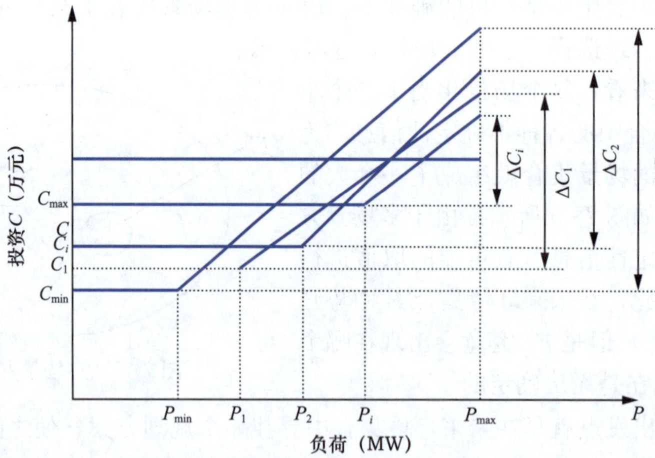

图 7-6　最优投资与最大可能负荷条件下的补偿投资关系示意图

P—负荷值；C—投资

图 7-6 中，当未来负荷场景为 P_i 时，在此场景下得到的最优初始投资是 C_i，若其初始最优规划方案已经得到时，对于未来负荷场景比 P_i 小的场景，为了分析方便假设投资

为一次性投入，所以该投资将不能减少，在图中表示为一条直线；而当负荷场景变化为最大负荷 P_{max} 时，为了避免线路过负荷就必须在原有最优规划方案上追加补偿投资 ΔC_i。从图中可以看到在各个场景中，初始投资 C_i 与补偿投资 ΔC_i 之间是相互冲突的两个变量，即当初始投资较小时，其在最大可能负荷情况下的补偿投资势必要大一些，但初始投资与补偿投资之和并不是单调上升的，这与实际情况也是相符的。

2. 电网柔性规划

(1) 投资模型及等微增率准则。由于初始投资 C 与补偿投资 ΔC 之间是相冲突的关系，要求取一个总体上令人满意的规划方案，就必须寻求初始投资与补偿投资之和最小的规划方案，即

$$\begin{cases}\min F=C+\Delta C\\ C=f(P,Z)\\ \Delta C=f'(P,Z)\end{cases} \tag{7-21}$$

式中：P 为负荷水平；Z 为 0-1 决策变量，表示线路是否被选中（具体的函数表达式见下节）。

通过计算分析可以得到一组初始投资与补偿投资值，通过采用数据拟合的方法可以得到初始投资 C 与负荷场景 P 之间的关系曲线 $C=f(P,Z)$，同时求得补偿投资 ΔC 与负荷场景 P 之间的关系曲线 $\Delta C=f'(P,Z)$，则式（7-21）变为

$$\min F=f(P,Z)+f'(P,Z) \tag{7-22}$$

对于式（7-22）可以采用等微增率准则的方法来进行求解。

(2) 等微增率准则。如图 7-7 所示，横轴 OP 表示未来场景下的负荷水平 P，纵轴 OC 表示初始投资 C，纵轴 OΔC 表示补偿投资 ΔC。在横轴上任取一点 A，过 A 点作垂线分别和初始投资曲线 $C=f(P,Z)$ 与补偿投资曲线 $\Delta C=f'(P,Z)$ 相交于 A_1、A_2 点，则 AA_1 表示该负荷水平下的初始投资，AA_2 表示其补偿投资，$A_1A_2=AA_1+AA_2=f(A,Z)+f'(A,Z)$ 就表示该负荷水平下总的投资费用。

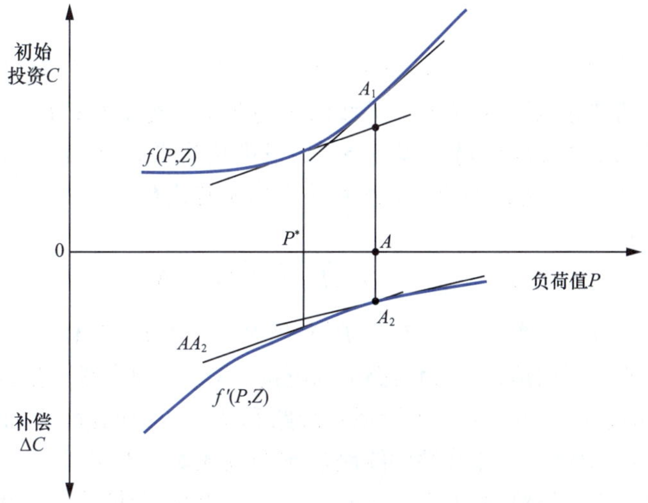

图 7-7　初始投资与补偿投资之间的关系示意图

P—负荷值；C—初始投资；ΔC—补偿投资

由此可见，只要在横轴 OP 上找到一点，过该点作垂线与初始投资曲线和补偿投资曲线的交点间距离最短，则该点所对应的负荷水平 P^* 就是总投资费用最少的最优电网柔性规划方案所在负荷环境。根据等微增率准则的原理，只有当通过 A_1 点和 A_2 点分别作各自相交曲线的切线相互平行时，线段 A_1A_2 的距离才是最短的，曲线在该点的斜率就是该点的等微增率，即满足

$$\mathrm{d}f/\mathrm{d}P=-\mathrm{d}f'/\mathrm{d}P \tag{7-23}$$

则总的投资费用将是最小的，这就是著名的等微增率准则。

要得到初始投资与补偿投资之间具有最佳经济性的电网柔性规划方案，可以由等微增率准则进行求解，即分别求得 $C=f(P,Z)$ 和 $\Delta C=f(P,Z)$ 的微增率 $\lambda_C=\partial C/\partial P$ 和 $\lambda_{\Delta C}=\partial\Delta C/\partial P$。由式（7-23）可知，要求得总的投资费用最小的最佳电网柔性规划方案，只有当 $\lambda_C=-\lambda_{\Delta C}$ 时才能得到。由此可以得到最佳的未来负荷场景 P^*，进一步即可得到最优的电网柔性规划方案。

3. 数学模型

（1）目标函数。

$$\min C=\sum_{i\in \boldsymbol{M}_n}K_jZ_j \tag{7-24}$$

$$\min \Delta C=\sum_{i\in \boldsymbol{M}'_n}K_jZ_j \tag{7-25}$$

式中：C 为初始最优投资；ΔC 为补偿投资；K_j 为线路 j 的建设投资费用；Z_j 为线路 j 的 0-1 决策变量（1 表示被选中，0 表示未被选中）；$\boldsymbol{M}_n$ 为在该场景下被选中的待选线路集；$\boldsymbol{M}'_n$ 为在该场景下尚未被选中的待选线路集。

（2）约束条件。

1）功率平衡方程为

$$\sum_{\substack{j\in \boldsymbol{M}\\ s(j)=i}}[P'_j-L_j(P'_j)-P_j]+\sum_{\substack{j\in \boldsymbol{M}\\ e(j)=i}}[P_j-L_j(P_j)-P'_j]=\begin{cases}P_{\mathrm{D}i}-P_{\mathrm{G}i}, & i\in \boldsymbol{N}_{\mathrm{G}}\\ P_{\mathrm{D}i}, & i\in \boldsymbol{N}-\boldsymbol{N}_{\mathrm{G}}\end{cases} \tag{7-26}$$

式中：P_j 为线路 j 的正向潮流，方向为从“起点”到“终点”；P'_j 为线路 j 的反向潮流，方向为从“终点”到“起点”；$L_j(P_j)$ 为线路 j 的功率损耗函数；$P_{\mathrm{D}i}$ 为节点 i 的有功负荷；$\boldsymbol{M}$ 为全部线路集；$\boldsymbol{N}$ 为全部节点集；$\boldsymbol{N}_{\mathrm{G}}$ 为发电机集合；$s(j)=i$ 为以节点 i 为线路起点的所有线路；$e(j)=i$ 为以节点 i 为线路终点的所有线路。

2）潮流方程为

$$\theta_{s(j)}-\theta_{e(j)}=x_j(P_j-P'_j),j\in \boldsymbol{M}_n \tag{7-27}$$

$$\theta_{s(j)}-\theta_{e(j)}=x_j(P_j-P'_j)(\text{当 } Z_j=1 \text{ 时}),j\in \boldsymbol{M}_n \tag{7-28}$$

式中：θ_i 为节点 i 的电压相角；x_j 为线路 j 的电抗；$\boldsymbol{M}_n$ 为现有线路集合。

式（7-27）和式（7-28）分别表示现有线路和待选线路的潮流与其两端相角差的关系，由于式（7-26）中包含了非线性的线路功率损耗函数，且式（7-28）只有在 $Z_j=1$ 的条件下才能成立，因此很难将式（7-26）～式（7-28）归纳为如一般直流潮流方程那样的紧凑形式。

在功率平衡方程式（7-26）中，左边第一个求和式表示所有以 i 为起点的线路流入节

点 i 的潮流，第二个求和式表示所有以 i 为终点的线路流入节点 i 的潮流，线路的功率损耗也直接计入功率平衡方程式中。为了保证各变量的非负性，线路功率用双向潮流 P 和 P' 表示。P 和 P' 至少有一个为零。

3）各变量的上下限约束条件

$$P_j+P'_j\leqslant\overline{P}_j, j\in\boldsymbol{M}_e \tag{7-29}$$

$$P_j+P'_j\leqslant\overline{P}_jZ_j, j\in\boldsymbol{M}_n \tag{7-30}$$

$$P_{Gi}\leqslant\overline{P}_{Gi}, i\in\boldsymbol{N}_G \tag{7-31}$$

$$P_{Gi}, P_j, P'_j, \theta_k\geqslant 0, i\in\boldsymbol{N}_G, j\in\boldsymbol{M}, k\in\boldsymbol{N} \tag{7-32}$$

式中：$\boldsymbol{M}_e$ 为现有线路集合；$\overline{P}_j$ 为线路 j 的传输容量；$\overline{P}_{Gi}$ 为发电机 i 的最大允许功率。

式（7-29）和式（7-30）表示了现有线路和待选线路的传输容量限制，式（7-31）表示各发电机的容量限制。由于潮流计算中相角的参考值可以任意给定，式（7-32）中的 θ_k 大于等于零的要求也不难满足。

该规划模型是一个多目标、非线性的混合整数规划模型，为了减少求解难度，在计算过程中将线路损耗予以忽略。

（3）解算过程。该方法的解算步骤如下：

1）选取 k 中可能的负荷场景。

2）采用分支定界方法求解式（7-24），即在第 i 种负荷场景下的网络最优规划方案和电网投资 C_i。

3）在已求得的网架结构基础上求取式（7-25），即在最大可能负荷场景下所需的补偿投资费用 ΔC_i。

4）采用数据拟合方法可得到的数据之间的函数关系式 $C=f(P, Z)$ 和 $\Delta C=f'(P, Z)$。

5）由等微增率准则求得最佳经济的电网柔性规划方案。

整个求解过程的解算流程图如图 7-8 所示。

4. 算例分析

用 18 节点系统算例对该方法从理论和实践两方面进行算例分析。共选取了七种可能的典型未来负荷场景，得到了一系列的最优投资 C 和补偿投资 ΔC 数据，其中负荷取值利用确定性规划方法中负荷情况 P_0 的偏差表示，见表 7-1。

表 7-1　　计算结果

第 i 种负荷环境	负荷水平	最优投资 C（万元）	补偿投资 ΔC（万元）	总的投资 $\sum C$（万元）
1	$0.85P_0$	33420	21820	55240
2	$0.875P_0$	34520	20200	54720
3	$0.9P_0$	35420	19820	55240
4	$1.0P_0$	38780	13500	52280
5	$1.075P_0$	39500	13100	52600
6	$1.1375P_0$	40120	11400	51520
7	$1.2P_0$	50120	0	50120

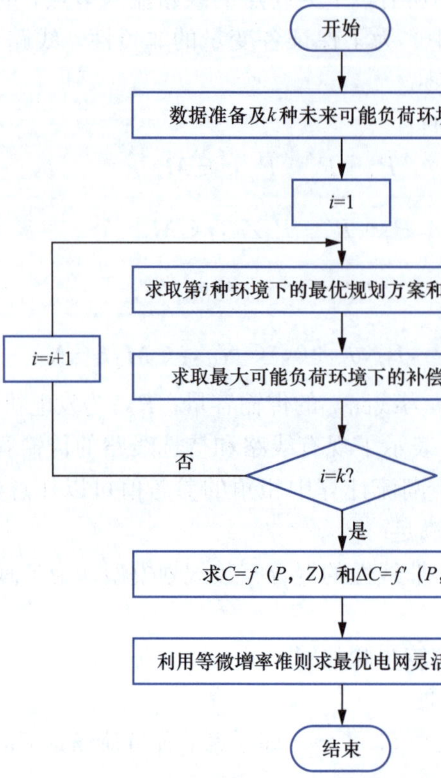

图 7-8　基于等微增率准则的电网柔性规划方法解算流程图

根据负荷 P 与最优投资 C 两组数据，利用最小二乘法进行数据拟合计算，可以求得 P 与 C 之间的函数关系式为 $C=-0.0012+2.627P-0.7375P^2$；然后由负荷值 P 与补偿投资 ΔC 两组数据，利用数据拟合可以求得 P 与 ΔC 之间的函数关系式为 $\Delta C=0.0028+3.485P-2.6745P^2$。可以看到两条拟合曲线的二次项系数 $-0.7375\neq-2.6745$，因此存在唯一的最小值。

分别求得两条拟合曲线后，根据等微增率准则求解总投资费用最小的电网柔性规划方案。先求每条拟合曲线的微增率，即求曲线的导数

$$\mathrm{d}C/\mathrm{d}P=2.627-1.475P$$

$$\mathrm{d}C/\mathrm{d}P=3.485-5.349P$$

由 $\mathrm{d}C/\mathrm{d}P=-\mathrm{d}\Delta C/\mathrm{d}P$ 可以求得最优电网柔性规划方案的负荷水平为 $P^*=0.895P_0$。

选取该负荷场景下的环境参数，采用常规电网规划方法可以求得该最优电网柔性规划方案。其初始投资为 33420 万元，在最大可能负荷场景下的补偿投资为 17020 万元，总投资为 50440 万元，其网架结构如图 7-9 所示。图中，实线表示已有线路，虚线表示新增线路，线路容量为 2300MW。

采用常规确定性方法的初始投资为 38780 万元，文献［7］采用线性规划方法进行灵敏度分析得到的初始网络投资为 33700 万元。但当负荷场景变化为最大可能负荷情况时，为保证线路不出现过负荷，采用常规确定性方法的所需补偿投资为 13500 万元，总投资为

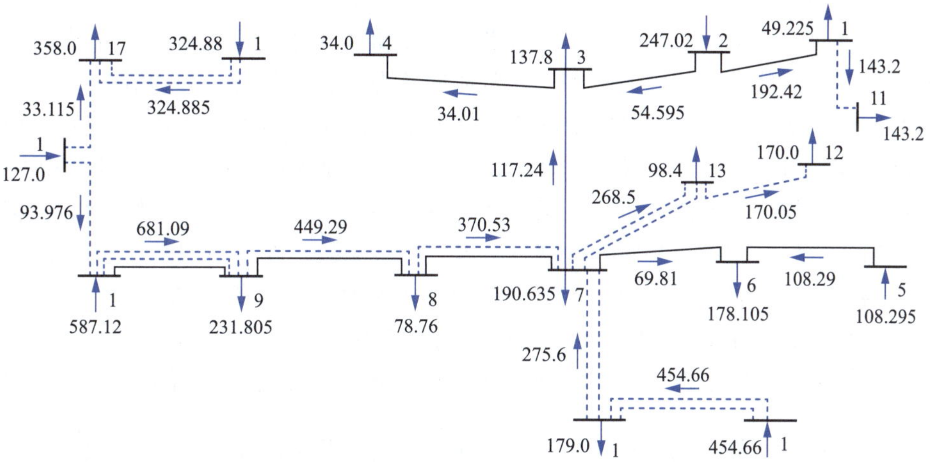

图7-9 最优柔性规划网架结构（单位：MW）

52280万元；文献［7］中方案所需的补偿投资为19500万元，总投资为53200万元。这几种方法的比较见表7-2。

表7-2 几种方法的投资比较（万元）

方法	初始投资	补偿投资	总投资
基于等微增率准则的电网柔性规划方法	33420	17020	50440
确定性方法	38780	13500	52280
文献［7］中方法	33700	19500	53200

注 线路的原有网架费用为12960万元。

从表7-2的比较中可以看出，采用基于等微增率准则的电网柔性规划方法所需的总投资费用比其他两种方法要少，通过与原有网架投资的比值，可以求得该方法在总投资方面比文献［7］中的方法节约费用约14.56%［14.56%=(53200－50440)/12960］，比常规确定性方法节约费用约9.705%［9.705%=(52280－50440)/12960］。通过以上分析可以看出，基于等微增率准则的最优电网柔性规划方法对于未来可能出现的环境变化适应性较强，比常规确定性方法所需的总投资费用要少，具有更好的适应性和灵活性。

7.2.2 考虑线路备选概率的电网柔性规划

在进行网架规划时，通过对未来规划年环境的预测和分析，可以得到各种不确定性信息的可能取值，同时也能够得到各种不确定性信息在未来规划年可能实现的可信度值（或概率值）。因此，在未来环境集合中的各种场景子集就有着各自不同的实现概率。

由于各个未来场景的实现概率不同，在采用多场景方法进行电网规划时，所求得的电网柔性规划方案就应该更适应于实现概率较大的场景；而对实现概率较小的场景而言，则适应性要低一些，使所得规划方案更有可能适应真实的未来环境，提高该方案的适应性和鲁棒性。任何网架结构都是由一条条线路构成的，各条线路对于未来环境适应程度的高低也能够反映该线路在网架结构中的重要程度。

1. 方法描述

(1) 场景实现概率。通过对社会经济发展情况和政策等因素的调查、分析和预测，可以得到各种不确定性因素的取值范围，如负荷增长为3%～8%等。在得到各不确定性因素的取值范围后，选择其中一些可能值组成一个场景，则在该场景下的各个不确定性因素的取值是确定的。所选取的各个场景实现的机会不可能完全相同，有些场景具有较大的实现可能，而有些则较少。因此，可定义场景实现概率的概念，来表示各个场景可能实现的概率大小。通过分析，筛选一些对电网规划有着较大影响的不确定性因素，在确定各种不确定性因素的取值范围时，可以根据有关的信息得到每种不确定性因素各种取值的概率值，例如负荷增长为3%的可能性是15%，为5%的可能性是30%等。

假设对第 i 种不确定性因素共选取了 m_i 种可能值，得到每种可能值发生概率为 λ_{ik}（其中，$\sum_{k=1}^{m_i}\lambda_{ik}=1$）。设对未来规划年进行多场景分析时共考虑 n 种不确定性因素。如果场景 j 是由第1种不确定性因素中 m_1 种可能值中的第 k_1 种可能值，该可能值发生的概率为 λ_{1k_1}；第2种不确定性因素中 m_2 种可能值中的第 k_2 种可能值，该可能值发生的概率为 λ_{2k_2}；…；第 n 种不确定性因素中 m_n 种可能值中的第 k_n 种可能值，该可能值发生的概率为 λ_{nk_n} 等不确定性信息组成的，则 n 种不确定性因素的可能值经过组合总共可以组成 M（$M=m_1\times m_2\times\cdots\times m_n$）种可能的未来场景。

定义 7.4 场景 j 的场景实现概率 β_j 为

$$\beta_j=\prod_{i=1}^{n}\lambda_{ik_l},\ l=1,2,\cdots,m_i \tag{7-33}$$

式中：λ_{ik_l} 表示场景 j 下第 i 种不确定性因素中 m_i 种可能值中的第 k_l 种可能值发生的概率值。

容易证明

$$\sum_{j=1}^{M}\beta_j=1 \tag{7-34}$$

证明：将式（7-33）和 $\sum_{l=1}^{m_i}\lambda_{ik_l}=1$ 代入式（7-34），得

$$\begin{aligned}\sum_{j=1}^{M}\beta_j=\sum_{j=1}^{M}\prod_{i=1}^{n}\lambda_{ik_l}&=(k_1+k_2+\cdots+k_{m_1})(k_1+k_2+\cdots+k_{m_2})\\&\cdots(k_1+k_2+\cdots+k_{m_n})\\&=1\times1\times\cdots\times1=1\end{aligned}$$

从上面的分析可以发现，场景实现概率反映了场景与区间灰数可能实现的概率大小。因此，实现概率大的场景在未来成为现实的概率要高于实现概率小的场景。

例如，某场景是由表7-3所列的几种不确定性因素组成的，则由式（7-34）和表7-3可以求得该场景的实现概率为

$$\beta=\prod_{i=1}^{4}\lambda_{m_ik_i}=20\%\times30\%\times50\%\times60\%=1.8\%$$

由于影响电网规划的众多不确定性因素中，最为重要的因素是未来负荷增长不确定性及其相应的电源建设方案和进度的调整，同时为了降低求解的难度，在处理不确定性因素时本章将主要考虑负荷的不确定性，即取 $n=1$。

表 7-3 场景的组成因素表

不确定性因素	取　值	实现概率（%）
负荷增长率	1%	20
银行贷款利率	5%	30
煤价	230 元/t	50
输入电能价格	0.8 元/(kW·h)	60

（2）线路被选概率。在得到了未来可能场景集后，由于每个场景中不确定性信息的取值已被确定，所以原不确定性电网规划问题就转变为常规的确定性电网规划问题，采用常规的电网规划方法即可以解算，从而求得各个场景下的最优电网规划方案。其中所有网架结构均是由线路构成的，而进行电网规划实质上就是从待选线路集合中确定哪些线路被选中来构成未来的网架。可以说，线路是电网规划中最基本的元素和单元，因此直接分析各条待选线路在未来环境集合中的重要程度和适应性，对于得到一个好的电网规划方案有着很大帮助。

首先选取进行电网规划时所计及的不确定性因素，采用多场景方法得到所有可能的未来场景。在每个场景中由于各种不确定性信息已经被确定。例如，表 7-3 说明了该场景是由四种不确定性因素组成的，它们的取值分别为 1%、5%、230 元/t 和 0.8 元/(kW·h)，因此，在此场景下采用常规方法可求得最优电网规划方案，同时该规划方案中选中的待选线路也是已知的。

设系统待选线路集为 $\boldsymbol{M}$，该集合包含了所有待选线路。在第 i 种未来场景下，由已确定的未来环境，采用常规电网优化规划方法求得该场景下最优电网规划方案，则该方案中必然要新增一些线路加入新的网架结构中，因此，原待选线路集合 $\boldsymbol{M}$ 变为由被选线路集 $\boldsymbol{V}_i$ 和未选线路集 $\boldsymbol{W}_i$ 组成。其中，$\boldsymbol{V}_i$ 包含了所有网架新架的线路，$\boldsymbol{W}_i$（$=\boldsymbol{M}-\boldsymbol{V}_i$）表示未被选中的线路集合。

各个场景中根据各种不确定性因素所取的数值及其可能实现的概率值不同，由式（7-33）可以得到 $\boldsymbol{M}$ 种未来可能场景及该场景的场景实现概率 β_i。根据各个场景下的 β_i、$\boldsymbol{V}_i$ 和 $\boldsymbol{W}_i$ 得到的各待选线路的被选情况，采用加权分析的方法可求得每条线路的被选概率。

定义 7.5 线路的被选概率 P_{ij} 为

$$P_{ij}=\beta_i Z_{ij} \tag{7-35}$$

式中：i 表示场景号；j 表示线路号。

由式（7-35）可以求得线路 j 在所有场景下最终的被选概率 p_j 为

$$p_j=\sum_{i=1}^{M}P_{ij}=\sum_{i=1}^{M}\beta_i Z_{ij},j=1,2,\cdots,l$$

式中：Z_{ij} 为 0-1 决策变量，如果在场景 i 下线路 j 被选上则为 1，否则为 0；M 表示可能的场景数；l 表示待选线路数。

显然，$p_j\leqslant 1$。

例如，假设表 7-4 中为线路 j 在 5 个未来场景中被选上的情况，由表可以计算出线路 j 的被选概率为

$$\begin{aligned}p_j&=\sum_{i=1}^{M}\beta_i Z_{ij}=10\%\times 0+20\%\times 0+40\%\times 1+20\%\times 1+10\%\times 0\\&=60\%\end{aligned}$$

表 7-4　线路 j 被选情况

场景	场景实现概率（%）	线路 j 被选情况
1	10	0
2	20	0
3	40	1
4	20	1
5	10	0

待选线路 j 被选概率 p_j 的大小反映了该条线路在未来环境发生变化时被选中的概率，同时也表明了该条线路对于网架结构的重要程度和对未来环境变化的适应性。因此，采用线路被选概率的概念可以较好地反映每条待选线路在所有场景中被选中的情况，通过该被选概率的大小可以比较直观地了解线路在未来环境集合中的重要程度。

2. 选线过程

（1）网架适应度。从被选概率值可以了解各条线路在未来环境集合中的重要程度和对未来环境变化的适应性高低。但在进行电网规划时，需要得到的是最终的网架结构，而不是一堆线路的数值，如何利用线路被选概率来确定最终的网架结构是需要解决的问题，为此定义了网架适应度的概念。

定义 7.6　在得到线路被选概率后，要形成最终的电网规划方案，需要根据规划实际选择相应的阈值 P_S，当待选线路的被选概率大于该阈值时，则满足网架需要被选中，否则就不选，该阈值就被定义为网架适应度。由于线路被选概率 $p_j \leqslant 1$，所以网架的适应度 $P_S \leqslant 1$。

由定义 7.6 可知，网架适应度值 P_S 是一个由规划人员根据实际需要定义的阈值。当 P_S 较大时，满足要求的待选线路就较少，网架的经济性也较高，但其对未来环境变化的适应性就较差；反之，当 P_S 较小时，满足要求的待选线路就较多，网架的成本也就越高，该网架结构对未来环境变化的适应性也越好。

（2）选线过程。将各条待选线路的被选概率按照从大到小进行排序，得到一个有序的待选线路集 $\boldsymbol{M}$。在 $\boldsymbol{M}$ 中势必存在着一些被选概率值为 1 的待选线路，表明这些线路在所有的场景下均被选中，它们在网架结构中的重要程度最高，则这些待选线路应首先被选到新的电网规划网架结构中。

如果由被选概率为 1 的待选线路组成的网架结构是连通的网络，则停止选线，进行过负荷校验，若该网架结构不出现过负荷，说明该网架已经满足需要，则规划工作结束。如果不是连通网络，应继续从 $\boldsymbol{M}$ 中根据被选概率值由大到小地选取线路，直到所选线路满足网架结构连通的要求时停止选线，进行过负荷校验，如果该网架结构不出现过负荷，说明该网架已经满足需要，则规划工作结束；否则进行下一步的选线。

在得到初始连通网架结构的基础上，可根据规划人员和方案实际需要给出的网架适应度值 P_S 来进一步选择待选线路。选择较大的网架适应度值 P_S 得到的网架经济性较高，但其适应性却较低；而选择较小的网架适应度值 P_S 得到的网架经济性较差，但其适应性却较高。因此，最终得到的网架结构是在经济性与适应性之间的一种折中方案。

选取适应度值 P_S 的不同对于规划结果会产生较大的影响，同时在实际工程中规划人员有时也无法一次性准确地给出适应度值 P_S。针对存在的这些实际问题，可以通过选择

多个 P_S 值进行分析和比较，形成一个不同适应度值的选线集合。

当给定网架适应度值 P_S 后，在进行选线的过程中，如果线路的被选概率大于或等于适应度值 P_S 则被选中；否则继续从 $\boldsymbol{M}$ 中按顺序进行加线选择，直到所有满足要求的待选线路均被选中为止。然后对所得到的网架进行过负荷校验，如果该网架结构不出现过负荷，说明该网架已经满足要求，则规划工作结束，从而得到最终满足规划适应度要求的电网柔性规划方案。

通过选取具有较大被选概率值的线路进行网架结构的逐步扩展，使得所选线路对各种未来可能场景具有较强适应性。同时由于建立了被选概率集 $\boldsymbol{M}$，可以比较直观和方便地了解各待选线路对网架扩展的重要性，当未来环境发生变化时可以为规划人员提供更加有效的帮助，使规划人员能够尽快决定对哪些线路进行架线选择或暂停架设，使规划方案具有较好的环境适应性和灵活性。

3. 求解过程

考虑线路被选概率的电网柔性规划方法解算流程图如图 7-10 所示（设线路数为 L）。

（1）选取 n 种不确定性因素及每种不确定性因素的 m 种典型值及发生概率 λ_{ik}（$i=1,2,\cdots,n$；$k=1,2,\cdots,m$）。

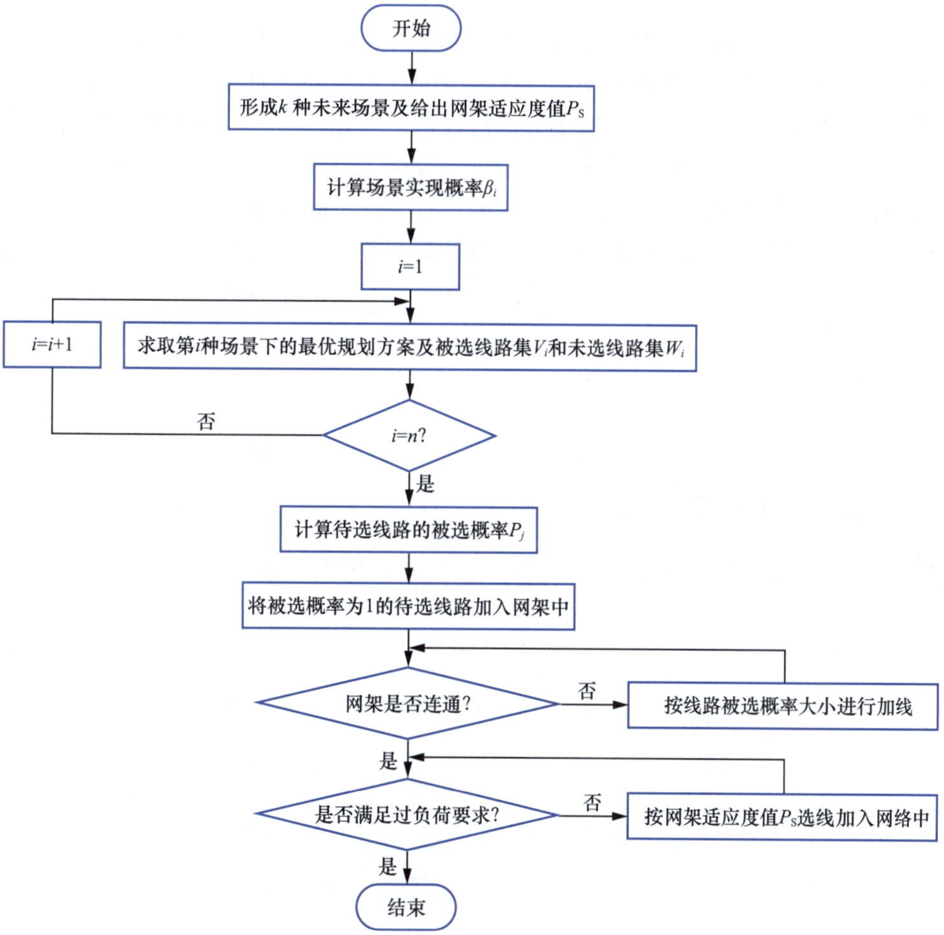

图 7-10 考虑线路被选概率的电网柔性规划方法解算流程图

（2）组合形成 n 种可能的未来场景，求得每种场景的场景实现概率 $\beta_i(i=1,2,\cdots,n)$。

（3）给出需满足的适应度值 P_S。

（4）在第 i 种下求取电网最优规划方案，得到被选线路集 $\boldsymbol{V}_i$ 和未选线路集 $\boldsymbol{W}_i$。

（5）求取线路 j 的被选概率值 $p_j(j=1,2,\cdots,L)$。

（6）将 $P_j=1$ 的线路首先选到新的网架结构中。

（7）判断网架是否连通，是则进行步骤（10），否则继续按线路被选概率大小进行选线。

（8）按线路选择概率从大到小的顺序选择线路加到网架结构中。

（9）回到步骤（7）。

（10）判断是否满足要求的适应度值 P_S，是则进行过负荷判断，如满足要求，计算结束；否则到步骤（8）。

7.3 电网鲁棒规划模型

7.3.1 考虑风电输出功率区间不确定性的电力系统鲁棒最优潮流

输电网规划问题中除了需要确定线路建设方案外，通常还需要对规划方案的各项性能指标进行计算分析。受限于求解效率，目前输电网规划模型中通常以直流最优潮流对规划方案的网络安全约束能力、年运维成本等进行评估。因此，在介绍基于鲁棒优化的输电网规划模型之前，本节先对鲁棒最优潮流模型进行介绍，该模型是构成输电网规划的基础。

考虑风电场输出功率的不确定性，以区间形式表征不确定集合，最小化发电机燃料成本、系统切负荷惩罚成本及弃风惩罚成本，鲁棒最优潮流模型可表示为

$$\max_{P_r^{\mathrm{Wind}}\in\Upsilon}\ \min_{\phi\in\boldsymbol{\Phi}(P_g^{\mathrm{Gen}},P_r^{\mathrm{WindC}},P_b^{\mathrm{LoadS}},f_{mn(i)},\theta_b)}\left(\sum_g C_g^{\mathrm{Fuel}}P_g^{\mathrm{Gen}}+\sum_r C_r^{\mathrm{Cur}}P_r^{\mathrm{WindC}}+\sum_b C_b^{\mathrm{Shed}}P_b^{\mathrm{LoadS}}\right) \tag{7-36}$$

约束条件为

$$\Upsilon=\{P_r^{\mathrm{Wind}}\mid \underline{P}_r^{\mathrm{Wind}}\leqslant P_r^{\mathrm{Wind}}\leqslant\overline{P}_r^{\mathrm{Wind}},\forall r\in\boldsymbol{\Omega}\} \tag{7-37}$$

$$\boldsymbol{\Phi}(P_g^{\mathrm{Gen}},P_r^{\mathrm{WindC}},P_b^{\mathrm{LoadS}},f_{mn(i)},\theta_b)=\{\phi\mid$$

$$\sum_{g\in\Xi_b}P_g^{\mathrm{Gen}}+\sum_{r\in\Omega_b}(P_r^{\mathrm{Wind}}-P_r^{\mathrm{WindC}})+\sum_{\forall m,n\in\Psi_b}\varepsilon f_{mn(i)}=P_b^{\mathrm{Total}}-P_b^{\mathrm{LoadS}}[\mu_{1,b}],\forall b\in\boldsymbol{\Psi} \tag{7-38}$$

$$f_{mn(i)}-r_{mn(i)}(\theta_{m(i)}-\theta_{n(i)})=0[\mu_{2,i}],\forall i\in\boldsymbol{\Gamma} \tag{7-39}$$

$$\underline{f}_{mn(i)}\leqslant f_{mn(i)}\leqslant\overline{f_{mn(i)}}[\underline{\mu}_{3,i},\overline{\mu}_{3,i}],\forall i\in\boldsymbol{\Gamma} \tag{7-40}$$

$$P_{g,\min}^{\mathrm{Gen}}\leqslant P_g^{\mathrm{Gen}}\leqslant P_{g,\max}^{\mathrm{Gen}}[\underline{\mu}_{4,g},\overline{\mu}_{4,g}],\forall g\in\boldsymbol{\Xi} \tag{7-41}$$

$$0\leqslant P_b^{\mathrm{LoadS}}\leqslant\alpha P_b^{\mathrm{Total}}[\underline{\mu}_{5,b},\overline{\mu}_{5,b}],\forall b\in\boldsymbol{\Psi} \tag{7-42}$$

$$0\leqslant P_r^{\mathrm{WindC}}\leqslant P_r^{\mathrm{Wind}}[\underline{\mu}_{6,r},\overline{\mu}_{6,r}],\forall r\in\boldsymbol{\Omega} \tag{7-43}$$

$$\underline{\theta}_b \leqslant \theta_b \leqslant \bar{\theta}_b [\underline{\mu}_{7,b}, \bar{\mu}_{7,b}], \forall b \in \boldsymbol{\Psi} \cup b \neq s \tag{7-44}$$

$$\theta_b = 0, b = s\} \tag{7-45}$$

式中：$\boldsymbol{\Upsilon}$ 为预测的风电输出功率区间；g 为发电机序号；C_g^{Fuel} 为发电机 g 的燃料成本；P_g^{Gen} 为发电机 g 的输出功率；r 为风电场序号；C_r^{Cur} 为单位弃风惩罚成本；P_r^{WindC} 为弃风量；C_b^{Shed} 为单位切负荷惩罚成本；P_b^{LoadS} 为切负荷量；$\boldsymbol{\Xi}$ 为发电机集合；$\boldsymbol{\Omega}$ 为风电场集合；P_r^{Wind} 为风电场 r 的最大输出功率；ε 为线路 $mn(i)$ 中有功潮流方向的系数，假设线路 i 两端母线分别为 m 和 n，对于任意母线的功率平衡方程而言，当该母线为 m 时 ε 取值为-1，表示有功潮流流出该母线，当该母线为 n 时 ε 取值为 1，表示有功潮流流入该母线；P_b^{Total} 为母线 b 的最大负荷；$\underline{f}_{mn(i)}$ /$\bar{f}_{mn(i)}$ 为分别表示线路 i 的有功传输容量的最小值和最大值；$P_{g,\min}^{\mathrm{Gen}}$、$P_{g,\max}^{\mathrm{Gen}}$ 为分别表示发电机 g 的最小、最大输出功率；α 为母线负荷最大切除比例；s 表示平衡节点母线编号；$\underline{P}_r^{\mathrm{Wind}}$、$\bar{P}_r^{\mathrm{Wind}}$ 为风电场 r 输出功率区间的最小值和最大值；

集合 $\boldsymbol{\Delta} = \{\mu_1, \mu_2, \underline{\mu}_3, \bar{\mu}_3, \underline{\mu}_4, \bar{\mu}_4, \underline{\mu}_5, \bar{\mu}_5, \underline{\mu}_6, \bar{\mu}_6, \underline{\mu}_7, \bar{\mu}_7\}$ 中的元素 μ 表示对应约束的拉格朗日乘子，需满足如下式（7-46）所示约束。

$$\boldsymbol{\Delta}_{\mathrm{Con}} = \begin{cases} \mu \mid \mu_{1,b} \in \boldsymbol{R}(\forall b \in \boldsymbol{\Psi}), \mu_{2,i} \in \boldsymbol{R}(\forall i \in \boldsymbol{\Gamma}), \underline{\mu}_{3,i} \geqslant 0(\forall i \in \boldsymbol{\Gamma}), \bar{\mu}_{3,i} \geqslant 0(\forall i \in \boldsymbol{\Gamma}) \\ \underline{\mu}_{4,g} \geqslant 0(\forall g \in \Xi), \bar{\mu}_{4,g} \geqslant 0(\forall g \in \Xi), \underline{\mu}_{5,b} \geqslant 0(\forall b \in \boldsymbol{\Psi}), \bar{\mu}_{5,b} \geqslant 0(\forall b \in \boldsymbol{\Psi}) \\ \underline{\mu}_{6,r} \geqslant 0(\forall r \in \boldsymbol{\Omega}), \bar{\mu}_{6,r} \geqslant 0(\forall r \in \boldsymbol{\Omega}) \\ \underline{\mu}_{7,b} \geqslant 0(\forall b \in \boldsymbol{\Psi} \cup b \neq s), \bar{\mu}_{7,b} \geqslant 0(\forall b \in \boldsymbol{\Psi} \cup b \neq s) \end{cases} \tag{7-46}$$

式（7-37）表示风电场输出功率的区间范围；式（7-38）表示节点功率平衡约束；式（7-39）表示线路潮流方程约束；式（7-40）表示线路传输容量约束；式（7-41）表示发电机输出功率约束；式（7-42）表示每个母线最大切负荷约束；式（7-43）表示每个风电场最大弃风比例约束；式（7-44）表示母线相角约束；式（7-45）表示参考节点母线相角为零。

上述模型［式（7-46）～式（7-47）］具有双层结构，最外层 max 问题用以确定最恶劣风电输出功率场景，内层 min 问题则是在最恶劣风电输出功率场景下进行发电机输出功率再调度。由于该双层问题无法直接求解，可以采用 KKT（Karush-Kuhn-Tucker conditions）条件或者强对偶理论，将该双层模型转化为单层。当外层变量 P_r^{Wind} 确定后，由式（7-48）～式（7-49）组成的内层问题约束条件具有线性结构，而目标函数本身为线性，因此，采用 KKT 或强对偶理论对内层问题进行转化是等价的。本节将采用 KKT 条件对上述双层模型进行转化，得到等价的单层优化问题。

当采用 KKT 条件时，假设原问题的拉格朗日函数为 L_{MC}，则其具体形式如下：

$$\begin{aligned} L_{\mathrm{MC}} = & \sum_g C_g^{\mathrm{Fuel}} P_g^{\mathrm{Gen}} + \sum_r C_r^{\mathrm{Cur}} P_r^{\mathrm{WindC}} + \sum_b C_b^{\mathrm{Shed}} P_b^{\mathrm{LoadS}} \\ & + \sum_{\forall b \in \boldsymbol{\Psi}} \mu_{1,b} \Big[\sum_{g \in \Xi_b} P_g^{\mathrm{Gen}} + \sum_{r \in \Omega_b} (P_r^{\mathrm{Wind}} - P_r^{\mathrm{WindC}}) + \sum_{\forall m/n \in \boldsymbol{\Psi}_b} \varepsilon f_{mn(i)} - P_b^{\mathrm{Total}} + P_b^{\mathrm{LoadS}} \Big] \\ & + \sum_{\forall i \in \boldsymbol{\Gamma}} \mu_{2,i} [f_{mn(i)} - r_{mn(i)} (\theta_{m(i)} - \theta_{n(i)})] \\ & + \sum_{\forall i \in \boldsymbol{\Gamma}} \{\underline{\mu}_{3,i} [\underline{f_{mn(i)}} - f_{mn(i)}] + \bar{\mu}_{3,i} [f_{mn(i)} - \overline{f_{mn(i)}}]\} \end{aligned}$$

$$+\sum_{\forall g\in\boldsymbol{\Xi}}[\underline{\mu}_{4,g}(P_{g,\min}^{\text{Gen}}-P_{g}^{\text{Gen}})+\bar{\mu}_{4,g}(P_{g}^{\text{Gen}}-P_{g,\max}^{\text{Gen}})]$$
$$+\sum_{\forall b\in\boldsymbol{\Psi}}[\underline{\mu}_{5,b}(0-P_{b}^{\text{LoadS}})+\bar{\mu}_{5,b}(P_{b}^{\text{LoadS}}-\alpha P_{b}^{\text{Total}})]$$
$$+\sum_{\forall r\in\boldsymbol{\Omega}}[\underline{\mu}_{6,r}(0-P_{r}^{\text{WindC}})+\bar{\mu}_{6,r}(P_{r}^{\text{WindC}}-P_{r}^{\text{Wind}})]$$
$$+\sum_{\forall b\in\boldsymbol{\Psi}\cup b\neq s}[\underline{\mu}_{7,b}(\underline{\theta}_{b}-\theta_{b})+\bar{\mu}_{7,b}(\theta_{b}-\bar{\theta}_{b})] \tag{7-47}$$

内层问题对应的 KKT 条件如下：

$$\frac{\partial L_{\text{MC}}}{\partial P_{g}^{\text{Gen}}}=C_{g}^{\text{Fuel}}+\mu_{1,b}-\underline{\mu}_{4,g}+\bar{\mu}_{4,g}，\forall g\in\boldsymbol{\Xi}_{b}，\forall b\in\boldsymbol{\Psi} \tag{7-48}$$

$$\frac{\partial L_{\text{MC}}}{\partial P_{r}^{\text{WindC}}}=C_{r}^{\text{Cur}}-\mu_{1,b}-\underline{\mu}_{6,r}+\bar{\mu}_{6,r}，\forall r\in\boldsymbol{\Omega}_{b}，\forall b\in\boldsymbol{\Psi} \tag{7-49}$$

$$\frac{\partial L_{\text{MC}}}{\partial P_{b}^{\text{LoadS}}}=C_{b}^{\text{Shed}}+\mu_{1,b}-\underline{\mu}_{5,b}+\bar{\mu}_{5,b}，\forall b\in\boldsymbol{\Psi} \tag{7-50}$$

$$\frac{\partial L_{\text{MC}}}{\partial f_{mn(i)}}=\varepsilon\mu_{1,b}+\mu_{2,i}-\underline{\mu}_{3,i}+\bar{\mu}_{3,i}，\forall mn(i)，\forall m/n\in\boldsymbol{\Psi}_{b}，\forall i\in\boldsymbol{\Gamma}，\forall b\in\boldsymbol{\Psi} \tag{7-51}$$

$$\frac{\partial L_{\text{MC}}}{\partial\theta_{b}}=\varphi r_{mn(i)}\mu_{2,i}-\underline{\mu}_{7,b}+\bar{\mu}_{7,b}，\forall mn(i)，\forall m/n\in\boldsymbol{\Psi}_{b}，\forall i\in\boldsymbol{\Gamma}，\forall b\in\boldsymbol{\Psi}\cup b\neq s \tag{7-52}$$

$$0\leqslant(f_{mn(i)}-\underline{f}_{mn(i)})\perp\underline{\mu}_{3,i}\geqslant0，\forall i\in\boldsymbol{\Gamma} \tag{7-53}$$

$$0\leqslant(\bar{f}_{mn(i)}-f_{mn(i)})\perp\bar{\mu}_{3,i}\geqslant0，\forall i\in\boldsymbol{\Gamma} \tag{7-54}$$

$$0\leqslant(P_{g}^{\text{Gen}}-P_{g,\min}^{\text{Gen}})\perp\underline{\mu}_{4,g}\geqslant0，\forall g\in\boldsymbol{\Xi} \tag{7-55}$$

$$0\leqslant(P_{g,\max}^{\text{Gen}}-P_{g}^{\text{Gen}})\perp\bar{\mu}_{4,g}\geqslant0，\forall g\in\boldsymbol{\Xi} \tag{7-56}$$

$$0\leqslant P_{b}^{\text{LoadS}}\perp\underline{\mu}_{5,b}\geqslant0，\forall b\in\boldsymbol{\Psi} \tag{7-57}$$

$$0\leqslant(\alpha P_{b}^{\text{Total}}-P_{b}^{\text{LoadS}})\perp\bar{\mu}_{5,b}\geqslant0，\forall b\in\boldsymbol{\Psi} \tag{7-58}$$

$$0\leqslant P_{r}^{\text{WindC}}\perp\underline{\mu}_{6,r}\geqslant0，\forall r\in\boldsymbol{\Omega} \tag{7-59}$$

$$0\leqslant(P_{r}^{\text{Wind}}-P_{r}^{\text{WindC}})\perp\bar{\mu}_{6,r}\geqslant0，\forall r\in\boldsymbol{\Omega} \tag{7-60}$$

$$0\leqslant(\theta_{b}-\underline{\theta}_{b})\perp\underline{\mu}_{7,b}\geqslant0，\forall b\in\boldsymbol{\Psi}\cup b\neq s \tag{7-61}$$

$$0\leqslant(\bar{\theta}_{b}-\theta_{b})\perp\bar{\mu}_{7,b}\geqslant0，\forall b\in\boldsymbol{\Psi}\cup b\neq s \tag{7-62}$$

式（7-52）中的 φ 表示与线路 $mn(i)$ 两端母线（m 和 n）相关的系数。对于任意母线而言，当该母线为线路两端的母线 m 时，φ 取值为－1，当为 n 时，则 φ 取值为 1。特别地，对于式（7-53）～式（7-62）可以采用大 M 法进行处理，构造混合整数线性约束。以式（7-53）说明采用大 M 法构造等价约束的过程，设 $x_i\in\{0,1\}$，对于式（7-53）而言，当 $f_{mn(i)}-\underline{f}_{mn(i)}$ 和 $\underline{\mu}_{3,i}$ 至少有一个为零，才能保证该式成立。此时，通过引入 0-1 变量，可以将式（7-53）转化为如下等价形式：

$$\begin{cases}0\leqslant f_{mn(i)}-\underline{f}_{mn(i)}\\ f_{mn(i)}-\underline{f}_{mn(i)}\leqslant Mx_i\\ 0\leqslant\underline{\mu}_{3,i}\\ \underline{\mu}_{3,i}\leqslant M(1-x_i)\end{cases}\tag{7-63}$$

至此，原双层优化模型的内层通过 KKT 条件，已转化为混合整数线性优化结构，原双层优化模型等价为如下单层优化模型。其目标函数为

$$\max_{\phi\in\boldsymbol{\Phi},\mu\in\boldsymbol{\Delta}}\sum_g C_g^{\text{Fuel}}P_g^{\text{Gen}}+\sum_r C_r^{\text{Cur}}P_r^{\text{WindC}}+\sum_b C_b^{\text{Shed}}P_b^{\text{LoadS}}\tag{7-64}$$

约束条件包括原双层优化模型中的式（7-37）～式（7-45）以及 KKT 条件构成的约束[式（7-48）～式（7-62）]。由于转化后的单层模型为混合整数线性规划问题，可以采用 BD（benders decomposition，BD）算法、CCG（column - and - constraint generation，CCG）算法等，也可以采用商业求解器如 Gurobi、Cplex 等求解。

7.3.2 基于鲁棒优化的输电网规划模型

本节输电网鲁棒规划模型仍然考虑风电输出功率的不确定性，以区间集合的形式表征，可以将该模型视作鲁棒最优潮流问题的扩展，即嵌套投资决策问题在最外层。考虑风电输出功率区间不确定性的输电网鲁棒规划模型可表示如下。

目标函数：

$$\min_{l_i\in\boldsymbol{\Theta}}\Big\{\sum_{\forall i\in\boldsymbol{\Gamma}^+}C_i^{\text{LineI}}l_i+T\Big[\max_{P_r^{\text{Wind}}\in\boldsymbol{\Upsilon}}\ \min_{\phi\in\boldsymbol{\Phi}(P_g^{\text{Gen}},P_r^{\text{WindC}},P_b^{\text{LoadS}},f_{mn(i)},\theta_b)}\Big(\sum_g C_g^{\text{Fuel}}P_g^{\text{Gen}}+\sum_r C_r^{\text{Cur}}P_r^{\text{WindC}}+\sum_b C_b^{\text{Shed}}P_b^{\text{LoadS}}\Big)\Big]\Big\}\tag{7-65}$$

约束条件：

$$\boldsymbol{\Theta}=\Big\{\sum_{\forall i\in\boldsymbol{\Gamma}^+}C_i^{\text{LineI}}l_i\leqslant I_{\text{Inv}}^{\text{Line}}\Big\}\tag{7-66}$$

$$\boldsymbol{\Upsilon}=\{P_r^{\text{Wind}}\mid\underline{P}_r^{\text{Wind}}\leqslant P_r^{\text{Wind}}\leqslant\overline{P}_r^{\text{Wind}},\ \forall r\in\boldsymbol{\Omega}\}\tag{7-67}$$

$$\boldsymbol{\Phi}(P_g^{\text{Gen}},P_r^{\text{WindC}},P_b^{\text{LoadS}},f_{mn(i)},\theta_b)=\{\phi\mid\sum_{g\in\boldsymbol{\Xi}_b}P_g^{\text{Gen}}+\sum_{r\in\boldsymbol{\Omega}_b}(P_r^{\text{Wind}}-P_r^{\text{WindC}})+\sum_{\forall m,n\in\boldsymbol{\Psi}_b}\varepsilon f_{mn(i)}=P_b^{\text{Total}}-P_b^{\text{LoadS}}[\mu_{1,b}],\ \forall b\in\boldsymbol{\Psi}\tag{7-68}$$

$$-(1-l_i)M\leqslant f_{mn(i)}-r_{mn(i)}(\theta_{m(i)}-\theta_{n(i)})\leqslant(1-l_i)M[\mu_{2,i}],\ \forall i\in\boldsymbol{\Gamma}^+\tag{7-69}$$

$$l_i\underline{f}_{mn(i)}\leqslant f_{mn(i)}\leqslant l_i\overline{f}_{mn(i)}[\underline{\mu}_{3,i},\overline{\mu}_{3,i}],\ \forall i\in\boldsymbol{\Gamma}^+\tag{7-70}$$

$$f_{mn(i)}-r_{mn(i)}(\theta_{m(i)}-\theta_{n(i)})=0[\mu_{2,i}],\ \forall i\in\boldsymbol{\Gamma}\tag{7-71}$$

$$\underline{f}_{mn(i)}\leqslant f_{mn(i)}\leqslant\overline{f}_{mn(i)}[\underline{\mu}_{3,i},\overline{\mu}_{3,i}],\ \forall i\in\boldsymbol{\Gamma}\tag{7-72}$$

$$P_{g,\min}^{\text{Gen}}\leqslant P_g^{\text{Gen}}\leqslant P_{g,\max}^{\text{Gen}}[\underline{\mu}_{4,g},\overline{\mu}_{4,g}],\ \forall g\in\boldsymbol{\Xi}\tag{7-73}$$

$$0 \leqslant P_b^{\mathrm{LoadS}} \leqslant \alpha P_b^{\mathrm{Total}} [\underline{\mu}_{5,b}, \bar{\mu}_{5,b}], \ \forall b \in \boldsymbol{\Psi} \tag{7-74}$$

$$0 \leqslant P_r^{\mathrm{WindC}} \leqslant P_r^{\mathrm{Wind}} [\underline{\mu}_{6,r}, \bar{\mu}_{6,r}], \ \forall r \in \boldsymbol{\Omega} \tag{7-75}$$

$$\underline{\theta}_b \leqslant \theta_b \leqslant \bar{\theta}_b [\underline{\mu}_{7,b}, \bar{\mu}_{7,b}], \ \forall b \in \boldsymbol{\Psi} \cup b \neq s \tag{7-76}$$

$$\theta_b = 0, b = s \} \tag{7-77}$$

式中：C_i^{LineI} 为线路 i 的投资成本；l_i 为线路 i 的投建状态，当该值取 1 时表示线路 i 投建，取 0 时表示不投建；$\boldsymbol{\Gamma}^+$ 为待选线路集合；$\boldsymbol{\Xi}^+$ 为待选发电机组集合；T 为对应场景的小时数（按最大负荷计算时，即为最大负荷利用小时数）。

式（7-67）表示在规划阶段可以考虑的风电输出功率范围，该值可采用特定置信度（如 95%置信度）下的风电输出功率作为基准值，在此基础上考虑一定的波动范围；式（7-69）表示待选线路潮流方程约束；式（7-70）表示待选线路有功潮流传输容量约束。

外层 min 问题确定输电网规划方案，其约束集合以 $\boldsymbol{\Theta}$ 表示；中层 max 问题用以确定所得规划方案下最恶劣风电输出功率场景；内层 min 问题用以确定所得规划方案在最恶劣风电输出功率场景下的常规机组输出功率安排。

从上述模型结构可以看出，该输电网鲁棒规划模型具有三层结构，分别是确定投资方案的外层，确定最恶劣风电输出功率场景的中层和确定运行策略的内层。该模型难以直接求解，本章借鉴 CCG 算法思路。首先将中层和内层模型通过 KKT 条件进行转化降维，模型将变为双层结构，即 min - max 结构，此时原有三层鲁棒规划模型将转化为含均衡约束的双层优化结构，可通过 CCG 算法迭代求解。需要特别说明的是，当采用基于 CCG 的迭代求解算法时，对于通过 KKT 条件合并后的中下层模型而言，投资决策变量 l_i 实际上是已知的，即约束［式（7-69）和式（7-70）］中的投资决策变量此时相当于已知参数，其约束表现形式将与式（7-71）和式（7-72）一致。因此，基于上述分析可以看出，采用分层迭代求解时，本章所提中下层模型的 KKT 条件表征形式与式（7-36）～式（7-45）所提基于总运行成本最小化的鲁棒最优潮流模型 KKT 条件一致，后续章节将结合 CCG 算法进行详细介绍。

7.3.3 基于 CCG 算法的输电网鲁棒规划模型求解算法

CCG 算法通过构造主子问题，利用主子问题相互迭代，最终实现收敛。在本章所提的输电网鲁棒规划模型中，主问题为输电网规划，子问题为最坏风电输出功率场景下的最优潮流计算。其中，主问题向子问题提供输电网规划方案，而子问题向主问题提供最坏风电输出功率场景。

1. 主问题

主问题是在确定风电输出功率场景后进行输电网规划，其可以看作原规划模型的松弛形式，通过向主问题中不断添加新的约束（即风电输出功率场景），使得主问题逐渐逼近原问题。主问题可以看作单层多场景规划模型，其场景由逐步添加的新约束构成，其具体结构如下：

$$\min_{l_i \in \boldsymbol{\Theta}} \sum_{\forall i \in \boldsymbol{\Gamma}^+} C_i^{\mathrm{LineI}} l_i + o_{BC}^D \tag{7-78}$$

$$\sum_{g \in \boldsymbol{\Xi}_b} P_{g,z}^{\mathrm{Gen}} + \sum_{r \in \boldsymbol{\Omega}_b} (P_{r,z}^{\mathrm{Wind}} - P_{r,z}^{\mathrm{WindC}}) + \sum_{\forall m,n \in \boldsymbol{\Psi}_b} \varepsilon f_{mn(i),z} = P_{b,z}^{\mathrm{Total}} - P_{b,z}^{\mathrm{LoadS}}, \ \forall b \in \boldsymbol{\Psi} \tag{7-79}$$

$$-(1-l_i)M \leqslant f_{mn(i),z}-r_{mn(i)}(\theta_{m(i),z}-\theta_{n(i),z}) \leqslant (1-l_i)M,\ \forall i \in \boldsymbol{\Gamma}^+ \tag{7-80}$$

$$l_i \underline{f}_{mn(i)} \leqslant f_{mn(i),z} \leqslant l_i \bar{f}_{mn(i)},\ \forall i \in \boldsymbol{\Gamma}^+ \tag{7-81}$$

$$f_{mn(i),z}-r_{mn(i)}(\theta_{m(i)}-\theta_{n(i)})=0,\ \forall i \in \boldsymbol{\Gamma} \tag{7-82}$$

$$\underline{f}_{mn(i)} \leqslant f_{mn(i),z} \leqslant \bar{f}_{mn(i)},\ \forall i \in \boldsymbol{\Gamma} \tag{7-83}$$

$$P_{g,\min}^{\text{Gen}} \leqslant P_{g,z}^{\text{Gen}} \leqslant P_{g,\max}^{\text{Gen}},\ \forall g \in \boldsymbol{\Xi} \tag{7-84}$$

$$0 \leqslant P_{b,z}^{\text{LoadS}} \leqslant \alpha P_{b,z}^{\text{Total}},\ \forall b \in \boldsymbol{\Psi} \tag{7-85}$$

$$0 \leqslant P_{r,z}^{\text{WindC}} \leqslant P_{r,z}^{\text{Wind}*},\ \forall r \in \boldsymbol{\Omega} \tag{7-86}$$

$$\underline{\theta_b} \leqslant \theta_{b,z} \leqslant \bar{\theta}_b,\ \forall b \in \boldsymbol{\Psi} \cup b \neq s \tag{7-87}$$

$$\theta_b=0,\ b=s \tag{7-88}$$

$$o_{\text{BC}}^D \geqslant T\Big(\sum_g C_g^{\text{Fuel}} P_{g,z}^{\text{Gen}}+\sum_r C_r^{\text{Cur}} P_{r,z}^{\text{WindC}}+\sum_b C_b^{\text{Shed}} P_{b,z}^{\text{LoadS}}\Big), z=1,2,\cdots,D-1 \tag{7-89}$$

式中：o_{BC}^D 为辅助变量；z 为主问题中场景的个数，$z=1,\cdots,D-1$，其中 D 表示主子问题迭代次数；$P_{r,z}^{\text{Wind}*}$ 为第 r 个风电场的输出功率场景 z，该变量取值由子问题优化求解得到，在主问题中作为已知参数。

综上所述，由主问题确定的规划模型［式（7-78）～式（7-89）］属于混合整数线性优化结构，可以由商业求解器直接求解，待主问题求解得到输电网规划方案后，可将相关规划方案作为子问题的输入量。

2. 子问题

对于子问题而言，当主问题中输电网规划方案确定后，其本质上仍然属于最优潮流问题。因此，子问题可表征为如下形式：

$$\max_{\phi \in \boldsymbol{\Phi}, \mu \in \boldsymbol{\Delta}} \sum_g C_g^{\text{Fuel}} P_g^{\text{Gen}}+\sum_r C_r^{\text{Cur}} P_r^{\text{WindC}}+\sum_b C_b^{\text{Shed}} P_b^{\text{LoadS}} \tag{7-90}$$

$$\sum_{g \in \boldsymbol{\Xi}_b} P_g^{\text{Gen}}+\sum_{r \in \boldsymbol{\Omega}_b}(P_r^{\text{Wind}}-P_r^{\text{WindC}})+\sum_{\forall m,n \in \boldsymbol{\Psi}_b} \varepsilon f_{mn(i)}=P_b^{\text{Total}}-P_b^{\text{LoadS}},\ \forall b \in \boldsymbol{\Psi} \tag{7-91}$$

$$-(1-l_i^*)M \leqslant f_{mn(i),z}-r_{mn(i)}(\theta_{m(i),z}-\theta_{n(i),z}) \leqslant (1-l_i^*)M,\ \forall i \in \boldsymbol{\Gamma}^+ \tag{7-92}$$

$$l_i^* \underline{f}_{mn(i)} \leqslant f_{mn(i),z} \leqslant l_i^* \bar{f}_{mn(i)},\ \forall i \in \boldsymbol{\Gamma}^+ \tag{7-93}$$

$$f_{mn(i)}-r_{mn(i)}(\theta_{m(i)}-\theta_{n(i)})=0,\ \forall i \in \boldsymbol{\Gamma} \tag{7-94}$$

$$\underline{f}_{mn(i)} \leqslant f_{mn(i)} \leqslant \bar{f}_{mn(i)},\ \forall i \in \boldsymbol{\Gamma} \tag{7-95}$$

$$P_{g,\min}^{\text{Gen}} \leqslant P_g^{\text{Gen}} \leqslant P_{g,\max}^{\text{Gen}},\ \forall g \in \boldsymbol{\Xi} \tag{7-96}$$

$$0 \leqslant P_b^{\text{LoadS}} \leqslant \alpha P_b^{\text{Total}},\ \forall b \in \boldsymbol{\Psi} \tag{7-97}$$

$$0 \leqslant P_r^{\text{WindC}} \leqslant P_r^{\text{Wind}},\ \forall r \in \boldsymbol{\Omega} \tag{7-98}$$

$$\underline{\theta_b} \leqslant \theta_b \leqslant \bar{\theta}_b,\ \forall b \in \boldsymbol{\Psi} \cup b \neq s \tag{7-99}$$

$$\theta_b=0,\ b=s \tag{7-100}$$

$$\underline{P}_r^{\mathrm{Wind}}\leqslant P_r^{\mathrm{Wind}}\leqslant\overline{P}_r^{\mathrm{Wind}},\ \forall r\in\boldsymbol{\Omega} \tag{7-101}$$

$$\frac{\partial L_{\mathrm{MC}}}{\partial f_{mn(i)}}=\varepsilon\mu_{1,b}+\mu_{2,i}-\underline{\mu}_{3,i}+\bar{\mu}_{3,i},\ \forall mn(i),\forall m/n\in\boldsymbol{\Psi}_b,\ \forall i\in\boldsymbol{\Gamma},\ \forall b\in\boldsymbol{\Psi} \tag{7-102}$$

$$\frac{\partial L_{\mathrm{MC}}}{\partial\theta_b}=\varphi r_{mn(i)}\mu_{2,i}-\underline{\mu}_{7,b}+\bar{\mu}_{7,b},\ \forall mn(i),\forall m/n\in\boldsymbol{\Psi}_b,\ \forall i\in\boldsymbol{\Gamma},\ \forall b\in\boldsymbol{\Psi}\cup b\neq s \tag{7-103}$$

$$0\leqslant(f_{mn(i)}-l_i^*\underline{f}_{mn(i)})\perp\underline{\mu}_{3,i}\geqslant0,\ \forall i\in\boldsymbol{\Gamma}^+ \tag{7-104}$$

$$0\leqslant(l_i^*\bar{f}_{mn(i)}-f_{mn(i)})\perp\bar{\mu}_{3,i}\geqslant0,\ \forall i\in\boldsymbol{\Gamma}^+ \tag{7-105}$$

$$0\leqslant(f_{mn(i)}-\underline{f}_{mn(i)})\perp\underline{\mu}_{3,i}\geqslant0,\ \forall i\in\boldsymbol{\Gamma} \tag{7-106}$$

$$0\leqslant(\bar{f}_{mn(i)}-f_{mn(i)})\perp\bar{\mu}_{3,i}\geqslant0,\ \forall i\in\boldsymbol{\Gamma} \tag{7-107}$$

$$0\leqslant(P_g^{\mathrm{Gen}}-P_{g,\min}^{\mathrm{Gen}})\perp\underline{\mu}_{4,g}\geqslant0,\ \forall g\in\boldsymbol{\Xi} \tag{7-108}$$

$$0\leqslant(P_{g,\max}^{\mathrm{Gen}}-P_g^{\mathrm{Gen}})\perp\bar{\mu}_{4,g}\geqslant0,\ \forall g\in\boldsymbol{\Xi} \tag{7-109}$$

$$0\leqslant P_b^{\mathrm{LoadS}}\perp\underline{\mu}_{5,b}\geqslant0,\ \forall b\in\boldsymbol{\Psi} \tag{7-110}$$

$$0\leqslant(\alpha P_b^{\mathrm{Total}}-P_b^{\mathrm{LoadS}})\perp\bar{\mu}_{5,b}\geqslant0,\ \forall b\in\boldsymbol{\Psi} \tag{7-111}$$

$$0\leqslant P_r^{\mathrm{WindC}}\perp\underline{\mu}_{6,r}\geqslant0,\ \forall r\in\boldsymbol{\Omega} \tag{7-112}$$

$$0\leqslant(P_r^{\mathrm{Wind}}-P_r^{\mathrm{WindC}})\perp\bar{\mu}_{6,r}\geqslant0,\ \forall r\in\boldsymbol{\Omega} \tag{7-113}$$

$$0\leqslant(\theta_b-\underline{\theta}_b)\perp\underline{\mu}_{7,b}\geqslant0,\ \forall b\in\boldsymbol{\Psi}\cup b\neq s \tag{7-114}$$

$$0\leqslant(\bar{\theta}_b-\theta_b)\perp\bar{\mu}_{7,b}\geqslant0,\ \forall b\in\boldsymbol{\Psi}\cup b\neq s \tag{7-115}$$

$$\frac{\partial L_{\mathrm{MC}}}{\partial P_g^{\mathrm{Gen}}}=C_g^{\mathrm{Fuel}}+\mu_{1,b}-\underline{\mu}_{4,g}+\bar{\mu}_{4,g},\ \forall g\in\boldsymbol{\Xi}_b,\ \forall b\in\boldsymbol{\Psi} \tag{7-116}$$

$$\frac{\partial L_{\mathrm{MC}}}{\partial P_r^{\mathrm{WindC}}}=C_r^{\mathrm{Cur}}-\mu_{1,b}-\underline{\mu}_{6,r}+\bar{\mu}_{6,r},\ \forall r\in\boldsymbol{\Omega}_b,\ \forall b\in\boldsymbol{\Psi} \tag{7-117}$$

$$\frac{\partial L_{\mathrm{MC}}}{\partial P_b^{\mathrm{LoadS}}}=C_b^{\mathrm{Shed}}+\mu_{1,b}-\underline{\mu}_{5,b}+\bar{\mu}_{5,b},\ \forall b\in\boldsymbol{\Psi} \tag{7-118}$$

上述模型中 l_i^* 表示输电网投资方案，由主问题求解得到该变量在子问题中作为输入参数。上述子问题互补约束中含有的双线性项处理方式可参照式（7-63），此处不再赘述。

3. 求解流程

（1）设求解的上界 $UB=+\infty$，下界 $LB=-\infty$，算法收敛精度 ν，迭代次数 $D=0$。

（2）当 $D=0$ 时，求解主问题式（7-78）～式（7-88），其中 $P_r^{\mathrm{Wind}*}$ 值可以随机生成。特别地，由于此处是初始迭代，故此处忽略约束式式（7-89），令 $o_{\mathrm{BC}}^D=0$。根据求得的结果，更新优化问题的下界，将所得输电网规划方案传递至子问题；当 $D>0$ 时，即已经完成一次主子问题迭代后，则需要求解主问题式（7-78）～式（7-89）。

$$LB = \sum_{\forall i \in \boldsymbol{\Gamma}^{+}} C_{i}^{\text{LineI}} l_{i} + o_{\text{ML}}^{D+1} \tag{7-119}$$

(3) 求解子问题式 (7-90) ～式 (7-118)，更新优化问题下界。

$$UB = \min\left\{UB, \sum_{\forall i \in \boldsymbol{\Gamma}^{+}} C_{i}^{\text{LineI}} l_{i}^{*} + \sum_{g} C_{g}^{\text{Fuel}} P_{g}^{\text{Gen}} + \sum_{r} C_{r}^{\text{Cur}} P_{r}^{\text{WindC}} + \sum_{b} C_{b}^{\text{Shed}} P_{b}^{\text{LoadS}}\right\} \tag{7-120}$$

(4) 判断主子问题是否迭代收敛，判断依据见式 (7-121)。若模型收敛，则退出迭代，输出规划方案；若模型不收敛，则令 $D=D+1$，向主问题返回本次子问题求解得到的风电输出功率最恶劣场景 P_{r}^{Wind}，返回步骤 (2)。

$$UB - LB \leqslant \nu \tag{7-121}$$

7.4 电网机会约束规划方法

随着以风电、光伏为代表的新能源以及以电动汽车为代表的灵活性负荷越来越多，电力系统面临的不确定因素相互交织，规划方案需要应对的不确定场景越来越多。单单依靠新增线路满足电网所有可能的运行场景，会造成投资冗余、设备利用率偏低等问题。结合实际工程来看，在一些极端场景下，如系统出现多重故障等，允许系统的某些运行约束不满足。该思想也是机会约束优化方法的核心，即机会约束模型允许规划方案在一定的情况下违反约束条件，但是违反概率要小于给定的置信水平。机会约束模型很好地平衡了规划方案经济性与安全可靠性之间的矛盾，其通用模型可表示为

$$\begin{aligned} &\min \quad f(\boldsymbol{X}, \boldsymbol{Y}, \boldsymbol{Z}, \boldsymbol{\Lambda}) \\ &\text{s.t.} \quad \begin{cases} h(\boldsymbol{X}, \boldsymbol{Y}, \boldsymbol{Z}, \boldsymbol{\Lambda}) = 0 \\ P[g(\boldsymbol{X}, \boldsymbol{Y}, \boldsymbol{Z}, \boldsymbol{\Lambda}) \leqslant 0] \geqslant \delta \end{cases} \end{aligned} \tag{7-122}$$

式中：δ 为设定的置信水平。

基于第 6 章介绍的电网规划混合整数线性模型，本节给出了电网规划机会约束模型。相关变量及式子的含义与 6.5 节相同，此处不再重复介绍。

$$\min \sum_{i \in \boldsymbol{\Omega}^{+}} C_{l_i} l_{i} + T_{d,\max}\left(\sum_{k \in \boldsymbol{\Gamma}} O_{pk} P_{G,k} + \sum_{s \in \boldsymbol{\Phi}} W_{pk} W_{s}\right) \tag{7-123}$$

$$W_{s} = \bar{P}_{\text{Re},s} - P_{\text{Re},s} \tag{7-124}$$

$$\Pr\left(\sum_{k \in \boldsymbol{\Gamma}_b} P_{G,k} + \sum_{s \in \boldsymbol{\Phi}_b} P_{\text{Re},s} + \sum_{\forall m,n \in \boldsymbol{\Psi}_b} f_{mn(i)} = P_{b}\right) \geqslant \alpha \tag{7-125}$$

$$0 \leqslant P_{\text{Re},s} \leqslant \bar{P}_{\text{Re},s} \tag{7-126}$$

$$f_{mn(i)} - r_{mn(i)}(\theta_m - \theta_n) = 0, \ \forall i \in \boldsymbol{\Omega}^{-} \tag{7-127}$$

$$\left| f_{mn(i)} - r_{mn(i)}(\theta_m - \theta_n) \right| \leqslant M(1 - l_i), \ \forall i \in \boldsymbol{\Omega}^{+} \tag{7-128}$$

$$-P_{L_i,\max} \leqslant f_{mn(i)} \leqslant P_{L_i,\max}, \ \forall i \in \boldsymbol{\Omega}^{-} \tag{7-129}$$

$$\left| f_{mn(i)} \right| \leqslant P_{L_i,\max} l_i, \ \forall i \in \boldsymbol{\Omega}^{+} \tag{7-130}$$

$$P_{G,k\min} \leqslant P_{G,k} \leqslant P_{G,k\max}, \ \forall k \in \boldsymbol{\Gamma} \tag{7-131}$$

$$\theta_{b,\min} \leqslant \theta_b \leqslant \theta_{b,\max}, \ \forall b \in \boldsymbol{\Psi} \tag{7-132}$$

$$l_i \in \{0,1\}, \ \forall i \in \boldsymbol{\Omega}^+ \tag{7-133}$$

$$\theta_s = 0 \tag{7-134}$$

$$\sum_{i \in \Omega^+} C_{l_i} l_i \leqslant \Pi_{\text{Line}} \tag{7-135}$$

式（7-125）表明，在某些极端情况下，系统节点功率可能无法保持平衡，如多重故障导致输电阻塞，只能通过切除部分负荷才能维持节点的功率平衡，但是要求违反节点功率平衡约束的概率不高于 $1-\alpha$。

在机会约束模型求解方面，目前常用的方法是启发式智能算法结合高效采样技术或半不变量法随机潮流，但大规模采样的处理方法，虽然有较高求解精度，但求解费时。此外，某些随机变量的分布参数难以确定，甚至无法确定其分布类型，难以进行大规模随机采样。半不变量法要求输入的随机变量相互独立，且利用状态变量的矩信息重构的概率分布尾部误差较大。为了平衡求解精度及效率的问题，不少学者致力于采用数学变换技巧对机会约束进行转化，从而形成能够精确和高效求解的凸优化问题，如分布式鲁棒优化凸近似机会约束等。

7.5 考虑模糊性不确定性影响因素的电网规划方法

7.5.1 电网规划模型

根据可靠性成本—效益分析及可靠性优化准则，规划目标应是在满足一定约束条件下使电网供电总成本最小，也即电网的可靠性成本与可靠性效益（以缺电成本表示）之和最小。当计及模糊性不确定性因素影响时，电网规划的可靠性优化模型为

$$\begin{cases} \min \widetilde{Z} = \{\widetilde{IC}[U(k)] + \widetilde{LC}[\boldsymbol{x}(k), \widetilde{\boldsymbol{Y}}(k)] + \widetilde{UEC}[\boldsymbol{x}(k), \widetilde{\boldsymbol{Y}}(k)]\} & (7-136) \\ U(k) \in \boldsymbol{u}(k) & (7-137) \\ F[\boldsymbol{x}(k)] \leqslant 0 & (7-138) \\ \widetilde{G}[\boldsymbol{x}(k), \widetilde{\boldsymbol{Y}}(k)] \leqslant 0 & (7-139) \end{cases}$$

式中：$LC[\boldsymbol{x}(k), \widetilde{\boldsymbol{Y}}(k)]$ 为在 $\boldsymbol{x}(k)$ 下对应 $\widetilde{\boldsymbol{Y}}(k)$ 的模糊运行成本，当运行成本中只计及网损成本时其就为相应的模糊网损成本；$UEC[\boldsymbol{x}(k), \widetilde{\boldsymbol{Y}}(k)]$ 为在 $\boldsymbol{x}(k)$ 下对应 $\widetilde{\boldsymbol{Y}}(k)$ 的模糊缺电成本，它等于模糊缺电量与单位模糊缺电成本之积；$\widetilde{Z}$ 为模糊供电总成本；k 为规划的目标年；$U(k)$ 为目标年扩建计划；$\boldsymbol{u}(k)$ 为目标年可行扩建方案集；$\boldsymbol{x}(k)$ 为目标年电网结构优化变量；$\widetilde{\boldsymbol{Y}}(k)$ 为目标年电网运行优化模糊变量；$IC[U(k)]$ 为目标年可靠性模糊成本即新架线的模糊投资成本。

式（7-137）和式（7-138）为电网结构优化约束，其中包括架线路径约束、每条路径架线回数约束、线型约束等。式（7-139）为电网运行优化约束，包括模糊潮流约束、发电机模糊输出功率约束及模糊削减负荷量约束等。

式（7-136）～式（7-139）组成了计及不确定性因素影响的电网规划可靠性模糊优化模型，该模型有以下几个特点：

（1）在可靠性成本—效益分析及可靠性优化准则指导下，以满足一定约束条件的供电总成本最小为选择规划方案的经济准则将能同时体现合理的投资水平与可靠性水平；

（2）模型考虑了负荷预测值及发电机输出功率的模糊性、电气设备及电网故障的随机性、设备单价、电价及用户停电损失的模糊性等，使规划出的电网未来投运后能更好地适应实际运行情况；

（3）该模型基于各类用户停电损失基础资料的缺电成本计算，能比较准确地反映电网的实际可靠性水平；

（4）应用该模型可以考虑事故后发电机输出功率优化调整问题，以便尽可能少地削减负荷从而减少缺电成本；

（5）该模型既考虑了规划中的不确定性，又考虑了投资决策变量的整数性、运行决策变量的连续性和网损的非线性，因此是一个多变量、多约束、不确定性的非线性混合整数规划模型。

7.5.2 规划模型的求解

对于式（7-136）～式（7-139）组成的优化模型可以采取这样的求解思路：用概率论及模糊集合论处理模型中的不确定性因素及有关计算问题；用模糊潮流法进行电网安全运行校验并计算模糊网损；用模糊线性规划法求解可靠性模糊效益，也即模糊缺电成本问题，并将其解放入式（7-136）中与可靠性模糊成本一起优化；用遗传算法GA（genetic algorithm）对模糊供电总成本产生优化解。其具体实现框架如图7-11所示。其中第④、⑨、⑫及⑬框的实现可以参见文献［40］。下面主要介绍第⑥、⑦、⑧及⑪框的实现方法。

1. 模糊潮流的计算

用如前所述的梯形模糊数模拟发电机输出功率的不确定性、机组可用率的不确定性以及负荷水平预测值的不确定性。设发电机有功模糊输出功率为$\widetilde{P}_G$、模糊可用率为$\widetilde{A}_G$，则发电机有功模糊输出功率期望值为

$$\widetilde{E}_G=\widetilde{P}_G\widetilde{A}_G \tag{7-140}$$

当用梯形模糊数$\widetilde{P}_{Gik}$、$\widetilde{Q}_{Gik}$及$\widetilde{A}_{Gik}$表示第i个节点上第k台发电机有功模糊输出功率、无功模糊输出功率及模糊可用率，用梯形模糊数$\widetilde{P}_{Li}$和$\widetilde{Q}_{Li}$表示节点i上有功模糊负荷和无功模糊负荷时，节点i的有功、无功模糊注入功率为

$$\begin{cases}\widetilde{P}_i=\sum\limits_{k=1}^{n}\widetilde{P}_{Gik}\widetilde{A}_{Gik}-\widetilde{P}_{Li}\\ \widetilde{Q}_i=\sum\limits_{k=1}^{n}\widetilde{Q}_{Gik}\widetilde{A}_{Gik}-\widetilde{Q}_{Li}\end{cases} \tag{7-141}$$

式中：n为节点i上的发电机台数。

模糊潮流的计算就是在求得模糊注入功率可能性分布的情况下，求取各节点电压模糊模值、模糊相角以及各支路有功、无功模糊潮流和模糊电流的可能性分布。当采用增量法时，交流模糊潮流模型为

$$\begin{cases}[\Delta\widetilde{\boldsymbol{Y}}]=g\{[\Delta\widetilde{\boldsymbol{X}}]\}\\ [\Delta\widetilde{\boldsymbol{Z}}]=f\{[\Delta\widetilde{\boldsymbol{X}}]\}\\ [\widetilde{\boldsymbol{X}}]=[\boldsymbol{X}_d]+[\Delta\widetilde{\boldsymbol{X}}]\\ [\widetilde{\boldsymbol{Z}}]=[\boldsymbol{Z}_d]+[\Delta\widetilde{\boldsymbol{Z}}]\end{cases} \tag{7-142}$$

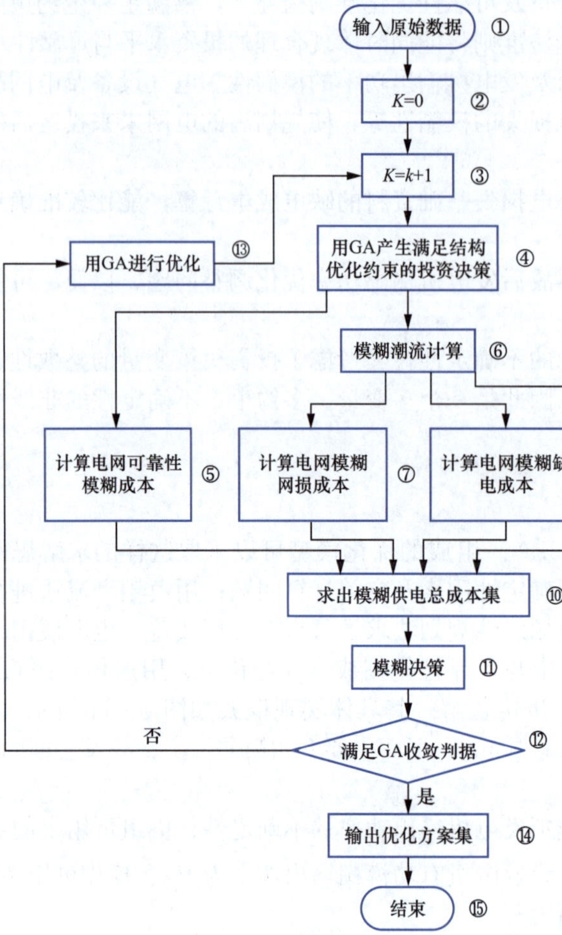

图 7-11　考虑模糊不确定性的电网规划模型实现框架

式中：$[\widetilde{\boldsymbol{X}}]$、$[\Delta\widetilde{\boldsymbol{X}}]$、$[\boldsymbol{X}_\mathrm{d}]$ 分别为模糊状态变量（电压模糊模值及模糊相角）列向量及其增量以及对应于模糊注入功率中心值 $[\boldsymbol{Y}_\mathrm{d}]$ 的状态变量列向量；$[\widetilde{\boldsymbol{Z}}]$、$[\Delta\widetilde{\boldsymbol{Z}}]$、$[\boldsymbol{Z}_\mathrm{d}]$ 分别为输出的模糊变量（模糊潮流）列向量及其增量以及对应于模糊注入功率中心值的输出变量；$[\Delta\widetilde{\boldsymbol{Y}}]$ 为输入的模糊变量（模糊注入功率）列向量增量。

模糊潮流模型的求解过程如下：

（1）求解潮流的确定值。由式（7-141）可求得模糊注入功率的可能性分布。利用模糊注入功率 $[\widetilde{\boldsymbol{P}}]$、$[\widetilde{\boldsymbol{Q}}]$ 的中心值 $[\boldsymbol{P}_\mathrm{d}]$、$[\boldsymbol{Q}_\mathrm{d}]$ 求解确定性交流潮流方程，得到节点电压的模值、相角以及支路有功、无功潮流和电流的确定值 $[\boldsymbol{U}_\mathrm{d}]$、$[\boldsymbol{Q}_\mathrm{d}]$、$[\boldsymbol{P}^\mathrm{L}_\mathrm{d}]$、$[\boldsymbol{Q}^\mathrm{L}_d]$ 和 $[\boldsymbol{I}^\mathrm{L}_\mathrm{d}]$。

（2）求模糊注入功率相对其中心值的模糊增量。模糊注入功率相对其中心值的模糊增量为

$$\begin{cases}[\Delta\widetilde{\boldsymbol{P}}]=[\widetilde{\boldsymbol{P}}]-[\boldsymbol{P}_\mathrm{d}]\\[\Delta\widetilde{\boldsymbol{Q}}]=[\widetilde{\boldsymbol{Q}}]-[\boldsymbol{Q}_\mathrm{d}]\end{cases}\tag{7-143}$$

其中的确定值 $[\boldsymbol{P}_\mathrm{d}]$、$[\boldsymbol{Q}_\mathrm{d}]$ 可视作左右扩展取为与中心值相同的特殊梯形模糊数。

（3）求解节点电压模糊模值及模糊相角。节点注入功率增量的模糊性必然导致节点电压变化的模糊性。当采用 Newton-Raphson 潮流算法时，节点电压的模糊增量为

$$\begin{bmatrix}\Delta\tilde{\boldsymbol{\theta}}\\ \Delta\tilde{\boldsymbol{U}}\end{bmatrix}=[\boldsymbol{J}]^{-1}\begin{bmatrix}\Delta\tilde{\boldsymbol{P}}\\ \Delta\tilde{\boldsymbol{Q}}\end{bmatrix} \tag{7-144}$$

式中：$[\boldsymbol{J}]$ 为确定性潮流解最后一次迭代下的 Jacobian 矩阵。

若所研究的电网满足 P-Q 解耦物理特性时，可利用快速解耦潮流算法求解电压模糊增量：

$$\begin{cases}[\Delta\tilde{\boldsymbol{\theta}}]=[\boldsymbol{B}']^{-1}\begin{bmatrix}\dfrac{\Delta\tilde{\boldsymbol{P}}}{\boldsymbol{U}_{\mathrm{d}}}\end{bmatrix}\approx[\boldsymbol{B}']^{-1}[\Delta\tilde{\boldsymbol{P}}]\\[2ex] [\Delta\tilde{\boldsymbol{U}}]=[\boldsymbol{B}'']^{-1}\begin{bmatrix}\dfrac{\Delta\tilde{\boldsymbol{Q}}}{\boldsymbol{U}_{\mathrm{d}}}\end{bmatrix}\approx[\boldsymbol{B}'']^{-1}[\Delta\tilde{\boldsymbol{Q}}]\end{cases} \tag{7-145}$$

式中：“≈”表示取 $U_{\mathrm{d}i}\approx 1\mathrm{p.u.}$，$i=1,2,3\cdots,n$；$[\boldsymbol{B}']$、$[\boldsymbol{B}'']$ 分别为 $n-1$ 阶与 $n-1-p$ 阶常系数对称方阵，n 为节点数，p 为 pv 节点数。

因为 $[\boldsymbol{J}]^{-1}$、$[\boldsymbol{B}']^{-1}$ 以及 $[\boldsymbol{B}'']^{-1}$ 均为确定的稀疏矩阵，所以由式（7-144）或式（7-145）得出的电压模值模糊增量和相角模糊增量仍为梯形模糊数。

对满足 P-Q 解耦物理特性的高压电网，由于式（7-145）中的 $[\boldsymbol{B}']^{-1}$ 和 $[\boldsymbol{B}'']^{-1}$ 里的元素全为正，因此用因子表求逆法解式（7-145）非常有效，所以能快速求出 $[\Delta\tilde{\boldsymbol{\theta}}]$、$[\Delta\tilde{\boldsymbol{U}}]$。

若电网不满足 P-Q 解耦物理特性，则可先用因子表求逆法对一个 $2n-p-1$ 阶单位矩阵 $[\boldsymbol{E}]$ 的每一列向量顺次进行前代、回代求出 $[\boldsymbol{J}]^{-1}$，然后再求 $[\Delta\tilde{\boldsymbol{U}}]$、$[\Delta\tilde{\boldsymbol{\theta}}]$。

$$\begin{bmatrix}\Delta\tilde{\boldsymbol{\theta}}\\ \Delta\tilde{\boldsymbol{U}}\end{bmatrix}=[\boldsymbol{J}]^{-1}[\boldsymbol{E}]\begin{bmatrix}\Delta\tilde{\boldsymbol{\theta}}\\ \Delta\tilde{\boldsymbol{U}}\end{bmatrix}=[\boldsymbol{S}]\begin{bmatrix}\Delta\tilde{\boldsymbol{P}}\\ \Delta\tilde{\boldsymbol{U}}\end{bmatrix} \tag{7-146}$$

将在（3）中求出的电压模值模糊增量和相角模糊增量分别叠加到对应模糊注入功率中心值的模值确定值和相角确定值上，就得到电压模糊模值及模糊相角，即

$$\begin{cases}[\tilde{\boldsymbol{\theta}}]=[\boldsymbol{\theta}_{\mathrm{d}}]+[\Delta\tilde{\boldsymbol{\theta}}]\\ [\tilde{\boldsymbol{U}}]=[\boldsymbol{U}_{\mathrm{d}}]+[\Delta\tilde{\boldsymbol{U}}]\end{cases} \tag{7-147}$$

（4）求解支路有功潮流及无功潮流模糊增量。支路 $i-j$ 的确定性潮流方程为

$$\begin{cases}P_{ij}=U_iU_j(G_{ij}\cos\theta_{ij}+B_{ij}\sin\theta_{ij})-U_i^2G_{ij}+U_i^2G_{i0}\\ \quad\;=f_1(\theta_i,\theta_j,U_i,U_j)\\ Q_{ij}=U_iU_j(G_{ij}\sin\theta_{ij}-B_{ij}\cos\theta_{ij})+U_i^2B_{ij}-U_i^2B_{i0}\\ \quad\;=f_2(\theta_i,\theta_j,U_i,U_j)\end{cases} \tag{7-148}$$

$$G_{ij}=-\frac{r_{ij}^2}{r_{ij}^2+x_{ij}^2}$$

$$B_{ij}=-B'_{ij}$$

$$G_{i0}=g_{i0}$$

$$B_{i0}=b_{i0}$$

式中：g_{i0} 为节点 i 的对地电导。

在对应模糊注入功率中心值的运行点 d 附近线性化式（7-148）时，利用忽略高阶项的 Taylor 级数展开式并考虑 $\Delta\theta_i$、$\Delta\theta_j$、ΔU_i 及 ΔU_j 的模糊性，则有

$$\begin{cases}\Delta\tilde{P}_{ij}=\tilde{P}_{ij}-P_{ij\mathrm{d}}\approx\dfrac{\partial f_1}{\partial\theta_i}\bigg|_{\mathrm{d}}\Delta\tilde{\theta}_i+\dfrac{\partial f_1}{\partial\theta_j}\bigg|_{\mathrm{d}}\Delta\tilde{\theta}_j+\dfrac{\partial f_1}{\partial U_i}\bigg|_{\mathrm{d}}\Delta\tilde{U}_i+\dfrac{\partial f_1}{\partial U_j}\bigg|_{\mathrm{d}}\Delta\tilde{U}_j\\[2ex] \Delta\tilde{Q}_{ij}=\tilde{Q}_{ij}-Q_{ij\mathrm{d}}\approx\dfrac{\partial f_2}{\partial\theta_i}\bigg|_{\mathrm{d}}\Delta\tilde{\theta}_i+\dfrac{\partial f_2}{\partial\theta_j}\bigg|_{\mathrm{d}}\Delta\tilde{\theta}_j+\dfrac{\partial f_2}{\partial U_i}\bigg|_{\mathrm{d}}\Delta\tilde{U}_i+\dfrac{\partial f_2}{\partial U_j}\bigg|_{\mathrm{d}}\Delta\tilde{U}_j\end{cases} \tag{7-149}$$

$$\begin{cases} \dfrac{\partial f_1}{\partial \theta_i}=U_iU_j(-G_{ij}\sin\theta_{ij}+B_{ij}\cos\theta_{ij}) \\ \dfrac{\partial f_1}{\partial \theta_j}=-\dfrac{\partial f_1}{\partial \theta_i} \\ \dfrac{\partial f_1}{\partial U_i}=U_j(G_{ij}\cos\theta_{ij}+B_{ij}\sin\theta_{ij})-2U_iG_{ij}+2U_iG_{i0} \\ \dfrac{\partial f_1}{\partial U_j}=U_i(G_{ij}\cos\theta_{ij}+B_{ij}\sin\theta_{ij}) \\ \dfrac{\partial f_2}{\partial \theta_i}=U_iU_j(G_{ij}\cos\theta_{ij}+B_{ij}\sin\theta_{ij}) \\ \dfrac{\partial f_2}{\partial \theta_j}=-\dfrac{2f_2}{2\theta_i} \\ \dfrac{\partial f_2}{\partial U_i}=U_j(G_{ij}\sin\theta_{ij}-B_{ij}\cos\theta_{ij})+2U_iB_{ij}-2U_iB_{i0} \\ \dfrac{\partial f_2}{\partial U_j}=U_i(G_{ij}\sin\theta_{ij}-B_{ij}\cos\theta_{ij}) \end{cases} \tag{7-150}$$

当可采用快速解耦潮流算法时，由式（7-149）化简可得到支路有功潮流和无功潮流的模糊增量简洁表达式，即

$$\begin{cases} [\Delta\widetilde{P}^{\mathrm{L}}]\approx[\boldsymbol{H}^{\mathrm{P}}][\Delta\tilde{\boldsymbol{\theta}}]\approx[\boldsymbol{H}^{\mathrm{P}}][\boldsymbol{B}']^{-1}[\Delta\widetilde{\boldsymbol{P}}]=[\boldsymbol{D}^{\mathrm{P}}][\Delta\widetilde{\boldsymbol{P}}] \\ [\Delta\widetilde{Q}^{\mathrm{L}}]\approx[H^{\mathrm{Q}}][\Delta\widetilde{U}]\approx[H^{\mathrm{Q}}][\boldsymbol{B}'']^{-1}[\Delta\widetilde{\boldsymbol{Q}}]=[\boldsymbol{D}^{\mathrm{Q}}][\Delta\widetilde{\boldsymbol{Q}}] \end{cases} \tag{7-151}$$

式中：$[\boldsymbol{D}^{\mathrm{P}}]=[\boldsymbol{H}^{\mathrm{P}}][\boldsymbol{B}']^{-1}$，$[\boldsymbol{D}^{\mathrm{Q}}]=[\boldsymbol{H}^{\mathrm{Q}}][\boldsymbol{B}'']^{-1}$；$[\boldsymbol{H}^{\mathrm{P}}]$ 和 $[\boldsymbol{H}^{\mathrm{Q}}]$ 分别是 $m(n-1)$ 阶及 $m(n-p-1)$ 阶（m 为支路数）的常数稀疏矩阵，每行至多有两个非零元素。

式（7-151）就是支路潮流模糊增量列向量与节点注入功率模糊增量列向量之间的关系式。$[\boldsymbol{D}^{\mathrm{P}}]$、$[\boldsymbol{D}^{\mathrm{Q}}]$ 为网络灵敏度系数矩阵。

应用式（7-151）求解 $[\Delta\widetilde{\boldsymbol{P}}^{\mathrm{L}}]$、$[\Delta\widetilde{\boldsymbol{Q}}^{\mathrm{L}}]$ 时，不宜先做 $[\boldsymbol{B}']^{-1}[\Delta\widetilde{\boldsymbol{P}}]$ 及 $[\boldsymbol{B}'']^{-1}[\Delta\widetilde{\boldsymbol{Q}}]$ 运算，而应先做 $[\boldsymbol{H}^{\mathrm{P}}][\boldsymbol{B}']^{-1}$ 及 $[\boldsymbol{H}^{\mathrm{Q}}][\boldsymbol{B}'']^{-1}$ 运算，这点与求解确定性支路潮流时是不同的。

（5）求解支路的有功模糊潮流和无功模糊潮流。将求出的支路有功潮流模糊增量、无功潮流模糊增量分别与对应模糊注入功率中心值的确定值相叠加，则可求出支路的有功模糊潮流及无功模糊潮流，即

$$P(\widetilde{A})=\int_{\boldsymbol{\Omega}}\mu_{\widetilde{A}}(x)\mathrm{d}p \tag{7-152}$$

根据 $[\widetilde{\boldsymbol{P}}^{\mathrm{L}}]$、$[\widetilde{\boldsymbol{Q}}^{\mathrm{L}}]$ 隶属函数就可得到有功和无功模糊潮流的可能性分布。

2. 模糊网损的计算

潮流的模糊性必然导致网络中功率损耗的模糊性。同理，采用增量法可以求解出电网的模糊功率损耗。

设已由确定性潮流计算求出对应于节点模糊注入功率中心值的网络总有功功率损耗确定值、无功功率损耗确定值 P_{loss} 和 Q_{loss}，下面求解功率损耗模糊增量 $\Delta\widetilde{P}_{\mathrm{loss}}$、$\Delta\widetilde{Q}_{\mathrm{loss}}$，以 $\Delta\widetilde{P}_{\mathrm{loss}}$ 的求解为例。

对由 n 个节点组成的电网，在网络输入量为确定值的情况下，其总的有功功率损耗为

$$P_{\text{loss}} = \sum_{i=1}^{n} U_i \sum_{j\in i} U_j G_{ij} \cos\theta_{ij} = f_3([\boldsymbol{U}],[\boldsymbol{\theta}]) \tag{7-153}$$

式中：$j \in i$，包括 $j=i$ 的情况。

利用 Taylor 级数将式（7-153）在对应模糊注入功率中心值的运行点 d 附近进行展开，略去高于二阶的项并考虑［$\Delta\boldsymbol{\theta}$］和［$\Delta\boldsymbol{U}$］的模糊性，则有

$$\Delta\widetilde{P}_{\text{loss}} = \widetilde{P}_{\text{loss}} - P_{\text{loss}} = \left[\frac{\partial f_3}{\partial \boldsymbol{\theta}}\right]_{\text{d}} [\Delta\widetilde{\boldsymbol{\theta}}] + \left[\frac{\partial f_3}{\partial \boldsymbol{U}}\right]_{\text{d}} [\Delta\widetilde{\boldsymbol{U}}] \tag{7-154}$$

$$\begin{aligned} \frac{\partial f_3}{\partial \theta_i} &= -2U_i \sum_{\substack{j\in i \\ j\neq i}} U_j G_{ij} \sin\theta_{ij}, \ i=1,2,\cdots,n;\ i\neq s,p \\ \frac{\partial f_3}{\partial U_i} &= 2\sum_{j\in i} U_j G_{ij} \cos\theta_{ij}, \ i=1,2,\cdots,n;\ i\neq s,p \end{aligned} \tag{7-155}$$

式中：s、p 分别为平衡节点及 PV 节点。

当不计节点电压幅值变化对有功损耗影响时，有

$$\Delta\widetilde{P}_{\text{loss}} = \left[\frac{\partial f_3}{\partial \boldsymbol{\theta}}\right]_{\text{d}} [\Delta\widetilde{\boldsymbol{\theta}}] = \left[\frac{\partial f_3}{\partial \boldsymbol{\theta}}\right]_{\text{d}} [\boldsymbol{B}']^{-1} [\Delta\widetilde{\boldsymbol{P}}] \tag{7-156}$$

则有功模糊损耗

$$\widetilde{P}_{\text{loss}} = P_{\text{loss}} + \Delta\widetilde{P}_{\text{loss}} \tag{7-157}$$

同理，可求得无功模糊损耗

$$\widetilde{Q}_{\text{loss}} = Q_{\text{loss}} + \Delta\widetilde{Q}_{\text{loss}} \tag{7-158}$$

3. 模糊缺电成本的计算

$$UEC = \sum_{i=1}^{n} IEAR_i \times EENS_i \tag{7-159}$$

式中：$IEAR_i$ 为节点 i 的模糊缺电损失评价率，其计算式可参照（7-160）或式（7-161），只是其中各量均为模糊量；$EENS_i$ 为电网的电量不足期望值（expected energy not supplied，EENS)，为研究期间内节点 i 的模糊电量不足期望值（kW·h/期间)，可参照式（7-162）进行计算，其中的各量也均为模糊量。计算模糊电量不足期望值的关键是模糊缺负荷量的计算。

在综合考虑停电量、停电持续时间、停电频率及用户综合停电损失影响下，$IEAR_i$ 可用下式计算：

$$IEAR_i = \frac{\sum_{k=1}^{m} L_{ik} f_k C_{ik}(d_k)}{\sum_{k=1}^{m} L_{ik} f_k d_k} \quad [\text{元}/(\text{kW}\cdot\text{h})] \tag{7-160}$$

式中：m 为造成节点 i 用户停电的故障总次数；L_{ik} 为第 k 种故障下节点 i 的负荷停电量；f_k、d_k 分别为第 k 种故障出现的频率及持续时间；$C_{ik}(d_k)$ 为相应的单位停电损失，可由用户综合停电损失函数求得。

式（7-160）中分母表示研究期间内 m 次故障下节点 i 的停电量，分子表示相应的停电成本。整个式子表示综合考虑系统故障情况下的单位停电成本。

实用中，$IEAR_i$ 还可按式（7-161）所示的近似算式计算，若每次故障停电时间相同，可取等号。

$$IEAR_i \approx \frac{C_i(\bar{d}_i)}{\bar{d}_i} \quad [\text{元}/(\text{kW} \cdot \text{h})] \tag{7-161}$$

式中：$\bar{d}_i$ 为造成节点 i 停电的故障持续时间平均值，可通过可靠性计算得出；$C_i(\bar{d}_i)$ 为相应的单位停电损失。

$EENS$ 定义为：在一研究期间内，由于电网结构不合理或部分电气设备停运造成电网供电不足，而使用户得不到供电的缺电量均值。研究期间内的 $EENS$ 的计算式为

$$EENS = \sum_{r \in NL} P_{L_r} \sum_{q,r \in F} APNS_{q,r} \prod_{j \in h} P_{q_j} \prod_{k \in H} (1 - P_{q_k}) \quad (\text{kW} \cdot \text{h}/\text{期间}) \tag{7-162}$$

式中：$APNS_{q,r}$ 为电网在负荷水平为 r、故障状态为 q 时向用户少供的有功功率总值，也即所削减的总负荷量。

在考虑有功校正并计及发电机输出功率、发电机可用率及负荷模糊性的基础上，电网在某一负荷水平及某种故障状态下的最小模糊缺负荷量计算模型可由下式计算：

$$\begin{cases} \min \widetilde{\boldsymbol{Y}} = \sum\limits_{i \in \boldsymbol{N}_1} \beta_i \widetilde{P}_{X_i} & (7-163) \\ \sum\limits_{i \in \boldsymbol{N}_1} \widetilde{P}_{X_i} + \sum\limits_{j \in \boldsymbol{N}_2} \widetilde{P}_{G_j} = \sum\limits_{i \in \boldsymbol{N}_1} \widetilde{P}_{L_i} & (7-164) \\ \widetilde{P}_{X_i} \leqslant \widetilde{P}_{L_i}, i \in \boldsymbol{N}_1 & (7-165) \\ P_{G_j \min} \widetilde{A}_{G_j} \leqslant \widetilde{P}_{G_j} \leqslant P_{G_j \max} \widetilde{A}_{G_j}, j \in \boldsymbol{N}_2 & (7-166) \\ P_{l\min} \leqslant \sum\limits_{k=1}^{n-1} S_{lk} (\widetilde{P}_{G_k} + \widetilde{P}_{X_k} - \widetilde{P}_{L_k}) \leqslant P_{l\max}, l \in \boldsymbol{N}_3 & (7-167) \end{cases}$$

式中：$\widetilde{P}_{G_j\max}$、$\widetilde{P}_{G_j\min}$ 分别为 j 节点的发电机模糊输出功率上下限；$P_{l\max}$、$P_{l\min}$ 分别为第 l 条支路传输功率上下限；$\widetilde{P}_{G_j}$、$\widetilde{A}_{G_j}$ 分别为 j 节点的发电机模糊输出功率、模糊可用率；β_i、$\widetilde{P}_{X_i}$ 分别为节点 i 的切负荷策略因子及模糊切负荷量（$\widetilde{P}_{X_i}$ 即代表模糊缺负荷量 $APNS$）；$\boldsymbol{N}_1$ 为负荷节点集；$\boldsymbol{N}_2$ 为电源节点集；$\boldsymbol{N}_3$ 为过载支路集；n 为节点总数；$\widetilde{P}_{L_i}$ 为节点 i 的模糊负荷量；S_{lk} 为第 l 条支路有功潮流对第 k 个节点有功注入功率的灵敏度系数。

式（7-163）中切负荷策略因子 β_i 的意义在于，当需要考虑切负荷策略时对各节点切负荷量起加权作用。在有功校正基础上，切负荷策略可采用如下几种：

（1）按离故障点距离远近决定切负荷量权重。为使停电范围缩小在故障点附近，可考虑各负荷点的切负荷量按离故障点距离加权，使离故障点距离近的负荷点切负荷量大，离故障点距离远的负荷点切负荷量小。这时的 β_i 可取为一常数与节点 i 至故障点最短电气距离的乘积。

（2）按用户的重要程度决定切负荷量权重。对Ⅰ类用户少切或不切负荷，β_i 可取得大些，而由那些Ⅱ类和Ⅲ类用户多承担切负荷量，相应的 β_i 取的小些。

（3）按用户负荷大小决定切负荷量权重。对负荷大的用户切负荷多，而对负荷小的用

户切负荷少。此时，β_i 可取为 $k\left(P_i/\sum P_i\right)^{-1}$，$i\in \boldsymbol{N}_1$，$k$ 为一常数。

(4) 按用户单位缺电成本大小决定切负荷量权重。此时，β_i 可取为缺电损失评价率。

在上述的最小模糊缺负荷量计算模型中，式（7-164）为有功模糊功率平衡约束；式（7-165）和式（7-166）分别为发电机有功模糊输出功率约束及节点的模糊切负荷量约束；式（7-167）为支路有功模糊潮流约束，其中的 $P_{l\max}$ 及 $P_{l\min}$ 可由下式确定：

$$\begin{cases}P_{l\max}=\left[(U_{id}^{(0)}I_{l\max})^2-(Q_{ld}^{(0)})^2\right]^{\frac{1}{2}}\\ P_{l\min}=-P_{l\max}\end{cases} \tag{7-168}$$

式中：$U_{id}^{(0)}$、$Q_{id}^{(0)}$ 分别为有功校正及切负荷之前，支路 l 首端模糊电压模值的中心值及无功模糊潮流的中心值；$I_{l\max}$ 为支路 l 的热稳定电流极限。

由式（7-163）～式（7-167）所构成的最小模糊缺负荷量计算模型在数学上可归结成一个模糊线性规划模型，其求解思路是：首先应用模糊集合论把式（7-163）～式（7-167）所示的模糊线性规划模型转化成带参数的双目标线性规划模型，继而再化为单目标线性参数规划模型，然后用推广的 Bland 反转对偶单纯形算法求解。具体求解过程可以参见文献［86］。

3. 模糊决策

在规划制定过程中需要对各种方案的供电总成本进行比较。当用模糊数表示模糊性不确定因素时，模糊供电总成本也为模糊数。这时的方案间比较实际上就是代表模糊供电总成本的各模糊数之间的比较，这属于模糊决策问题。

本书结合电网规划具体问题，介绍用于模糊决策的两种模糊数比较方法。一种称为模糊数移位法，另一种称为模糊数均值法。

(1) 模糊数移位法（the removal of fuzzy number)。设有一模糊数 $\widetilde{A}$，其隶属函数如图 7-12 所示，其中 k 为一清晰实数。

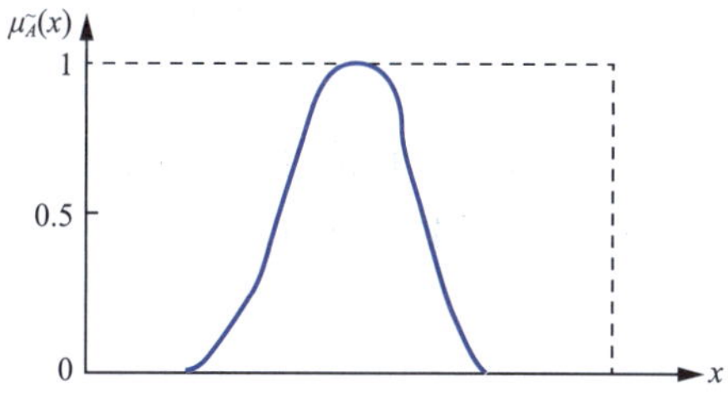

图 7-12　模糊数相对 k 的移位

定义 $\widetilde{A}$ 关于 k 的左移位为由 $x=k$ 与 $\widetilde{A}$ 左边界所包围的面积，并用 $R_l(\widetilde{A},k)$ 表示；类似，$\widetilde{A}$ 关于 k 的右移位为由 $x=k$ 与 $\widetilde{A}$ 右边界包围的面积，并用 $R_r(\widetilde{A},k)$ 表示。定义 $\widetilde{A}$ 关于 k 的移位 $R(\widetilde{A},k)$ 为 $R_l(\widetilde{A},k)$ 与 $R_r(\widetilde{A},k)$ 的均值，即

$$R(\widetilde{A},k)=\frac{1}{2}\left[R_l(\widetilde{A},k)+R_r(\widetilde{A},k)\right] \tag{7-169}$$

$R(\widetilde{A},k)$ 为 $\widetilde{A}$ 与 k 之间的距离测度。

计及不确定性影响因素的电网规划目标函数为，在满足一定约束条件下模糊供电总成本 $\widetilde{Z}$ 值越小对应的方案越优。因此，针对电网规划问题，选取 $k=0$，用 $R(\widetilde{\boldsymbol{Z}},0)$ 表示模糊供电总关于 $k=0$ 的移位。$R(\widetilde{\boldsymbol{Z}},0)$ 越小，则表示 $\widetilde{\boldsymbol{Z}}$ 越小。设有两个规划方案，它们的模糊供电总成本 $\widetilde{\boldsymbol{Z}}_1$、$\widetilde{\boldsymbol{Z}}_2$ 关于 $k=0$ 的移位分别为 $R_1(\widetilde{\boldsymbol{Z}}_1,0)$ 与 $R_2(\widetilde{\boldsymbol{Z}}_2,0)$，则在对这两个方案进行比较时，有

$$\begin{cases}R_1(\widetilde{\boldsymbol{Z}}_1,0)>R_2(\widetilde{\boldsymbol{Z}}_2,0)\Rightarrow\widetilde{\boldsymbol{Z}}_1>\widetilde{\boldsymbol{Z}}_2\\ R_1(\widetilde{\boldsymbol{Z}}_1,0)<R_2(\widetilde{\boldsymbol{Z}}_2,0)\Rightarrow\widetilde{\boldsymbol{Z}}_1<\widetilde{\boldsymbol{Z}}_2\end{cases} \tag{7-170}$$

其中，符号“⇒”表示蕴含。

当模糊供电总成本 $\tilde{\boldsymbol{Z}}$ 为梯形模糊数时，$R(\tilde{\boldsymbol{Z}},0)$ 的计算很简单。因此以模糊数移位大小作为电网规划方案比较时的模糊决策判据是很方便的。

(2) 模糊数均值法（the mean of fuzzy number）。模糊数均值法是一种基于模糊事件概率测度、以模糊数归一化均值进行模糊数之间比较的方法。

仿照普通概率场，设三元序组 $(\boldsymbol{\Omega},\boldsymbol{V},\boldsymbol{P})$ 构成模糊概率场。其中，$\boldsymbol{\Omega}$ 是表示基本事件集合的样本空间，$\boldsymbol{V}$ 是 $\boldsymbol{\Omega}$ 下诱导出的一切模糊事件集合，$\boldsymbol{P}$ 是 $\boldsymbol{V}$ 上的概率测度。若模糊集 $\tilde{A}\in\boldsymbol{V}$ 的隶属函数 $\mu_{\tilde{A}}(x)$ 为 Borel 可测，亦即 $\tilde{A}$ 为模糊事件，则依照普通概率定义，定义 $\tilde{A}$ 的概率为

$$P(\tilde{A})=\int_{\boldsymbol{\Omega}}\mu_{\tilde{A}}(x)\mathrm{d}p \tag{7-171}$$

式中的积分形式为 Lebesque - Stielfjes 积分。

现设模糊事件是论域 $\boldsymbol{X}$ 上的模糊集 $\tilde{\boldsymbol{Z}}$，它代表电网的模糊供电总成本，隶属函数为 $\mu_{\tilde{\boldsymbol{Z}}}(x)$。按式（7 - 171）的定义，$\tilde{\boldsymbol{Z}}$ 的概率为

$$P(\tilde{\boldsymbol{Z}})=\int_{\boldsymbol{\Omega}}\mu_{\tilde{\boldsymbol{Z}}}(x)\mathrm{d}p \tag{7-172}$$

由式（7 - 172）可看出，$\tilde{\boldsymbol{Z}}$ 的概率是其隶属函数的数学期望值，表示 $\boldsymbol{\Omega}$ 中事件属于 $\tilde{\boldsymbol{Z}}$ 的期望程度。

模糊供电总成本 $\tilde{\boldsymbol{Z}}$ 相对其概率测度 P 的均值可定义为

$$M(\tilde{\boldsymbol{Z}})=\frac{\int_{\boldsymbol{\Omega}}x\mu_{\tilde{\boldsymbol{Z}}}(x)\mathrm{d}p}{\int_{\boldsymbol{\Omega}}\mu_{\tilde{\boldsymbol{Z}}}(x)\mathrm{d}p}=\frac{1}{P(\tilde{\boldsymbol{Z}})}\int_{\boldsymbol{\Omega}}x\mu_{\tilde{\boldsymbol{Z}}}(x)\mathrm{d}p \tag{7-173}$$

在仅知道 x 可能性分布情况下，可以取与 x 隶属度成比例的分布作为 x 的概率分布，即可取概率密度函数为

$$f(x)=\frac{\mathrm{d}p}{\mathrm{d}x}=C\mu_{\tilde{\boldsymbol{Z}}}(x) \tag{7-174}$$

式中：C 为比例系数。

从而

$$M(\tilde{\boldsymbol{Z}})=\frac{\int_{\tilde{\boldsymbol{Z}}}x\mu_{\tilde{\boldsymbol{Z}}}(x)\times c\mu_{\tilde{\boldsymbol{Z}}}(x)\mathrm{d}x}{\int_{\tilde{\boldsymbol{Z}}}\mu_{\tilde{\boldsymbol{Z}}}(x)\times c\mu_{\tilde{\boldsymbol{Z}}}(x)\mathrm{d}x}=\frac{\int_{\tilde{\boldsymbol{Z}}}x\mu_{\tilde{\boldsymbol{Z}}}^{2}(x)\mathrm{d}x}{\int_{\tilde{\boldsymbol{Z}}}\mu_{\tilde{\boldsymbol{Z}}}^{2}(x)\mathrm{d}x} \tag{7-175}$$

式中：$M(\tilde{\boldsymbol{Z}})$ 表示了模糊供电总成本变量 x 以其隶属度为权重的加权平均和的归一化均值。

当 $\tilde{\boldsymbol{Z}}$ 为梯形模糊数时，$M(\tilde{\boldsymbol{Z}})$ 的计算很容易。在计及不确定性的电网规划中，可以模糊供电总成本归一化的均值 $M(\tilde{\boldsymbol{Z}})$ 进行模糊决策：

$$\begin{cases}M(\tilde{\boldsymbol{Z}}_1)>M(\tilde{\boldsymbol{Z}}_2)\Rightarrow\tilde{\boldsymbol{Z}}_1>\tilde{\boldsymbol{Z}}_2\\M(\tilde{\boldsymbol{Z}}_1)<M(\tilde{\boldsymbol{Z}}_2)\Rightarrow\tilde{\boldsymbol{Z}}_1<\tilde{\boldsymbol{Z}}_2\end{cases} \tag{7-176}$$

式中：$\tilde{\boldsymbol{Z}}_1$ 与 $\tilde{\boldsymbol{Z}}_2$ 分别为方案 1 与 2 的模糊供电总成本。

当对规划方案进行优化时，$R(\tilde{\boldsymbol{Z}},0)$ 与 $M(\tilde{\boldsymbol{Z}})$ 都可作为方案性能评价函数来对规划方案 $\tilde{\boldsymbol{Z}}_1$ 与 $\tilde{\boldsymbol{Z}}_2$ 进行比较。但由于模糊数移位法更简单明了，因此在电网规划中可先以其进行模糊决策。若在某些情况下，以此不能做出唯一决策（即有可能两个模糊数的 Removal 相同），则可再应用模糊数均值法。

当要融进决策者对模糊事件的评判观点时，也可采用 α - 均值法进行方案之间的比较：

$\forall \alpha \in [0,1]$，模糊供电成本 $\tilde{\boldsymbol{Z}}$ 的 α - 均值 $I_\alpha(\tilde{\boldsymbol{Z}})$ 可定义为

$$I_\alpha(\tilde{\boldsymbol{Z}}) = \alpha\, I_{\mathrm{R}}(\tilde{\boldsymbol{Z}}) + (1-\alpha) I_{\mathrm{L}}(\tilde{\boldsymbol{Z}}) \tag{7-177}$$

$$I_{\mathrm{L}}(\tilde{\boldsymbol{Z}}) = \int_0^1 g_{\tilde{\boldsymbol{Z}}}^{\mathrm{L}}(y)\mathrm{d}y$$

$$I_{\mathrm{R}}(\tilde{\boldsymbol{Z}}) = \int_0^1 g_{\tilde{\boldsymbol{Z}}}^{\mathrm{R}}(y)\mathrm{d}y$$

式中：$I_{\mathrm{L}}(\tilde{\boldsymbol{Z}})$ 与 $I_{\mathrm{R}}(\tilde{\boldsymbol{Z}})$ 分别为 $\tilde{\boldsymbol{Z}}$ 的左积分和右积分；$g_{\tilde{\boldsymbol{Z}}}^{\mathrm{L}}(y)$ 和 $g_{\tilde{\boldsymbol{Z}}}^{\mathrm{K}}(y)$ 分别为 $\mu_{\tilde{\boldsymbol{Z}}}(x)$ 左右展函数的反函数。

式（7 - 177）中的 α 取值代表决策者对不确定性问题的态度，α 取的越大表示越乐观，α 取的越小表示越悲观。根据决策者对 α 的取值，可进行不同方案的模糊供电总成本比较：

$$\begin{cases} I_\alpha(\tilde{\boldsymbol{Z}}_1) > I_\alpha(\tilde{\boldsymbol{Z}}_2) \Rightarrow \tilde{\boldsymbol{Z}}_1 > \tilde{\boldsymbol{Z}}_2 \\ I_\alpha(\tilde{\boldsymbol{Z}}_1) < I_\alpha(\tilde{\boldsymbol{Z}}_2) \Rightarrow \tilde{\boldsymbol{Z}}_1 < \tilde{\boldsymbol{Z}}_2 \end{cases} \tag{7-178}$$

习　　题

1. 随机性不确定性因素和模糊性不确定性因素有哪些？特点及处理方法有什么不同？
2. 考虑线路被选概率的电网柔性规划数学模型如何描述？

第 8 章　多目标多阶段电网规划

本章以电网规划的经济性和可靠性分析为指导，应用多目标多阶段优化理论，对多目标多阶段电网规划问题进行介绍，内容主要包括：多目标电网规划的数学模型以及求解方法，如加权系数法、基于 Pareto 的多目标优化算法等；多阶段电网规划的数学模型以及求解方法，如数学优化方法、现代智能算法等。

8.1　多目标电网规划的数学模型及其求解方法

工程实践与科学研究中的很多优化问题都属于多目标优化问题。多目标电网规划涉及在多个相互冲突的规划目标之间权衡利弊，寻找最佳或可接受的解决方案。这些目标通常包括成本最小化、可靠性最大化、环境影响最小化、社会效益最大化等，其中某个目标的优化往往会以牺牲其他目标为代价，且以上各目标往往具有不同的量纲。电网规划的复杂性和未来不确定性要求使用多目标优化方法来支持决策过程，多目标电网规划可以提高规划决策质量，提高系统的适应性和灵活性，促进电网的可持续发展。

多目标电网规划就是在某些限制条件下，同时考虑两个及两个以上目标（指标）的电网规划问题，其目的是寻找一个在整个规划期间内综合效益最佳的优化方案。下面从决策变量、目标函数和约束条件三方面对多目标电网规划问题进行数学描述。

8.1.1　决策变量

多目标电网规划的决策变量为网络状态和网络扩展方案。

用 $x(k)$ 表示第 k 阶段的网络状态，表示该方案的拓扑结构及网络参数。若从第 k 阶段到第 $k+1$ 阶段的网络扩展方案为 $u(k)$，则第 $k+1$ 阶段的网络状态为

$$x(k+1)=x(k)+u(k) \tag{8-1}$$

网络扩展过程就是通过寻找一系列可行扩展方案 $u(k)$，$k=0,\cdots,N_P-1$，N_P 为规划阶段数，从而获得各规划阶段接线方案 $x(k+1)$ 的过程。

8.1.2　目标函数

以供应方开发成本（包括投资成本和运行成本）最小和需求方缺电成本最小为多目标电网规划问题的优化目标。其数学描述如下：

$$\text{obj.}\quad f_1=\min\sum_{k=1}^{N_P}\frac{C[u(k-1)]+O_C[x(k)]}{(1+r)^{m(k-1)}} \tag{8-2}$$

$$f_2=\min\sum_{k=1}^{N_P}\frac{C_{OC}[x(k)]}{(1+r)^{m(k-1)}} \tag{8-3}$$

式中：$m(k)=\sum_{i=1}^{k}y(i)$ 为规划初期到第 k 阶段末的总年数；$C[u(k-1)]$ 为第 k 阶段新增线路的投资费用，应在第 $k-1$ 阶段年末完成支付；$O_C[x(k)]$ 为按方案 $u(k-1)$ 扩展网络到状态 $x(k)$ 后网络的运行费用（包括网损费用和维护费用）；$C_{OC}[x(k)]$ 为第 k 阶段的缺电成本；$y(i)$ 为第 i 阶段包含的年数；f_1 为以供应方开发成本的贴现值最小为目标；f_2 为以需求方缺电成本的贴现值最小为目标；r 为贴现率。

8.1.3 约束条件

多目标电网规划的约束条件可概括为

$$x(k)\in\boldsymbol{X}(k) \tag{8-4}$$

$$u(k)\in\boldsymbol{U}(k) \tag{8-5}$$

$$\boldsymbol{P}_{ij}(k)\leqslant\bar{\boldsymbol{P}}_{ij} \tag{8-6}$$

$$\boldsymbol{P}'_{ij}(k)\leqslant\bar{\boldsymbol{P}}_{ij} \tag{8-7}$$

式中：$\boldsymbol{P}_{ij}(k)$、$\boldsymbol{P}'_{ij}(k)$ 分别为正常运行和“$N-1$”校验时支路潮流向量；$\boldsymbol{X}(k)$ 为第 k 阶段的可行网络状态集；$\boldsymbol{U}(k)$ 为第 k 阶段的可行扩展方案集；$\bar{\boldsymbol{P}}_{ij}$ 为支路潮流容量限值向量。

式（8-4）和式（8-5）是各阶段网络规划的约束条件，包括支路连接方式约束、支路扩展的线型、回数约束和各阶段之间的网络过渡约束等。

式（8-6）和式（8-7）是各阶段网络运行的约束条件，包括正常运行时不过负荷以及“$N-1$”校验时不过负荷。

式（8-1）～式（8-7）为多目标电网规划模型的基本要素，具有以下几个特点：

（1）考虑了电网规划的经济性和可靠性因素。

（2）将优化目标取为供应方开发成本最小和需求方缺电成本最小，兼顾了供需双方的利益，从而提高了规划方案的综合社会效益。

（3）考虑了事故后的有功校正策略，有效地减少了切负荷量，从而降低了缺电成本。

（4）在缺电成本计算中运用了改进的最优切负荷计算模型，减少了线性规划问题的约束和变量的数目，降低了计算规模。

（5）具有动态规划的特点，可推广至多阶段电网规划。

8.1.4 多目标电网规划一般化模型

多目标电网规划的一般化模型向量形式为

$$V-\min_{x\in\boldsymbol{X}}\boldsymbol{f}(x) \tag{8-8}$$

$$\boldsymbol{X}=\left\{x\in\boldsymbol{R}^n\left|\begin{array}{ll}g_j(x)\geqslant0, & j=1,\cdots,p\\ h_k(x)=0, & k=1,\cdots,q\end{array}\right.\right\} \tag{8-9}$$

式中：$\boldsymbol{f}(\boldsymbol{x})=[f_1(x),\cdots,f_m(x)]^{\mathrm{T}}$ 为模型的向量目标函数；$\boldsymbol{x}=(x_1,\cdots,x_n)^{\mathrm{T}}$ 为模型的决策变量向量；$g_j(x)$、$h_k(x)$ 分别为约束条件；$\boldsymbol{X}$ 为模型的可行域或约束集。

引入向量表示方法后，该模型又可称为向量数学规划（vector mathematical programming，VMP）模型。$V-\min$ 表示向量极小化，即向量目标函数 $\boldsymbol{f}(\boldsymbol{x})=[f_1(x),\cdots,f_m(x)]^{\mathrm{T}}$ 中的各个目标被同等地极小化的意思。

用式（8-1）～式（8-7）替换式（8-8）、式（8-9）中的对应项，可以得到多目标电网规划的一般最优化模型。

8.1.5 多目标电网规划求解方法

对于多目标电网规划的向量数学规划模型（VMP），应设法求得这样一个解，它既是问题的有效解或弱有效解，同时又是在某种意义下决策者所满意的解，这是多目标电网规划与单目标电网规划的一个重要不同点。

多目标电网规划模型主要有两种求解方法。

一种是将多目标问题加权转化为单目标问题进行求解，各目标权重系数通常采用极大极小法、层次分析法、判断矩阵法、距离函数法等方法确定。这种方法可以简化问题直接得到最优解、有效处理目标间的权衡和冲突、提高在特定条件下的性能，但同时会导致权重设定较主观、不同目标量纲难以统一等问题。

另一种是采用基于 Pareto 的多目标优化算法统一优化相互制约或冲突的多个目标函数，得到一组 Pareto 最优解集，例如可以采用基于非支配排序结合智能优化算法（遗传算法、粒子群算法、模拟退火算法、差分进化算法等）。Pareto 最优解集包括不同目标的多种可能性，可在其中根据规划需求采用不同分析方法选择最合适的方案。现有研究中从 Pareto 最优解集中选择最优方案的方法有分层模糊决策法、模糊隶属度函数法、逼近理想解排序法和模糊多权重法等。

8.2 多阶段电网规划的数学模型及其求解方法

多阶段电网规划常常将规划分成几个阶段进行，每个阶段的时间根据负荷在整个规划年限内的变化来确定，以在较大的时间跨度范围内动态考虑不同时间段的负荷变动情况，同时满足电网的中远期规划。多阶段规划使得电网结构随负荷的变化作动态的调整，以寻求一种动态的设备投入方案来保证规划结果在整个规划年内最优。

8.2.1 多阶段电网规划简介

需要制定电网 10～30 年的长期乃至远景电网发展规划方案时，由于规划期长，一般需分为几个阶段进行，通常可以和国民经济发展计划相配合，如 5 年为一个规划阶段。因此长期和远景电网规划实际上为多阶段电网规划。因为规划期间既要考虑各阶段电网方案的可行性，又要考虑各阶段方案之间的相互影响，前阶段电网作为后继电网的基础将直接影响后续网的结构和投资情况，每一阶段方案除要考虑本阶段要求外，还要考虑整个规划期的要求，各阶段电网规划之间存在着动态性。规划的动态性是长期电网规划最为突出的特点之一，协调好整个规划期内各阶段的规划问题相当重要。

以多阶段电网规划的经济效益目标为例，模型的主要费用包括投资费和运行费。其中，投资费主要是电网线路、设备投资产生的费用；运行费主要指在运行过程中产生的费用，包括运行维护费、燃料费、购电费、主动管理费和需求侧管理成本等多阶段规划中的目标相关费用分解如图 8-1 所示，投资费发生在每个规划阶段的第一年，运行费则发生在每个阶段的每一年。

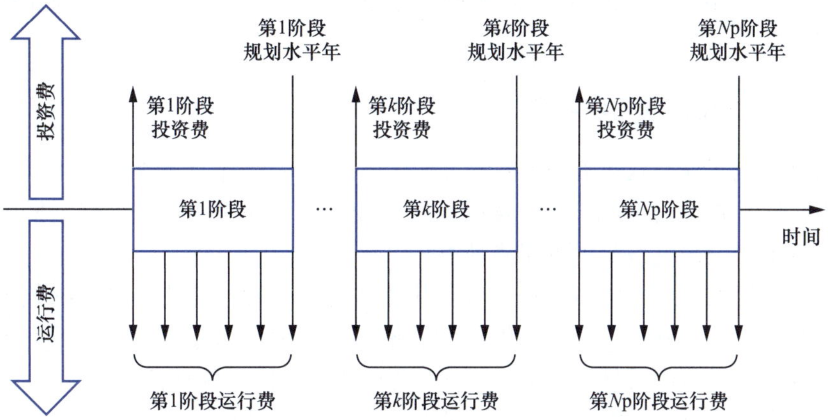

图 8-1　多阶段电网规划

8.2.2　多阶段电网规划数学模型

多阶段电网规划的目标应是在满足一定约束条件下的各阶段供电总成本之和最小，即电网建设在各阶段的可靠性成本与可靠性效益总和最小。其数学模型为

$$\begin{cases}\min Z=\sum\limits_{k=1}^{N}\dfrac{1}{(1+r)^{m(k)-1}}\{I_{\mathrm{C}}[U(k-1)]+L_{\mathrm{C}}[x(k),Y(k)]+U_{\mathrm{EC}}[x(k),Y(k)]\} & (8-10)\\ \text{s. t.}\quad U(k)\in u(k) & (8-11)\\ F[x(k)]\leqslant 0,k=1,2,3,\cdots,N_{\mathrm{p}} & (8-12)\\ G[x(k),Y(k)]\leqslant 0,k=1,2,3,\cdots,N_{\mathrm{p}} & (8-13)\end{cases}$$

$$m(k)=\sum_{i=1}^{k}g(i)$$

式中：$g(i)$ 为第 i 阶段包含的年数；$I_{\mathrm{C}}[U(k-1)]$ 为 k 阶段可靠性成本即新架线的投资成本，应在 $k-1$ 阶段年末完成支付；$U(k-1)$ 为 k 阶段扩建计划；$U(k)$ 为 k 阶段可行扩建方案集；$X(k)$ 为 k 阶段电网结构优化变量；$Y(k)$ 为 k 阶段电网运行优化变量；Z 为供电总成本现值；r 为贴现率。

在 $X(k)$ 下对应 $Y(k)$ 的运行成本为 $L_{\mathrm{C}}[x(k),Y(k)]$，当运行成本中只计及网损成本时，相应的网损成本为 L_{C}；在 $X(k)$ 下对应 $Y(k)$ 的缺电成本为 $U_{\mathrm{EC}}[x(k),Y(k)]$，它等于缺电量与单位缺电成本之积。

式（8-11）及式（8-12）为各阶段电网结构优化约束，其中包括架线路径约束、每条路径架线回数约束、线型约束以及相邻两个阶段电网结构应满足的约束等。

式（8-13）为各阶段电网运行优化约束，包括潮流约束、发电机功率约束及削减负荷量约束等。

当要计及不确定性因素影响时，式（8-10）～式（8-13）中的相关变量均取为相应的不确定性量的表达形式，如随机变量、模糊数、盲数等。

利用式（8-10）～式（8-13）所示的多阶段电网规划数学模型，可以达到将各阶段电网的投资优化与运行优化，即各阶段可靠性成本优化与可靠性效益优化放在统一模型中作为整体优化，实现全面的多阶段动态规划的目的。

式（8-10）～式（8-13）所表示的数学模型是一个多变量、多约束的非线性混合整数动态规划模型。

8.2.3 多阶段电网规划求解方法

多阶段电网规划涉及众多变量及约束条件，尤其是需要计及不确定性因素影响时，将运行决策优化解显式地表示成投资变量的函数比较困难。如何求解整个规划期间网络发展的整体最优方案，一直是该问题的难点所在。

求解该复杂规划问题通常可采用数学优化方法和现代智能算法。在传统数学优化方法上有时序时间分割法、基于全寿命周期的动态规划方法等扩展方法，通过动态考虑各阶段的负荷需求变化和设备的最佳建设时间，进一步优化规划方案的经济性和可靠性。现代智能算法通常是在遗传算法、粒子群算法、模拟退火算法等基础上进行改进，如改进混合遗传算法、遗传算法结合模拟退火算法、混沌扰动粒子群算法等，这类方法通过灵活的编码方式、全局搜索能力和并行计算能力以及非线性离散问题的有效处理，提高了求解效率。

通过多阶段电网规划得到的方案能较好吻合实际情况，但由于其阶段数划分和各阶段持续时间的设定主要依赖经验判断，并且还需要考虑各阶段决策变量间的逻辑约束和相互影响，因此该领域的研究还需要进一步发展完善。

习　题

1. 给出多目标电网规划的一般数学模型，并给出求解思路。
2. 给出多阶段电网规划的一般数学模型，并给出求解思路。
3. 分别从模型和求解的角度，给出多目标电网规划和多阶段电网规划的异同点。

第 9 章　新型电力系统的源网荷储协同规划

本章对源网荷储协同规划的基本理论和方法作简要介绍，内容包括常规电源与输电网协同的确定性规划、大规模新能源场站与输电网协同的随机多场景规划、电源与输电网协同的鲁棒规划、分布式优化规划和输配协同规划以及源网荷储协同规划。

9.1　概　　述

源网荷储规划是指电源、电网、负荷和储能的一体化规划，虽然这些资源通常归属于不同主体，但通过不同资源间的协调配合，能够提升新型电力系统安全保供、清洁低碳、经济高效的能力。根据国家发改委和国家能源局出具的指导意见，源网荷储一体化包含了区域（省）级、市（县）级和园区（居民区）级，不同层级的内涵及任务具有差异性。其中，电源和电网的规划内容在前述章节已有介绍，不再赘述。

9.1.1　负荷规划内容

负荷的增加及其分布通常由当地经济发展水平决定，此处负荷规划指不同类型负荷参与需求侧响应能力的配置，即何时何地以何种方式参与系统调度响应。从需求响应角度细分，可以划分为：

（1）价格型需求响应：分时电价、尖峰电价（典型日尖峰电价、典型时刻尖峰电价）、实时电价（日前实时电价、日内实时电价）。

（2）激励型需求响应：基于计划的激励项目（直接负荷控制、可调度负荷控制）、基于市场的激励项目（需求侧竞价、容量市场项目、辅助服务项目、紧急需求响应时间）。

9.1.2　储能规划内容

储能在新型电力系统中的作用越发凸显，其具备的源荷双重属性能够有效促进新能源消纳，保障电网安全可靠运行。目前已经应用于电力系统的储能种类较多，根据储能方式的不同可以划分为多个类别。

（1）机械储能：抽水蓄能、重力储能、压缩空气储能等。

（2）电化学储能：三元锂电池、磷酸铁锂电池、液流电池等。

（3）电磁储能：超级电容器储能、超导储能等。

（4）其他储能：氢（氨）储能、热储能、合成天然气燃料等。

在储能系统规划时，需要根据电网需求（如调峰、调频等），确定何时何地需要规划的储能类型及规模。

9.2 源网协同规划

源网协同规划内容与前述章节电源、电网单独规划并无差别，仅是在规划模型中同时考虑了电源和电网的投资决策，而非先单独规划电源，然后在得到电源方案的基础上进一步规划电网。源网协同规划由于同时考虑了待选电源和线路的信息，在理论上能够获得更优的规划方案。

9.2.1 常规电源与输电网协同的确定性规划

1. 目标函数

在第 6 章确定性电网规划模型的基础上，考虑电源投资费用，确定性电源和输电网协同规划方案模型可表示为

$$\min \sum_{i\in\boldsymbol{\Omega}^{+}} C_{l_i} l_i + \sum_{j\in\boldsymbol{\Gamma}^{+}} C_{u_j} u_j + T_{d,\max}\Big(\sum_{k\in\boldsymbol{\Gamma}^{+}\cup\boldsymbol{\Gamma}^{-}} O_{pk} P_{\mathrm{G},k} + \sum_{s\in\boldsymbol{\Phi}} W_{pk} W_s\Big) \tag{9-1}$$

式中：$\boldsymbol{\Gamma}^{+}$ 为待选发电机集合；$\boldsymbol{\Gamma}^{-}$ 为已有发电机集合；C_{u_j} 为投建发电机 j 的成本；u_j 为发电机 j 的投建状态，$j=0$ 表示未投建，$j=1$ 表示投建。

2. 约束条件

（1）已有发电机输出功率约束。

$$P_{\mathrm{G},k\min} \leqslant P_{\mathrm{G},k} \leqslant P_{\mathrm{G},k\max}, \ \forall k\in\boldsymbol{\Gamma}^{-} \tag{9-2}$$

（2）待选发电机输出功率约束。

$$P_{\mathrm{G},j\min} u_j \leqslant P_{\mathrm{G},j} \leqslant P_{\mathrm{G},j\max} u_j, \ \forall j\in\boldsymbol{\Gamma}^{+} \tag{9-3}$$

（3）新建机组状态约束。

$$u_j \in \{0,1\}, \ \forall j\in\boldsymbol{\Gamma}^{+} \tag{9-4}$$

（4）总备用约束。

$$\sum_{\forall k\in\boldsymbol{\Gamma}^{-}} P_{\mathrm{G},k\max} + \sum_{\forall k\in\boldsymbol{\Gamma}^{+}} u_j P_{\mathrm{G},k\max} + \sum_{s} \gamma_s P_{\mathrm{Re},s}^{\mathrm{In}} \geqslant (1+\tau) P_{\mathrm{load}}^{\max} \tag{9-5}$$

式中：γ_s 为新能源场站 s 的容量可信度；$P_{\mathrm{Re},s}^{\mathrm{In}}$ 为新能源场站 s 的装机规模；τ 为电源装机备用率；$P_{\mathrm{load}}^{\max}$ 为系统最大负荷。

（5）调峰能力约束。

$$\sum_{\forall k\in\boldsymbol{\Gamma}^{-}} \alpha_k P_{\mathrm{G},k\max} + \sum_{\forall k\in\boldsymbol{\Gamma}^{+}} u_j \alpha_k P_{\mathrm{G},k\max} + \sum_{e} \alpha_e P_{\mathrm{St},e}^{\mathrm{In}} \geqslant \Delta P_{\mathrm{Reg}}^{\max} \tag{9-6}$$

式中：α_k 为机组 k 的调峰幅度，大型煤电机组（如 300、600MW 和 1000MW）技术调峰幅度可达 50%，经济调峰幅度一般为 25%～30%，增加灵活性改造后可达 70%～80%；对于燃气机组，不考虑其受阻情况时，调峰幅度可达 100%，常规水电调峰幅度也可达到 100%。α_e 为系统已有的储能 e 调峰幅度，包括电化学储能、抽水蓄能、压缩空气储能等，调峰幅度 200%。$P_{\mathrm{St},e}^{\mathrm{In}}$ 为储能系统的装机容量。$\Delta P_{\mathrm{Reg}}^{\max}$ 为调峰需求。

（6）电源投资总额约束。

$$\sum_{j\in\boldsymbol{\Gamma}^{+}} C_{u_j} u_j \leqslant \Pi_{\mathrm{Gen}} \tag{9-7}$$

式中：Π_{Gen} 为电源总投资。

（7）电量约束。

$$\sum_{\forall k\in\boldsymbol{\Gamma}^{-}} T_{\mathrm{G},k} P_{\mathrm{G},k\max} + \sum_{\forall k\in\boldsymbol{\Gamma}^{+}} T_{\mathrm{G},k} u_j P_{\mathrm{G},k\max} + \sum_{s} T_{\mathrm{Re},s} P_{\mathrm{Re},s}^{\mathrm{In}} \geqslant T_{d,\max} P_{\mathrm{load}}^{\max} \tag{9-8}$$

式中：$T_{\mathrm{G},k}$ 为机组 k 的年利用小时数，该值通常与机组类型和容量密切相关；$T_{\mathrm{Re},s}$ 为新能源场站 s 的年利用小时数，该值与新能源类型密切相关。

除上述约束外，其他约束还包括节点功率平衡、线路潮流方程、线路传输容量等，具体约束形式和其他变量含义与 **6.5** 节一致，此处不再赘述。

上述源网协同规划模型目标函数和约束条件均为线性或者混合整数线性，因此，模型可以采用经典的分支定界算法或利用商业求解器进行计算。

9.2.2　大规模新能源场站与输电网协同的随机多场景规划

区别于传统煤电、核电等输出功率可控电源，以风光为代表的新能源输出功率具有不确定性，且不同输出功率水平出现的概率不同。为了将风光荷等不确定因素取值对应的概率考虑在内，采用场景进行描述，即本节介绍的基于多场景随机优化方法的大规模新能源场站与输电网协同规划模型。

1. 目标函数

考虑输电线路和新能源场站的投资费用，不同场景下传统机组燃料成本、切负荷惩罚成本及新能源弃能惩罚成本的期望值，本章所建立的大规模新能源场站和输电网协同规划模型目标函数如下：

$$\begin{aligned}&\min\Big[\sum_{i\in\boldsymbol{\Omega}^{+}} C_{l_i} l_i + \sum_{w\in\boldsymbol{\Upsilon}^{+}} C_{u_w} u_w + \\ &\sum_{d\in\boldsymbol{\Lambda}} L_d \Big(\sum_{k\in\boldsymbol{\Gamma}} O_{pk} P_{\mathrm{G},d,k} + \sum_{b\in\boldsymbol{\Psi}} C_{pb} R_{d,b} + \sum_{w\in\boldsymbol{\Upsilon}^{-}\cup\boldsymbol{\Upsilon}^{+}} W_{pk} W_{d,w}\Big)\Big]\end{aligned} \tag{9-9}$$

式中：$\boldsymbol{\Upsilon}^{+}$ 为待选新能源场站集合；$\boldsymbol{\Upsilon}^{-}$ 为已有新能源场站集合；C_{u_w} 为投建新能源场站 w 的成本；u_w 为新能源场站 w 的投建状态，$w=0$ 表示未投建，$w=1$ 表示投建；Λ 为负荷水平集合；L_d 为负荷水平为 d 时的利用小时数；$P_{\mathrm{G},d,k}$ 为负荷水平为 d 时发电机 k 的输出功率；C_{pb} 为单位切负荷费用；$R_{d,b}$ 为负荷水平为 d 时母线 b 的切负荷量；$W_{d,w}$ 为负荷水平为 d 时新能源场站 w 弃风量。

其中，弃风量可表示为

$$W_{d,w} = \overline{P}_{\mathrm{Re},d,w} - P_{\mathrm{Re},d,w} \tag{9-10}$$

式中：$\overline{P}_{\mathrm{Re},d,b}$ 为负荷水平为 d 时新能源场站能够达到最大输出功率；$P_{\mathrm{Re},d,w}$ 为新能源场站实际调度输出功率。

2. 约束条件

（1）节点功率平衡约束。

$$\sum_{k\in\boldsymbol{\Psi}_b} P_{\mathrm{G},d,k} + \sum_{w\in\boldsymbol{\Upsilon}_{\mathrm{b}}} P_{\mathrm{Re},d,w} + \sum_{\forall m,n\in\boldsymbol{\Psi}_b} f_{d,mn(i)} = P_{d,b} - R_{d,b} \tag{9-11}$$

（2）已有新能源场站输出功率约束。

$$0\leqslant P_{\mathrm{Re},d,w}\leqslant\bar{P}_{\mathrm{Re},d,w} \tag{9-12}$$

（3）已有线路直流潮流约束。

$$f_{d,mn(i)}-r_{mn(i)}(\theta_{d,m}-\theta_{d,n})=0,\ \forall i\in\boldsymbol{\Omega}^{-} \tag{9-13}$$

（4）新建线路直流潮流约束。

$$|f_{d,mn(i)}-r_{mn(i)}(\theta_{d,m}-\theta_{d,n})|\leqslant M(1-l_i),\ \forall i\in\boldsymbol{\Omega}^{+} \tag{9-14}$$

（5）已有线路容量约束。

$$-P_{L_i,\max}\leqslant f_{d,mn(i)}\leqslant P_{L_i,\max},\ \forall i\in\boldsymbol{\Omega}^{-} \tag{9-15}$$

（6）待选线路容量约束。

$$|f_{d,mn(i)}|\leqslant P_{Li,\max}l_i,\ \forall i\in\boldsymbol{\Omega}^{+} \tag{9-16}$$

（7）发电机输出功率约束。

$$P_{\mathrm{G},k\min}\leqslant P_{\mathrm{G},d,k}\leqslant P_{\mathrm{G},k\max},\ \forall k\in\boldsymbol{\Gamma}^{-} \tag{9-17}$$

（8）待选新能源场站输出功率约束。

$$0\leqslant P_{\mathrm{Re},d,w}\leqslant\bar{P}_{\mathrm{Re},d,w}u_w,\ \forall w\in\boldsymbol{\Upsilon}^{+} \tag{9-18}$$

（9）母线相角约束。

$$\theta_{b,\min}\leqslant\theta_{d,b}\leqslant\theta_{b,\max},\ \forall b\in\boldsymbol{\Psi} \tag{9-19}$$

（10）切负荷量约束。

$$L_d\sum_{\forall b\in\boldsymbol{\Psi}}R_{d,b}\leqslant\varepsilon_d,\ \forall b\in\boldsymbol{\Psi} \tag{9-20}$$

式中：ε_d 为负荷水平为 d 时的最大切负荷量。

（11）机组发电量约束。

$$P_{\mathrm{G},k\min}T_{\mathrm{G},k}\leqslant\sum_{d\in\boldsymbol{\Lambda}}L_dP_{\mathrm{G},d,k}\leqslant P_{\mathrm{G},k\max}T_{\mathrm{G},k},\ \forall k\in\boldsymbol{\Gamma} \tag{9-21}$$

式中：$T_{\mathrm{G},k}$ 为发电机 k 的等效年利用小时数。

（12）新建线路状态约束。

$$l_i\in\{0,1\},\ \forall i\in\boldsymbol{\Omega}^{+} \tag{9-22}$$

（13）新建新能源场站状态约束。

$$u_w\in\{0,1\},\ \forall w\in\boldsymbol{\Upsilon}^{+} \tag{9-23}$$

（14）参考节点相角约束。

$$\theta_s=0 \tag{9-24}$$

其他变量含义与**6.5**节一致，此处不再赘述。

3. 多场景聚类

新能源输出功率的随机性、间歇性和波动性影响着传统发电机再调度及电源和输电网设备利用率，枚举所有可能发生的场景既不现实也不实用。本章介绍利用高斯混合聚类（gaussian mixture model，GMM）实现计算场景选取。高斯函数具有很好的性质，通过增加混合高斯模型中高斯函数个数，可以有效地逼近任意连续分布的概率密度函数。

高斯混合模型可看作多个高斯函数的线性组合，其定义可表述为

$$\boldsymbol{P}(\boldsymbol{x}\mid\boldsymbol{\gamma})=\sum_{q=1}^{N_{\mathrm{sce}}}\omega_q f(x\mid\gamma_q) \tag{9-25}$$

$$f(x|\gamma_q)=\frac{1}{\sqrt{2\pi}\sigma_q}\exp\left[-\frac{(x-\mu_q)^2}{2\sigma_q^2}\right] \tag{9-26}$$

式中：$\boldsymbol{P}(\boldsymbol{x}|\boldsymbol{\gamma})$ 为混合高斯模型的概率密度函数；ω_q 为第 q 个高斯函数的权重系数，满足式（9-27）；$f(\cdot)$ 为高斯分布函数；$\gamma_q=(\mu_q, \sigma_q^2)$ 为第 q 个高斯函数的未知参量；N_{sce} 为场景数量；μ_q 和 σ_q^2 为第 q 个高斯函数中未知参量的期望值和方差。

$$\sum_{q=1}^{N_{\text{sce}}}\omega_q=1,\ \forall\,\omega_q\geqslant 0 \tag{9-27}$$

组成高斯混合模型的各个函数对应一个类，当把高斯函数中的未知参量 ω_q 和 γ_q 确定以后，相应的类中心便确定下来。接下来介绍通过构造极大似然函数，利用最大期望算法进行参数估计，具体过程如下。

（1）构造似然函数。设待分类数据 $\boldsymbol{X}=[x_1, x_2, \cdots, x_{N_{\text{sam}}}]^{\text{T}}$，当通过 $\boldsymbol{X}$ 对式（9-25）构造的高斯混合模型中的未知参数进行估计时，构造如下似然函数：

$$\boldsymbol{P}(X\mid(\boldsymbol{\omega},\boldsymbol{\gamma}))=\prod_{a=1}^{N_{\text{sam}}}\sum_{q=1}^{N_{\text{sce}}}\omega_q f(x_a,\gamma_q) \tag{9-28}$$

式中：N_{sam} 为待分类数据个数。

通过最大化式（9-28）得到未知量的估计值，应该满足 $(\boldsymbol{\omega},\boldsymbol{\gamma})\subseteq\arg\{\max_{\boldsymbol{\omega},\boldsymbol{\gamma}}\boldsymbol{P}[X\mid(\boldsymbol{\omega},\boldsymbol{\gamma})]\}$。

为进一步简化似然函数，通常对式（9-28）两侧取对数可以得到

$$\begin{aligned}\log\{\boldsymbol{P}[X\mid(\boldsymbol{\omega},\boldsymbol{\gamma})]\}&=\log\Big[\prod_{a=1}^{N_{\text{sam}}}\sum_{q=1}^{N_{\text{sce}}}\omega_q f(x_a,\gamma_q)\Big]\\&=\sum_{a=1}^{N_{\text{sam}}}\log\Big[\sum_{q=1}^{N_{\text{sce}}}\omega_q f(x_a,\gamma_q)\Big]\end{aligned} \tag{9-29}$$

（2）利用最大期望算法（expectation-maximization algorithm，EM）对似然函数中未知量进行估计。

首先，参数初始化，具体有两种方法：①将方差 σ^2 都取 1，权重系数 ω 都取为 N_{sce} 倒数，均值由生成随机数得到；②采用 k-means 对样本数据聚类，以各个类的均值、方差作为式（9-28）中待求参数的初值，权重系数 ω 取各类中样本数量占总样本的比值。

其次，期望值步骤（expectation，E-step），此步骤用于估计每个数据点属于聚类中心 q 的概率，即

$$p(a,q)=\frac{\omega_q f(x_a\mid\gamma_q)}{\sum_{j=1}^{N_{\text{sce}}}\omega_j f(x_a\mid\gamma_j)},\ \forall\,q,a \tag{9-30}$$

式中：参量 $\boldsymbol{\omega}$、$\boldsymbol{\gamma}$ 均可由上次迭代的聚类结果给出（或者由初始化结果给出）。

最后，最大化步骤（maximization，M-step），基于各类的概率密度函数给出下一次迭代的参量 ω 和 $\boldsymbol{\gamma}$。

$$N_q=\sum_{a=1}^{N_{\text{sce}}}p(a,q),\ \forall\,q \tag{9-31}$$

$$\mu_q=\frac{1}{N_q}\sum_{a=1}^{N_{\text{sam}}}p(a,q),\ \forall\,q \tag{9-32}$$

$$\sigma_q^2=\frac{1}{N_q}\sum_{a=1}^{n}p(a,q)(x_a-\mu_q)^2,\ \forall\,q \tag{9-33}$$

$$\omega_q=\frac{N_q}{N_{\text{sam}}},\ \forall q \tag{9-34}$$

不断迭代期望值步骤和最大化步骤，直到算法收敛。收敛依据可表述为：前后两次迭代的似然函数差值小于给定阈值，即算法收敛。

$$|\boldsymbol{P}[X|(\boldsymbol{\omega},\boldsymbol{\gamma})]^{k+1}-\boldsymbol{P}[X|(\boldsymbol{\omega},\boldsymbol{\gamma})]^{k}|\leqslant\zeta_{\text{set}} \tag{9-35}$$

式中：k 为迭代次数；ζ_{set} 为设定的阈值。

标题 **9.2.2** 中给出的源网协同规划模型，由于包含风电、负荷这些不确定因素，从数学优化角度分析，给出的模型属于随机优化范畴。这类模型直接求解比较困难，可以采用基于场景分析的优化方法。本节利用高斯混合聚类实现场景选取，求出满足各类运行场景下综合成本最小的规划方案，流程如图 9-1 所示。

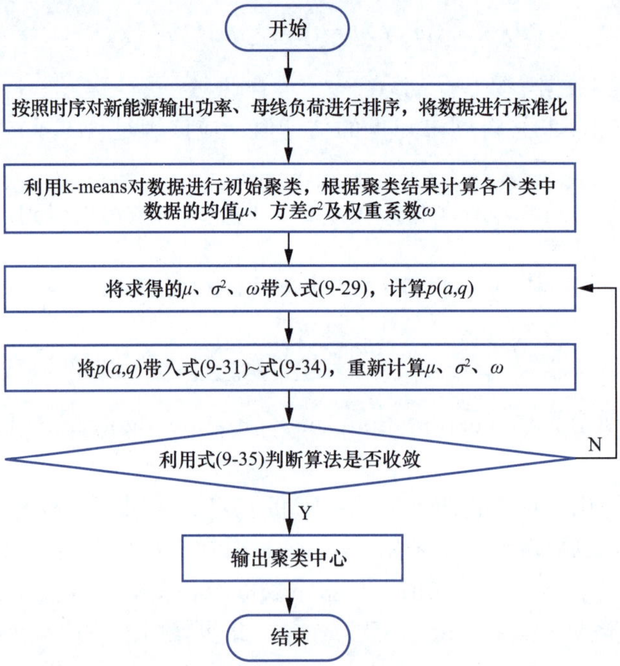

图 9-1　高斯混合聚类流程框图

最终得到各个高斯分布均值，即为聚类中心。每个聚类中心的数据向量对应一个运行场景，其包含同一时刻母线负荷及风电场输出功率（或风速），以及该场景发生的概率 p_ω。

4. 模型求解

本章介绍的源网协同规划模型，其求解可由成熟的软件包（如 Cplex 和 Gurobi 等）完成。建立的混合整数线性规划模型的求解过程如下：

（1）输入数据，包括网架参数、发电机信息、待选线路信息等。

（2）判断现有发电机及网架能否满足负荷需求。如果满足，则此时不需要新建线路及发电机；否则，则进行下一步。

（3）对风速、负荷聚类，得到多个运行场景及其对应的概率，构建多场景规划模型。

（4）模型代入求解器计算。输出规划方案，年综合费用等信息。

9.2.3 电源与输电网协同的鲁棒规划

本节在 **7.3** 节电网鲁棒规划模型的基础上，介绍电源与输电网协同的鲁棒规划模型。与 **7.3** 节相比，此处增加了电源投资及其相关约束。增加电源投资后的目标函数可表示为

$$\min_{l_i,l_g\in\boldsymbol{\Theta}}\left\{\begin{aligned}&\sum_{\forall i\in\boldsymbol{\Gamma}^+}C_i^{\mathrm{LineI}}l_i+\sum_{\forall g\in\boldsymbol{\Xi}^+}C_g^{\mathrm{GenI}}l_g+\\&T\left[\max_{P_r^{\mathrm{Wind}}\in\boldsymbol{\Upsilon}}\ \min_{\phi\in\boldsymbol{\Phi}(P_g^{\mathrm{Gen}},P_r^{\mathrm{WindC}},P_b^{\mathrm{LoadS}},f_{mn(i)},\theta_b)}\left[\begin{aligned}&\sum_g C_g^{\mathrm{Fuel}}P_g^{\mathrm{Gen}}\\&+\sum_r C_r^{\mathrm{Cur}}P_r^{\mathrm{WindC}}\\&+\sum_b C_b^{\mathrm{Shed}}P_b^{\mathrm{LoadS}}\end{aligned}\right]\right]\end{aligned}\right\} \tag{9-36}$$

约束条件为

$$\boldsymbol{\Theta}=\Big\{\sum_{\forall i\in\boldsymbol{\Gamma}^+}C_i^{\mathrm{LineI}}l_i\leqslant I_{\mathrm{Inv}}^{\mathrm{Line}};\ \sum_{\forall g\in\boldsymbol{\Xi}^+}C_g^{\mathrm{GenI}}l_g\leqslant I_{\mathrm{Inv}}^{\mathrm{Gen}}\Big\} \tag{9-37}$$

$$\boldsymbol{\Upsilon}=\{P_r^{\mathrm{Wind}}\mid \underline{P}_r^{\mathrm{Wind}}\leqslant P_r^{\mathrm{Wind}}\leqslant \overline{P}_r^{\mathrm{Wind}},\ \forall r\in\boldsymbol{\Omega}\} \tag{9-38}$$

$$\begin{aligned}&\boldsymbol{\Phi}(P_g^{\mathrm{Gen}},P_r^{\mathrm{WindC}},P_b^{\mathrm{LoadS}},f_{mn(i)},\theta_b)\\&=\{\phi\mid\sum_{g\in\boldsymbol{\Xi}_b}P_g^{\mathrm{Gen}}+\sum_{r\in\boldsymbol{\Omega}_b}(P_r^{\mathrm{Wind}}-P_r^{\mathrm{WindC}})+\sum_{\forall m/n\in\boldsymbol{\Psi}_b}\varepsilon f_{mn(i)}\\&=P_b^{\mathrm{Total}}-P_b^{\mathrm{LoadS}}[\mu_{1,b}],\ \forall b\in\boldsymbol{\Psi}\end{aligned} \tag{9-39}$$

$$-(1-l_i)M\leqslant f_{mn(i)}-r_{mn(i)}(\theta_{m(i)}-\theta_{n(i)})\leqslant(1-l_i)M[\mu_{2,i}],\ \forall i\in\boldsymbol{\Gamma}^+ \tag{9-40}$$

$$l_i\underline{f}_{mn(i)}\leqslant f_{mn(i)}\leqslant l_i\overline{f}_{mn(i)}[\underline{\mu}_{3,i},\overline{\mu}_{3,i}],\ \forall i\in\boldsymbol{\Gamma}^+ \tag{9-41}$$

$$f_{mn(i)}-r_{mn(i)}(\theta_{m(i)}-\theta_{n(i)})=0[\mu_{2,i}],\ \forall i\in\boldsymbol{\Gamma} \tag{9-42}$$

$$\underline{f}_{mn(i)}\leqslant f_{mn(i)}\leqslant\overline{f}_{mn(i)}[\underline{\mu}_{3,i},\overline{\mu}_{3,i}],\ \forall i\in\boldsymbol{\Gamma} \tag{9-43}$$

$$l_gP_{g,\min}^{\mathrm{Gen}}\leqslant P_g^{\mathrm{Gen}}\leqslant l_gP_{g,\max}^{\mathrm{Gen}}[\underline{\mu}_{4,g},\overline{\mu}_{4,g}],\ \forall g\in\boldsymbol{\Xi}^+ \tag{9-44}$$

$$P_{g,\min}^{\mathrm{Gen}}\leqslant P_g^{\mathrm{Gen}}\leqslant P_{g,\max}^{\mathrm{Gen}}[\underline{\mu}_{4,g},\overline{\mu}_{4,g}],\ \forall g\in\boldsymbol{\Xi} \tag{9-45}$$

$$0\leqslant P_b^{\mathrm{LoadS}}\leqslant\alpha \mathrm{P}_b^{\mathrm{Total}}[\underline{\mu}_{5,b},\overline{\mu}_{5,b}],\ \forall b\in\boldsymbol{\Psi} \tag{9-46}$$

$$0\leqslant P_r^{\mathrm{WindC}}\leqslant P_r^{\mathrm{Wind}}[\underline{\mu}_{6,r},\overline{\mu}_{6,r}],\ \forall r\in\boldsymbol{\Omega} \tag{9-47}$$

$$\underline{\theta}_b\leqslant\theta_b\leqslant\overline{\theta}_b[\underline{\mu}_{7,b},\overline{\mu}_{7,b}],\ \forall b\in\boldsymbol{\Psi}\cup b\neq s \tag{9-48}$$

$$\theta_b=0,b=s\} \tag{9-49}$$

式中：C_g^{GenI} 为发电机 g 的投资成本；l_g 为发电机 g 的投建状态，当该值取 1 时，表示发电机 g 投建，取 0 时表示不投建；$\boldsymbol{\Xi}^+$ 为待选发电机组集合；其余变量含义与 **7.3** 节一致。

式（7-44）表示待选发电机输出功率约束，其余约束含义与 **7.3** 节一致。

上述模型整体结构与 **7.3** 节输电网鲁棒规划模型相同，本节外层 min 问题确定电源和输电网规划方案；中层和内层问题含义不变。模型求解仍然可采用 **7.3.3** 节的 CCG 算法，不再赘述。

9.3 与配电网相协同的输电网规划

9.3.1 分布式优化规划框架及分解机制

实际电力系统中，输电网和配电网在物理上紧密耦合。理论上，为获得最优规划方案，应协同考虑包含输电网与配电网所有设备的全局系统。高比例可再生能源并网后，随着输电网与配电网间的互动更加频繁，耦合更为紧密，输电网和配电网彼此独立的调控和规划模式受到挑战。

然而输电网与配电网规划存在三个显著差异：

（1）结构差异。配电网闭环设计开环运行，而输电网设计和运行时都为环状。

（2）网络参数差异。输电网阻抗值大，阻抗比小；配电网阻抗值小，阻抗比大。在输配电网联立的全局潮流方程中，阻抗相差大将导致雅可比矩阵数值条件差，全局潮流计算产生严重的数值问题。例如，使用牛顿－拉夫逊法和快速解耦法求解 Polish3012 节点系统，将产生严重的数值问题。

（3）模型差异。配电网存在三相不平衡运行状态，输电网则可近似等效为单相模型。此外，输配电网还具有规模庞大的特征。在输配电网中，随着电压等级由高到低，节点数和支路数都呈几何级数增长，因此，考虑多电压等级的输配电网时，将面临求解大规模优化模型的难题。

为了对混合输配电网中各个子系统之间的联系和耦合进行建模，构建了输配电网分布式优化规划框架（见图 9－2），将各个子系统的优化变量划分为两类：①局部变量，即仅与该子系统独立优化有关的变量，不参与其他子系统的优化决策；②共享变量，即与其他子系统优化共享的变量，同时参与多个子系统的优化决策。

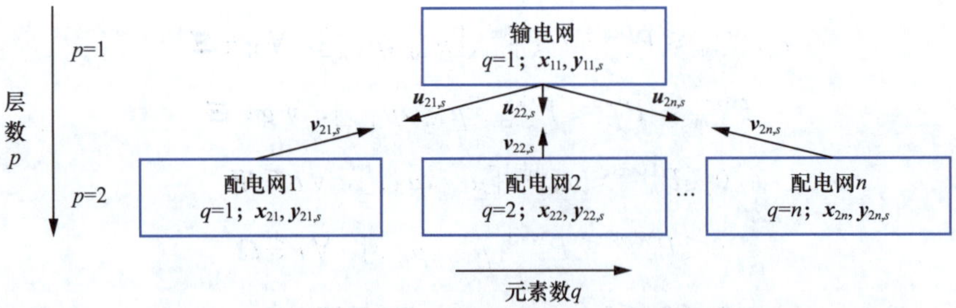

图 9－2 输配电网分布式优化规划框架的分解示意图

对于图 9－2 中各元素，具体而言，局部变量包括与投资有关的优化变量 $\boldsymbol{x}_{pq}$ 和每一场景下与运行有关的优化变量 $\boldsymbol{y}_{pq,s}$，下标 s 表示场景序号；共享变量则是指每一场景下与其他元素交互的优化变量 $\boldsymbol{z}_{pq,s}$。易知，正是由于存在共享变量，才导致各个子系统的优化问题无法独立求解。为解决这一问题，共享变量 $\boldsymbol{z}_{pq,s}$ 进一步分解为目标变量 $\boldsymbol{u}_{pq,s}$ 和响应变量 $\boldsymbol{v}_{pq,s}$。其中，$\boldsymbol{u}_{pq,s}$ 是从输电网角度处理的共享变量，即在输电网规划子问题中作为优化变量；$\boldsymbol{v}_{pq,s}$ 是从配电网角度处理的共享变量，即在配电网规划子问题中作为优化变量。利用上述分解方法，就可以实现各子系统优化问题的独立求解。对应到输配电网中，$\boldsymbol{x}_{pq}$ 是指待选线路决策变量，$\boldsymbol{y}_{pq,s}$ 是指发电机输出功率优化变量，$\boldsymbol{u}_{pq,s}$ 为输电网向配电网提供的有功功率和边界节点电压，$\boldsymbol{v}_{pq,s}$ 为配电网向输电网提供的有功功率和边界节点电压。

将输配电网分解为输电子系统和配电子系统的关键是找到合适的区域间耦合约束。通过输配电网边界传输的有功功率、节点电压进行分解，这种方式无需传递边界节点相角信息，且便于对输、配电网的线路潮流进行建模。输电网层面，边界功率等效为虚拟负荷；配电网层面，边界功率等效为虚拟发电机。分解后的输、配子系统独立求解满足本区域投资、运行约束的线路建设、发电调度方案，仅需向相邻系统传递边界功率、节点电压信息，且需满足如下的一致性约束：$\boldsymbol{c}_{pq,s}=\boldsymbol{u}_{pq,s}-\boldsymbol{v}_{pq,s}=0$，其中 $\boldsymbol{c}_{pq,s}$ 为一致性约束的相关变量向量。功率正方向定义为输电网流向配电网。在“分层分布式”规划框架下，一个输电系统运营商需面向多个配电系统运营商，可以自然地作为一个“协调者”协调输配电网间的传输功率、节点电压满足一致性约束。显然，必须建立良好的双向通信网络以传递必要的协调信息，也需要先进的配电侧量测设备、支持分布式发电商自优化的智能决策系统及相应的市场机制提供底层技术支撑。

9.3.2 分布式优化规划的输电网模型

由于输电网规划子问题既需优化输电网网架结构，又涉及对发电机输出功率、目标变量的优化。为了更好地将两者结合，根据分解协调思想将其建立为双层规划模型。上层为输电网网架规划问题，决策变量为新建线路位置；下层为发电机输出功率和输电网向配电网提供的有功功率的优化问题。上层将输电网网架结构传递给下层，下层则在此基础上进行发电机输出功率和输电网侧共享变量的规划，并将计算结果传递给上层，从而指导上层规划的决策。需要说明的是，连有配电系统的节点电压幅值是通过求解配电系统规划子模型得到。

1. 目标函数

$$\sum_{l\in\boldsymbol{\Omega}^{\mathrm{LC}}} c_{\mathrm{I},l}x_l+\sum_{s\in\boldsymbol{\Omega}^{s}}\rho_s\sum_{\forall t}\sum_{j\in\boldsymbol{\Omega}^{\mathrm{T}}}c_{\mathrm{c},j}P_{\mathrm{c},j,t,s} \tag{9-50}$$

式中：$c_{\mathrm{I},l}$ 为输电线路投资成本；x_l 为输电线路投资决策变量，表示第 l 条线路是否投建；$\boldsymbol{\Omega}^{\mathrm{LC}}$ 为待选线路集合；$\boldsymbol{\Omega}^{\mathrm{s}}$ 为场景集合；ρ_s 为场景权重；$\boldsymbol{\Omega}^{\mathrm{T}}$ 为输电网节点集合；$c_{\mathrm{c},j}$ 为单位发电成本；$P_{\mathrm{c},j,t,s}$ 为常规机组输出功率，下标 j 表示发电机序号，下标 t 表示时刻，下标 s 表示场景序号。

2. 约束条件

（1）输电网节点功率平衡方程。

$$\sum_{j\in\boldsymbol{\Omega}_i^{\mathrm{c}}}P_{\mathrm{c},j,t,s}+\sum_{j\in\boldsymbol{\Omega}_i^{\mathrm{w}}}P_{\mathrm{w},j,t,s}+\sum_{j\in\boldsymbol{\Omega}_i^{\mathrm{p}}}P_{\mathrm{p},j,t,s}+r_{i,t,s}-\sum_{l\in\boldsymbol{\Omega}_i^{\mathrm{L1}}}f_{l,t,s}+\sum_{l\in\boldsymbol{\Omega}_i^{\mathrm{L2}}}f_{l,t,s}=d_{i,t,s},$$
$$\forall i\in\boldsymbol{\Omega}^{\mathrm{T}},\ \forall t,\ \forall s \tag{9-51}$$

式中：$\boldsymbol{\Omega}_i^{\mathrm{c}}$ 为 i 节点上的常规机组集合；$\boldsymbol{\Omega}_i^{\mathrm{w}}$ 为 i 节点上的风电机组集合；$\boldsymbol{\Omega}_i^{\mathrm{p}}$ 为 i 节点上的光伏机组集合；$\boldsymbol{\Omega}_i^{\mathrm{L1}}$ 为以 i 节点为始端的线路集合；$\boldsymbol{\Omega}_i^{\mathrm{L2}}$ 为以 i 节点为末端的线路集合；$f_{l,t,s}$ 为线路潮流；$d_{i,t,s}$ 为节点负荷。

（2）输电网潮流方程。

$$f_{l,t,s}=b_l(\theta_{l_1,t,s}-\theta_{l_2,t,s}),\ l\in\boldsymbol{\Omega}^{\mathrm{LE}},\ \forall t,\ \forall s \tag{9-52}$$

$$|f_{l,t,s}-b_l(\theta_{l_1,t,s}-\theta_{l_2,t,s})|\leqslant M(1-x_l),\ l\in\boldsymbol{\Omega}^{\mathrm{LC}},\ \forall t,\ \forall s \tag{9-53}$$

式中：$\boldsymbol{\Omega}^{\mathrm{LE}}$ 为已建线路集合；$\theta_{l_1,t,s}$、$\theta_{l_2,t,s}$ 分别为线路始端节点相角和末端节点相角；b_l 为线路电纳；M 为一较大常数。

（3）输电网线路容量约束。

$$f_{l,\min}\leqslant f_{l,t,s}\leqslant f_{l,\max},\ l\in\boldsymbol{\Omega}^{\mathrm{LE}},\ \forall t,\ \forall s \tag{9-54}$$

$$x_l f_{l,\min}\leqslant f_{l,t,s}\leqslant x_l f_{l,\max},\ l\in\boldsymbol{\Omega}^{\mathrm{LC}},\ \forall t,\ \forall s \tag{9-55}$$

式中：$f_{l,\max}$、$f_{l,\min}$ 分别为线路 l 的传输功率上下限。

（4）输电网常规机组输出功率约束。

$$P_{\mathrm{c},j,\min}\leqslant P_{\mathrm{c},j,t,s}\leqslant P_{\mathrm{c},j,\max},\ i\in\boldsymbol{\Omega}^{\mathrm{T}},\ j\in\boldsymbol{\Omega}_i^{\mathrm{c}},\ j\in\boldsymbol{\Omega}_i^{\mathrm{w}},\ j\in\boldsymbol{\Omega}_i^{\mathrm{p}},\ \forall t,\ \forall s \tag{9-56}$$

$$\delta^{\mathrm{down}}P_{\mathrm{c},j,\max}\leqslant P_{\mathrm{c},j,t,s}-P_{\mathrm{c},j,t-1,s}\leqslant\delta^{\mathrm{up}}P_{\mathrm{c},j,\max},\ i\in\boldsymbol{\Omega}^{\mathrm{T}},\ j\in\boldsymbol{\Omega}_i^{\mathrm{c}},\ \forall t,\ \forall s \tag{9-57}$$

式中：$P_{\mathrm{c},j,\max}$、$P_{\mathrm{c},j,\min}$ 分别为常规机组输出功率上下限；δ^{up}、δ^{down} 为单位时间间隔内发电机输出功率的最大变化范围，以机组容量的百分比表示。

（5）输电网切负荷约束。

$$0\leqslant r_{i,t,s}\leqslant r_{i,t,s,\max},\ i\in\boldsymbol{\Omega}^{\mathrm{T}},\ \forall t,\ \forall s \tag{9-58}$$

式中：$r_{i,t,s,\max}$ 为允许的最大切负荷量。

（6）线路投资决策为 0-1 变量。

$$x_l\in\{0,1\} \tag{9-59}$$

9.3.3 分布式优化规划的配电网模型

将配电网优化规划子问题分解为规划和运行协调优化模型，模型分为两阶段：阶段 1 决策配电系统线路新建方案；阶段 2 根据运行场景确定配电网中分布式发电（DG）最优输出功率和配电网向输电网提供的有功功率。两阶段相互影响协调优化，基本思路是找到一组最优的线路新建方案，并满足预测场景下的运行需求。需要说明的是，根节点电压幅值是通过上次求解输电系统规划子模型得到。

目标函数如下：

$$\min\sum_{l\in\boldsymbol{\Omega}^{\mathrm{LC}}}c_{\mathrm{I},l}x_l+\sum_{s\in\boldsymbol{\Omega}^{\mathrm{s}}}\rho_s\sum_{\forall t}\sum_{j\in\boldsymbol{\Omega}^{\mathrm{D}}}c_{\mathrm{c},j}P_{\mathrm{c},j,t,s} \tag{9-60}$$

式中：$c_{\mathrm{I},l}$ 为配电线路投资成本；x_l 为配电线路投资决策变量，表示第 l 条线路是否投建；$\boldsymbol{\Omega}^{\mathrm{LC}}$ 为待选线路集合；$\boldsymbol{\Omega}^{\mathrm{s}}$ 为场景集合；ρ_s 为场景权重；$\boldsymbol{\Omega}^{\mathrm{D}}$ 为配电网节点集合；$c_{\mathrm{c},j}$ 为单位发电成本；$P_{\mathrm{c},j,t,s}$ 为常规机组有功输出功率，下标 j 表示发电机序号，下标 t 表示时刻，下标 s 表示场景序号。

Baran 等学者提出了适用于配电网规划问题的 DistFlow 潮流形式。采用 DistFlow 形式，基于二阶锥模型的配电网约束条件如下。

（1）配电网节点功率平衡方程。

$$\sum_{j\in\boldsymbol{\Omega}_i^{\mathrm{c}}}P_{\mathrm{c},j,t,s}+\sum_{j\in\boldsymbol{\Omega}_i^{\mathrm{w}}}P_{\mathrm{w},j,t,s}+\sum_{j\in\boldsymbol{\Omega}_i^{\mathrm{p}}}P_{\mathrm{p},j,t,s}-\sum_{l\in\boldsymbol{\Omega}_i^{\mathrm{L1}}}P_{l,t,s}+\sum_{l\in\boldsymbol{\Omega}_i^{\mathrm{L2}}}(P_{l,t,s}-\mu_{l,t,s}R_l)=d_{i,t,s}^{\mathrm{P}},$$
$$\forall i\in\boldsymbol{\Omega}^{\mathrm{D}},\ \forall t,\ \forall s \tag{9-61}$$

$$\sum_{j\in\boldsymbol{\Omega}_i^{\mathrm{c}}}Q_{\mathrm{c},j,t,s}-\sum_{l\in\boldsymbol{\Omega}_i^{\mathrm{L1}}}Q_{l,t,s}+\sum_{l\in\boldsymbol{\Omega}_i^{\mathrm{L2}}}(Q_{l,t,s}-\mu_{l,t,s}X_l)=d_{i,t,s}^{\mathrm{Q}},\ \forall i\in\boldsymbol{\Omega}^{\mathrm{D}},\ \forall t,\ \forall s \quad (9-62)$$

式中：$\boldsymbol{\Omega}_i^{\mathrm{c}}$ 为 i 节点上的常规机组集合；$\boldsymbol{\Omega}_i^{\mathrm{w}}$ 为 i 节点上的风电机组集合；$\boldsymbol{\Omega}_i^{\mathrm{p}}$ 为 i 节点上的光伏机组集合；$\boldsymbol{\Omega}_i^{\mathrm{L1}}$ 为以 i 节点为始端的线路集合；$\boldsymbol{\Omega}_i^{\mathrm{L2}}$ 为以 i 节点为末端的线路集合；$P_{l,t,s}$、$Q_{l,t,s}$ 分别为线路 l 的有功和无功潮流；$d_{i,t,s}^{\mathrm{p}}$、$d_{i,t,s}^{\mathrm{q}}$ 分别为 i 节点有功和无功负荷；$Q_{\mathrm{c},j,t,s}$ 为常规机组无功输出功率；$\mu_{l,t,s}$ 为辅助变量，表示线路电流的平方；R_l、X_l 分别为线路 l 的电阻和电抗。

（2）配电网潮流方程。

$$\gamma_{l_1,t,s}-\gamma_{l_2,t,s}=2(R_lP_{l,t,s}+X_lQ_{l,t,s})-\mu_{l,t,s}(R_l^2+X_l^2),\ \forall l,\ \forall t,\ \forall s \quad (9-63)$$

式中：$\gamma_{l_1,t,s}$、$\gamma_{l_2,t,s}$ 为辅助变量，表示节点电压的平方；l_1、l_2 分别为线路 l 的首端节点与末端节点。

（3）配电网线路容量约束。

$$S_{l,t,s,\min}\leqslant S_{l,t,s}\leqslant S_{l,t,s,\max},\ \forall l\in\boldsymbol{\Omega}^{\mathrm{LE}},\ \forall t,\ \forall s \quad (9-64)$$

$$x_lS_{l,t,s,\min}\leqslant S_{l,t,s}\leqslant x_lS_{l,t,s,\max},\ \forall l\in\boldsymbol{\Omega}^{\mathrm{LC}},\ \forall t,\ \forall s \quad (9-65)$$

式中：$S_{l,t,s}$ 为线路 l 的视在功率；$S_{l,t,s,\max}$、$S_{l,t,s,\min}$ 分别为线路 l 的视在功率传输上下限；$\boldsymbol{\Omega}^{\mathrm{LE}}$ 为已有线路集合；$\boldsymbol{\Omega}^{\mathrm{LC}}$ 为待选线路集合。

（4）配电网 DG 输出功率约束。

$$P_{\mathrm{c},j,\min}\leqslant P_{\mathrm{c},j,t,s}\leqslant P_{\mathrm{c},j,\max},\ i\in\boldsymbol{\Omega}^{\mathrm{d}},\ j\in\boldsymbol{\Omega}_i^{\mathrm{c}},\ j\in\boldsymbol{\Omega}_i^{\mathrm{w}},\ j\in\boldsymbol{\Omega}_i^{\mathrm{p}},\ \forall t,\ \forall s \quad (9-66)$$

$$\delta^{\mathrm{down}}P_{\mathrm{c},j,\max}\leqslant P_{\mathrm{c},j,t,s}-P_{\mathrm{c},j,t-1,s}\leqslant\delta^{\mathrm{up}}P_{\mathrm{c},j,\max},\ i\in\boldsymbol{\Omega}^{\mathrm{D}},\ j\in\boldsymbol{\Omega}_i^{\mathrm{c}},\ \forall t,\ \forall s \quad (9-67)$$

式中：$P_{\mathrm{c},j,\max}$、$P_{\mathrm{c},j,\min}$ 分别表示 DG 输出功率上下限；δ^{up}、δ^{down} 为单位时间间隔内 DG 输出功率的最大变化范围，以 DG 容量的百分比表示。

（5）配电网电压幅值约束。

$$\gamma_{i,\min}\leqslant\gamma_{i,t,s}\leqslant\gamma_{i,\max},i\in\boldsymbol{\Omega}^{\mathrm{D}},\ \forall t,\ \forall s \quad (9-68)$$

（6）二阶锥约束。

$$\left\|[2P_{l,t,s}\ 2Q_{l,t,s}\ (\mu_{l,t,s}-\gamma_{l_2,t,s})]^{\mathrm{T}}\right\|_2\leqslant\mu_{l,t,s}+\gamma_{l_2,t,s},\ \forall l,\ \forall t,\ \forall s \quad (9-69)$$

需要说明的是，已有文献证明了式（9-69）的合理性，不影响整体优化结果，当式中符号取等时可取得最优解。

（7）线路投资决策为 0-1 变量。

$$x_l\in\{0,1\} \quad (9-70)$$

（8）边界节点电压约束。

$$U_{i,t,s}=\breve{U}_{i,t,s} \quad (9-71)$$

式中：$\breve{U}_{i,t,s}$ 由输电网规划子问题给定，并传递给配电网规划子问题。

9.3.4 分布式优化规划的求解算法

混合了输配电网的分布式优化规划模型，输电系统与配电系统分属于不同的利益主体，有自身的优化目标；同时它们通过变电站的功率、电压交互进行运行耦合，并使输、配电系统总体效益最优。这种层级结构与分析目标级联法的基本思想相一致，可将分析目标级联法应用于混合输配电网的分布式优化规划问题的建模与求解。该算法是由内、外两层循环构成的一种迭代式求解方法，主要用于解决多层级、多主体协调优化问题，它允许层次结构中各个优化主体自主决策，同时协调优化获取问题的整体最优解；具有级数不受限制、同级子问题可具有不同的优化形式、参数易于选择等优点，克服了传统的基于拉格朗日松弛的对偶分解算法在迭代中容易出现反复振荡的现象，因此常应用于解决大规模系统的优化问题；可在各区域独立优化的同时仅需传递边界功率、电压信息进行协调，既保证了信息的私密性又能实现更大范围内调度资源的优化配置。

9.4 源网荷储协同规划

9.4.1 目标函数

源网荷储协同规划模型以年综合成本 F_{total} 最小化为目标，综合考虑电源、电网侧输电线路及储能的投资成本、常规机组燃料及开机成本、新能源场站弃能成本、可中断负荷调用成本。由于储能种类较多，且模型差别较大，本节仅以常见的电化学储能和抽蓄为例，构建相关约束。此外，负荷的规划配置本身不存在成本，但本书中考虑负荷的调用成本。所提源网荷储协同规划模型目标函数如式（9-72），各项成本计算如式（9-74）～式（9-79）。

$$\min F_{\text{total}} = F_{\text{G}} + F_{\text{L}} + F_{\text{E}} + F_{\text{fuel}} + F_{\text{su}} + F_{\text{rc}} + F_{\text{id}} \tag{9-72}$$

（1）电源投资成本 F_{G}。

$$F_{\text{G}} = \sum_{g \in \boldsymbol{G}_{\text{NG}}} C_g^{\text{IG}} x_g + \sum_{w \in \boldsymbol{G}_{\text{NR}}} C_w^{\text{IW}} x_w \tag{9-73}$$

式中：$\boldsymbol{G}_{\text{NG}}$、$\boldsymbol{G}_{\text{NR}}$ 分别为待建常规机组集合、待建新能源场站集合；C_g^{IG}、C_w^{IW} 分别为待建常规机组 g、新能源场站 w 的年投资成本；x_g、x_w 分别为常规机组 g、新能源场站 w 的投建指示变量，值为 1 表示该设备投建。

电网侧输电线路投资成本 F_{L}：

$$F_{\text{L}} = \sum_{l \in \boldsymbol{L}_{\text{C}}} C_l^{\text{L}} x_l \tag{9-74}$$

式中：$\boldsymbol{L}_{\text{C}}$ 为待建线路集合；C_l^{L} 为线路 l 的投资成本；x_l 为电网规划决策变量，当 $x_l=1$ 时表示线路 l 投建。

储能投资成本 F_{E}。

$$F_{\text{E}} = \sum_{e \in \boldsymbol{G}_{\text{NE}}} C_e^{\text{IE}} x_e + \sum_{m \in \boldsymbol{G}_{\text{NP}}} C_m^{\text{IP}} x_m \tag{9-75}$$

式中：e、m 分别表示电池储能和抽蓄电站的编号；$\boldsymbol{G}_{\text{NE}}$、$\boldsymbol{G}_{\text{NP}}$ 分别表示待建电池储能和待建抽蓄电站集合；C_e^{IE}、C_m^{IP} 分别表示待建电池储能系统 e 和待建抽蓄电站 m 的年投资成本；x_e、x_m 分别表示电池储能系统 e 和抽蓄电站 m 的投建指示变量，取值为 1 时表示投建。

（2）电源燃料成本 F_{fuel}。

$$F_{\text{fuel}} = \sum_{s \in \boldsymbol{S}} \pi_s T_{\text{D}} \sum_{t \in \boldsymbol{T}} \sum_{g \in \boldsymbol{G}_{\text{G}} \cup \boldsymbol{G}_{\text{NG}}} C_g^{\text{G}} p_{g,s,t} \tag{9-76}$$

式中：s 为规划场景编号；$\boldsymbol{S}$ 为规划场景集合，可由聚类等方法得到；π_s 为场景 s 发生的概率；T_{D} 为规划水平年的总天数；$\boldsymbol{T}$ 为典型日集合；$\boldsymbol{G}_{\text{G}} \in \{\boldsymbol{G}_{\text{T}}, \boldsymbol{G}_{\text{H}}, \boldsymbol{G}_{\text{U}}\}$ 为已有机组集

合；$\boldsymbol{G}_{\mathrm{NG}}\in\{\boldsymbol{G}_{\mathrm{NT}},\boldsymbol{G}_{\mathrm{NH}},\boldsymbol{G}_{\mathrm{NU}}\}$ 为待建机组集合；$\boldsymbol{G}_{\mathrm{NT}}$、$\boldsymbol{G}_{\mathrm{NH}}$、$\boldsymbol{G}_{\mathrm{NU}}$ 为分别为待建火电、水电与核电机组集合；$p_{g,s,t}$ 为场景 s、时刻 t 中常规机组 g 的发电功率。

（3）电源开机成本 F_{su}。

$$F_{\mathrm{su}}=\sum_{s\in\boldsymbol{S}}\pi_s T_{\mathrm{D}}\sum_{t\in\boldsymbol{T}}\Big[\sum_{g\in\boldsymbol{G}_{\mathrm{G}}\cup\boldsymbol{G}_{\mathrm{NG}}}C_g^{\mathrm{U}}y_{g,s,t}+\sum_{m\in\boldsymbol{G}_{\mathrm{P}}\cup\boldsymbol{G}_{\mathrm{NP}}}C_m^{\mathrm{U}}(y_{m,s,t}^{\mathrm{dis}}+y_{m,s,t}^{\mathrm{ch}})\Big] \tag{9-77}$$

式中：C_m^{U} 为抽蓄机组 m 的开机启动成本；$y_{g,s,t}$ 为场景 s 时刻 t 中常规机组 g 的开机动作指示变量；$\boldsymbol{G}_{\mathrm{P}}$ 为抽水蓄能机组集合；$y_{m,s,t}^{\mathrm{ch}}$、$y_{m,s,t}^{\mathrm{dis}}$ 分别为抽蓄机组 m 的抽水和发电动作指示变量，表征抽水蓄能机组不同功能时的开机动作。

（4）新能源弃能成本 F_{rc}。

$$F_{\mathrm{rc}}=\sum_{s\in\boldsymbol{S}}\pi_s T_{\mathrm{D}}\sum_{t\in\boldsymbol{T}}\sum_{w\in\boldsymbol{G}_{\mathrm{R}}\cup\boldsymbol{G}_{\mathrm{NR}}}C_w^{\mathrm{R}}p_{w,s,t}^{\mathrm{c}} \tag{9-78}$$

式中：$\boldsymbol{G}_{\mathrm{R}}$ 为已有新能源场站集合；$p_{w,s,t}^{\mathrm{c}}$ 为场景 s、时刻 t 中新能源场站 w 的弃能功率。

（5）可中断负荷调用成本 F_{id}。

$$F_{\mathrm{id}}=\sum_{s\in\boldsymbol{S}}\pi_s T_{\mathrm{D}}\sum_{t\in\boldsymbol{T}}\sum_{b\in\boldsymbol{B}}C_b^{\mathrm{in,D}}p_{b,s,t}^{\mathrm{in,d}} \tag{9-79}$$

式中：$p_{b,s,t}^{\mathrm{In,d}}$ 为母线 b 在 t 时刻场景 s 中可中断的负荷。

9.4.2　约束条件

（1）节点功率平衡。

$$\begin{aligned}&\sum_{g\in\boldsymbol{G}_{\mathrm{G}(b)}\cup\boldsymbol{G}_{\mathrm{NG}(b)}}p_{g,s,t}+\sum_{l\in L|to(l)=b}f_{l,s,t}-\sum_{l\in L|fr(l)=b}f_{l,s,t}+\sum_{w\in\boldsymbol{G}_{\mathrm{R}(b)}}(p_{w,s,t}-p_{w,s,t}^{\mathrm{c}})\\&+\sum_{w\in\boldsymbol{G}_{\mathrm{NR}(b)}}(x_w p_{w,s,t}-p_{w,s,t}^{\mathrm{c}})+\sum_{e\in\boldsymbol{G}_{\mathrm{E}(b)}\cup\boldsymbol{G}_{\mathrm{NE}(b)}}(p_{e,s,t}^{\mathrm{dis}}-p_{e,s,t}^{\mathrm{ch}}+\sum_{m\in\boldsymbol{G}_{\mathrm{P}(b)}\cup\boldsymbol{G}_{\mathrm{NP}(b)}}(p_{m,s,t}^{\mathrm{dis}}-p_{m,s,t}^{\mathrm{ch}})\\&=d_{b,s,t}-p_{b,s,t}^{\mathrm{out,d}}+p_{b_n,s,t}^{\mathrm{in,d}}-p_{b,s,t}^{\mathrm{sout,d}}+p_{b,s,t}^{\mathrm{sin,d}}-p_{b,s,t}^{\mathrm{in,d}},\ \forall b\in\boldsymbol{B},\ \forall s\in\boldsymbol{S},\ \forall t\in\boldsymbol{T}\end{aligned} \tag{9-80}$$

式中：$p_{w,s,t}$、$d_{b,s,t}$ 分别为场景 s 中 t 时刻的新能源场站预测输出功率和母线负荷值；$p_{m,s,t}^{\mathrm{ch}}$、$p_{m,s,t}^{\mathrm{dis}}$ 分别为抽蓄机组 m 的抽水和发电功率；$\boldsymbol{G}_{\mathrm{G}(b)}$、$\boldsymbol{G}_{\mathrm{R}(b)}$、$\boldsymbol{G}_{\mathrm{E}(b)}$、$\boldsymbol{G}_{\mathrm{P}(b)}$ 分别为接入母线 b 的常规机组、新能源场站、电池储能以及抽蓄机组集合；$f_{l,s,t}$ 为线路 l 的有功传输功率；$p_{b,s,t}^{\mathrm{out,d}}$ 为母线 b 在 t 时刻场景 s 中转供到其他母线的负荷规模；$p_{b_n,s,t}^{\mathrm{in,d}}$ 为邻近母线 b_n 对母线 b 转供的负荷规模；$p_{b,s,t}^{\mathrm{sout,d}}$ 为母线 b 在 t 时刻场景 s 中平移到其他时刻的负荷规模；$p_{b,s,t}^{\mathrm{sin,d}}$ 为 t 时刻场景 s 中平移到母线 b 的负荷规模。

（2）开停机逻辑。

$$y_{g,s,t}-h_{g,s,t}=v_{g,s,t}-v_{g,s,t-1},\ \forall g\in\boldsymbol{G}_{\mathrm{G}}\cup\boldsymbol{G}_{\mathrm{NG}},\ \forall s\in\boldsymbol{S},\ \forall t\in\boldsymbol{T} \tag{9-81}$$

式中：$y_{g,s,t}$ 为机组开机操作指示变量，$y_{g,s,t}=1$ 表示机组进行开机操作；$v_{g,s,t}$ 为指示机组开停机状态，$v_{g,s,t}=1$ 表示该机组处于开机状态，$v_{g,s,t}=0$ 表示该机组处于关机状态；$h_{g,s,t}$ 为机组停机操作指示变量，$h_{g,s,t}=1$ 表示机组进行停机操作。

（3）开停机状态互斥。

$$y_{g,s,t}+h_{g,s,t}\leqslant 1,\ \forall g\in\boldsymbol{G}_{\mathrm{G}}\cup\boldsymbol{G}_{\mathrm{NG}},\ \forall s\in\boldsymbol{S},\ \forall t\in\boldsymbol{T} \tag{9-82}$$

（4）最小开停机时间。

$$\sum_{k=t-UT_g+1}^{t} y_{g,s,k} \leqslant v_{g,s,t}, \forall g \in \boldsymbol{G}_{\mathrm{G}} \cup \boldsymbol{G}_{\mathrm{NG}}, \forall s \in \boldsymbol{S}, \forall t \in [UT_g, |\boldsymbol{T}|] \tag{9-83}$$

$$\sum_{k=t-DT_g+1}^{t} h_{g,s,k} \leqslant 1-v_{g,s,t}, \forall g \in \boldsymbol{G}_{\mathrm{G}} \cup \boldsymbol{G}_{\mathrm{NG}}, \forall s \in \boldsymbol{S}, \forall t \in [DT_g, |\boldsymbol{T}|] \tag{9-84}$$

（5）系统总备用。

$$\sum_{g\in \boldsymbol{G}_{\mathrm{G}}} P_{g,\max} + \sum_{g\in \boldsymbol{G}_{\mathrm{NG}}} P_{g,\max} x_g + \sum_{w\in \boldsymbol{G}_{\mathrm{R}}} P_{w,\mathrm{Bal}} + \sum_{w\in \boldsymbol{G}_{\mathrm{NR}}} \gamma_w P_{w,\max} x_w \geqslant (1+R_{\mathrm{s}}) P_{\mathrm{D,max}} \tag{9-85}$$

式中：$P_{w,\mathrm{Bal}}$ 为风电和光伏新能源参与电力平衡的容量，可按照置信容量或可信容量取值；R_{s} 为系统总备用率；$P_{\mathrm{D,max}}$ 为系统最高负荷。

（6）系统旋转备用。

$$\sum_{g\in \boldsymbol{G}_{\mathrm{G}}\cup \boldsymbol{G}_{\mathrm{NG}}} (P_{g,\max} v_{g,s,t} - p_{g,s,t}) \geqslant S_r^+, \forall s \in \boldsymbol{S}, \forall t \in \boldsymbol{T} \tag{9-86}$$

$$\sum_{g\in \boldsymbol{G}_{\mathrm{G}}\cup \boldsymbol{G}_{\mathrm{NG}}} (p_{g,s,t} - P_{g,\min} v_{g,s,t}) \geqslant S_r^-, \forall s \in \boldsymbol{S}, \forall t \in \boldsymbol{T} \tag{9-87}$$

（7）常规机组爬/下坡速率。

$$p_{g,s,t} - p_{g,s,t-1} \leqslant \delta_{g,\mathrm{up}}, \forall g \in \boldsymbol{G}, \forall s \in \boldsymbol{S}, \forall t \in \boldsymbol{T} \tag{9-88}$$

$$p_{g,s,t-1} - p_{g,s,t} \leqslant \delta_{g,\mathrm{down}}, \forall g \in \boldsymbol{G}, \forall s \in \boldsymbol{S}, \forall t \in \boldsymbol{T} \tag{9-89}$$

（8）常规机组投建及开停机状态逻辑关系。

$$\begin{cases} v_{g,s,t} \leqslant x_g \\ v_{g,s,t}, x_g \in \{0,1\} \end{cases}, \forall g \in \boldsymbol{G}_{\mathrm{G}} \cup \boldsymbol{G}_{\mathrm{NG}}, \forall s \in \boldsymbol{S}, \forall t \in \boldsymbol{T} \tag{9-90}$$

（9）新能源场站弃能。

$$0 \leqslant p_{w,s,t}^{\mathrm{c}} \leqslant p_{w,s,t}, \forall w \in \boldsymbol{G}_{\mathrm{R}}, \forall s \in \boldsymbol{S}, \forall t \in \boldsymbol{T} \tag{9-91}$$

$$0 \leqslant p_{w,s,t}^{\mathrm{c}} \leqslant x_w p_{w,s,t}, \forall w \in \boldsymbol{G}_{\mathrm{NR}}, \forall s \in \boldsymbol{S}, \forall t \in \boldsymbol{T} \tag{9-92}$$

$$\frac{\sum\limits_{s\in \boldsymbol{S}} \pi_s T_{\mathrm{D}} \sum\limits_{t\in T} \sum\limits_{w\in \boldsymbol{G}_{\mathrm{R}}\cup \boldsymbol{G}_{\mathrm{NR}}} p_{w,s,t}^{\mathrm{c}}}{\sum\limits_{s\in \boldsymbol{S}} \pi_s T_{\mathrm{D}} \sum\limits_{t\in \boldsymbol{T}} \sum\limits_{w\in \boldsymbol{G}_{\mathrm{R}}} p_{w,s,t} + \sum\limits_{s\in \boldsymbol{S}} \pi_s T_{\mathrm{D}} \sum\limits_{t\in \boldsymbol{T}} \sum\limits_{w\in \boldsymbol{G}_{\mathrm{NR}}} x_w p_{w,s,t}} \leqslant \lambda_w,$$

$$\forall w \in \boldsymbol{G}_{\mathrm{R}} \cup \boldsymbol{G}_{\mathrm{NR}}, \forall s \in \boldsymbol{S}, \forall t \in \boldsymbol{T} \tag{9-93}$$

式中：λ_w 为新能源允许的最大弃能比例。

（10）线路潮流方程。

$$f_{l,s,t} = B_l(\theta_{\mathrm{fr}(l),s,t} - \theta_{\mathrm{to}(l),s,t}), \forall s \in \boldsymbol{S}, \forall t \in \boldsymbol{T}, \forall l \in \boldsymbol{L}_{\mathrm{E}} \tag{9-94}$$

$$|f_{l,s,t} - B_l(\theta_{\mathrm{fr}(l),s,t} - \theta_{\mathrm{to}(l),s,t})| \leqslant M(1-x_l), \forall s \in \boldsymbol{S}, \forall t \in \boldsymbol{T}, \forall l \in \boldsymbol{L}_C \tag{9-95}$$

式中：$\theta_{\mathrm{fr}(l),s,t}$、$\theta_{\mathrm{to}(l),s,t}$ 分别为线路 l 首端母线和末端母线 t 时刻的电压相角；$\boldsymbol{L}_{\mathrm{E}}$ 为已建线路集合；M 表示常量。

（11）线路传输容量。

$$-F_{l}^{\max}\leqslant f_{l}\leqslant F_{l}^{\max}，\ \forall l\in \boldsymbol{L}_{\mathrm{E}} \tag{9-96}$$

$$-F_{l}^{\max}x_{l}\leqslant f_{l}\leqslant F_{l}^{\max}x_{l}，\ \forall l\in \boldsymbol{L}_{\mathrm{C}} \tag{9-97}$$

（12）可转供负荷。

$$0\leqslant p_{b,s,t}^{\mathrm{out,d}}\leqslant \alpha_{Tr}d_{b,s,t}，\ \forall b\in \boldsymbol{B}，\ \forall s\in \boldsymbol{S}，\ \forall t\in \boldsymbol{T} \tag{9-98}$$

$$\sum_{\forall b_n\in \boldsymbol{B}} p_{b_n,s,t}^{\mathrm{in,d}}=p_{b,s,t}^{\mathrm{out,d}}，\ \forall b\in \boldsymbol{B}，\ \forall s\in \boldsymbol{S}，\ \forall t\in \boldsymbol{T} \tag{9-99}$$

$$p_{b_n,s,t}^{\mathrm{in,d}}\geqslant 0，\ \forall b\in \boldsymbol{B}，\ \forall s\in \boldsymbol{S}，\ \forall t\in \boldsymbol{T} \tag{9-100}$$

（13）可平移负荷。

$$0\leqslant p_{b,s,t}^{\mathrm{sout,d}}\leqslant \alpha_{\mathrm{sout}}d_{b,s,t}，\ \forall b\in \boldsymbol{B}，\ \forall s\in \boldsymbol{S}，\ \forall t\in \boldsymbol{T} \tag{9-101}$$

$$0\leqslant p_{b,s,t}^{\mathrm{sin,d}}\leqslant \alpha_{\mathrm{sin}}d_{b,s,t}，\ \forall b\in \boldsymbol{B}，\ \forall s\in \boldsymbol{S}，\ \forall t\in \boldsymbol{T} \tag{9-102}$$

$$\sum_{t} p_{b,s,t}^{\mathrm{sout,d}}=\sum_{t} p_{b,s,t}^{\mathrm{sin,d}}，\ \forall b\in \boldsymbol{B}，\ \forall s\in \boldsymbol{S}，\ \forall t\in \boldsymbol{T} \tag{9-103}$$

（14）可中断负荷。

$$0\leqslant p_{b,s,t}^{\mathrm{in,d}}\leqslant \alpha_{\mathrm{in}}d_{b,s,t},\forall b\in \boldsymbol{B},\forall s\in \boldsymbol{S},\forall t\in \boldsymbol{T} \tag{9-104}$$

（15）电池储能充放电状态及功率。

$$u_{e,s,t}^{\mathrm{dis}}P_{e,\min}^{\mathrm{dis}}\leqslant p_{e,s,t}^{\mathrm{dis}}\leqslant u_{e,s,t}^{\mathrm{dis}}P_{e,\max}^{\mathrm{dis}}，\ \forall e\in \boldsymbol{G}_{\mathrm{E}}\cup \boldsymbol{G}_{\mathrm{NE}}，\ \forall s\in \boldsymbol{S}，\ \forall t\in \boldsymbol{T} \tag{9-105}$$

$$u_{e,s,t}^{\mathrm{ch}}P_{e,\min}^{\mathrm{ch}}\leqslant p_{e,s,t}^{\mathrm{ch}}\leqslant u_{e,s,t}^{\mathrm{ch}}P_{e,\max}^{\mathrm{ch}}，\ \forall e\in \boldsymbol{G}_{\mathrm{E}}\cup \boldsymbol{G}_{\mathrm{NE}}，\ \forall s\in \boldsymbol{S}，\ \forall t\in \boldsymbol{T} \tag{9-106}$$

$$u_{e,s,t}^{\mathrm{ch}}+u_{e,s,t}^{\mathrm{dis}}\leqslant 1，\ \forall e\in \boldsymbol{G}_{\mathrm{E}}\cup \boldsymbol{G}_{\mathrm{NE}}，\ \forall s\in \boldsymbol{S}，\ \forall t\in \boldsymbol{T} \tag{9-107}$$

$$u_{e,s,t}^{\mathrm{ch}}\leqslant x_{e}; u_{e,s,t}^{\mathrm{dis}}\leqslant x_{e},\forall e\in \boldsymbol{G}_{\mathrm{E}}\cup \boldsymbol{G}_{\mathrm{NE}},\forall s\in \boldsymbol{S},\forall t\in \boldsymbol{T} \tag{9-108}$$

式中：$u_{e,s,t}^{\mathrm{ch}}$、$u_{e,s,t}^{\mathrm{dis}}$ 分别为电池储能 e 的充电、放电状态指示变量；$P_{e,\min}^{\mathrm{dis}}$、$P_{e,\max}^{\mathrm{dis}}$ 分别为电池储能 e 的最小、最大放电功率；$P_{e,\min}^{\mathrm{ch}}$、$P_{e,\max}^{\mathrm{ch}}$ 分别为电池储能 e 的最小、最大充电功率；$p_{e,s,t}^{\mathrm{ch}}$、$p_{e,s,t}^{\mathrm{dis}}$ 分别为电池储能 e 的充电、放电功率。

（16）电池储能存储电量。

$$E_{e,\min}\leqslant E_{e,s,t}\leqslant E_{e,\max}，\ \forall e\in \boldsymbol{G}_{\mathrm{E}},\forall s\in \boldsymbol{S}，\ \forall t\in \boldsymbol{T} \tag{9-109}$$

$$E_{e,\min}x_{e}\leqslant E_{e,s,t}\leqslant E_{e,\max}x_{e}，\ \forall e\in \boldsymbol{G}_{\mathrm{NE}}，\ \forall s\in \boldsymbol{S},\forall t\in \boldsymbol{T} \tag{9-110}$$

$$E_{e,s,t}=E_{e,s,t-1}-\left(\frac{p_{e,s,t}^{\mathrm{dis}}}{\eta_{e}^{\mathrm{d}}}-p_{e,s,t}^{\mathrm{ch}}\eta_{e}^{\mathrm{c}}\right)\Delta T，\ \forall e\in \boldsymbol{G}_{\mathrm{E}}\cup \boldsymbol{G}_{\mathrm{NE}}，\ \forall s\in \boldsymbol{S}，\ \forall t\in \boldsymbol{T} \tag{9-111}$$

式中：$E_{e,s,t}$ 为电池储能 e 存储的电量；$E_{e,\min}$、$E_{e,\max}$ 分别为电池储能电站 e 允许的最小、最大存储电量；η_{e}^{c}、η_{e}^{d} 分别为电池储能 e 的充电和放电效率；ΔT 为相邻时间间隔。

特别地，当 $t=0$ 时，$E_{e,s,t=0}$ 表示电池储能 e 初始状态时存储的电量。

（17）抽水蓄能机组抽水、发电状态及功率。

$$u_{m,s,t}^{\mathrm{dis}}P_{m,\min}^{\mathrm{dis}}\leqslant p_{m,s,t}^{\mathrm{dis}}\leqslant u_{m,s,t}^{\mathrm{dis}}P_{m,\max}^{\mathrm{dis}}，\ \forall m\in \boldsymbol{G}_{\mathrm{P}}\cup \boldsymbol{G}_{\mathrm{NP}}，\ \forall s\in \boldsymbol{S}，\ \forall t\in \boldsymbol{T} \tag{9-112}$$

$$u_{m,s,t}^{\mathrm{ch}}P_{m,\min}^{\mathrm{ch}}\leqslant p_{m,s,t}^{\mathrm{ch}}\leqslant u_{m,s,t}^{\mathrm{ch}}P_{m,\max}^{\mathrm{ch}}，\forall m\in \boldsymbol{G}_{\mathrm{P}}\cup \boldsymbol{G}_{\mathrm{NP}}，\forall s\in \boldsymbol{S}，\forall t\in \boldsymbol{T} \tag{9-113}$$

$$u_{m,s,t}^{\mathrm{ch}}+u_{m,s,t}^{\mathrm{dis}}\leqslant 1，\forall m\in \boldsymbol{G}_{\mathrm{P}}\cup \boldsymbol{G}_{\mathrm{NP}}，\forall s\in \boldsymbol{S}，\forall t\in \boldsymbol{T} \tag{9-114}$$

$$u_{m,s,t}^{\mathrm{ch}}\leqslant x_m；u_{m,s,t}^{\mathrm{dis}}\leqslant x_m，\forall m\in \boldsymbol{G}_{\mathrm{P}}\cup \boldsymbol{G}_{\mathrm{NP}}，\forall s\in \boldsymbol{S}，\forall t\in \boldsymbol{T} \tag{9-115}$$

$$y_{m,s,t}^{\mathrm{dis}}-h_{m,s,t}^{\mathrm{dis}}=u_{m,s,t}^{\mathrm{dis}}-u_{m,s,t-1}^{\mathrm{dis}}，\forall m\in \boldsymbol{G}_{\mathrm{P}}\cup \boldsymbol{G}_{\mathrm{NP}}，\forall s\in \boldsymbol{S}，\forall t\in \boldsymbol{T} \tag{9-116}$$

$$y_{m,s,t}^{\mathrm{ch}}-h_{m,s,t}^{\mathrm{ch}}=u_{m,s,t}^{\mathrm{ch}}-u_{m,s,t-1}^{\mathrm{ch}}，\forall m\in \boldsymbol{G}_{\mathrm{P}}\cup \boldsymbol{G}_{\mathrm{NP}}，\forall s\in \boldsymbol{S}，\forall t\in \boldsymbol{T} \tag{9-117}$$

$$y_{m,s,t}^{\mathrm{dis}}+h_{m,s,t}^{\mathrm{dis}}\leqslant 1，\forall m\in \boldsymbol{G}_{\mathrm{P}}\cup \boldsymbol{G}_{\mathrm{NP}}，\forall s\in \boldsymbol{S}，\forall t\in \boldsymbol{T} \tag{9-118}$$

$$y_{m,s,t}^{\mathrm{ch}}+h_{m,s,t}^{\mathrm{ch}}\leqslant 1，\forall m\in \boldsymbol{G}_{\mathrm{P}}\cup \boldsymbol{G}_{\mathrm{NP}}，\forall s\in \boldsymbol{S}，\forall t\in \boldsymbol{T} \tag{9-119}$$

式中：$u_{m,s,t}^{\mathrm{ch}}$、$u_{m,s,t}^{\mathrm{dis}}$ 分别为抽蓄机组 m 的抽水、发电状态指示变量；$p_{m,s,t}^{\mathrm{ch}}$、$p_{m,s,t}^{\mathrm{dis}}$ 分别为抽蓄机组 m 的抽水和发电功率；$h_{m,s,t}^{\mathrm{dis}}$ 为抽蓄机组 m 的发电停止动作指示变量；$h_{m,s,t}^{\mathrm{ch}}$ 为抽蓄机组 m 的抽水停止动作指示变量；$P_{m,\min}^{\mathrm{dis}}$、$P_{m,\max}^{\mathrm{dis}}$ 分别为抽蓄机组 m 的最小、最大发电功率；$P_{m,\min}^{\mathrm{ch}}$、$P_{m,\max}^{\mathrm{ch}}$ 分别为抽蓄机组 m 的最小、最大抽水功率。

（18）抽蓄机组抽水状态时存储的电量。

$$E_{m,\min}\leqslant E_{m,s,t}\leqslant E_{m,\max}，\forall m\in \boldsymbol{G}_{\mathrm{P}}，\forall s\in \boldsymbol{S}，\forall t\in \boldsymbol{T} \tag{9-120}$$

$$E_{m,\min}x_m\leqslant E_{m,s,t}\leqslant E_{m,\max}x_m，\forall m\in \boldsymbol{G}_{\mathrm{NP}}，\forall s\in \boldsymbol{S}，\forall t\in \boldsymbol{T} \tag{9-121}$$

$$E_{m,s,t}=E_{m,s,t-1}-\left(\frac{p_{m,s,t}^{\mathrm{dis}}}{\eta_m^{\mathrm{d}}}-p_{m,s,t}^{\mathrm{ch}}\eta_m^{\mathrm{c}}\right)\Delta T，\forall m\in \boldsymbol{G}_{\mathrm{P}}\cup \boldsymbol{G}_{\mathrm{NP}}，\forall s\in \boldsymbol{S}，\forall t\in \boldsymbol{T} \tag{9-122}$$

式中：$E_{m,s,t}$ 为抽蓄机组 m 抽水状态时存储的电量；$E_{m,\min}$、$E_{m,\max}$ 分别为抽蓄机组 m 允许的最小、最大存储电量；η_m^{c}、η_m^{d} 分别为抽蓄机组 m 的抽水、发电效率。

通常抽蓄电站包含多台机组，并且机组共用蓄水池，不存在为每台机组配置蓄水池的情况，本书中为了建模方便，按照总蓄水池容量为每台机组分配相应的库容以存储电量，本质上仍然满足库容的要求。

习　题

1. 建立一个同时考虑机组组合和电网扩展规划的联合规划数学模型。
2. 建立一个同时考虑分布式发电（DG）和配网适应性的联合规划数学模型。
3. 负荷需求响应方式有哪几种？
4. 常见的储能类型有哪些？
5. 写出常规电源与输电网协同规划中调峰能力约束表达式，并给出煤电机组、燃气机组和储能等的调峰幅度数值。

第10章　配电网规划

本章主要阐述变电站站址确定方法、配电网规划的主要内容和步骤、配电网络的接线方式。首先，简要介绍了配电网规划的特点、模型、流程；然后，介绍了变电站数量确定和优化选址方法；进一步，介绍了配电网规划的主要内容和主要步骤；最后，介绍了高压及中压配电网典型接线模式。

10.1　概　　述

10.1.1　配电网规划特点

配电网是电力系统的重要组成部分，也是城乡基础设施建设的重要组成部分，它的规划、建设与改造直接影响到整个电力部门的经济效益和对广大电力用户供电的安全可靠。由于配电网规划工作的特殊性，使其具有如下一些特点：

（1）接线形式多样，呈辐射状结构运行。

（2）电源供应的不确定性，随着电力市场改革的深入，日后条件成熟时，最终在配电领域的零售业务中也将引入自由竞争，未来用户可自由地选择电源，配电网规划有必要适应未来用户可自由地选择电源的要求，对配电网规划需考虑因素更多，更加复杂。

（3）环境对配电网络的要求，如外形协调、电磁干扰、入地化等。

（4）政策法规的变化如用电制度的规定，利率的调整及变化，规程、导则的变化，各种运行参数的调整等。

10.1.2　配电网规划模型的分类

（1）从时间和物理结构角度。配电网规划的模型可以从时间角度分为静态模型和动态模型。

静态模型假设规划水平年内负荷需求不会改变，在模型中不考虑负荷增长因素。动态模型是指在长期配电网规划中，动态地考虑不同时间段的负荷变动情况，常常将规划分成几个阶段进行的模型。动态规划使配电网络结构随负荷的变化作动态的调整，目的是寻求一种动态的设备投入或兴建方案，保证规划结果在整个规划年内是最优的。

（2）从经济性和可靠性角度。配电网规划的数学模型可分为经济性模型和可靠性模型两种。

经济性模型的目标函数只考虑经济性指标，以确定的可靠性指标为“$N-1$”原则为约束条件之一。常见的方法是首先建立满足正常运行情况的电力网络的架线方式，然后进行断线分析，通过消除断线以后出现的过负荷现象，对网络扩展方案进行修改，直到满足给定的约束条件为止。

可靠性模型的目标函数取可靠性成本和可靠性效益的现值之和。可靠性成本为投资费用，可靠性效益为发电成本费用、网损费用和停电损失费用之和。约束条件包括潮流等式约束、支路容量限制、网架限制等。

（3）从单目标与多目标角度。配电网规划的数学模型根据目标函数的个数可分成单目标模型和多目标模型。

配电网规划除了投资费用目标、年网损费用目标外，如生产费用、可靠性、网络安全约束的惩罚项、载荷能力和环保因素等都可以作为规划目标之一。在规划时可能需要考虑多个目标，而这些目标有时是具有不同重要性甚至是相互矛盾的指标，因此需要合理地解决各个目标之间的冲突。多目标优化是解决这一问题的理想途径。

（4）从灵活性角度。配电网规划可分为确定性和不确定性两种建模方法。

传统的配电网规划优化方法是通过选择其中一个预想环境（被认为实现概率最大的一个），采用该环境下已“确定”的规划参数，求得满足该环境约束的、相对经济指标最优的确定性方案。这一类规划方法缺乏必要的适应性，其数学上的最优方案往往由于未来的不确定性因素而使该“最优方案”失去了其最优的意义。事实上，配电网规划确实涉及大量的不确定性。未来负荷增长大小和位置的不确定性、配电网的扩展费用的不确定性等。因此，在进行配电网规划时必须考虑这些不确定性因素对规划结果的影响。

目前，配电网规划工作中已发现并开始研究的不确定性信息主要有随机性信息、模糊信息、灰色信息以及未确知信息四种。根据对不确定信息处理方法的不同，灵活规划的研究具体可以分为两类：第一类为多场景分析方法；第二类为基于不确定性信息数学建模的配电网规划方法，主要有随机方法、风险评估法、模糊方法、灰色方法及其他一些新的理论和方法，如盲数理论、证据理论等。

10.1.3 配电网规划流程

配电网规划是输变配电设施建设规划的一个组成部分，为了方便可将其单独列出，也可与输电网规划同时进行。

配电网规划的期限一般较短，一方面它与用户的实际分布有关，另一方面配电网规划的实施期也较短，一般以5～15年的中、短期规划为主。配电网规划的另一个特点是配电设施面广、点多，每个设施单位较小、数量很多，设施场所与居民、用户有直接接触等。

配电网规划的内容主要包括以下几个方面：

（1）负荷预测。配电网负荷预测可以使用外推法和仿真法两种常用的预测方法。外推法是基于用电区域的历史数据，假设负荷发展率是连续变化的，根据原来的负荷发展率推移以后各时期的发展状况。仿真法与外推法有互补的作用，仿真法是以用电区域每年的用电量为依据的，通过调查每个用电负荷类型和每个类型用户的数量来计算负荷预测值。任何负荷预测方法都不可能完全准确，当掌握更新的负荷发展数据后，就必须对原有的负荷预测值进行修正。

（2）确定网络的系统模型。确定网络的系统模型包括确定网络是采用架空线路还是电缆供电，确定导线截面大小、网络接线方式、负荷转移方案、网络中有关设备的选型，确定网络在运行期间遇到不适应要求时应如何进行改造，确定系统保护功能和配网自动化规划等。

（3）效益评估。配电网规划经济效益评估包括电网投资与增加用电量所产生收益的比较，以及为了使电网供电可靠性、线损率、电压合格率达到一定指标与所需投入费用之间的比较。采用投资与收益的研究可以确定使用哪一种供电方式。

配电网规划的流程可简化如下：

（1）原始资料的收集准备。配电网覆盖广，配电设施数量和品种繁多，因此，必须掌握各种配电地区的特性及将来经济结构的变化趋势。原始资料收集准备的主要内容有：

1）用户用电需要。应从长期展望出发估计出各配电地区的用电需要。

2）用户电压要求。用户规划期内对供电电压的要求。

3）用户供电可靠性要求。各类用户对供电可靠性的不同要求。

4）用电负荷分布。它包括用户的用电设备的特性和用电方式。

5）变电站站址要求。掌握配电设施可能安放的场所和条件。

6）地区环境要求。变配电设施对周围居民及其他设施（如通信等）的影响情况。

7）现有配电网的改造计划。它包括对现有配电网配置情况的分析与评价。

8）输电网规划。只有了解了输电网规划以后，才能编制配电网规划，输电网规划是配电网规划的前提条件之一。

（2）确定可能的配电网规划方案。在整个电力系统中，按地区从满足长期供电需要出发，并考虑经济等因素，在分析负荷密度、供电可靠性水平、变电站布置及上一级电力系统结构等基础上，确定各可行的配电电压和配电方案。

（3）经济性评价。在论证各可行方案对供电能力、供电可靠性、供电电压的要求及对未来发展和对环境的适应性的基础上，进行详细的经济性评价，计算出各可行方案的经济效果指标。

（4）确定最佳配电网规划方案。被选出的规划方案，应该是与输电网规划方案密切配合、协调一致，并适应运行管理、安全性、地区经济发展等方面的要求，其经济效果指标也应符合要求。

配电网规划的基本流程框图如图 10 - 1 所示。

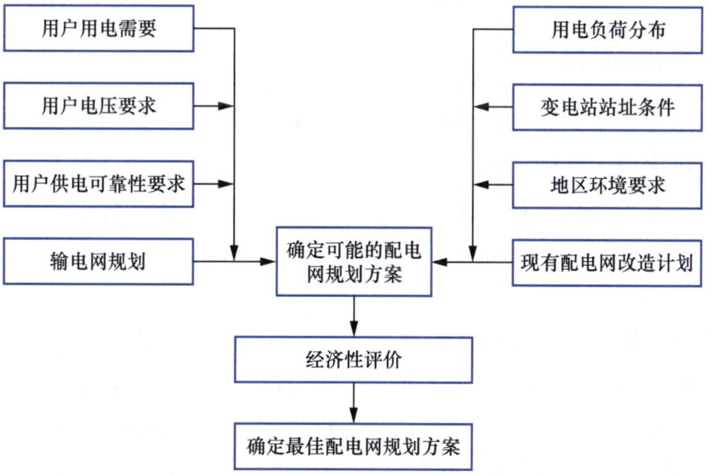

图 10 - 1　配电网规划的基本流程框图

10.2 变电站站址确定

配电网由上级电源变电站、配电站及联系各级变、配电站的线路组成，这些变、配电站的位置直接影响着整个配电网的结构。尤其是电源变电站，其位置及容量的确定既要考虑到负荷的分布情况，又要考虑到整个电网的结构，其布局好坏直接影响到供电网络的结构是否合理以及无功电源的配置等问题，关系到整个配电网建设的经济性和运行的可靠性。所以在配电网规划工作中，变电站站址及容量的优化选择（简称为变电站选址问题）是在负荷分布预测之后的一项十分重要的基础工作。

10.2.1 变电站数量的确定

首先根据某水平年的预测负荷值按有关规程规定的容载比，确定该水平年需要的变电容量；然后将此变电容量与现有变电容量进行比较，确定该水平年变电容量的盈亏，进而可确定需要新建标准变电站的数量。变电站数量 n 用公式可表示为

$$n=\begin{cases}\dfrac{kP-S_{\Sigma}}{S_{\mathrm{N}}}, & kP-S_{\Sigma}>0\\[2ex] 0, & kP-S_{\Sigma}\leqslant 0\end{cases} \tag{10-1}$$

式中：P 为水平年的负荷需求；k 为容载比；S_{Σ} 为现有变电站容量总和；S_{N} 为标准变电站容量。

用式（10-1）计算并经取整、分析，即可确定新建变电站的数量。

对于配电变压器的选择，可用各地块中期负荷预测的结果，考虑变压器的利用率和功率因数，在考虑原有配电变压器的基础上，可确定各地块中对应布置的变压器的容量。在确定变压器容量时，居民生活区内 10kV 配电变压器的容量一般统一规范为 250、400、500、630、800kV·A；35kV 电力变压器，容量一般使用 16、20、31.5MV·A。为了提高供电的可靠性，变压器台数至少选定为两台，以满足“$N-1$”原则。

10.2.2 变电站选址优化

配电网变电站规划中，通过大量数据的统计确定出水平年的负荷量，再考虑原有变电站的布局，经分析比较才能确定新建变电站站址。这种传统的方法没有量的概念，工作量大，工期也较长，其主要缺点是人为因素影响较大，因此将优化理论引入变电站选址是很有必要的。

1. 目标函数的建立

（1）单源连续选址。单源连续选址就是在某一变电站供电范围一定的情况下确定变电站站址的方法。在建立模型时，基于不同的目标所建立的模型不同，就几种模型讨论如下。这里设待求变电站的站址坐标为 (u,v)，城网中 10kV 各负荷点的坐标为 (x_i,y_i)。

1）等负荷原则。假定各负荷点的性质相同，且具有相同的计算负荷、功率因数和全年用电量，其目标函数定义为

$$\min C=\sum_{i=1}^{n}\left[(u-x_i)^2+(v-y_i)^2\right]^{\frac{1}{2}} \tag{10-2}$$

式中：n 为该变电站所供负荷点的个数。

这种模型适用于负荷相差不大，年耗电量基本相同的场合，如住宅区，对于区域规划中负荷不确定的场合，采用这种模型较为简单、直观。

2）初投资最小原则。初投资最小原则主要是考虑了电线电缆的投资，并设电线电缆的价格及安装费用等与其截面面积成比例，这样计算出的初投资最小的负荷中心也就是有色金属材料消耗最少的变电站位置。先根据各负荷点的计算负荷和功率因数求出相应的配电线路的截面积 S_i，则其目标函数定义为

$$\min C=\sum_{i=1}^{n}S_i\left[(u-x_i)^2+(v-y_i)^2\right]^{\frac{1}{2}} \tag{10-3}$$

该模型是将有色金属消耗最少作为主要因素，忽略了敷设电线电缆的土建投资等费用，尤其适用于铜芯电缆消耗量大的场合。

3）负荷矩最小原则。负荷矩最小原则是各负荷点对负荷中心的负荷矩之和最小，计算时必须求出各负荷点的最大计算负荷，其目标函数定义为

$$\min C=\sum_{i=1}^{n}P_i\left[(u-x_i)^2+(v-y_i)^2\right]^{\frac{1}{2}} \tag{10-4}$$

式中：P_i 为各负荷点功率，kW。

该模型是基于单位电力负荷路径最短设计的，实际上接近于初投资最小原则，并考虑到降低线损。该模型在确定负荷中心上应用较为普遍。

4）网络运行费最小原则。以网络运行费最小原则的目标函数定义为

$$\min C=\sum_{i=1}^{n}\beta_i P_i\left[(u-x_i)^2+(v-y_i)^2\right]^{\frac{1}{2}} \tag{10-5}$$

式中：β_i 为单位距离、单位负荷的费用系数。

这种模型主要适用于各负荷点年最大计算负荷运行小时数相差很大的情况。

（2）多源连续选址。多源连续选址是在一个规划区中同时确定几个变电站的站址。它的模型与单源连续选址相对应。设所研究的问题有 m 个变电站，向 h 个负荷点供电，则基于等负荷、初投资最小、负荷矩最小原则，以及网络运行费最小原则的多源连续选址目标函数分别为

$$\min C=\sum_{j=1}^{m}\sum_{i=1}^{h}\delta_{ji}\left[(u_j-x_i)^2+(v_j-y_i)^2\right]^{\frac{1}{2}} \tag{10-6}$$

$$\min C=\sum_{j=1}^{m}\sum_{i=1}^{h}\delta_{ji}S_i\left[(u_j-x_i)^2+(v_j-y_i)^2\right]^{\frac{1}{2}} \tag{10-7}$$

$$\min C=\sum_{j=1}^{m}\sum_{i=1}^{h}\delta_{ji}P_i\left[(u_j-x_i)^2+(v_j-y_i)^2\right]^{\frac{1}{2}} \tag{10-8}$$

$$\min C=\sum_{j=1}^{m}\sum_{i=1}^{h}\delta_{ji}\beta_i P_i\left[(u_j-x_i)^2+(v_j-y_i)^2\right]^{\frac{1}{2}} \tag{10-9}$$

$$\text{s.t.}\quad \sum_{j=1}^{m}\delta_{ji}=1, i=1,2,3,\cdots,h \tag{10-10}$$

式中：δ_{ji} 为标志参量，$\delta_{ji}=\begin{cases}1 & \text{电源 } j \text{ 向负荷点 } i \text{ 供电}\\ 0 & \text{电源 } j \text{ 不向负荷点 } i \text{ 供电}\end{cases}$；$h$ 为负荷点的总个数；(u_j, v_j)

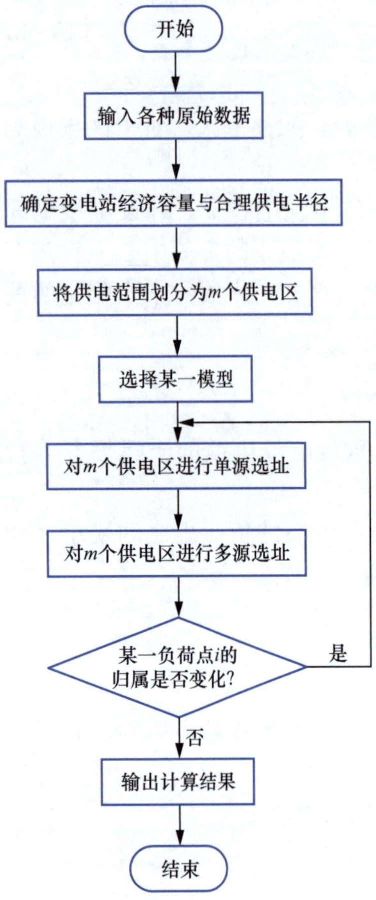

图 10-2　变电站站址优化计算程序流程框图

为第 j 个变电站的新站址；(u_i, y_i) 为第 i 个负荷点的坐标。

配电网一般以闭环设计开环运行，约束条件式（10-10）保证同一时间各负荷点只能由一个电源供电。

2. 优化计算

确定了基于负荷矩最小原则的单源和多源连续选址数学模型之后，就可以确定模型的算法并进行编程，以求得配电网中一定负荷水平下的最佳变电站站址。变电站站址优化计算程序流程框图如图 10-2 所示。

（1）单源连续选址优化计算。目标函数式（10-4）为一无约束的最优问题，其最小值可由以下方法求出。

令

$$d_i=[(u-x_1)^2+(v-y_1)^2]^{\frac{1}{2}} \tag{10-11}$$

对式（10-4）求偏导数 $\frac{\partial C}{\partial u}=0$，$\frac{\partial C}{\partial v}=0$，则有

$$\begin{cases} u=\sum_{i=1}^{n}(P_i x_i/d_i)\Big/\sum_{i=1}^{n}(P_i/d_i) \\ v=\sum_{i=1}^{n}(P_i y_i/d_i)\Big/\sum_{i=1}^{n}(P_i/d_i) \end{cases} \tag{10-12}$$

由于 d_i 中含有 u、v，所以采用迭代算法解此函数表达式，其初值 $[u(0),v(0)]$ 为各负荷点坐标的算术平均值，代入式（10-11）；然后将式（10-11）求得的各 d_i 代入式（10-12）求得 $[u(1),v(1)]$。若 $[u(k),v(k)]$ 是在第 k 次迭代中求得的解，那么第 $k+1$ 次迭代求出的解为 $[u(k+1),v(k+1)]$，当两个相继求出的解 $[u(k),v(k)]$ 和 $[u(k+1),v(k+1)]$ 充分接近时，可停止计算，即可确定出新建变电站站址为 (u,v)。

（2）多源连续选址优化计算。式（10-8）、式（10-10）是一个有约束的最优化问题，采用分配法求解，其优化计算的主要步骤如下：

1）根据负荷预测结果，按 10kV 最佳供电半径或 35kV 变电站最佳容量将 h 个负荷点分为 m 个子集，即将规划范围分为 m 个供电区，分区所依据的供电半径 r 的求法如下。

假设变电站的供电范围为一半径是 r 的圆，且 10kV 中压配电网为辐射形网络结构，当整个电网覆盖面上的负荷密度均匀时，变电站个数 N 为

$$N=\delta AK/S \tag{10-13}$$

式中：δ 为平均负荷密度，kW/km^2；A 为供电区面积，km^2；S 为变电站容量，kVA；K 为变电站容载比。

单位面积上变电站个数为

$$n=N/A=\delta K/S \tag{10-14}$$

取一个变电站平均供电半径为 r（单位：km），则单位面积上变电站个数 n 又为

$$n=1/(\pi r^2) \tag{10-15}$$

由式（10-14）和式（10-15）得

$$r=\sqrt{S/(K\pi\delta)} \tag{10-16}$$

2）对 m 个供电区进行一次单源连续选址（取 $\delta_{ij}=1$），确定出 m 个待选变电站的初始站址（u_i,v_i），$j=1,2,\cdots,m$。

3）从按单源连续选址确定出的 m 个待选变电站中选出 f 个已有变电站，将其站址换为最靠近它的已有变电站的站址。

4）计算出每个负荷点到各个站的 P_id_{ji}，$i=1,2,\cdots,h$；$j=1,2,\cdots,m$。

5）选出负荷点 i 到电源点 j 的最小负荷矩为

$$F_j=\min(P_id_{ji}),\ i=1,2,\cdots,h;\ j=1,2,\cdots,m$$

则负荷点 i 的最小负荷矩所对应的变电站，就应该是该负荷点 i 在理论上的最佳电源点，将 h 个负荷点按最佳电源点形成的集合重新分组。

6）若负荷点 i 的归属没有变化，计算结束，否则回到步骤（2）重新进行计算。

10.3 配电网规划的主要内容

10.3.1 所需资料及历史数据的收集

对所需资料及历史数据进行收集是进行规划的基本工作，属前期准备，是进行规划的必备条件。所需资料和数据包括：规划区的地理图（最好是电子图，并标出河流、道路、地区详细规划、使用功能、容积率、大用户发展资料），现有电网接线图、地理图、用电历史数据等，变配电站及各线路的实际资料、历史数据及一些设备的参数（如导线电缆截面、变压器容量、变电站规模、配电线路的接线模式等），用户及地块的用电要求（如双电源、各种容量的备用电源要求等）。有条件时最好能建立数据库，也可利用已有的数据库，互联共享。

配电网规划所需典型资料：

（1）规划区的总体思路，规划目标及具体指标。

（2）规划区控制性详规图、说明文本（包括现有建筑、位置、土地面积、建筑面积、使用功能）及地理位置。

（3）规划区内有表示规划道路和地块的地形图（地理图）、电子地图。

（4）规划区内各地块、道路对敷设架空线及电缆的限制要求。

（5）规划区内现有企业名称、地点、土地面积、地图上地理位置范围、建筑面积、生产规模、主要产品产量、生产班次、最大负荷、年或最大负荷月用电量、增容要求及远期发展打算。

（6）规划区内新企业（包括设想中的）名称、地点、土地面积、地图上地理位置范围、建筑面积、生产规模、主要产品产量、生产班次、用电负荷、年用电量、用电可靠性要求，是否需要双电源供电，建设年限、分阶段的安排、投产时间、发展远景打算，是否有产生谐波及冲击负荷的设备。

（7）市政公用设施，如雨水泵站、污水泵站、自来水、煤气、通信等的容量、规模、地理位置、用电负荷。

（8）大项目的建设情况，如项目内容、规模、位置、占地面积、建筑面积、用电要求、投产估计年份等。

（9）规划区所在地相关行政区域的总体规划。

（10）规划区内现有的35、110、220kV变电站位置图。

（11）规划区内现有的35、110kV变电站中主变压器各母线电压、月最高负荷、月及年电量（或电度数及倍率）和10kV线路有功、无功负荷（或电流、电压、功率因数）。

（12）规划区内现有的35、110kV变电站接线图（一次接线图）。

（13）规划区内现有的35、110kV线路电气图、地理接线图及电缆、架空线规格。

（14）规划区内现有的10kV电气图及地理接线图（标出35、110kV变电站，10kV配电站位置）。

（15）10kV用户、配电站、杆变、环网站、箱式变电站、支接点的位置、名称、容量，10kV隔离开关位置，电缆架空线规格。

（16）有关供电公司对划分功能块及地块的安排与打算，已划分的块内用电情况。

（17）有关供电公司现在的、目标的各种运行参数、指标等，如各类设备故障率（并按不同原因分析）、5年以上线损率、供电可靠率（并按不同原因分析）、检修周期、检修时间（h）、各类停电时间分析、故障修复时间、各类架空线路、电缆阻抗等。

（18）有关供电公司5年以上每月售电量和年售电量，年最大负荷及供电量。

（19）有关供电公司5年以上的《行业用电分类表》统计资料。

（20）有关大用户的地址，地理图上位置，供电电压，装接容量，5年及以上每月最大需量（kW），每月用电量（kW·h）。

（21）对配电自动化的设想及要求。

（22）各类设备的建设综合单价（包括土地费用、土建、设备、安装、配套及各种费率、间接费用等）。

（23）有关已定的电网建设及改造项目及内容，已定的变配电站站址、架空线路和电缆走廊。

（24）目前电网中存在的问题及改进的设想。

（25）有关供电公司已编制的电网发展规划、执行情况和存在问题。

（26）对配电网经济分析的要求。在资料中有很多是间接的，或是换算及推算的，也有很多是实际实践的数据，在应用中应充分尊重实际实践资料，以其为主要的依据。

10.3.2 功能块的划分

进行配电网规划时，需要了解用电（负荷）的分布，才能进行工作。对需规划的地区，划分若干个小块，以确定负荷分布，一般分成：

（1）功能块。集中使用功能相同的，一般不穿越道路、面积不很大的小块称功能块，可以根据控制性详细规划的安排进行划分。

（2）地块。四周以道路为界，使用功能基本接近，面积较大些，根据地理条件来定。

（3）小区。几个地块性质基本接近，在地理位置及各种管理上连在一起的区域，面积稍大。

(4) 地区。面积较大，在地理位置上，行政管理上相对独立的一个区域，如各种城镇、开发区、自然形成的农村等。

功能块和地块是统计计算负荷的基础。有条件的以功能块为基础，条件若不足至少也需以地块为基础。在上述区域中有明确地点的负荷如高层大厦及大工业用户等，以具体地理位置所在处为负荷点，称点负荷；以功能块或地块平均负荷计算的，称面负荷。可以用50m×50m或100m×100m小格代表负荷，也可以把地理重心作为一个负荷点来处理。地块以道路为界，变动较小，最好能与抄表路线结合起来，由电力企业统一编号后，经过计算机计算出地块用电和负荷，逐步形成完整的地块负荷数据，积累历史数据及基础数据，为规划工作创造比较好的条件。这对今后的业扩、工询工作非常有用，也能有条件与地理信息系统结合，逐步自动配置供电方案，也可以做到及时答复用户，对营销工作是一大提升。

10.3.3 负荷预测

负荷预测是规划的基础工作，进行配电规划需要一个具体的用电点及具体分布，否则变电站、线路无法布局，所以功能块或地块是基础中的基础工作，需有一个长期、稳定、功能性质相近的功能块（地块）用电资料，如用电水平、发展过程（5年以上用电水平）及用电参数、建筑面积等，可与配电自动化抄表系统结合起来。

负荷预测的方法很多，各有特点，对功能块或地块用电水平应该有两个制约。一是每个功能块或地块有一个饱和值（即上限）、一个起始值（即下限）；起始值不能为零，要有相当用电水平，改造地块为现有水平，新地块为首批使用时水平。二是所规划地区有一个总量控制，各功能块或地块受制约于总量。总量由用电单耗、发展历史、同类比较、专家评估、工作经验总体平衡等得出。以此两项制约对功能块或地块负荷进行反复平衡协调。

功能块或地块内集中负荷可以用点负荷来表示，相同功能的分散负荷可用相对代表的点负荷或面负荷来表示。功能块或地块反应至变电站的负荷有一个同时率的问题，一般参考数据反映到10kV线路同时率为0.65～0.75，各线路负荷反映到变电站同时率为0.92～0.94，可根据用电性质选用，也可根据具体情况自行选定。

在负荷预测中要进行用电量或最高负荷利用小时的预测，进行用电分析，在工程评估及经济分析中也必须引入用电量的概念。

10.3.4 分割供电区域

根据功能块或地块的负荷分布，分割成若干供电区域。供电区域的分割要求适应已定供电变电站的供电容量，并满足由该变电站供应至各负荷点的线路的数量最少、距离最短，也就是总线路长度为最短。确定供电区域或负荷中心后，结合地形地貌及周围环境、条件即可按此设置变电站站址，同时要考虑建设上一级变电站（220kV变电站）位置及线路安排。

10.3.5 配置主干线路

在已设置的变电站及功能块或地块的负荷布点间，配置配电线路。长期规划一般只配置主干线路，至于具体的接线方式，具体配电站、配电变压器等布点，需待有具体详细及比较确定的规划的地区才能进行规划，期限亦不宜太长。在配置主干线路时要根据道路情况和敷设条件，如哪些道路可设置架空线或电缆、可设置的数量，因地制宜地配置；同时还要考虑各用户的用电要求，如要求备用电源、双电源、不同来源的双电源等。线路配置要达到“$N-1$”原则的可靠性技术要求。“$N-1$”原则是指正常运行方式下的电力系统中任一元件（如线路、发电机、变压器等）无故障或因故障断开，电力系统应能保持稳定运行和正常供电，其他元件不过负荷，电压和频率均在允许范围内。对个别特别重要地区，要设法达到或接近“$N-2$”原则的要求，即允许两台设备或元件故障或退运。在配置主干线路时要先确定供电的主要模式及思路框架，为以后的具体发展及建设定向，同时要考虑各变电站间的联络容量。配电线路可不设专用联络线，可利用线路供电能力的余量，在各负荷线路间进行联络，即带负荷的联络线。在满足上述要求及考虑后，配置主干线路应是数量最少、距离最短，即建设总长度最短，在配置中要使负荷点合理配置及分配，线路负荷均匀及足额。

区内10kV架空线路采用绝缘导线，线路截面的选择可参照当地电力企业的技术规定。一般来说，35kV电缆选用YJV-3×400mm^2；10kV架空线选用JKLYJ-120mm^2；10kV电缆选用YJV-3×240mm^2。

10.3.6 电缆通道规划

在上述规划后，根据变电站设置、主干配电线路布置走向、变电站进线电源走向以及其他电力线路情况等，对穿越或供应规划区域的线路进行合并及统一。考虑如为电缆的，统一规划电缆通道。一般在6根以上的电缆需设置电缆通道，在设置电缆线路时宜均匀分散，分几个方向布置。尽量减少或避免双排管，以减少地下通道的困难，在配电规划中应避免使用电缆隧道，所以变电站站址应选负荷中心，能多个方向出线、交通方便、出线简便的十字路口。变电站容量不宜过大，出线不宜过多。在规划中由于大部分只进行主干线路的布置，对具体线路及用户线路均未做安排，所以在进行通道规划时，需留有余地；对重要道路及负荷密集地区的排管，按规划电缆数增加50%左右设置，一般地区按增加30%考虑。排管尽可能设在主要道路处，因主要道路今后设置困难，其他道路相对比较方便。在主要道路中各类排管未贯通的，如相距不远，尽可能予以贯通，以增加余度及灵活性。

10.3.7 费用估算

规划中的费用估算，有别于初步设计的概算及施工预算，更不同于竣工决算，比较粗略，是匡算性质，只是大致有个费用尺度。基本以单位造价进行估算，如线路按每千米的综合费用估算，变电站按每座的综合费用估算，还有配电站、开关站、环网站、箱式变电站、电缆排管等均按综合单位造价估算，大部分只计算静态费用，即各项费用相加就是了。只有在进行经济分析时，才计入投资的早晚及每年利息的动态费用。

10.3.8 规划的电气计算及可靠性计算

在上述规划时已考虑了供电能力，负荷需求及“$N-1$”原则要求，均可以达到预计要求，因此电气计算一般可省略，除非特别提出或需要时。

一般可靠性计算还需各类设备的故障率等。线损及运行费用计算，在配电规划的经济分析及综合评价比较优选时使用。进行计算时，因配电网络线路众多、范围大、面广、计算量极大，人工计算极为困难，需用计算机进行辅助。

10.3.9 无功补偿规划

一般在进行配电规划时，常常会忽视无功补偿规划，主要是因为：

(1) 在变配电站布置时，常配置一定数量的无功补偿设备，需要时可以投入进行调节；对用户亦要求其达到一定的功率因数。

(2) 负荷密度上升，线路缩短，而且电压浮动大部分能满足，矛盾不突出。

然而，随着用户对电压要求的提高，无功配置更要求合理化，讲究经济性，因此无功补偿规划将是配电规划的一部分。无功补偿规划主要根据无功补偿装置的配置原则，进行无功需求（无功负荷）、无功供应（系统无功供给及补偿装置）、可调节手段及容量间的平衡与协调。

10.3.10 继电保护、通信及自动化规划

随着电力技术的发展，继电保护与配电自动化将逐步合二为一，这会对配电网的运行条件和一些限额参数产生影响，从而影响配电网规划的配置及布局。使用不同的配电自动化规模、水平、内容，会有不同的配电网规划方案及投资水平。这时继电保护与配电自动化内容已作为配电网规划的前提及基础工作，不可避免地将作为规划的重要内容，对规划的思路、认识、观念也将发生影响。

10.3.11 经济分析

过去由于各供电单位不是一级法人，不进行独立核算，所以对供电成本核算并不十分严格，而且投资及电费均实行统收统支，由各独立电力公司统一平衡、协调及核算。因此在规划中一般不做经济分析，对每个项目也不进行具体的经济分析。不像发电项目那样，将经济分析作为项目评审的重要内容。但是随着电力市场的发展，管理工作的提高，经济核算的加强，投资的多元化等因素，经济分析将日益显现其重要性。作为规划项目评价及投资决策的重要依据，经济分析将在今后规划中要逐步引入并开展工作。进行经济分析要引入电量、利息的概念，要注意电价的变化（购入及售出）、利率的变化、投资早晚的影响、供电成本的升降、投资收益率、内部收益率及回收年限等要求。

10.3.12 配电系统供电可靠性估计

配电系统供电可靠性直接反映对用户的供电能力，它是以用户停电多少天为标准。供电可靠性及设备的选型、安装调试、运行维护等环节，亦涉及网架结构、负荷性质等因素的制约。有条件或需要时，规划中还要进行必要的可靠性估计。

10.3.13 分年度安排

在进行总体规划后，根据需要及要求进行分年度安排，特别是近期的年度安排。年度

安排的目的：①使规划先后可衔接，有一个逐步过渡问题；②使近期项目安排更具体、更明确；③适应经济分析的需要。分年度的具体做法，即是以一个年度作为一个断面，按前述的内容再进行一次规划安排，具体内容计划可适当简化，并受前一年（或几年）和后一年（或几年）的制约。

10.3.14 优化方案比较

进行规划时对布点（变电站）布线已进行了优化。但还是存在不同方案的优化，即原始设定的不一样，选用参数的不一样，如变电站容量、供电电压、选用线路容量、配电的供电接线模式。不同的方案及设定，按上述内容分别进行规划，然后按结果进行比选优化，工作量比较大，若有适合计算机辅助规划程序，则大量工作可由计算机替代，会方便许多。但在成熟区域及已有统一模式的区域，则可按统一方案规划，不再多方案优化，以求一致。至于统一方案是否合适，则宜统揽全局专题研究，不必在各单个规划中再一一优化。

10.4 配电网规划的主要步骤

在确定规划目标、范围、要求、年限、构思框架后，按上述内容进行规划，具体步骤为：

（1）先取得规划区域地理图纸，最好是电子地图，收集原始数据及规划数据，现有供电设备及负荷水平等。

（2）划分功能块或地块并编号，最好划功能块，如资料不具备，至少划出地块。

（3）估算总负荷，估算功能块或地块负荷及大用户的点负荷。功能块负荷反映到10kV线路上的负荷，有一个同时率，一般按0.65～0.75计算；10kV线路反映到变电站同时率，一般按0.92～0.94计算。

（4）根据负荷分布及变电站可供容量，分割供电区域，布置电源点。

（5）按现有变电站站址、容量，已定变电站站址、容量及需规划变电站容量与分割的供电区域，多次选优逼近，选出所需规划变电站站址，然后与各方协调，进行人工调整，确定可行站址。

（6）按选定站址及负荷分布，进行主干线路规划，以最小路径、最少线路、给定负荷率、“$N-1$”原则校核、线路配置设定或许可条件等来计算，进行规划布线。

（7）有需要或要求时，进行功能块或地块内的配电站、环网及变压器的规划，按选定的模式进行规划。

（8）汇总设置变电站、线路的负荷、负荷率、线路长度等计算。

（9）进行一些电气计算，必要时计算线损、电压降。

（10）需要时进行无功与电压控制规划、继电保护及配电自动化（含通信）规划。

（11）估算投资费用，必要时进行经济分析。

（12）按要求进行分年度或近期的规划、费用估算。

（13）需要时进行多方案优化方案比较。

10.5 配电网络的接线模式

在配电网的建设与改造工程中，电网接线模式的选择是一个非常重要的方面。由于它不仅牵涉到电网建设的经济性，而且关系到供电可靠性，对整个电力工业和用户的发展也具有重要意义，因此有必要对各种可能的接线模式进行定量的计算分析，以便得出符合实际供电要求的接线模式。

配电网各种接线模式的选用，要考虑各方面的因素，满足功能要求，选择优化结构，以达到安全、科学、合理、经济的目的，各种网络结构有其各自的使用条件、应用范围及优缺点，使用要取其所长，避其所短。

选择何种网络接线模式一般需要考虑如下因素：

（1）安全可靠性。安全可靠性是电网的首要任务，要把电力送至用户，而且使一年中用户停电（包括故障停电和检修停电）时间最少（几分钟至几十分钟），停电包括故障停电、检修停电等。

（2）经济性。在同样的安全可靠性条件下电网的接线要满足电网线路最短，使用设备最省，费用最小。尽可能提高线路的使用率或负荷率，以充分利用线路，降低供电成本。

（3）灵活性。电网建设中有很多不确定因素，如负荷的变化、电源点的变化、电网建设中的进度和先后顺序以及投资费用的改变，电网结构要有灵活性，能适应这种变化。

（4）延续性。电网的接线要满足对现有电网的延续性及在电网建设过程中的连续性。在有老电网的地区，规划电网时要结合现有线路的利用、改造及过渡，在各个建设期要考虑电网的连贯性，尽量避免及减少在建设过程中的再改造、改建或废弃，减少无效工程量。

（5）可发展。电网建设达到预期水平后，能具备进一步发展、扩大的条件。

（6）运行管理的方便及操作的简单。电网的接线要满足运行方便、容易管理，所用设备要简洁。特别是发电故障时，易于找出故障、隔离故障，操作要简便、快捷。

（7）其他。电网的接线要符合运行管理单位的使用习惯，并适应系统的自动化程度。

10.5.1 高压配电网接线模式

图 10-3～图 10-8 所示为高压配电网线路的常用接线模式，各自特点分析如下：

（1）图 10-3 所示单侧电源“3T”接线的主要优点是简单、投资省，有较高的可靠性。设备利用率比较高，变电站可用容量为 67%。变压器高压侧为线路—变压器组接线，架空线和电缆线均适用。

（2）图 10-4 所示为具有中介点的放射状接线，该接线使离电源点比较远的变电站可以通过中介点获得电源，减少了电源的出线仓位。

（3）图 10-5 所示为三回路全放射状接线，因为采用了三回电源对某一个变电站供电，考虑到现在的电气设备本身可靠性较高，因此该接线模式的可靠性还是可以满足城市供电。

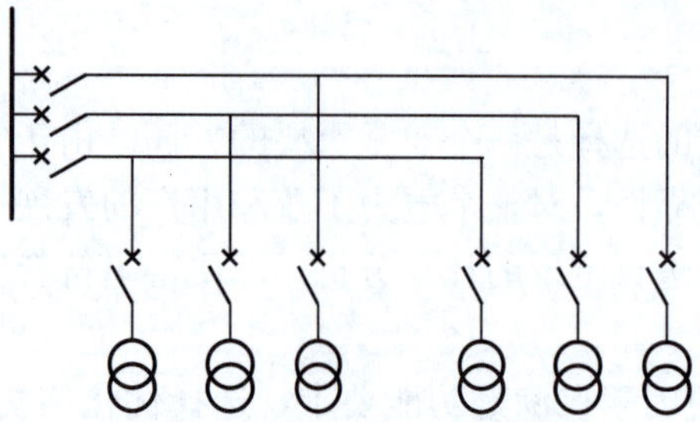

图 10 - 3　单侧电源“3T”接线

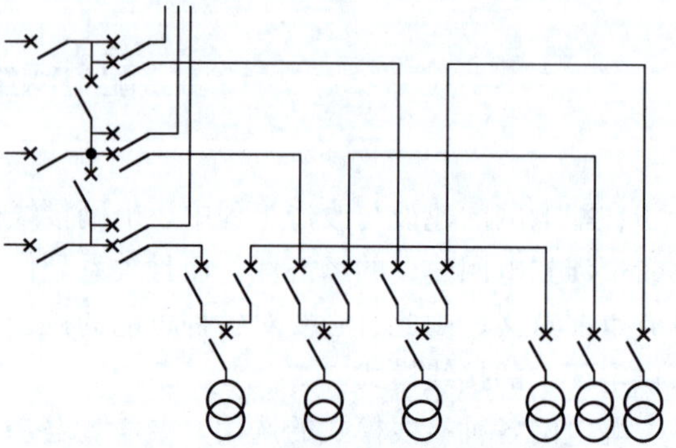

图 10 - 4　具有中介点的放射状接线

（4）图 10 - 6 所示为单环形接线，该接线通过联络断路，将不同电源点及变电站连接起来，形成一个环状。任何一个区段故障时，合联络断路，将负荷转供到相邻馈线，完成转供。该接线的供电可靠性满足“$N-1$”原则，设备利用率为 50%。

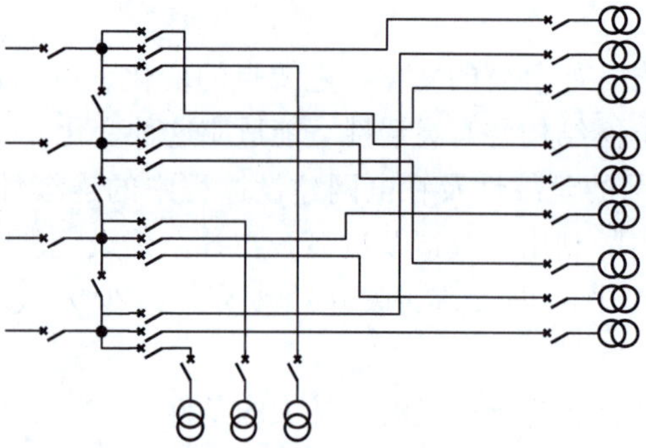

图 10 - 5　三回路全放射状接线

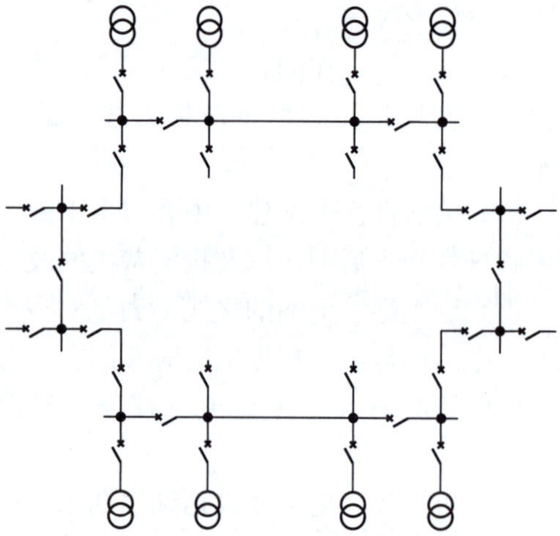

图 10 - 6　单环形接线

（5）图 10 - 7 所示“4×6”接线是加拿大电力专家罗纳德·佩奇（Ronald Page）于 1981 年发明的，并于 1982 年申请了美国发明专利，1983 年申请了加拿大专利。该接线由 4 个电源点，6 条手拉手线路组成，任何两个电源点间都存在联络或可转供通道。任一个电源故障时，受其影响的 3 段负荷，可自动闭合线路中间断路器，转由其余 3 个正常电源供电。此时，每个正常电源的增加容量为故障电源容量的 1/3，为全网电源变压器容量的 1/12，电源变压器可用率很高，大大减少了系统设备备用容量。“4×6”接线由于在网络设计上的对称性和联络上的完备性，使其在节省投资、提高可靠性、降低短路容量和网损、均衡负载和提高电能质量等方面具有优越性。该接线模式也适用于中压配电网。

（6）图 10 - 8 所示双侧电源单断路器手拉手接线将来自不同电源点的两条馈线通过一台断路器进入变电站。任何一个区段故障时，合联络断路器，将负荷转供到相邻馈线，完成转供。该接线的供电可靠性满足“$N-1$”原则，设备利用率为 50%。

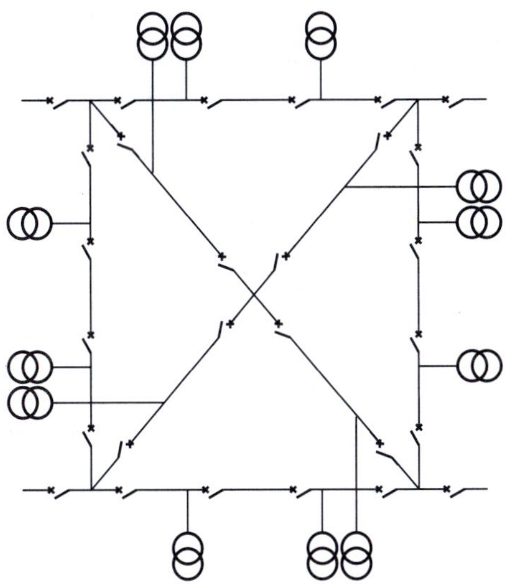

图 10-7　“4×6”接线

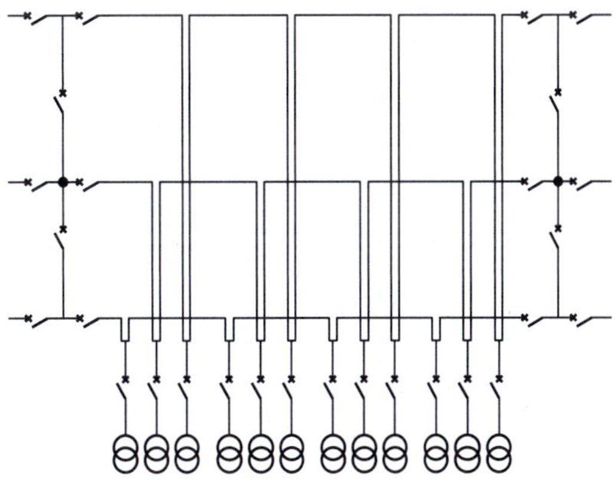

图 10-8　双侧电源单断路器手拉手接线

10.5.2　中压配电网接线模式

图 10-9～图 10-14 所示为中压配电网的常用接线模式。

上述不同接线模式的特点如下：

(1) 图 10-9 所示单电源辐射状接线适用于非重要负荷架空线和城市郊区季节性用户，干线可以分段。其优点是比较经济，配电线路和高压开关柜数量相对较少，新增负荷也比较方便；缺点主要是故障影响范围较大，供电可靠性较差。当线路故障时，部分线路段或全线将停电；当电源故障时，将导致整条线路停电。

(2) 图 10-10 所示单侧电源双“T”接线中两回线路分别接自不同分段的母线，线路沿道路并行敷设，而每一个配电站可以从两回电缆上取得电源。

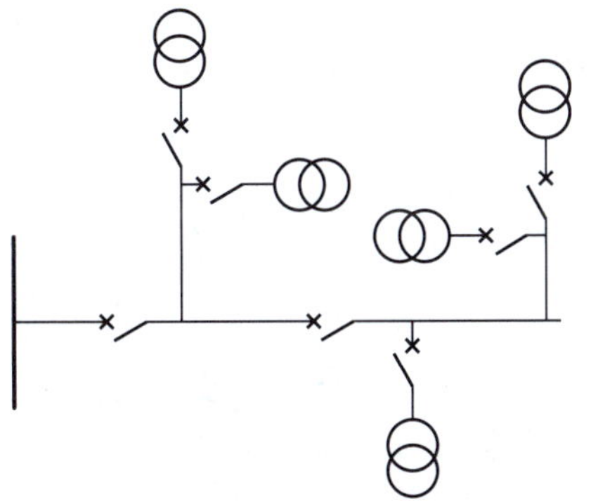

图 10-9　单电源辐射状接线

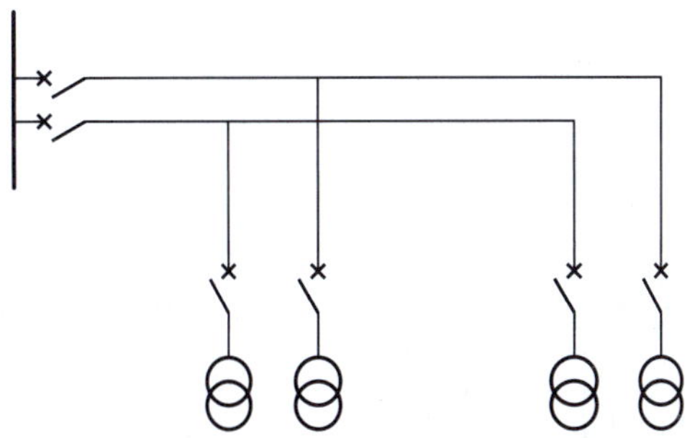

图 10-10　单侧电源双“T”接线

(3) 图 10-11 所示不同母线出线连接开关站接线中每个开关站具有两回进线，开关站出线采用辐射状接线方式供电；也可以在开关站出线间形成小环网，进一步提高可靠性。如果开关站附近有低压负荷，则可以使用带配电变压器的开关站。

（4）图 10-12 所示双电源手拉手环网接线是通过一联络断路器，将来自不同变电站（对应手拉手）或相同变电站（对应环网）不同母线的两条馈线连接起来。任何一个区段故障，合联络断路器，将负荷转供到相邻馈线，完成转供。该接线供电可靠性满足“N－1”原则，设备利用率为 50%，适用于三类负荷用户和供电容量不大的二类负荷用户。

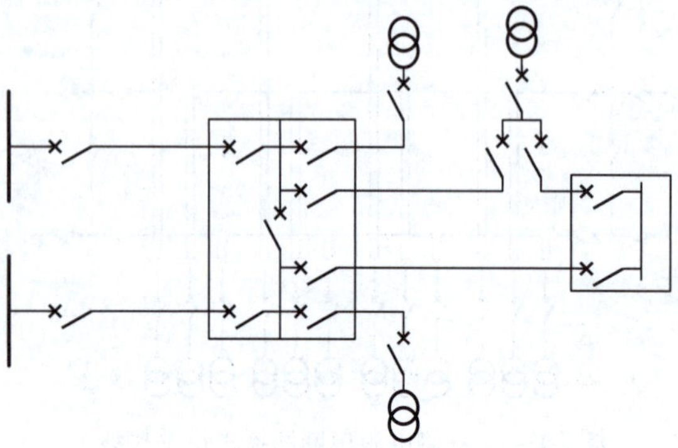

图 10-11　不同母线出线连接开关站接线

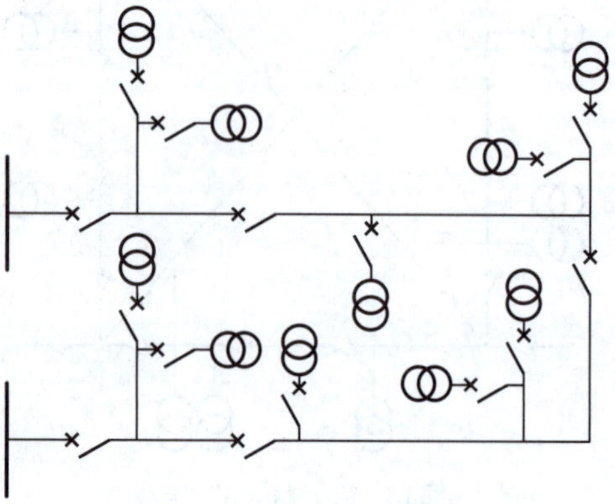

图 10-12　双电源手拉手环网接线

（5）图 10-13 所示为双电源手拉手双环网接线，环网电源可以是变电站也可以是开关站。如果是开关站，根据开关站的电源情况，其环网的可靠性也会有差异，如两座开关站的电源来自同一座 110kV 变电站，比电源来自两座不同的变电站的可靠性要低。该接线模式适用于可靠性要求比较高的一类负荷用户。

（6）“N 供 1 备”接线最早起源于法国的 EDF 公司，并在我国的深圳和广州取得广泛应用。该接线的特点是：N 条电缆线路连成电缆环网，1 条线路作为公共备用线路，正常时空载运行；非备用线路理论上可以满载运行，1 条运行线路出现故障时，可通过线路切换把备用线路投入运行。一般以“3-1”“4-1”比较理想，总的线路利用率分别为 67%和 75%，该模式供电可靠性较高，线路的理论利用率也较高，其中“3-1”（3 供 1 备）接线如图 10-14 所示。这种接线模式非常适合在城市核心区、繁华区和住宅小区采用。在实施中，先形成单环网，随负荷水平的不断提高，再按照规划逐步形成 N 供一备接线网络，满足供电要求。

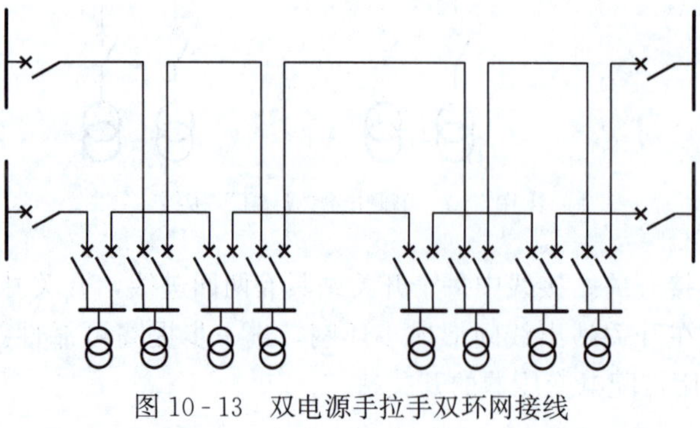

图 10-13　双电源手拉手双环网接线

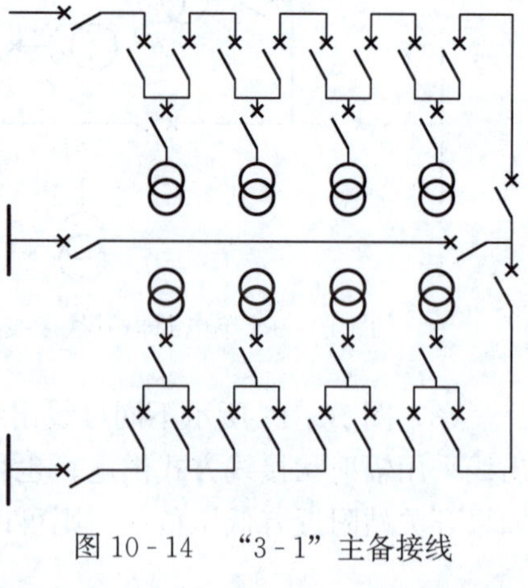

图 10-14　“3-1”主备接线

习　　题

1. 简述配电网规划的主要内容和主要步骤。

2. 以经济性指标或者可靠性指标为目标函数，建立一个配电网扩展规划的详细的单目标数学模型。

3. 画出配电网规划流程图。

4. 画出括号中的一些电力网络接线模式的接线方式（单电源、双电源环网接线，单侧、双侧电源双“T”接线，110kV手拉手接线，链式接线，“4×6”接线）。

5. 分别画出下面不同要求、10kV不同重要级别双环网结构示意图：(1) 双环网进线来自4座K型站，4座K型站进线来自2座变电站；(2) 双环网进线来自2座K型站，2座K型站进线来自2座变电站；(3) 双环网进线来自2座K型站，2座K型站进线来自同一变电站；(4) 双环网进线来自一座K型站，K型站进线来自同一变电站。

第 11 章　含分布式电源与微电网的主动配电网规划

本章主要阐述含分布式电源与微电网的主动配电网规划流程和模型。介绍了分布式电源如风力发电、光伏发电、微型燃气轮机的组成结构和模型特点，微电网的结构特征和运行方式，主动配电网的典型结构和主动管理；在此基础上建立了含分布式电源与微电网的主动配电网规划模型，并分析模型转化和求解方法。

11.1　分布式电源与微电网

在能源发展新阶段的"双碳"目标下，分布式电源以其环保高效和运行灵活的优势在电力系统中的应用越来越广泛。分布式电源规模化接入会给配电网带来负荷预测不确定性增加、短路电流增大等问题，甚至可能出现双向潮流，对配电网的规划和运行提出了挑战。将分布式电源以微电网形式接入配电网是解决这些问题的一种有效方式。微电网通常包括分布式电源和负载，可以通过开断公共连接点来实现并网运行或孤岛运行。微电网接入配电网可以提高能源利用率，提升供电可靠性，减少规模化分布式电源接入对配电网造成的影响。

11.1.1　分布式电源

分布式电源（distributed generation，DG）是一种小型、独立、模块化且与环境兼容的电源，配置在用户现场或附近，能满足电力系统和用户特殊要求，发电功率为几千瓦至几十兆瓦。与传统发电厂相比，分布式电源具有如下优势：

（1）清洁环保。分布式电源可以利用清洁能源发电，这些清洁能源的使用可以大量减少碳排放以及二氧化硫等有害气体的排放。

（2）可靠性高。分布式电源彼此独立，并且可以由用户自行控制。在电网故障的情况下，分布式电源可以继续向其范围内的用户供电。

（3）灵活性高。分布式电源多由中小型模块化设备组成，运行调节灵活，维修管理方便，可满足削峰填谷、为重要用户供电等不同需求。

（4）成本低，效率高。分布式电源体积较小，与用户距离较近，减少了长距离传输中的潮流损耗，降低了干扰信号对负载的影响。

1. 风力发电

风力发电技术是将风能转化为电能的发电技术，由于风速的波动性，在对风力发电机（简称风机，wind generator，WG）进行建模时首先要研究风速变化曲线。威布尔分布可以较好拟合实际风速分布的概率模型，进而得到修正后的风速表达式为

$$v=v_{r}\left(\frac{h}{h_{r}}\right)^{\gamma} \tag{11-1}$$

式中：v 为风机轮毂处的风速；v_r 为测风塔所测得的风速；h 为风机轮毂的高度；h_r 为测风塔的高度；γ 为风切变指数（一般取 1/7）。

接着对风能潜力进行评估，为风机的选型提供参考。风功率与空气密度、风速大小、叶片受风面积等因素有关，其计算表达式为

$$P_{m}=0.5\rho S v^{3} C_{p} \tag{11-2}$$

式中：P_m 为风功率，W；ρ 为空气密度，kg/m^3；S 为风机的扫掠面积，m^2；C_p 为风机的风能利用系数，根据贝茨理论最大可达 16/27。

由风力发电机输出功率和风速之间的近似关系可以得到风力发电机标准功率特性曲线如图 11-1 所示。

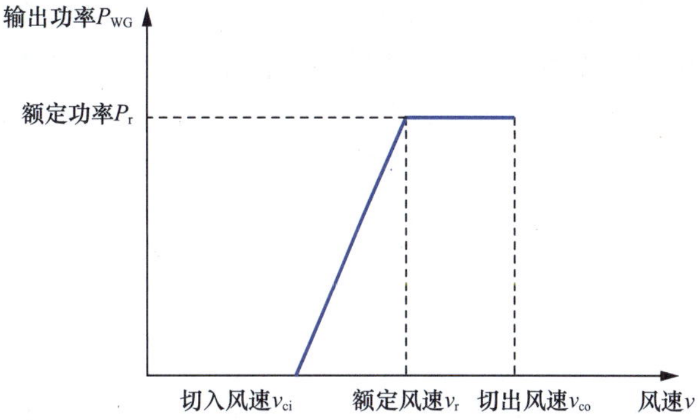

图 11-1　风力发电机标准功率特性曲线

风力发电机的功率输出模型一般表示为

$$P_{WG}=\begin{cases}0, & v<v_{ci},\ v\geqslant v_{co}\\ av+b, & v_{ci}\leqslant v<v_{r}\\ P_{r}, & v_{r}\leqslant v<v_{co}\end{cases} \tag{11-3}$$

式中：P_{WG} 为风机的输出功率；P_r 为额定功率；v_{ci} 为切入风速；v_{co} 为切出风速；v_r 为额定风速；v 为实际风速。

由于设备参数的限制，风机设定了额定功率、切入风速和切出风速。在风速达到切入风速时风机启动，随着风速逐渐增大，风机的输出功率近似按一定比例增加；当风速增大至输出功率为额定功率时，输出功率保持不变，不再随着风速的增加而增大；当风速超过切出风速时，为防止风机受到机械损害，自动切出停止运行，输出功率为零。

2. 光伏发电

光伏发电（photovoltaic generator，PVG）是基于光生伏特效应，物体内部电荷分布在光照作用影响下发生变化而产生电动势，将太阳光转化为电能。光伏发电系统主要由太阳能电池板、控制器和逆变器三部分组成，其运行受辐射强度影响。一段时间内太阳辐射强度的概率密度函数为

$$f(r)=\frac{\tau(\alpha+\beta)}{\tau(\alpha)\tau(\beta)}\left(\frac{r}{r_{\max}}\right)^{\alpha-1}\left(1-\frac{r}{r_{\max}}\right)^{\beta-1} \tag{11-4}$$

式中：r 为这一时间段内的实际辐射强度，W/m^2；r_{max} 为这一时间段内的最大辐射强度，W/m^2；α、β 为 Beta 分布的形状参数；τ 为 Gamma 函数。

光伏电池的输出功率受光照强度、环境温度等因素影响，其输出功率模型为

$$P_{PV}=P_{STC}\frac{r}{r_{STC}}\left[1+k(T_{c}-T_{\tau})\right] \tag{11-5}$$

式中：P_{PV} 为光伏电池组件的实际输出功率；r 为实际光照强度；r_{STC} 为标准测试条件（STC）下的光照强度；P_{STC} 为 STC 下光伏电池组件的最大输出功率；k 为功率温度系数；T_c 为电池板工作温度；T_τ 为参考温度。

国际上利用太阳能光伏发电主要有以下三种方式：

（1）独立光伏发电系统。指仅依靠太阳能电池供电的光伏发电系统，千瓦级以上的独立光伏发电系统也称为离网型光伏发电系统。其主要应用于远离公共电网的无电地区或作为户外移动式便携电源，常与储能电池配合使用。其结构示意图如图 11-2 所示。

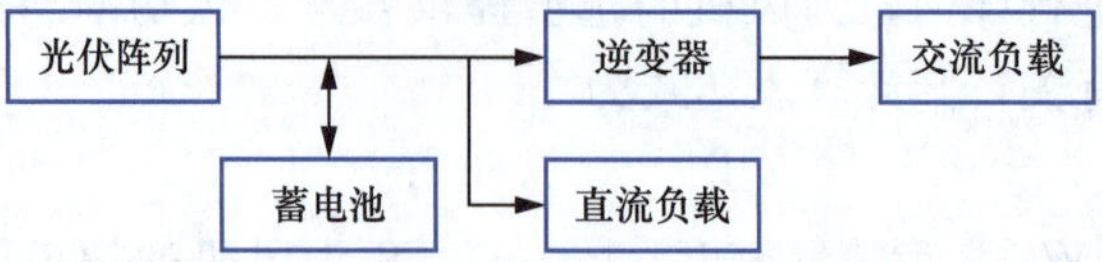

图 11-2　独立光伏发电系统结构示意图

（2）并网光伏发电系统。指将太阳能电池发出的直流电逆变成交流，与交流电网并联的光伏发电系统。采用并网光伏发电系统是主流发展趋势，是光伏发电进入大规模商业化发电阶段，成为电力工业组成部分之一的重要方向。其结构示意图如图 11-3 所示。

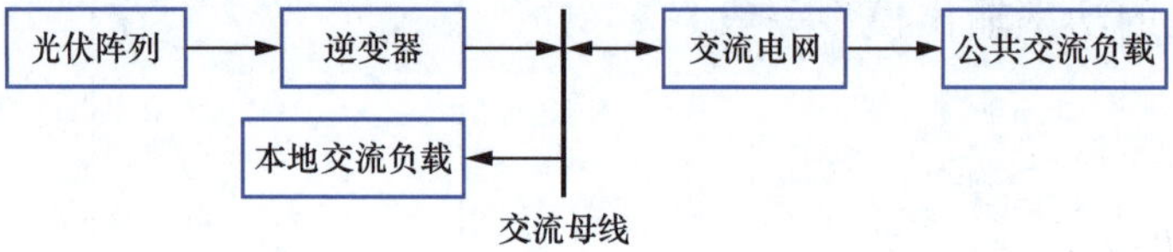

图 11-3　并网光伏发电系统结构示意图

（3）混合型光伏发电系统。指在系统中增加一台备用发电机组，当光伏阵列发电不足或蓄电池容量不足时启用备用发电机组，它既能直接给交流负载供电，又可以经整流后给蓄电池充电。其结构示意图如图 11-4 所示。

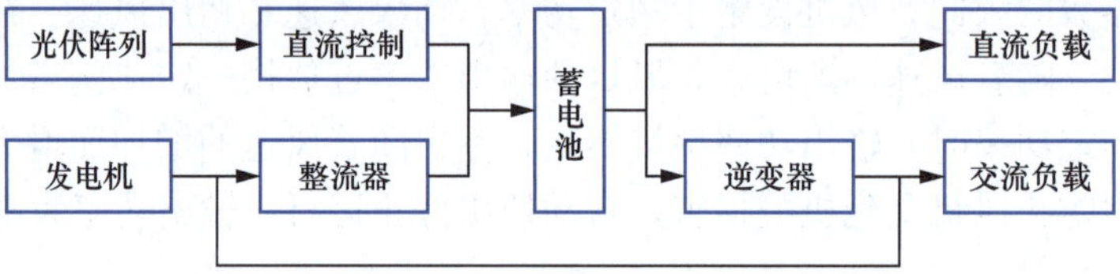

图 11-4　混合型光伏发电系统结构示意图

3. 微型燃气轮机

微型燃气轮机主要由压气机、燃烧室、回热器、高速逆变发电机和电子控制部分组成，采用天然气、沼气等多种燃料，结构简单，装置体积小。其工作原理是通过将压缩空气和预热燃料定压燃烧，生成高温高压烟气对动力涡轮做功推动叶片高速旋转，进而驱动发电机发电，其工作示意图如图 11-5 所示。在实际运用中，微型燃气轮机通常以热电联产的方式投入运行，可以有效提升电网运行灵活性，改善电能质量。

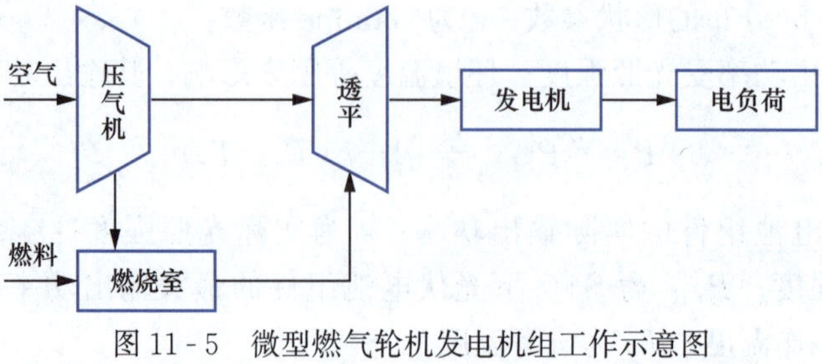

图 11-5　微型燃气轮机发电机组工作示意图

微型燃气轮机的输出功率可通过调节燃料量或调整制冷制热功率控制，是一种可控电源，其输出功率模型与传统发电机类似，约束表达如下：

$$\begin{cases} P_{min} \leqslant P \leqslant P_{max} \\ \Delta P \leqslant \Delta P_{lim} \end{cases} \tag{11-6}$$

式中：P 为微型燃气轮机输出功率；P_{min}、P_{max} 为微型燃气轮机出力最小值和最大值；ΔP 为微型燃气轮机输出功率变化量；ΔP_{lim} 为微型燃气轮机输出功率变化量的限值。

11.1.2　微电网

微电网（micro-grid，MG）由分布式电源、用电负荷、监控、保护和自动化装置等组成，是一个能够基本实现内部电力电量平衡的小型供电网络。微电网的发电系统类型可为微型燃气轮机、内燃机、燃料电池、太阳能电池、风力发电机、生物质能等，系统容量原则上不超过 20MW。与外部电网进行能量交换时，微电网的电压等级由具体应用情况而定。

1. 微电网的特点

（1）微电网是接有分布式电源的配电子系统，既与大电网是一个整体，可以灵活开断，又是一个预先设计好的孤岛，在电网故障或其他需要时与主网断开孤立运行，维持部分重要电力用户的供电。

（2）微电网采用先进变流技术、新型高效电源和多样化储能装置等大量先进现代电力技术，在提高主要负荷供电可靠性、发挥分布式电源优势的前提下，可更多地满足用户定制的电能质量需求。

（3）微电网中可以采用多种分布式电源，并且各种分布式电源之间存在一定的距离，其类型、容量和安装地点需要根据实际地理条件和相关政策进行选择。

2. 微电网的结构

微电网通过断路器和上级电网连接，对外部来说是一个整体，内部可由分布式发电和储能系统等联合向负荷供电。分布式发电可由光伏发电、风力发电、微型燃气轮机、燃料电池等不同类型的发电设备组成；储能系统可由蓄电池、超级电容器、超导储能、飞轮等组成。

对于负荷侧，微电网可以被视为一种能够满足用户电能质量要求和供电可靠性要求的自主电力系统；对于大电网侧，微电网是一个模块化的整体，与电网中的负荷或电源没有区别。在与主网连接的公共点处，通常会设置电压、电流互感器来检测其运行状态；安装隔离开关以切换微电网的运行模式，各分布式电源之间也需要安装隔离开关以用于故障开断和维护。另外，电力系统还需要安装通信设施来控制信号传输，进而依据主从控制或分散控制等方式控制微电网。

图 11-6 为典型微电网结构示例，其中微电网为放射性系统，有 A、B 两条馈线。A 馈线中含有主要负荷，安装有多个分布式电源，馈线 B 上为次要负荷，当系统需要时可切断对 B 供电。馈线 A 中含有一个运行于热电联产的分布式电源，同时向用户提供热能和电能。当外界大电网出现故障停电或有电能质量问题时，微电网可以通过主断路器切断与外界联系，微电网孤立运行。此时微电网全部由分布式电源供电，馈线 B 通过公共母线可以得到电能正常运行。如果系统需要，可以断开馈线 B 停止对非重要负荷供电。当故障解除之后，主断路器重新合上，微电网重新恢复和主网同步运行，保证系统平稳地恢复到并网运行状态。

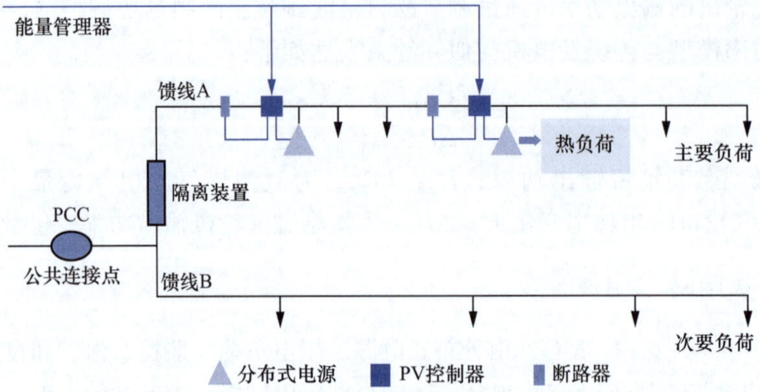

图 11-6 典型微电网结构

3. 微电网的运行方式

微电网在大多数情况下连接到主电网运行，微电网中的负荷除了由自身供应外还可以由主网供电。当主网发生故障、扰动或电能质量不符合要求时，为保证主要负荷不受影响，微电网将迅速与主网断开连接，平稳过渡到孤岛运行状态。两种运行方式具体解释如下：

（1）并网运行。并网运行是指微电网与外部电网联网运行，即在主回路上与常规配电网进行电气连接。根据是否进行功率交换，分为并网上网和并网不上网两种方式。相较大型机组供电的单一电力系统，微电网并网运行时可与主网相互支撑，进而提升供电可靠性。微电网并网连接分为交流连接和经换流器连接两种方式。在微电网中，在发电机检修或故障退出运行、负荷急剧增加，电力供应不足的情况下，需要引入外部电网连接；若满足负荷需求后，电源或储能仍有剩余能量，则可通过公共连接点向外部电网送出能量。

（2）孤岛运行。具有孤岛运行能力是微电网最重要的特点之一，分布式电源的电压和频率稳定维持在要求范围内是微电网孤岛运行的基本条件。孤立运行状态下微电网有逆变器控制和原动机控制两种控制策略。公共连接点断开后微电网进入孤岛运行状态，迅速与大电网解列形成孤网，保证主要负荷的不间断供电，此时可以依靠储能装置维持微电网正常频率。

11.2 主动配电网

为充分发挥分布式电源和微电网的积极作用，需要配电网采取主动管理措施。主动配电网具有主动控制和运行能力，可以增强配电网对可再生能源的接纳能力，有效提升配电网的资源利用率，提高电网运行效率。针对分布式电源和微电网接入带来的不确定性、随机性问题，如何对主动配电网进行规划是当前研究的重点内容。

11.2.1 主动配电网的结构特征

主动配电网既可以从上级电网得到供电，又可以由以风、光为主的分布式新能源，以及以燃气轮机、内燃机等传统电源为主的冷热电联供系统供电，其中冷热电联供系统可以同时为用户供电供热。主动配电网中存在大量如电动汽车、储能系统等可与系统交互的元素，它们不仅可以作为负荷消纳能源，还可以积极参与需求响应，在调节电压和减少损耗等方面发挥作用。具有大量多类型发用电设备接入，用户互动性增强是主动配电网的基本特点。主动配电网典型结构如图 11 - 7 所示。

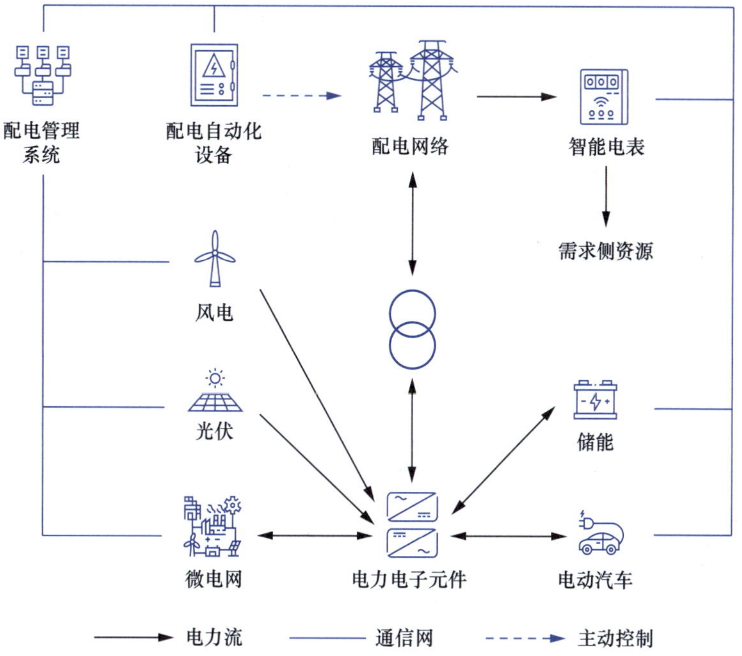

图 11 - 7　主动配电网典型结构图

根据各地区的负荷特点和用电需求，依据不同的规划目标进行合理规划。本章主要考虑分布式电源和微电网接入的主动配电网。燃气轮机、燃料电池等传统可控的分布式电源可与分布式风电、分布式光伏组成互补发电系统，从而在一定程度上降低风光波动性带来的影响。因此如何合理规划分布式电源的容量、接入位置是需要解决的问题之一。

微电网中不考虑用户互动的管理，但可以有效整合分散的分布式电源、柔性负载以及其他资源，有助于促进可再生能源消纳，实现对负荷多样供给，并且可以使用传统测量设备进行控制而不依赖现场分布式控制器。因此电力系统的源荷储以微电网形式接入主动配电网可以提高系统的电能质量和安全可靠性。

11.2.2　主动管理措施

传统配电网运行属于被动管理模式，配电网对分布式电源及网络自身不加以相应的控制，导致系统无法充分利用分布式电源在改善系统网损和电压质量等方面的积极作用，相反在某些情况下分布式电源接入所带来的不确定性将影响系统的安全稳定运行、增加电网的经济成本。因此需要严格控制分布式电源的接入容量并限制分布式电源的发电量，发生故障时也首先考虑将分布式电源切除。这种情形下，主动配电网可以很好地解决传统配电网存在的弊端。主动配电网通过合适的系统来控制分布式能源，包括发电机、负荷和储能；配电系统运营商可以利用灵活的网络拓扑结构来管理系统潮流；分布式能源运营商也能根据合适的监管环境和连接协议承担一定程度系统支持的责任与义务。

主动配电网是目前智能配电网的一种新发展模式，融合了先进的自动化、通信和电力电子等新技术，能够在对配电网运行参数进行实时测量的基础上，根据配电网运行的要求对配电网中的设备加以控制，实现对分布式电源和其他设备进行主动管理。先进的电力电子技术、测量装置、控制策略和通信设备等是主动配电网实施主动控制和管理的基础。主动配电网中通常装有一定数量的远程量测控制装置，用于实时掌握主动配电网的运行状态并优化其运行，如高级量测装置、远程终端单元、智能配电终端单元和智能电子设备等。主动配电网的高级配电管理系统（advanced distribution management system，ADMS）可以根据实时测量数据制定合理的控制策略，并将控制指令发送到有载调压变压器、分布式电源、无功补偿装置、联络断路器和可控负荷等执行元件，对主动配电网进行实时调度，从而实现主动配电网的安全经济运行。主动配电网实现主动控制和管理功能的示意图如图 11 - 8 所示。图中的点画线色线是对整个主动配电网进行信息检测，并将信息传递给高级配电管理系统；灰色线表示高级配电管理系统向主动配电网中的设备发送指令，进行主动管理和控制。

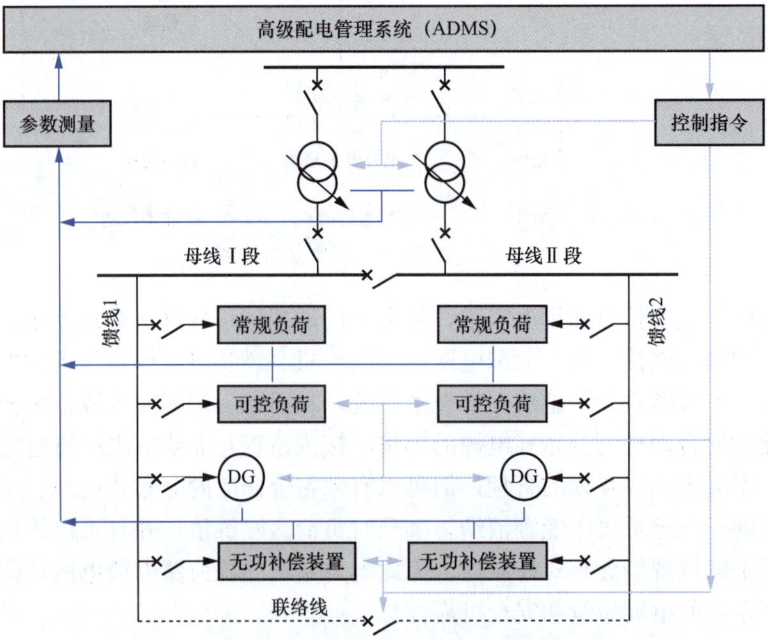

图 11 - 8　主动配电网实现主动控制和管理功能的示意图

主动管理是充分利用配电网资产，解决现有配电网因分布式电源接入带来的一系列问题的有效措施。表 11 - 1 列出了配电网经常出现的一些技术问题，由于主动配电网考虑了主动管理，在处理这些问题时与传统配电网不尽相同。主动管理不仅可以优化配电网运行、调度，更可以成为影响配电网规划的重要策略，同时提升配电网的可观、可测性，解决配电网规划与运行脱节的矛盾。现有主动管理的研究主要集中在主动管理的实现方法，储能、电动汽车等柔性资源带来的新的主动管理策略。对于各种主动管理策略之间的协调优化有待深入研究，在线主动管理的应用还处于探索阶段。

表 11-1　　主动配电网与传统配电网处理技术问题的方法

技术问题	传统配电网处理方法	主动配电网处理方法
电压上升/降落	(1) 限制负荷和电源的连接/运行； (2) 电源跳闸； (3) 电容器组投切； (4) 有载调压	(1) 协调电压无功控制； (2) 静态无功补偿装置； (3) 分布式能源的协调调度； (4) 在线网络重构
线路容量	加强网络结构	(1) 协调调度分布式能源； (2) 在线网络重构
无功功率支持	(1) 依赖输电网络； (2) 电容器组投切； (3) 限制负荷和电源连接/运行	(1) 协调电压无功控制； (2) 静态无功补偿装置； (3) 协调分布式能源的无功调度
保护	(1) 调节保护设置； (2) 安装新保护元件； (3) 限制电源连接； (4) 规范电源故障穿越	(1) 在线网络重构； (2) 动态保护设置
资产老化	(1) 根据技术和经济分析； (2) 严格电网设计规范	资产状况监测

11.3　含分布式电源与微电网的主动配电网规划方法

含分布式电源和微电网的主动配电网典型结构如图 11-9 所示。在这个结构中分布式电源与主动配电网之间、微电网与主动配电网之间形成了能量与信息的双向交互。主动配电网需要满足不同阶段、不同运行模式下分布式电源和微电网的接入，因此主动配电网对于网架灵活性、通信网络带宽等方面有着更高的标准，需要加强继电保护和自动化系统的建设。

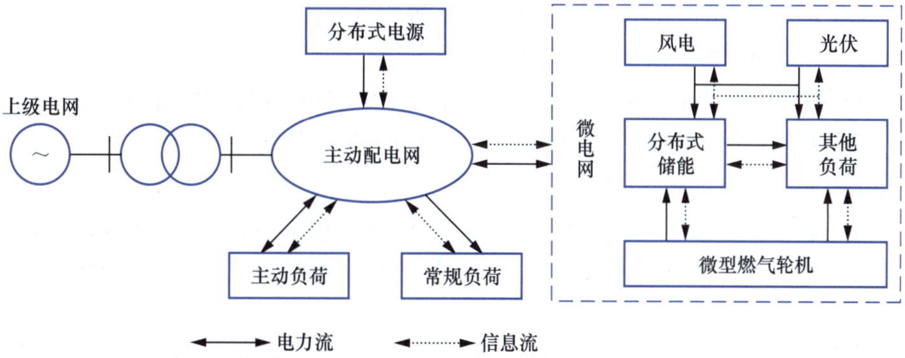

图 11-9　含分布式电源和微电网的主动配电网典型结构图

含分布式电源和微电网的主动配电网规划涉及变电站选址定容和主动配电网网架规划，在设计时要考虑分布式电源和微电网双层因素指标，例如需要考虑分布式电源和微电网接入位置、接入点功率交互的约束条件，另外还要进一步考虑分布式电源渗透率和负荷类型、功率等不确定性和随机性因素。

11.3.1 主动配电网规划流程

配电网规划的理论框架包括制定规划目标与模板、数据收资、配电网现状分析与预测、制定规划方案、规划成本/成效分析等部分，与实际规划业务流程紧密结合。在主动配电网中，新能源和负荷侧柔性资源的接入量逐渐增加，规划理论框架需要进一步优化调整以适应新形势的需要。

主动配电网规划的具体内容包括：

（1）规划目标多样性增加。传统配电网规划主要是在满足供电可靠性、安全性等约束的前提下，尽量减少一次性投资费用。柔性资源大规模接入后，规划时还需要充分考虑新能源的消纳能力、柔性资源的利用效率等目标。在经济性方面，也需要考虑中长期效益和后续扩展改造的便利性等。

（2）数据收资需求量增加。除了传统的基础数据收资之外，还需要收集分布式电源、微电网等柔性资源的相关数据，为后续分析预测及规划提供基础。

（3）现状分析与预测对象增加。不仅需要开展负荷预测，也需要对新能源的装机容量进行预测，从而在规划时考虑如何实现新能源的完全消纳。除传统负荷预测外，还有必要针对柔性资源的可调能力开展潜力评估，以充分利用柔性资源的调节潜力，避免冗余建设，提高经济性。

（4）规划方法逐渐向协同规划发展。传统的规划方法是将电源规划和电网规划分开，首先根据电力电量平衡确定电源容量，然后结合负荷分布确定电源位置和网架结构。逐步规划难以保证整体的最优性，在源网荷储互动运行的大背景下，规划方法会逐渐朝向源网荷储协同规划的方向发展。

（5）成效分析更加多元。传统的成效分析主要考虑配电网建设的投资成本与经济效益，新能源和柔性资源大规模接入背景下，应针对新能源渗透率、柔性资源调控效能等方面开展综合性评价，并能对不同方案进行量化排序，以指导或评价规划结果。

主动配电网规划流程可概括为图 11 - 10，各流程具体内容分述如下：

（1）首先对规划中的不确定性进行建模。不确定性建模越详细，越能反映配电网的运行实际，从而充分利用配电网闲置资产；但带来的问题是增加了规划模型维数及求解的复杂度，难以得到数学模型的最优解，因此在实际主动配电网规划过程中需要进行适当折中。

（2）规划基础数据的输入，包括规划年、投资数据、待选集等。

（3）建立主动配电网规划模型，对于主动配电网双层规划模型，上层规划一般考虑系统的总体目标，下层规划保证系统安全稳定运行同时实现主动管理，降低系统总的投资运行费用。下层规划与系统运行紧密结合，而不是像传统配电网规划仅考虑最严重工况的运行条件。

（4）采用合适的算法进行模型求解，常用的算法包括智能优化算法、凸规划算法等。

（5）输出规划方案。

（6）对规划方案进行多维度评价。

可以看出，对于分布式电源的主动管理使得主动配电网规划的优化目标变得更加多元，需要综合考虑系统的可靠性、经济性及分布式电源的接入能力。同时，主动配电网的投资主体变得更加多元化，主要包括配电公司、分布式电源独立投资商、需求侧管理参与方等，这使得主动配电网规划问题由追求单一投资主体利益最大转化为多投资主体利益协调优化。

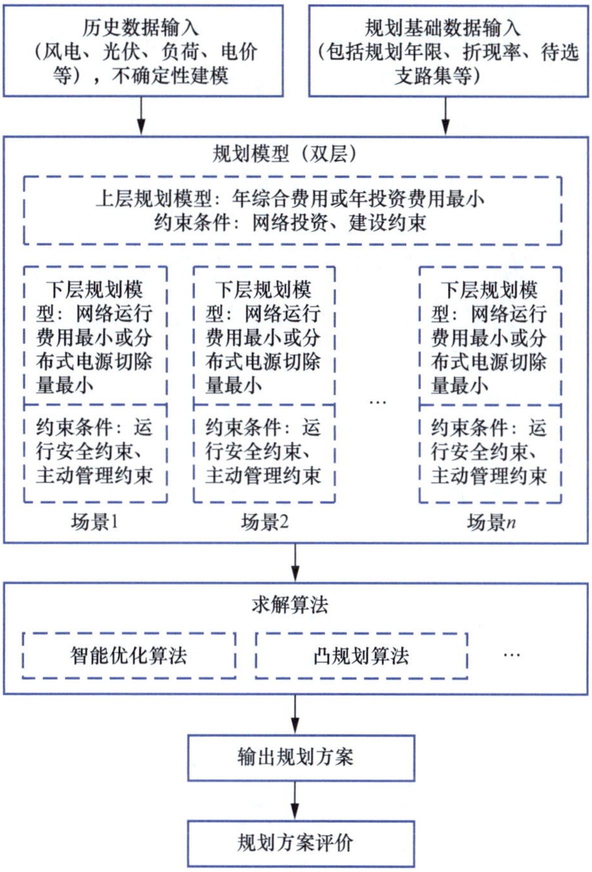

图 11 - 10　主动配电网规划流程框图

11.3.2　数学模型

1. 目标函数

考虑分布式电源和微电网的接入，建立含分布式电源和微电网的主动配电网规划模型，本节建立的主动配电网规划模型以系统综合成本最小为目标，目标函数如下：

$$\min C=C^{\mathrm{I}}+C^{\mathrm{O}} \tag{11-7}$$

$$C^{\mathrm{I}}=\frac{b(1+b)^{y}}{(1+b)^{y}-1}\left(\sum_{i\in\boldsymbol{\Omega}^{\mathrm{sub}}}c^{\mathrm{sub}}P_i^{\mathrm{sub}}+\sum_{(i,j)\in\boldsymbol{\Omega}^{\mathrm{line}}}c_m^{\mathrm{line}}l_{ij}+\sum_{i\in\boldsymbol{\Omega}^{\mathrm{PVG}}}c^{\mathrm{PVG}}P_i^{\mathrm{PVG}}+\sum_{i\in\boldsymbol{\Omega}^{\mathrm{WG}}}c^{\mathrm{WG}}P_i^{\mathrm{WG}}+\sum_{i\in\boldsymbol{\Omega}^{\mathrm{ESS,switch}}}c^{\mathrm{ESS}}P_i^{\mathrm{ESS}}\right) \tag{11-8}$$

$$C^{\mathrm{O}}=\sum_{s=1}^{4}D_s\sum_{t=1}^{24}\Big(\sum_{i\in\boldsymbol{\Lambda}^{\mathrm{PVG}}}f_{\mathrm{PVG}}^{\mathrm{O}}P_{i,s,t}^{\mathrm{PVG}}\Delta t+\sum_{i\in\boldsymbol{\Lambda}^{\mathrm{WG}}}f_{\mathrm{WG}}^{\mathrm{O}}P_{i,s,t}^{\mathrm{WG}}\Delta t+f_t^{\mathrm{sub}}P_{\mathrm{Net},s,t}^{\mathrm{sub}}+\sum_{i\in\boldsymbol{\Lambda}^{\mathrm{MG}}}f_{\mathrm{MG}}^{\mathrm{O}}P_{i,s,t}^{\mathrm{MG}}\Delta t\Big) \tag{11-9}$$

式中：C^{I}、C^{O} 分别为投资费用和运行维护费用，C^{I} 包括折算到每年的变电站投资费用、线路投资费、分布式电源投资费，C^{O} 包括分布式风电运行维护费、分布式光伏运行维护费、微电网运行维护费、向上级电网购电费；$\boldsymbol{\Omega}^{\mathrm{sub}}$、$\boldsymbol{\Omega}^{\mathrm{line}}$ 分别为变电站、线路集合；$\boldsymbol{\Omega}^{\mathrm{PVG}}$、$\boldsymbol{\Omega}^{\mathrm{WG}}$、$\boldsymbol{\Omega}^{\mathrm{ESS}}$ 分别为 PVG、WG、储能（energy storage system，ESS）备选安装节点集合；c_m^{line} 为 m 型线单位长度投资费用；c^{sub}、c^{PVG}、c^{WG}、c^{ESS} 分别为变电站、PVG、WG、ESS 的单位容量投资费用；P_i^{PVG}、P_i^{WG}、P_i^{ESS} 分别为 PVG、WG、ESS 在节点 i 处的安装容量；l_{ij} 为线路（i，j）长度；b 为贴现率；y 为设备的使用年限；D_s 为季度 s 的天数；$\boldsymbol{\Lambda}^{\mathrm{PVG}}$、$\boldsymbol{\Lambda}^{\mathrm{WG}}$ 分别为接入 PVG、WG 的节点集合；$f_{\mathrm{PVG}}^{\mathrm{O}}$、$f_{\mathrm{WG}}^{\mathrm{O}}$、$f_{\mathrm{MG}}^{\mathrm{O}}$ 分别为 PVG、WG、微电网单位电量的运行维护费；$P_{i,s,t}^{\mathrm{PVG}}$、$P_{i,s,t}^{\mathrm{WG}}$ 分别为 s 季节 t 时段 PVG、WG 在节点 i 的有功输出功率；$P_{i,s,t}^{\mathrm{MG}}$ 为 t 时段微电网的有功输出功率；Δt 为时段 t 持续时间，为 1h；f_t^{sub} 为时段 t 的分时电价；$P_{\mathrm{Net},s,t}^{\mathrm{sub}}$ 为 s 季节 t 时段变电站的购电量。

2. 约束条件

（1）变电站规划容量约束。

$$S_{\mathrm{sub},i}^{\min} \leqslant S_{\mathrm{sub},i} \leqslant S_{\mathrm{sub},i}^{\max} \tag{11-10}$$

式中：$S_{\mathrm{sub},i}$ 为第 i 个变电站的规划容量；$S_{\mathrm{sub},i}^{\max}$、$S_{\mathrm{sub},i}^{\min}$ 分别为第 i 个变电站的最大、最小规划容量。

（2）PVG、WG、ESS 安装容量约束。

$$\begin{cases} 0 \leqslant P_i^{\mathrm{PVG}} \leqslant P_{\max}^{\mathrm{PVG}} \\ 0 \leqslant P_i^{\mathrm{WG}} \leqslant P_{\max}^{\mathrm{WG}} \\ 0 \leqslant P_i^{\mathrm{ESS}} \leqslant P_{\max}^{\mathrm{ESS}} \end{cases} \tag{11-11}$$

式中：P_i^{PVG}、P_i^{WG}、P_i^{ESS} 分别为节点 i 处 PVG、WG、ESS 的安装容量；$P_{\max}^{\mathrm{PVG}}$、$P_{\max}^{\mathrm{WG}}$、$P_{\max}^{\mathrm{ESS}}$ 分别为节点 i 处 PVG、WG、ESS 的最大安装容量。

（3）PVG、WG、ESS 最大安装容量约束。

$$\begin{cases} \sum\limits_{i \in \boldsymbol{\Omega}^{\mathrm{PVG}}} P_i^{\mathrm{PVG}} + \sum\limits_{i \in \boldsymbol{\Omega}^{\mathrm{WTG}}} P_i^{\mathrm{WG}} \leqslant P_{\mathrm{all}} \\ \sum\limits_{i \in \boldsymbol{\Omega}^{\mathrm{ESS,in}}} P_i^{\mathrm{ESS}} \leqslant P^{\mathrm{ESS,max}} \end{cases} \tag{11-12}$$

式中：P_{all} 为新能源最大安装容量；$P^{\mathrm{ESS,max}}$ 为储能最大安装容量。

（4）DistFlow 支路潮流法建立系统潮流约束。

$$\sum_{i \in u(j)} (P_{ij,t} - R_{ij} I_{ij}^2) = \sum_{k \in w(j)} P_{jk,t} - P_{j,t} \tag{11-13}$$

$$\sum_{i \in u(j)} (Q_{ij,t} - X_{ij} I_{ij}^2) = \sum_{k \in w(j)} Q_{jk,t} - Q_{j,t} \tag{11-14}$$

$$U_{j,t}^2 = U_{i,t}^2 - 2(R_{ij} P_{ij,t} + X_{ij} Q_{ij,t}) + z_{ij}^2 I_{ij}^2 \tag{11-15}$$

$$P_{j,t} = x_j^{\mathrm{PVG}} P_{j,t}^{\mathrm{PVG}} + x_j^{\mathrm{WG}} P_{j,t}^{\mathrm{WG}} + x_j^{\mathrm{ESS,plat}} P_{j,t,in}^{\mathrm{ESS,plat}} + P_{j,t}^{\mathrm{Load}} \tag{11-16}$$

$$Q_{j,t} = x_j^{\mathrm{PVG}} Q_{j,t}^{\mathrm{PVG}} + x_j^{\mathrm{WG}} Q_{j,t}^{\mathrm{WG}} + Q_{j,t}^{\mathrm{Load}} \tag{11-17}$$

式中：$\boldsymbol{u}(j)$ 为以 j 为末端节点的支路的首端节点集合；$\boldsymbol{w}(j)$ 为以 j 为首端节点的支路的末端节点的集合；$P_{ij,t}$、$P_{jk,t}$、$Q_{ij,t}$、$Q_{jk,t}$ 分别为 t 时段流经馈线（i,j）及（j,k）的

有功和无功功率；$U_{i,t}$ 为节点 i 的电压幅值；$P_{j,t}$、$Q_{j,t}$ 分别为节点 j 注入的有功和无功功率；$P_{i,t}^{\mathrm{PVG}}$、$P_{i,t}^{\mathrm{WG}}$ 分别为 t 时段 PVG、WG 在节点 i 注入的无功功率；$Q_{i,t}^{\mathrm{PVG}}$、$Q_{i,t}^{\mathrm{WG}}$ 分别为 t 时段 PVG、WG 在节点 i 注入的无功功率；$P_{j,t}^{\mathrm{ESS,plat}}$ 为 ESS 注入节点 j 的功率；R_{ij}、X_{ij} 分别为线路（i，j）的电阻和电抗；x_j^{WG}、x_j^{PVG}、x_j^{ESS} 分别为网格 j 内的风电、光伏、储能是否建设，为 0 - 1 变量。

（5）系统运行安全约束。

$$\begin{cases}U_{\min}\leqslant U_{i,t}\leqslant U_{\max}\\ I_{ij,t}\leqslant I_{ij,\max}\end{cases}\tag{11-18}$$

式中：$U_{i,t}$、$U_{\min}$、$U_{\max}$ 分别为 t 时段节点 i 处的电压幅值、电压下限、电压上限；$I_{ij,t}$、$I_{ij,\max}$ 分别为 t 时段线路（i，j）的载流量和安全电流。

（6）PVG、WG 运行约束。

$$0\leqslant P_{i,t}^{\mathrm{PVG}}\leqslant P_{i,t}^{\mathrm{PVG,max}}\tag{11-19}$$

$$0\leqslant P_{i,t}^{\mathrm{WG}}\leqslant P_{i,t}^{\mathrm{WG,max}}\tag{11-20}$$

式中：$P_{i,t}^{\mathrm{PVG}}$、$P_{t,t}^{\mathrm{WG}}$ 分别为 t 时段节点 i 处风电、光伏的有功输出功率；$P_{i,t}^{\mathrm{PVG,max}}$、$P_{i,t}^{\mathrm{WG,max}}$ 分别为 t 时段节点 i 处风电、光伏的最大有功输出功率。

（7）ESS 运行约束。接入配电网节点 i 的储能的运行需要满足以下约束：

$$0\leqslant P_{i,t}^{\mathrm{dis}}\leqslant\gamma_{i,t}n_i^{\mathrm{BES}}P_i^{\mathrm{BES}}\tag{11-21}$$

$$0\leqslant P_{i,t}^{\mathrm{ch}}\leqslant(1-\gamma_{i,t})n_i^{\mathrm{BES}}P_i^{\mathrm{BES}}\tag{11-22}$$

$$E_{i,t+\Delta t}^{\mathrm{BES}}=E_{i,t}^{\mathrm{BES}}+\left(\eta_i^{\mathrm{ch}}P_{i,t}^{\mathrm{ch}}-\frac{P_{i,t}^{\mathrm{dis}}}{\eta_i^{\mathrm{dis}}}\right)\Delta t\tag{11-23}$$

$$S_{i,\min}n_i^{\mathrm{BES}}E_i^{\mathrm{BES}}\leqslant E_{i,t}^{\mathrm{BES}}\leqslant S_{i,\max}n_i^{\mathrm{BES}}E_i^{\mathrm{BES}}\tag{11-24}$$

$$E_{i,\tau_0}^{\mathrm{BES}}=E_{i,\tau_T}^{\mathrm{BES}}\tag{11-25}$$

式中：$P_{i,t}^{\mathrm{ch}}$、$P_{i,t}^{\mathrm{dis}}$ 分别为储能充放电功率；$\gamma_{i,t}$ 为表征储能充放电状态，0 - 1 变量，1 为放电，0 为充电；P_i^{BES} 为单个储能模块的额定功率；$E_{i,t}^{\mathrm{BES}}$ 为储能电量；η_i^{ch}、η_i^{dis} 分别为储能充、放电效率；Δt 为相邻调度时刻之间的时长；$S_{i,\max}$、$S_{i,\min}$ 分别为储能荷电状态上、下限；$E_{i,\tau_0}^{\mathrm{BES}}$、$E_{i,\tau_T}^{\mathrm{BES}}$ 分别为调度初始时刻与末尾时刻的储能电量。

式（11 - 21）和式（11 - 22）分别为储能充、放电功率约束；式（11 - 23）为相邻两时刻储能电量关系式；式（11 - 24）为储能电量约束，避免了储能过度充、放电的现象，可以延长储能单元使用寿命；式（11 - 25）保证了储能在调度始末时刻电量相等，有利于循环调度。

（8）微电网约束。微电网约束包含传输功率约束、微电网功率平衡约束。

微电网传输功率约束：

$$P_{\mathrm{tran}}^{\min}\leqslant P_{i,t}^{\mathrm{plat}}\leqslant P_{\mathrm{tran}}^{\max}\tag{11-26}$$

式中：$P_{i,t}^{\mathrm{plat}}$ 为 t 时刻节点 i 处微电网的功率；$P_{\mathrm{tran}}^{\max}$、$P_{\mathrm{tran}}^{\min}$ 分别为微电网传输的最大、最小有功功率。

微电网功率平衡约束：

$$P_{i,t}^{\mathrm{plat}}=P_{i,t}^{\mathrm{load}}+P_{i,t}^{\mathrm{ESS,plat}}+P_{i,t}^{\mathrm{WG,plat}}+P_{i,t}^{\mathrm{PVG,plat}} \tag{11-27}$$

式中：$P_{i,t}^{\mathrm{ESS,plat}}$ 为节点 i 处微电网安装的储能在 t 时刻的输出功率；$P_{i,t}^{\mathrm{WG,plat}}$ 为节点 i 处微电网安装的风机在 t 时刻的输出功率；$P_{i,t}^{\mathrm{PVG,plat}}$ 为节点 i 处微电网安装的光伏在 t 时刻的输出功率。

（9）有载调压变压器约束。

$$\begin{cases}U_{1,t}=(1+K_{\mathrm{O},t}\Delta k_{\mathrm{O}})U_{b,t}\\-K_{\mathrm{O,min}}\leqslant K_{\mathrm{O},t}\leqslant K_{\mathrm{O,max}}\end{cases} \tag{11-28}$$

式中：$U_{1,t}$、$U_{b,t}$ 分别为变电站节点和虚拟节点 b 在时刻 t 的电压；$K_{\mathrm{O},t}$ 为有载调压变压器在时刻 t 的分接头挡位；Δk_{O} 为有载调压变压器分接头每调节一个挡位时匝数比改变的步长；$K_{\mathrm{O,max}}$ 为有载调压变压器分接头最大挡位数。

11.3.3 模型转化与求解

前面建立的主动配电网规划模型中包含大量非线性约束，求解困难。通过线性化与凸松弛技术，可以进一步将上述模型转化为混合整数二阶锥规划模型，保证模型的求解速度和收敛性。

1. 潮流约束转化

引入变量 $l_{ij,t}=I_{ij,t}^2$ 和 $v_{i,t}=U_{i,t}^2$，可消除电流与电压二次方项。结合 big - M 法和凸松弛技术，约束条件式（11 - 13）～式（11 - 15）可以转化为以下二阶锥形式：

$$\sum_{i\in u(j)}(P_{ij,t}-R_{ij}I_{ij}^2)=\sum_{k\in w(j)}P_{jk,t}-P_{j,t} \tag{11-29}$$

$$\sum_{i\in u(j)}(Q_{ij,t}-X_{ij}I_{ij}^2)=\sum_{k\in w(j)}Q_{jk,t}-Q_{j,t} \tag{11-30}$$

$$v_{i,t}-v_{j,t}-2(R_{ij}P_{ij,t}+X_{ij}Q_{ij,t})+Z_{ij}^2 l_{ij,t}+M(1-a_{ij,t})\geqslant 0 \tag{11-31}$$

$$\|[2P_{ij,t}\quad 2Q_{ij,t}\quad l_{ij,t}-v_{i,t}]^{\mathrm{T}}\|_2\leqslant l_{ij,t}+v_{i,t} \tag{11-32}$$

约束（11 - 18）分别转化为

$$0\leqslant l_{ij,t}\leqslant \alpha_{ij,t}I_{ij,\max}^2 \tag{11-33}$$

$$U_{i,\min}^2\leqslant U_{i,t}\leqslant U_{i,\max}^2 \tag{11-34}$$

2. 储能约束转化

储能运行约束中，使用 big - M 法进行转换，部分公式转换后形式如下：

$$\begin{cases}0\leqslant P_{i,t}^{\mathrm{ch}}\leqslant n_i^{\mathrm{BES}}P_i^{\mathrm{BES}}\\0\leqslant P_{i,t}^{\mathrm{dis}}\leqslant n_i^{\mathrm{BES}}P_i^{\mathrm{BES}}\\0\leqslant P_{i,t}^{\mathrm{ch}}\leqslant(1-\gamma_{i,t})M\\0\leqslant P_{i,t}^{\mathrm{dis}}\leqslant \gamma_{i,t}M\end{cases} \tag{11-35}$$

通过模型转化和线性化处理，上述混合整数二阶锥规划模型为凸优化问题，保证了模型最优解的存在性。含分布式电源与微电网的主动配电网规划模型可总结如下：

$$
\begin{aligned}
&\min \quad C = C^{\mathrm{I}} + C^{\mathrm{O}} \\
&\text{s.t.} \quad \begin{cases} 式(11-10)\sim 式(11-12)、式(11-16)、式(11-17) \\ 式(11-19)、式(11-20)、式(11-23)\sim 式(11-35) \end{cases}
\end{aligned}
\tag{11-36}
$$

鉴于混合整数二阶锥规划问题的复杂性，通常借助商业求解器进行求解。求解器提供了高效的算法实现，可以显著提高求解效率。

习　题

1. 分布式电源的常见类型和接入电网的方式分别有哪些？

2. 请写出主动配电网与传统配电网的主要区别。主动配电网与传统配电网处理技术问题的方法有什么不同？

3. 请总结主动配电网规划与传统配电网规划的异同点。

4. 请描述主动配电网规划流程？

第12章 电力系统无功规划

本章介绍电网电压允许偏差，无功补偿规划的原则，无功补偿容量的配置，无功补偿优化模型及解算方法中目标函数、约束条件、灵敏度关系、网络参数的修正和用线性规划求解的无功配置规划计算框图。

12.1 概 述

电力系统的无功补偿与无功平衡，是保证电压质量的基本条件，对保证电力系统的安全稳定与经济运行起着重要作用。为此，要求对电网作无功电源规划，合理地安排无功电源，用优化方法选择合适的目标函数和控制手段，制定无功补偿方案。

为了实现电网电压的优化控制，要求电网中装设适当数量的补偿电容器（电抗器）、静态无功补偿装置（SVC）、静止同步补偿器（STATCOM）及有载调压变压器。然而，若装置过量则投资增加造成浪费，若装置偏少，则不能达到预定的控制目标。同样的装置容量，安装地点不同，其效果亦不同。所以，补偿装置的装设容量、地点及有载调压变压器的增设，必须按照一定的补偿原则或者优化计算得出优化的方案才能达到最好的经济社会效益。

按规划时间长短，电网无功规划也可分为长期规划、中期规划和短期规划三种。当然，这种划分不是很严格，但应和网络规划的分类相符。一般规划期限在10年以上的称为长期规划，5～10年的为中期规划，1～5年的为短期规划。

12.2 电网电压标准

GB/T 40427—2021《电力系统电压和无功电力技术导则》中规定了母线电压允许偏差值。

12.2.1 发电厂和变电站母线电压允许偏差值

（1）1000kV母线：正常运行时，最高运行电压不应超过系统额定电压的＋10％，最低运行电压不应影响电力系统同步稳定、电压稳定、厂用电的正常使用及下一级电压的调节；事故运行方式时，电压允许偏差为系统额定电压的－5％～＋10％，特殊情况下电压允许偏差可根据设备实际工频电压耐受能力调整。

（2）750kV 母线：正常运行时，最高运行电压不应超过 800kV，最低运行电压不应影响电力系统同步稳定、电压稳定、厂用电的正常使用及下一级电压的调节；事故运行方式时，电压允许偏差为系统额定电压的－5%～＋10%，特殊情况下电压允许偏差可根据设备实际工频电压耐受能力调整。

（3）500(330)kV 母线：正常运行方式时，最高运行电压不得超过系统额定电压的＋10%，最低运行电压不应影响电力系统同步稳定、电压稳定、厂用电的正常使用及下一级电压调节；事故运行方式时，电压允许偏差为系统额定电压的－5%～＋10%。

（4）220kV 母线：正常运行方式时，最高运行电压不得超过系统额定电压的＋10%，最低运行电压不应影响电力系统同步稳定、电压稳定、厂用电的正常使用及下一级电压调节；事故运行方式时，电压允许偏差为系统额定电压的－10%～＋10%。

（5）220kV 及以上电压等级母线向空载线路充电时，在暂态过程衰减后线路末端电压不应超过系统额定电压的 1.15 倍，持续时间不应超过 20min。无法达到上述要求时，过电压倍数和持续时间可根据设备技术规范和系统运行条件研究确定。

（6）35～110kV 母线：正常运行方式时，电压允许偏差为相应系统额定电压的－3%～＋7%；事故后为系统额定电压的±10%。

（7）风电场和光伏发电站并网点：当公共电网电压处于正常范围内时，对于接入 220kV（或 330kV）及以下电压等级公共电网的风电场和光伏发电站，应能控制并网点电压在额定电压的－3%～＋7%范围内，对于通过 220kV（或 330kV）及以上电压等级接入电网的风电场和光伏电站应能控制并网点电压在额定电压的 0%～＋10%。接入配电网的分布式电源，其并网点的电压偏差应满足同电压等级用户受电端供电电压允许偏差值。

12.2.2　用户受电端供电电压允许偏差值

（1）35kV 及以上用户供电电压正、负偏差绝对值之和不超过额定电压的 10%。

（2）20kV 及以下三相供电电压允许偏差为额定电压的±7%。

（3）220V 单相供电电压允许偏差为额定电压的－10%～＋7%。

（4）特殊用户的电压允许偏差，按供用电合同商定的数值确定。

12.2.3　各级电压容许损失值范围

各级电压容许损失值的范围应经计算满足表 12－1 的要求。

表 12－1　　各级电压电网的容许电压损失值

额定电压（kV）	电压损失分配值（%）	
	变压器	线路
220	1.5～3	1～2
110	2～5	3～5
35	2～4.5	1.5～4.5
10 及以下	2～4	4～8
其中：110kV 线路配电变压器 低压线路（包括接户线）	2～4	1.5～3 2.5～5

12.3 无功补偿规划的主要内容和原则

12.3.1 无功补偿的主要内容

无功补偿应按《国家电网公司电力系统电压质量和无功电力管理规定（2004年）》、《国家电网公司电力系统无功配置技术原则（2004年）》执行，主要内容如下：

（1）电力系统配置的无功补偿装置应能保证在系统有功负荷高峰和负荷低谷运行方式下，分（电压）层和分（供电）区的无功平衡。分（电压）层无功平衡的重点是220kV及以上电压等级层面的无功平衡，分（供电）区就地平衡的重点是110kV及以下配电系统的无功平衡。无功补偿配置应根据电网情况，实施分散就地补偿与变电站集中补偿相结合，电网补偿与用户补偿相结合，高压补偿与低压补偿相结合，满足降损和调压的需要。

（2）各级电网应避免通过输电线路远距离输送无功电力。500（330）kV电压等级系统与下一级系统之间不应有大量的无功电力交换。500（330）kV电压等级超高压输电线路的充电功率应按照就地补偿的原则，采用高、低压并联电抗器予以补偿。

（3）受端系统应有足够的无功备用容量。当受端系统存在电压稳定问题时，应通过技术经济比较，考虑在受端系统的枢纽变电站配置动态无功补偿装置。

（4）各电压等级的变电站应结合电网规划和电源建设，合理配置适当规模、类型的无功补偿装置。所装设的无功补偿装置应不引起系统谐波明显放大，并应避免大量的无功电力穿越变压器。35～220kV变电站，在主变压器最大负荷时，其高压侧功率因素应不低于0.95，在低谷负荷时功率因素应不高于0.95。

（5）对于大量采用10～220kV电缆线路的城市电网，在新建110kV及以上电压等级的变电站时，应根据电缆进、出线情况在相关变电站分散配置适当容量的感性无功补偿装置。

（6）35kV及以上电压等级的变电站，主变压器高压侧应具备双向有功功率和无功功率（或功率因素）等运行参数的采集、测量功能。

（7）为了保证系统具有足够的事故备用无功容量和调压能力，并入电网的发电机组应具备满负荷时功率因素在0.85（滞相）～0.97（进相）运行的能力，新建机组应满足进相0.95运行的能力。为了平衡500（330）kV电压等级输电线路的充电功率，在电厂侧可以考虑安装一定容量的并联电抗器。

（8）电力用户应根据其负荷性质采用适当的无功补偿方式和容量，在任何情况下，不应向电网反送无功电力，并保证在电网负荷高峰时不从电网吸收无功电力。

（9）并联电容器组和并联电抗器组宜采用自动投切方式。

12.3.2 无功补偿的基本原则

1. 按电压原则进行补偿

无功补偿的最基本要求是：满足负荷对无功电力的基本需要，使电压运行在规定的范围内，以保证电力系统运行安全和可靠。当电厂出线电压在220kV及以下时，其母线电压一般不宜高于额定电压的10%。因此，各级电网的送受端允许有10%的电压降。线路压降越大，输送无功电力越多。从利用发电机无功容量考虑，按电压允许偏差进行无功补偿，可以让线路多输送些无功电力给受端。这一原则适用于无功补偿容量少，尚不能按经济补偿原则来要求的电力系统。按电压原则补偿，使电网中无功流动量加大和流动距离增加，电网有功损耗也相应提高。

2. 按经济原则进行补偿

在电力系统无功补偿设备充裕，电网运行管理水平较好的情况下，并联无功补偿应按减少电网有功损耗和年费用最小的经济原则进行补偿和配置，即就地分区分层平衡。500(330)kV 与 220(110)kV 电网层间，应提高运行功率因数，甚至不交换无功。一个供电企业是一个平衡区，一个 500kV 变电站可作为一个供电区，35～220kV 变电站均可作为一个平衡单位，以防止地区间和变电站间无功电力大量窜动。对用户则要求最大有功负荷时，功率因数补偿到 0.98～1.0；而且要求补偿容量随无功负荷的变化及时调整平衡，不向系统送无功。

3. 无功补偿优化

无功补偿优化是电力系统安全经济运行的一个重要组成部分，通过对电力系统无功电源的合理配置和对无功负荷的最佳补偿，不仅可以维持电压水平和提高系统运行的稳定性，而且可以降低有功网损和无功网损，使电力系统能够安全经济运行。目前现代计算工具已给无功补偿优化工作提供了软、硬件基础，出现了基于灵敏度分析的无功优化潮流、无功综合优化的线性规划内点法、带惩罚项的无功优化潮流和内点法等线性算法。针对线性算法的不足，又提出了运用非线性算法，混合整数规划、约束多面体法和非线性原—对偶算法等。为了提高收敛性和对于无功优化的离散变量（变压器分接头的调节，电容器组的投切）的处理，相继提出了遗传算法、Tabu 搜索法、启发式算法、改进的遗传算法、分布计算的遗传算法和模拟退火算法等人工智能方法。上述集中式优化算法是串行计算，随着电力系统规模的进一步扩大，容易陷入“维数灾”而影响问题求解，分布式优化算法将大规模优化问题解耦成多个子问题，可有效降低问题规模。同时，随着大数据和人工智能技术的发展，机器学习算法也开始成为解决无功补偿优化模型的非线性、变量多和模型复杂问题的方法。这些算法在一定程度上提高了无功优化的收敛性和计算速度，并且有些方法已经投入实际应用并取得了较好的效果。

12.4 无功补偿优化模型及解算方法

无功补偿最优配置规划，是根据各规划年的负荷水平，通过优化计算求出电网逐年补偿电容量及有载调压变压器的最优配置方案。最优配置方案的目标一般为：

（1）经济目标：系统的有功损耗最小化，补偿电容量最小，补偿效果最好。

（2）电压质量：各节点电压幅值偏离期望值差之和最小。

（3）电压稳定：考虑系统的电压稳定性，提高系统的电压稳定裕度。

在电网运行时，为了确保供电质量及设备安全，必须保证各母线的运行电压在规定的范围内，即母线运行电压不得低于规定的下限，也不得高于规定的上限。同样，必须保证变压器及线路的电流不能超过其规定值。取母线电压及变压器、线路的电流为运行变量，这些变量必须在规定的上下限内变动，称之为运行约束条件，相应的数学表达式称为运行变量的约束方程。

对于某些变电站，由于条件限制，增设的补偿电容量不能超过某个定值，即所谓补偿电容量的上限值。有载调压变压器的分接头挡数亦有上限和下限。因为补偿电容量及有载调压变压器分接头作为控制变量，所以又称为控制变量约束条件，它们的数学表达式称为控制变量约束方程。在最优无功配置方案中必须满足上述约束条件。

最优无功配置规划从数学意义上讲，就是在满足约束方程条件下，求出目标函数的极值。由于目标函数及运行变量约束方程都是非线性函数，所以要通过求解非线性方程来求出问题的解。但非线性规划计算时收敛慢，计算时间长，所以实际应用时受到限制。一般先进行线性化，然后用线性规划、整数规划和动态规划等方法进行求解。

12.4.1 目标函数

根据不同的目标函数可得到不同的补偿电容及有载调压变压器的最优配置方案。下面分别介绍几种不同的目标函数表达式。

1. 网损最小目标函数

在满足约束条件的情况下，用投切补偿电容器及调节有载调压器的分接头来达到电网运行网损最小的无功配置方案。

若电网总的节点数为 n，则其网损为

$$P_{\mathrm{L}}=\sum_{i=1}^{n}\sum_{j=1}^{n}U_iU_jG_{ij}\cos\theta_{ij} \tag{12-1}$$

式中：U_i、U_j 分别为 i、j 节点的电压；G_{ij} 为 i 和 j 节点之间的电导；θ_{ij} 为 U_i 和 U_j 之间的相角差。

为了便于用线性规划求解，要对式（12-1）在运行点邻域进行线性化，并写成网损为补偿容量及有载调压变压器分接头挡数的函数表达式

$$Z\triangleq\Delta P_{\mathrm{L}}=\sum_{j=1}^{k}\frac{\partial P_{\mathrm{L}}}{\partial Q_{\mathrm{C}j}}\Delta Q_{\mathrm{C}j}+\sum_{i=1}^{M_k}\frac{\partial P_{\mathrm{L}}}{\partial t_i}\Delta t_i \tag{12-2}$$

式中：k 为电容补偿节点数；M_k 为有载调压变压器台数；$\Delta Q_{\mathrm{C}j}$ 为节点 j 的补偿电容增量；Δt_i 为 i 号有载调压变压器的分接头挡数增量。

线路 i 侧的有功功率为 $U_iU_j(G_{ij}\cos\theta_{ij}+B_{ij}\sin\theta_{ij})$，线路 j 侧的有功功率为 $U_jU_i(G_{ij}\cos\theta_{ji}+B_{ij}\sin\theta_{ji})$，线路损耗为

$$U_iU_j(G_{ij}\cos\theta_{ij}+B_{ij}\sin\theta_{ij})+U_jU_i(G_{ij}\cos\theta_{ji}+B_{ij}\sin\theta_{ji})=2U_iU_jG_{ij}\cos\theta_{ij}$$

网损 P_{L} 对节点电压的偏导为

$$\frac{\partial P_{\mathrm{L}}}{\partial U_i}=2\sum_{j\in i}U_jG_{ij}\cos\theta_{ij}\text{，}i\text{，}j=1,2,\cdots,n \tag{12-3}$$

网损 P_{L} 对节点相角的偏导为

$$\frac{\partial P_{\mathrm{L}}}{\partial\theta_i}=-2U_i\sum_{j\in i}U_jG_{ij}\sin\theta_{ij}\text{，}i\text{，}j=1,2,\cdots,n \tag{12-4}$$

为了求出网损与有载调压变压器分接头和电容补偿的函数关系，必须计算网损对电容补偿的偏导数与网损对变压器分接头挡数的偏导数（也称灵敏度）。

（1）网损对节点补偿电容的灵敏度$\left(\frac{\partial P_L}{\partial Q}\right)$。电网中节点 i 的注入有功功率 P_i 与注入无功功率 Q_i 的极坐标形式为

$$P_i=\sum_{j\in i}U_iU_j(G_{ij}\cos\theta_{ij}+B_{ij}\sin\theta_{ij}),\ i,j=1,2,\cdots,n \tag{12-5}$$

$$Q_i=\sum_{j\in i}U_iU_j(G_{ij}\sin\theta_{ij}-B_{ij}\cos\theta_{ij}),\ i,j=1,2,\cdots,n \tag{12-6}$$

由式（12-1）可见，网损是节点电压幅值及相角的函数。又由式（12-6）可见，节点注入无功功率亦是节点电压幅值和相角的函数。根据隐函数求导法则，可求出网损对各节点注入无功功率的偏导数

$$\frac{\partial P_L}{\partial Q_i}=\frac{\partial P_L}{\partial U_1}\frac{\partial U_1}{\partial Q_i}+\frac{\partial P_L}{\partial U_2}\frac{\partial U_2}{\partial Q_i}+\cdots+\frac{\partial P_L}{\partial U_n}\frac{\partial U_n}{\partial Q_i},\ i=1,2,\cdots,n \tag{12-7}$$

从式（12-6）可求得

$$\frac{\partial Q_i}{\partial U_j}=U_i(G_{ij}\sin\theta_{ij}-B_{ij}\cos\theta_{ij}),\ i,j=1,2,\cdots,n \tag{12-8}$$

而

$$\frac{\partial U_i}{\partial Q_i}=\frac{1}{\partial Q_i/\partial U_i} \tag{12-9}$$

将式（12-3）、式（12-8）和式（12-9）代入式（12-7）的右边，得到

$$\frac{\partial P_L}{\partial Q_i}=\sum_{k=1}^{n}\left[(2\sum_{j\in k}U_jG_{kj}\cos\theta_{kj})\frac{1}{U_i(G_{ik}\sin\theta_{ik}-B_{ik}\cos\theta_{ik})}\right],\ i,j=1,2,\cdots,n \tag{12-10}$$

同理可得出网损对各节点注入有功功率的偏导数

$$\begin{aligned}\frac{\partial P_L}{\partial P_i}&=\frac{\partial P_L}{\partial \theta_1}\frac{\partial \theta_1}{\partial P_i}+\frac{\partial P_L}{\partial \theta_2}\frac{\partial \theta_2}{\partial P_i}+\cdots+\frac{\partial P_L}{\partial \theta_n}\frac{\partial \theta_n}{\partial P_i}\\&=\sum_{k=1}^{n}\left\{-2U_k(\sum_{j\in k}U_jG_{kj}\sin\theta_{kj})\frac{1}{U_iU_k(G_{ik}\sin\theta_{ik}-B_{ik}\cos\theta_{ik})}\right\},\\&\qquad i,j=1,2,\cdots,n\end{aligned} \tag{12-11}$$

（2）网损对有载调压变压器分接头的灵敏度$\left(\frac{\partial P_L}{\partial t}\right)$。设 i 和 j 节点之间用变压器连接，分接头在 j 侧，并假定注入功率分别为 P_i、Q_i 和 P_j、Q_j，如图 12-1 所示。

当变压器分接头改变 Δt_{ij} 时，将引起支路功率的变化，从而引起节点注入功率的变化，图 12-2 表示了这种变化的相互关系。由于变压器分接头变动引起该节点功率的变化可用下列方程表达，即

$$\left.\begin{aligned}\Delta P_i&=P_i-\left(P_i+\frac{\partial P_{ij}}{\partial t_{ij}}\Delta t_{ij}\right)=-\frac{\partial P_{ij}}{\partial t_{ij}}\Delta t_{ij}\\ \partial Q_i&=-\frac{\partial Q_{ij}}{\partial t_{ij}}\Delta t_{ij}\\ \Delta P_j&=-\frac{\partial P_{ji}}{\partial t_{ij}}\Delta t_{ij}\\ \partial Q_j&=-\frac{\partial Q_{ji}}{\partial t_{ij}}\Delta t_{ij}\end{aligned}\right\} \tag{12-12}$$

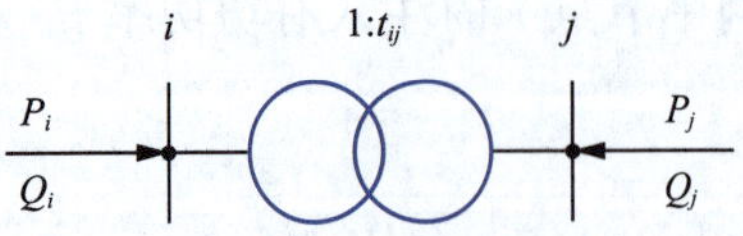

图 12 - 1　变压器变比为 1∶t_{ij} 时节点功率示意图

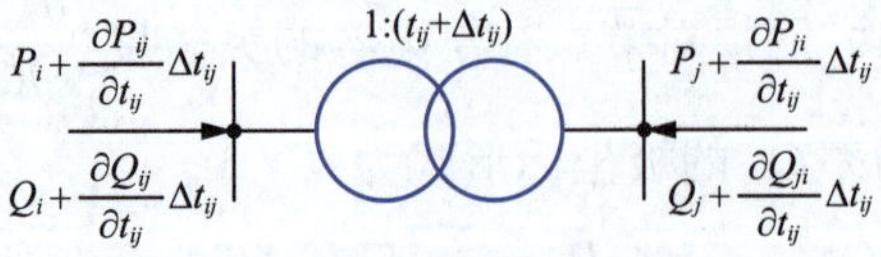

图 12 - 2　变压器变比改变 Δt_{ij} 后节点功率示意图

由节点 i 和 j 的注入功率变化而引起的网损变化是

$$\Delta P_{\mathrm{L}}=\frac{\partial P_{\mathrm{L}}}{\partial P_i}\Delta P_i+\frac{\partial P_{\mathrm{L}}}{\partial Q_i}\Delta Q_i+\frac{\partial P_{\mathrm{L}}}{\partial P_j}\Delta P_j+\frac{\partial P_{\mathrm{L}}}{\partial Q_j}\Delta Q_j \tag{12-13}$$

将式（12 - 12）代入式（12 - 13），则有

$$\Delta P_{\mathrm{L}}=\left[\frac{\partial P_{\mathrm{L}}}{\partial P_i}\left(-\frac{\partial P_{ij}}{\partial t_{ij}}\right)+\frac{\partial P_{\mathrm{L}}}{\partial Q_i}\left(-\frac{\partial Q_{ij}}{\partial t_{ij}}\right)+\frac{\partial P_{\mathrm{L}}}{\partial P_j}\left(-\frac{\partial P_{ji}}{\partial t_{ji}}\right)+\frac{\partial P_{\mathrm{L}}}{\partial Q_j}\left(-\frac{\partial Q_{ji}}{\partial t_{ji}}\right)\right]\Delta t_{ij} \tag{12-14}$$

所以有

$$\frac{\partial P_{\mathrm{L}}}{\partial t_{ij}}\approx\frac{\Delta P_{\mathrm{L}}}{\Delta t_{ij}}=-\left[\frac{\partial P_{\mathrm{L}}}{\partial P_i}\left(\frac{\partial P_{ij}}{\partial t_{ij}}\right)+\frac{\partial P_{\mathrm{L}}}{\partial Q_i}\left(\frac{\partial Q_{ij}}{\partial t_{ij}}\right)+\frac{\partial P_{\mathrm{L}}}{\partial P_j}\left(\frac{\partial P_{ji}}{\partial t_{ji}}\right)+\frac{\partial P_{\mathrm{L}}}{\partial Q_j}\left(\frac{\partial Q_{ji}}{\partial t_{ji}}\right)\right] \tag{12-15}$$

根据式（12 - 10）和式（12 - 11）可求出$\frac{\partial P_{\mathrm{L}}}{\partial P_i}$、$\frac{\partial P_{\mathrm{L}}}{\partial Q_i}$、$\frac{\partial P_{\mathrm{L}}}{\partial P_j}$和$\frac{\partial P_{\mathrm{L}}}{\partial Q_j}$。

式（12 - 15）中支路功率对分接头挡数的偏导数与非标准变比在哪一侧（i 侧或 j 侧）有关，所以应写成以下形式

$$\left.\begin{aligned}
\frac{\partial P_{ij}}{\partial t_{ij}}&=\begin{cases}-\left(\dfrac{1}{t_{ij}}\right)U_iU_j(G_{ij}\cos\theta_{ij}+B_{ij}\sin\theta_{ij}), & 1\text{在 } i \text{ 侧}\\ \left(\dfrac{2}{t_{ij}^2}\right)U_i^2G_{ij}-\left(\dfrac{1}{t_{ij}}\right)U_iU_j(G_{ij}\cos\theta_{ij}+B_{ij}\sin\theta_{ij}), & 1\text{在 } j \text{ 侧}\end{cases}\\
\frac{\partial Q_{ij}}{\partial t_{ij}}&=\begin{cases}\left(\dfrac{1}{t_{ij}}\right)U_iU_j(B_{ij}\cos\theta_{ij}-G_{ij}\sin\theta_{ij}), & 1\text{在 } i \text{ 侧}\\ \left(\dfrac{1}{t_{ij}}\right)U_iU_j(B_{ij}\cos\theta_{ij}-G_{ij}\sin\theta_{ij})-\left(\dfrac{2}{t_{ij}^2}\right)U_i^2B_{ij}, & 1\text{在 } j \text{ 侧}\end{cases}\\
\frac{\partial P_{ji}}{\partial t_{ij}}&=\begin{cases}\left(\dfrac{2}{t_{ij}^2}\right)U_j^2G_{ij}-\left(\dfrac{1}{t_{ij}}\right)U_iU_j(G_{ij}\cos\theta_{ij}-B_{ij}\sin\theta_{ij}), & 1\text{在 } i \text{ 侧}\\ -\left(\dfrac{1}{t_{ij}}\right)U_iU_j(G_{ij}\cos\theta_{ij}-B_{ij}\sin\theta_{ij}), & 1\text{在 } j \text{ 侧}\end{cases}\\
\frac{\partial Q_{ji}}{\partial t_{ij}}&=\begin{cases}-\left(\dfrac{2}{t_{ij}^2}\right)U_j^2B_{ij}+\left(\dfrac{1}{t_{ij}}\right)U_iU_j(G_{ij}\sin\theta_{ij}+B_{ij}\cos\theta_{ij}), & 1\text{在 } i \text{ 侧}\\ \left(\dfrac{1}{t_{ij}}\right)U_iU_j(G_{ij}\sin\theta_{ij}+B_{ij}\cos\theta_{ij}), & 1\text{在 } j \text{ 侧}\end{cases}
\end{aligned}\right\} \tag{12-16}$$

式中：1 在 i 侧、1 在 j 侧中，1 表示非标准变比 1：t_{ij} 中的 1。

2. 补偿电容最小（或补偿费用最省）

补偿电容最小的数学表达式为

$$\min Z=\sum_{i=1}^{k}C_i\Delta Q_{Ci} \tag{12-17}$$

式中：Z 为费用或电容容量表达式；ΔQ_{Ci} 为 i 节点的补偿电容增量；k 为无功补偿节点总数；$C_i=1$ 为以补偿量为目标函数时的取值；$C_i=A_i$ 为以补偿费用为目标函数，i 补偿点单位补偿电容的费用。

3. 补偿效果最好

补偿效果最好的数学表达式为

$$\max Z=\sum_{i=1}^{K_c}a_i^g\Delta u_i \tag{12-18}$$

式中：K_c 为控制变量个数；a_i^g 为第 i 个控制变量网络性能的综合补偿效果系数；Δu_i 为第 i 个控制变量的增量。

12.4.2　被控制量与控制量的约束方程

在无功电压优化过程中要达到所选目标函数为最小（或最大）是有条件的，即需要满足约束条件。对控制量和被控制量都只能在规定的范围内变化，这个范围分别表述如下。

1. 被控制量的约束条件

一般以电网中各母线（节点）电压、线路及变压器的电流为被控制量，所以节点电压的允许偏移范围、线路及变压器的允许电流就是约束条件，其表达式为

$$U_i^{\min}\leqslant U_i\leqslant U_i^{\max},\ i=1,2,\cdots,n \tag{12-19}$$

$$I_j\leqslant I_j^{\max},\ j=1,2,\cdots,m \tag{12-20}$$

式中：i 为节点号；j 为支路号；n、m 分别为节点和支路总数；$U_i^{\min}$、$U_i^{\max}$ 分别为 i 节点允许电压的下限和上限；$I_j^{\max}$ 为 j 支路的允许电流上限。

如果用支路无功潮流来表示，则

$$q_j^{\min}\leqslant q_j\leqslant q_j^{\max} \tag{12-21}$$

式中：$q_j^{\max}$、$q_j^{\min}$ 分别为 j 支路的无功潮流上限和下限，其值分别为

$$q_j^{\min}=-\sqrt{(U_jI_j^{\max})^2-p_j^2},\ q_j^{\max}=\sqrt{(U_jI_j^{\max})^2-p_j^2}$$

式（12-21）中的负号表示反向传送功率，U_j 和 p_j 分别为 j 支路电压和有功功率。上述约束方程可写成增量形式，即

$$\Delta U_i^{\min}\leqslant\Delta U_i\leqslant\Delta U_i^{\max} \tag{12-22}$$

$$\Delta q_j^{\min}\leqslant\Delta q_j\leqslant\Delta q_j^{\max} \tag{12-23}$$

$$\Delta U_i^{\max}=U_i^{\max}-U_i,\ \Delta U_i^{\min}=U_i^{\min}-U_i,\ \Delta q_j^{\max}=q_j^{\max}-q_j,\ \Delta q_j^{\min}=q_j^{\min}-q_j$$

$$\Delta U_i^{\max}=U_i^{\max}-U_i,\ \Delta U_i^{\min}=U_i^{\min}-U_i,\ \Delta q_j^{\max}=q_j^{\max}-q_j,\ \Delta q_j^{\min}=q_j^{\min}-q_j$$

式（12-22）和式（12-23）表明了被控制量恢复到允许范围所需的最小增量，它的取值为

$$\Delta U_i=\begin{cases}U_i^{\min}-U_i, & U_i\leqslant U_i^{\min}\\ 0, & U_i^{\min}\leqslant U_i\leqslant U_i^{\max}\\ U_i^{\max}-U_i, & U_i\geqslant U_i^{\max}\end{cases} \tag{12-24}$$

$$\Delta q_j=\begin{cases}q_j^{\min}-q_j, & q_j\leqslant q_j^{\min}\\0, & q_j^{\min}\leqslant q_j\leqslant q_j^{\max}\\q_j^{\max}-q_j, & q_j\geqslant q_j^{\max}\end{cases}\tag{12-25}$$

2. 控制量的约束条件

如果电网没有发电厂，那么控制电网无功的手段只能是投切电容器（电抗器）、SVC、STATCOM 和改变有载调压变压器的分接头。对于一个具体的电网，各节点的可投切电容器（电抗器）、SVC、STATCOM 和变压器分接头的调节范围都是一定的，即必须满足

$$Q_{Cj}^{\min}\leqslant Q_{Cj}\leqslant Q_{Cj}^{\max},\ j=1,2,\cdots,M_n\tag{12-26}$$

$$t_k^{\min}\leqslant t_k\leqslant t_k^{\max},\ k=1,2,\cdots,M_k\tag{12-27}$$

写成增量形式为

$$\Delta Q_{Cj}^{\min}\leqslant \Delta Q_{Cj}\leqslant \Delta Q_{Cj}^{\max}\tag{12-28}$$

$$\Delta t_k^{\min}\leqslant \Delta t_k\leqslant \Delta t_k^{\max}\tag{12-29}$$

$$\Delta Q_{Cj}^{\max}=Q_{Cj}^{\max}-Q_{Cj},\ \Delta Q_{Cj}^{\min}=Q_{Cj}^{\min}-Q_{Cj},\ \Delta t_k^{\max}=t_k^{\max}-t_k,\ \Delta t_k^{\min}=t_k^{\min}-t_k$$

式中：M_n 为补偿电容器的个数；t_k 为第 k 台变压器调节分接头；M_k 为可调压变压器台数；$t_k^{\max}$、$t_k^{\min}$ 为第 k 台调压变压器分接头上、下限。

式（12-26）中的 $Q_{Cj}^{\min}$ 和 $Q_{Cj}^{\max}$ 分别为电网 j 节点上配置的电容量上、下限，其值根据无功电压优化计算来决定，对于长期的无功配置规划，可能是分期配置电容。所以投切电容的上、下限应按具体情况来确定。

12.4.3 综合灵敏度矩阵

已经确定以电网的节点电压和支路无功潮流为被控制量，各节点的补偿电容量和有载调压变压器的分接头为控制量，因此必须确定各节点被控制量和控制量之间一一对应的量值关系。例如，已知各节点的电压偏差量 ΔU，为了校正这个偏差量，就需要知道各节点投切的电容量。这种被控制量和控制量之间的定量关系往往是通过灵敏度矩阵来得到的，而灵敏度矩阵的元素又取决于电网的结构特性。

由潮流计算可知，根据电网的节点无功平衡方程［式（12-7）］，可写出各节点在状态 (U_0,θ_0) 邻域内的无功增量方程，即

$$\Delta Q_i=\sum_{j=1}^{n-1}\left(\frac{\partial Q_i}{\partial U_j}\Delta U_j+\frac{\partial Q_i}{\partial \theta_j}\Delta\theta_j\right)\bigg|_{(U_0,\theta_0)}+\sum_{k=1}^{M_k}\frac{\partial Q_i}{\partial t_k}\Delta t_k\bigg|_{(U_0,\theta_0)}$$

$$i,j=1,2,\cdots,n-1;\ k=1,2,\cdots,M_k\tag{12-30}$$

式中：ΔU_j、$\Delta\theta_j$ 分别为 j 节点的电压与功角增量；ΔQ_i 为第 i 节点的无功增量；Δt_k 为第 k 台有载调压变压器分接头挡数增量；n 为平衡节点。

在电网计算中，针对于某一负荷水平时可以认为 $\frac{\partial Q_i}{\partial U_j}\Delta U_j\gg\frac{\partial Q_i}{\partial \theta_j}\Delta\theta_j$ 始终成立。所以式（12-30）可改写为

$$\Delta Q_i\approx\sum_{\substack{j=1\\j\neq i}}^{n-1}\frac{\partial Q_i}{\partial U_i}\Delta U_j\bigg|_{(U_0,\theta_0)}+\sum_{k=1}^{M_k}\frac{\partial Q_i}{\partial t_k}\Delta t_k\bigg|_{(U_0,\theta_0)}=\boldsymbol{J}_{\mathrm{Q}}\Delta\boldsymbol{U}+\boldsymbol{J}_{\mathrm{T}}\Delta\boldsymbol{T}\tag{12-31}$$

其中，$\boldsymbol{J}_{\mathrm{Q}}=\left[\dfrac{\partial Q_i}{\partial U_i}\right]_{(U_0,\theta_0)}$ 为$(n-1)\times(n-1)$ 维矩阵；$\boldsymbol{J}_{\mathrm{T}}=\left[\dfrac{\partial Q_i}{\partial t_k}\right]_{(U_0,\theta_0)}$ 为 $(n-1)\times M_k$ 维矩阵；$\Delta\boldsymbol{Q}$、$\Delta\boldsymbol{U}$ 为 $n-1$ 维列向量；$\Delta\boldsymbol{T}$ 为 M_k 维列向量。

由式（12-31）可写出被控制量电压增量 $\Delta\boldsymbol{U}$ 和控制量 $\Delta\boldsymbol{Q}$ 及 $\Delta\boldsymbol{T}$ 的函数关系式

$$\Delta\boldsymbol{U}=[\boldsymbol{J}_{\mathrm{Q}}^{-1}-\boldsymbol{J}_{\mathrm{Q}}^{-1}\boldsymbol{J}_{\mathrm{T}}]\begin{bmatrix}\Delta\boldsymbol{Q}\\ \Delta\boldsymbol{T}\end{bmatrix} \tag{12-32}$$

同理，根据支路无功潮流方程写出在状态（U_0，θ_0）附近的增量方程

$$\Delta q_i=\sum_{j=1}^{n-1}\left(\frac{\partial q_i}{\partial U_j}\Delta U_j+\frac{\partial q_i}{\partial\theta_j}\Delta\theta_j\right)\bigg|_{(U_0,\theta_0)}+\sum_{k=1}^{M_k}\frac{\partial q_i}{\partial t_j}\Delta t_k\bigg|_{(U_0,\theta_0)},\ i=1,2,\cdots,m \tag{12-33}$$

同理，不等式$\dfrac{\partial q_i}{\partial U_j}\Delta U_j\gg\dfrac{\partial q_i}{\partial\theta_j}\Delta\theta_j$ 成立，所以式（12-33）可改写成

$$\Delta q_i=\sum_{j=1}^{n-1}\frac{\partial q_i}{\partial U_j}\Delta U_j\bigg|_{(U_0,\theta_0)}+\sum_{k=1}^{M_k}\frac{\partial q_i}{\partial t_k}\Delta t_k\bigg|_{(U_0,\theta_0)}=\boldsymbol{H}_{\mathrm{U}}\Delta\boldsymbol{U}+\boldsymbol{H}_{\mathrm{T}}\Delta\boldsymbol{T} \tag{12-34}$$

式中：$\boldsymbol{H}_{\mathrm{U}}=\left[\dfrac{\partial q_i}{\partial U_j}\right]\bigg|_{(U_0,\theta_0)}$；$\boldsymbol{H}_{\mathrm{T}}=\left[\dfrac{\partial q_i}{\partial t_k}\right]\bigg|_{(U_0,\theta_0)}$；$\Delta\boldsymbol{q}$ 为 m 维列向量；$\Delta\boldsymbol{T}$ 为 M_k 维列向量；$\Delta\boldsymbol{U}$ 为 $n-1$ 维列向量。

由式（12-32）和式（12-34）可得支路无功潮流控制方程

$$\begin{aligned}\Delta\boldsymbol{q}&=\boldsymbol{H}_{\mathrm{U}}[\boldsymbol{J}_{\mathrm{Q}}^{-1}-\boldsymbol{J}_{\mathrm{Q}}^{-1}\boldsymbol{J}_{\mathrm{T}}]\begin{bmatrix}\Delta\boldsymbol{Q}\\ \Delta\boldsymbol{T}\end{bmatrix}+\boldsymbol{H}_{T}\Delta\boldsymbol{T}\\&=[\boldsymbol{H}_{\mathrm{U}}\boldsymbol{J}_{\mathrm{Q}}^{-1}\quad \boldsymbol{H}_{\mathrm{T}}-\boldsymbol{H}_{\mathrm{U}}\boldsymbol{J}_{\mathrm{Q}}^{-1}\boldsymbol{J}_{T}]\begin{bmatrix}\Delta\boldsymbol{Q}\\ \Delta\boldsymbol{T}\end{bmatrix}\end{aligned} \tag{12-35}$$

把式（12-32）和式（12-35）合并写成

$$\begin{bmatrix}\Delta\boldsymbol{U}\\ \Delta\boldsymbol{q}\end{bmatrix}=\begin{bmatrix}\boldsymbol{J}_{\mathrm{Q}}^{-1} & -\boldsymbol{J}_{\mathrm{Q}}^{-1}\boldsymbol{J}_{\mathrm{T}}\\ \boldsymbol{H}_{\mathrm{U}}\boldsymbol{J}_{\mathrm{Q}}^{-1} & \boldsymbol{H}_{\mathrm{T}}-\boldsymbol{H}_{\mathrm{U}}\boldsymbol{J}_{\mathrm{Q}}^{-1}\boldsymbol{J}_{T}\end{bmatrix}\begin{bmatrix}\Delta\boldsymbol{Q}\\ \Delta\boldsymbol{T}\end{bmatrix} \tag{12-36}$$

或

$$\begin{bmatrix}\Delta\boldsymbol{U}\\ \Delta\boldsymbol{q}\end{bmatrix}=\begin{bmatrix}\boldsymbol{S}_1 & \boldsymbol{S}_2\\ \boldsymbol{S}_3 & \boldsymbol{S}_4\end{bmatrix}\begin{bmatrix}\Delta\boldsymbol{Q}\\ \Delta\boldsymbol{T}\end{bmatrix} \tag{12-37}$$

式中：$\boldsymbol{S}_1\triangleq\boldsymbol{J}_{\mathrm{Q}}^{-1}$ 为节点电压对节点无功补偿的灵敏度矩阵；$\boldsymbol{S}_2\triangleq-\boldsymbol{J}_{\mathrm{Q}}^{-1}\boldsymbol{T}_{\mathrm{T}}$ 为节点电压对变压器分接头的灵敏度矩阵；$\boldsymbol{S}_3\triangleq\boldsymbol{H}_{\mathrm{U}}\boldsymbol{J}_{\mathrm{Q}}^{-1}$ 为支路无功潮流对节点无功补偿的灵敏度矩阵；$\boldsymbol{S}_4\triangleq\boldsymbol{H}_{\mathrm{T}}-\boldsymbol{H}_{\mathrm{U}}\boldsymbol{J}_{\mathrm{Q}}^{-1}\boldsymbol{J}_{T}$ 为支路无功潮流对变压器分接头的灵敏度矩阵。

又令 $\Delta\boldsymbol{X}\triangleq\begin{bmatrix}\Delta\boldsymbol{U}\\ \Delta\boldsymbol{q}\end{bmatrix}$，$\Delta\boldsymbol{U}\triangleq\begin{bmatrix}\Delta\boldsymbol{Q}\\ \Delta\boldsymbol{T}\end{bmatrix}$，$\boldsymbol{S}\triangleq\begin{bmatrix}\boldsymbol{S}_1 & \boldsymbol{S}_2\\ \boldsymbol{S}_3 & \boldsymbol{S}_4\end{bmatrix}$，则被控制量和控制量的增量之间的线性关系可简单表达为

$$\Delta\boldsymbol{X}=\boldsymbol{S}\Delta\boldsymbol{U} \tag{12-38}$$

式中：$\boldsymbol{S}$ 称综合灵敏度矩阵。

现将上述各个灵敏度矩阵的元素分别求解如下：

（1）J_{Q}：根据节点无功功率平衡方程，节点 i 的注入无功功率为

$$Q_i=U_i\sum_{j=1}^{n}U_j(G_{ij}\sin\theta_{ij}-B_{ij}\cos\theta_{ij}),\ i,j=1,2,\cdots,n \tag{12-39}$$

$$J_{Q}=\frac{\partial Q_i}{\partial U_j}=\begin{cases}\sum_{k=1}^{n}U_k(G_{ik}\sin\theta_{ik}-B_{ik}\cos\theta_{ik})-B_{ii}U_i, & j=i\\ U_i(G_{ij}\sin\theta_{ij}-B_{ij}\cos\theta_{ij}), & j\neq i,i\in j\\ 0, & i\neq j,i\notin j\end{cases} \tag{12-40}$$

（2）$\boldsymbol{J}_{T}$：1在 i 侧，t 在 j 侧时，有

$$\boldsymbol{J}_{T}=\begin{cases}\frac{\partial Q_i}{\partial t}=-U_iU_j(G_{ij}\sin\theta_{ij}-B_{ij}\cos\theta_{ij})/t\\ \frac{\partial Q_j}{\partial t}=U_iU_j(G_{ij}\sin\theta_{ij}+B_{ij}\cos\theta_{ij})/t-\frac{2}{t^2}B_{ij}U_j^2\\ \frac{\partial Q_k}{\partial t}=0,\ k\neq i,k\neq j\end{cases} \tag{12-41}$$

1在 j 侧，t 在 i 侧时，有

$$\boldsymbol{J}_{T}=\begin{cases}\frac{\partial Q_i}{\partial t}=U_iU_j(-G_{ij}\sin\theta_{ij}+B_{ij}\cos\theta_{ij})/t-\frac{2}{t^2}B_{ij}U_i^2\\ \frac{\partial Q_j}{\partial t}=U_iU_j(G_{ij}\sin\theta_{ij}+B_{ij}\cos\theta_{ij})/t\\ \frac{\partial Q_k}{\partial t}=0,\ i\neq k,\ j\neq k\end{cases} \tag{12-42}$$

（3）$\boldsymbol{H}_{U}$：

$$\boldsymbol{H}_{U}=\begin{cases}\frac{\partial q_{ij}}{\partial U_k}=\begin{cases}U_j(G_{ij}\sin\theta_{ij}-B_{ij}\cos\theta_{ij})+2B_{ij}U_i,\ k=i\\ U_i(G_{ij}\sin\theta_{ij}-B_{ij}\cos\theta_{ij}),\ k=j\\ 0,\ k\neq i、j\end{cases} & (12\text{-}43)\\ \frac{\partial q_{ji}}{\partial U_k}=\begin{cases}-U_j(G_{ij}\sin\theta_{ij}+B_{ij}\cos\theta_{ij}),\ k=i\\ -U_j(G_{ij}\sin\theta_{ij}+B_{ij}\cos\theta_{ij})+2B_{ij}U_j,\ k=j\\ 0,\ k\neq i、j\end{cases} & (12\text{-}44)\end{cases}$$

（4）$\boldsymbol{H}_{T}$：变压器非标准变比的1在 i 侧，t 在 j 侧时，有

$$\boldsymbol{H}_{T}=\begin{cases}\frac{\partial q_{ij}}{\partial t}=-\frac{1}{t}U_iU_j(G_{ij}\sin\theta_{ij}-B_{ij}\cos\theta_{ij})\\ \frac{\partial q_{ji}}{\partial t}=-\frac{2}{t^2}B_{ij}U_j^2+\frac{1}{t}U_iU_j(G_{ij}\sin\theta_{ij}+B_{ij}\cos\theta_{ij})\end{cases} \tag{12-45}$$

1在 j 侧，t 在 i 侧时，有

$$\boldsymbol{H}_{T}=\begin{cases}\frac{\partial q_{ij}}{\partial t}=\frac{1}{t}U_iU_j(B_{ij}\cos\theta_{ij}-G_{ij}\sin\theta_{ij})-\frac{2}{t^2}B_{ij}U_i^2\\ \frac{\partial q_{ji}}{\partial t}=\frac{1}{t}U_iU_j(G_{ij}\sin\theta_{ij}+B_{ij}\cos\theta_{ij})\end{cases} \tag{12-46}$$

12.4.4 网络参数修正

用投切电容器（电抗器）、SVC、STATCOM和调节有载调压变压器的分接头来控制

电网电压，实际上是靠改变电网的参数来实现的，每次投切电容器（电抗器）、SVC、STATCOM 或改变变压器的分接头都相应地改变着电网参数。

（1）投切电容器（电抗器）、SVC、STATCOM 对电网参数的影响。若 i 节点投切电容量为 Q_{Ci}，对应的电纳增量为 $\dfrac{Q_{Ci}}{U_i^2}$，这就是网络导纳矩阵中自电纳的修正量，从而有

$$B_{ii}^{(N)}=B_{ii}^{(0)}+\frac{Q_{Ci}}{U_i^2} \tag{12-47}$$

式中：$B_{ii}^{(N)}$ 为 i 节点补偿后的自电纳；$B_{ii}^{(0)}$ 为 i 节点补偿前的自电纳；U_i 为 i 节点的电压。

（2）有载调压变压器分接头调整对网络参数的影响。图 12-3 为非标准变比变压器的电路图，图中参数为

$$\begin{cases} Y'_{ii}=Y=G+\mathrm{j}B \\ Y'_{jj}=\dfrac{Y}{t}+\dfrac{1}{t}\left(\dfrac{1}{t}-1\right)Y=\dfrac{Y}{t^2}=\dfrac{1}{t^2}(G+\mathrm{j}B) \\ Y'_{ij}=-\dfrac{Y}{t}=-\dfrac{1}{t}(G+\mathrm{j}B) \end{cases} \tag{12-48}$$

式中：Y'_{ii} 为 i 节点的自导纳；Y'_{jj} 为 j 节点的自导纳；Y'_{ij} 为 i、j 节点之间的互导纳。

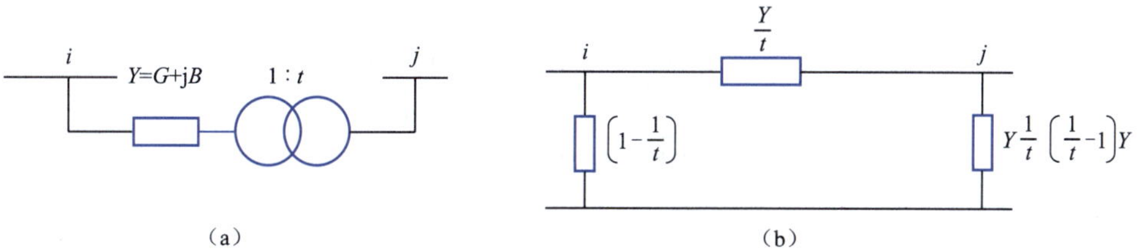

图 12-3　非标准变化变压器电路图

（a）原理图；（b）等值电路

当有载调压变压器分接头增量为 Δt，有 $t'=t+\Delta t$，则

$$Y'_{ii}=Y=G+\mathrm{j}B$$

$$Y'_{ij}=-\frac{Y}{t'}=-\frac{Y}{t+\Delta t}=\frac{-1}{t+\Delta t}(G+\mathrm{j}B)=-\frac{G+\mathrm{j}B}{t}\frac{t}{t+\Delta t}$$

$$Y'_{jj}=\frac{Y}{(t')^2}=\frac{1}{(t+\Delta t)^2}Y$$

$$=\frac{G+\mathrm{j}B}{t^2}+(t+\Delta t)\left[\frac{1}{(t+\Delta t)^2}-\frac{1}{t^2}\right]\frac{G+\mathrm{j}B}{t+\Delta t}$$

如果把变压器分接头改变前后的参数写成对比形式，有

$$\begin{cases} Y_{ii}^{(N)}=Y_{ii}^{(0)} \\ Y_{ij}^{(N)}=\dfrac{t}{t+\Delta t}Y_{ij}^{(0)} \\ Y_{jj}^{(N)}=Y_{jj}^{(0)}+(t+\Delta t)\left[\dfrac{1}{t^2}-\dfrac{1}{(t+\Delta t)^2}\right]Y_{ij}^{(N)} \end{cases} \tag{12-49}$$

式中：$Y_{ii}^{(N)}$、$Y_{ij}^{(N)}$、$Y_{jj}^{(N)}$ 分别为变压器分接头调整后的自、互导纳；$Y_{ii}^{(0)}$、$Y_{ij}^{(0)}$、$Y_{jj}^{(0)}$ 分别

为变压器分接头调整前的自、互导纳。

12.4.5　无功补偿优化规划计算基本流程

采用线性规划的无功补偿优化规划计算基本流程框图如图 12-4 所示。

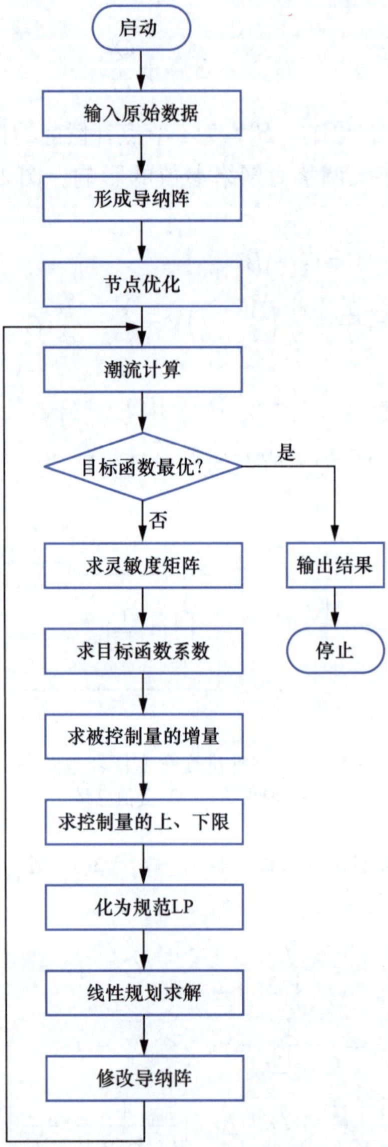

图 12-4　采用线性规划的无功补偿优化规划计算基本流程框图

12.5　无功补偿容量配置

在规划出全系统或局部地区所需要的无功补偿总容量后，需将其配置到用户和各级变电站中去，配置方式按 **12.3** 节中的原则要求，并考虑到适当集中补偿容量，以利于节省投资和无功控制。

12.5.1　用户的无功补偿

目前我国对用户尚未要求按经济原则进行补偿，即在最大负荷方式时，要求用户基本不受系统供给的无功（功率因数达到 0.98～1.0）；在非最大负荷方式时，用户应及时调节补偿容量，不向系统送无功。按经济补偿原则用户需要装设有效的控制设备并具有较高的运行水平。

对用户的补偿容量，在《供电营业规则》第四十一条中规定：无功电力应就地平衡。用户应在提高用电自然功率因数的基础上，按有关标准设计和装置无功补偿设备，并做到随负荷和电压变动及时投入和切除，防止无功电力倒送。除电网有特殊要求的用户外，用户在当地供电企业规定的电网高峰负荷时的功率因数，应达到下列规定：100kV·A 及以上高压供电的用户功率因数为 0.90 以上；其他电力用户和大、中型电力排灌站、趸购转售电企业，功率因数为 0.85 以上；农业用电，功率因数为 0.80 以上。

目前各电力系统中，大部分是符合按功率因数 0.9 进行补偿的电力用户。如按用户自然功率因数 0.707 计（$Q/P=1$），用户只需补偿其所需无功容量的 50%，其余 50%的无功电源则取自电力系统。这一配置方式与按经济原则配置相比，电力系统的无功补偿容量偏大了。

12.5.2　1000kV 变电站的无功补偿

（1）一般情况下，高、低压并联电抗器的总容量宜使线路充电功率基本予以补偿，高、低压并联电抗器的容量配置和耐压水平应按系统的条件和各自特点研究决定。

（2）1000kV 变电站的并联电容器组和低压并联电抗器，应具备根据运行方式自动投切功能。

（3）高、低压并联电抗器容量的配置，应考虑 1000kV 交流系统的线路断路器的变电站侧工频过电压不超过 1.3 倍系统最高运行电压，线路侧短时（0.5s）不超过 1.4 倍系统最高运行电压。

（4）高压并联电抗器应综合考虑限制工频过电压、降低潜供电流及恢复电压和平衡输电线路的充电功率等要求合理配置。

（5）当线路装设高压并联电抗器时，应计算校核非全相运行谐振过电压。

（6）容性无功补偿以补偿主变压器无功损耗为主，适当补偿部分线路及兼顾负荷侧的无功损耗，单组容性无功补偿容量选择应以单组投切引起的电压波动不触发有载调压变压器分接头动作为原则。

12.5.3　500(330)kV 变电站的无功补偿

（1）500(330)kV 电压等级变电站容性无功补偿的主要作用是补偿主变压器无功损耗，以及输电线路输送容量较大时电网的无功缺额。容性无功补偿应按照主变压器容量的 10%～20%配置，或经过计算后确定。

（2）500(330)kV 电压等级高压并联电抗器（包括中性点小电抗）的主要作用是限制工频过电压和降低潜供电流、恢复电压和平衡超高压输电线路的充电功率，高压并联电抗器的容量应根据上述要求确定。主变压器低压侧并联电抗器组的作用主要是补偿超高压输电线路的剩余充电功率，其容量应根据电网结构和运行的需要而确定。

(3) 当局部地区500(330)kV电压等级短线路较多时，应根据电网结构，在适当地点装设高压并联电抗器，进行无功补偿。以无功补偿为主的高压并联电抗器应装设断路器。

(4) 500(330)kV电压等级变电站安装有两台及以上变压器时，每台变压器配置的无功补偿容量宜基本一致。

12.5.4 220kV变电站的无功补偿

(1) 220kV变电站的容性无功补偿以补偿主变压器无功损耗为主，并适当补偿部分线路的无功损耗。补偿容量按照主变压器容量的10%～25%配置，并满足220kV主变压器最大负荷时，其高压侧功率因素不低于0.95。

(2) 当220kV变电站无功补偿装置所接入母线有直配负荷时，容性无功补偿容量可按上限配置；当无功补偿装置所接入母线无直配负荷或变压器各侧出线以电缆为主时，容性无功补偿容量可按下限配置。

(3) 对进、出线以电缆为主的220kV变电站，可根据电缆长度配置相应的感性无功补偿装置。每一台变压器的感性无功补偿装置容量不宜大于主变压器容量的20%，或经过技术经济比较后确定。

(4) 220kV变电站无功补偿装置的分组容量选择，应根据计算确定，最大单组无功补偿装置投切引起所在母线电压变化不宜超过电压额定值的2.5%。一般情况下无功补偿装置的单组容量，接于66kV电压等级时不宜大于20Mvar，接于35kV电压等级时不宜大于12Mvar，接于10kV电压等级时不宜大于8Mvar。

(5) 220kV变电站安装有两台及以上变压器时，每台变压器配置的无功补偿容量宜基本一致。

12.5.5 35～110kV变电站的无功补偿

(1) 35～110kV变电站的容性无功补偿装置以补偿变压器无功损耗为主，并适当兼顾负荷侧的无功补偿。容性无功补偿装置的容量按主变压器容量的10%～30%配置，并满足35～110kV主变压器最大负荷时，其高压侧功率因素不低于0.95。

(2) 110kV变电站的单台主变压器容量为40MV·A及以上时，每台主变压器应配置不少于两组的容性无功补偿装置。

(3) 110kV变电站无功补偿装置的单组容量不宜大于6Mvar，35kV变电站无功补偿装置的单组容量不宜大于3Mvar，单组容量的选择还应考虑变电站负荷较小时无功补偿的需要。

(4) 新建110kV变电站时，应根据电缆进出线情况配置适当容量的感性无功补偿装置。

12.5.6 10kV及其他电压等级配电网的无功补偿

(1) 配电网的无功补偿以配电变压器低压侧集中补偿为主，以高压补偿为辅。配电变压器的无功补偿装置可按变压器最大负载率为75%，负荷自然功率因素为0.85考虑，补偿到变压器最大负荷时其高压侧功率因素不低于0.95，或按照变压器容量的20%～40%进行配置。

（2）配电变压器的电容器组应装设以电压为约束条件，根据无功功率（或无功电流）进行分组自动投切的控制装置。

12.5.7 电缆线路电抗器的无功补偿

随着城市电网建设的需要，35～220kV电缆线路敷设量逐渐增加。电缆线路与架空线路相比，其单位长度的电抗小，一般为架空线路的30%～40%；正序电容大，一般为架空线路的20～50倍；由于散热条件不同，同样截面的导体，电缆长期允许通过的电流值，一般只有架空线路的50%。因此，电缆线路相对架空线路而言其运行特点是损耗小、充电功率大、负荷轻。

电缆线路是输送有功负荷的设备，是不能根据无功负荷变化而频繁投切的无功电源。由于35kV和63kV电缆线路的充电功率小且距负荷的电气距离近，一般情况下，即作为无功电源参与无功平衡，不进行电抗补偿。对110kV和220kV电缆线路的充电功率则需根据电缆线路长度和电网的具体情况而定。电缆充电功率利用越多，无功电源的调节容量越小。为更好地减少电缆线路产生的无功功率对电网运行的影响，应考虑装设一定容量的电抗器，以补偿在小负荷运行方式时电缆线路多余的充电功率。

用并联电抗器补偿电缆线路充电功率，其容量和配置方式尚无明确规定。上海地区电网的做法是：在有电缆进出线的220kV变电站低压侧安装补偿电抗器，其容量为主变压器容量的17%，即180MV·A主变压器补偿一组30Mvar低压电抗器，120MV·A主变压器补偿一组20Mvar电抗器。

12.5.8 风电场及光伏发电站的无功补偿

（1）风电场、光伏发电站的无功容量应按照分层分区基本平衡的原则进行配置，并满足检修要求。

（2）对于直接接入公共电网的风电场、光伏发电站，其配置的容性无功容量能够补偿风电场、光伏发电站满发时场内汇集线路、主变压器的感性无功及风电场、光伏发电站送出线路的一半感性无功之和，其配置的感性无功容量能够补偿风电场、光伏发电站自身的容性无功功率及风电场、光伏发电站送出线路的一半充电无功功率。

（3）对于通过220(330)kV风电场汇集系统升压至500（750）kV电压等级接入公共电网的、风电场群中的风电场和光伏发电站群中的光伏发电站，其配置的容性无功容量能够补偿风电场、光伏发电站满发时场内汇集线路、主变压器的感性无功及风电场光伏发电站送出线路的全部感性无功之和，其配置的感性无功容量能够补偿风电场、光伏发电站自身的容性无功功率及风电场、光伏发电站送出线路的全部充电无功功率。

（4）经长距离交流海缆接入的海上风电场，宜在送出海缆首末两段配置高抗进行补偿，必要时在海缆中间配置无功中继站。输电电缆配置高压并联电抗器的补偿度应同时满足电缆载流量、过电压限制、无功平衡的要求，配置的地点可选择海上升压站侧和陆上开关站/集控中心侧，考虑载流量、电压波动率等约束条件。必要时可单独配置高抗补偿站。

（5）采用柔性直流接入的海上风电场，应优先利用并网点换流站无功电压控制能力，必要时可适当配置无功补偿装置。

12.5.9 分布式电源接入配电网的无功补偿

（1）通过380V电压等级并网的分布式电源功率因数应在0.95（超前）～0.95（滞后）范围内可调。

（2）通过10(6)～35kV电压等级并网的分布式电源无功调节按以下规定：

1）同步发电机类型分布式电源功率因数应在0.95（超前）～0.95（滞后）范围内连续可调，并能参与并网点的电压调节。

2）异步发电机类型分布式电源功率因数应能在0.98（超前）～0.98（滞后）范围内连续可调。

3）变流器类型分布式电源功率因数应能在0.98（超前）～0.98（滞后）范围内连续可调。在其无功输出范围内，应具备根据并网点电压水平调节无功输出，参与电网电压调节的能力。

12.6 配电网无功补偿容量的确定

12.6.1 确定补偿容量的几种方法

1. 从提高功率因素需要确定补偿容量

如果电网最大负荷月的平均有功功率为 P_{av}，补偿前的功率因数为 $\cos\varphi_1$，补偿后的功率因数为 $\cos\varphi_2$，则补偿容量可用式（12-50）和式（12-51）计算。

$$Q_C = P_{av}(\tan\varphi_1 - \tan\varphi_2) = Q_{av}\left(1 - \frac{\tan\varphi_2}{\tan\varphi_1}\right) \tag{12-50}$$

或写成

$$Q_C = P_{av}\left(\sqrt{\frac{1}{\cos^2\varphi_1} - 1} - \sqrt{\frac{1}{\cos^2\varphi_2} - 1}\right) \tag{12-51}$$

式中：Q_C 为所需补偿容量，kvar；Q_{av} 为最大负荷日平均无功功率，kvar；P_{av} 为最大负荷日平均有功功率，kW。

有时需要将 $\cos\varphi_1$ 提高到大于 $\cos\varphi_2$，小于 $\cos\varphi_3$，则补偿容量应满足

$$P_{av}\left(\sqrt{\frac{1}{\cos^2\varphi_1} - 1} - \sqrt{\frac{1}{\cos^2\varphi_2} - 1}\right) \leqslant Q_C \leqslant P_{av}\left(\sqrt{\frac{1}{\cos^2\varphi_1} - 1} - \sqrt{\frac{1}{\cos^2\varphi_3} - 1}\right) \tag{12-52}$$

其中，$\cos\varphi_1$ 应采用最大负荷日平均功率因数，$\cos\varphi_2$ 的确定必须适当。

2. 从降低线损需要来确定补偿容量

如设补偿前流经电力网的电流为 $\dot{I}_1$，其有功分量和无功分量分别为 $\dot{I}_{1a}$ 和 $\dot{I}_{1r}$，则

$$\dot{I}_1 = \dot{I}_{1a} - j\dot{I}_{1r}$$

若补偿后，流经网络的电流为 $\dot{I}_2$，其有功分量和无功分量分别为 $\dot{I}_{2a}$ 和 $\dot{I}_{2r}$，则

$$\dot{I}_2=\dot{I}_{2a}-j\dot{I}_{2r}$$

但是，加装电容器后，将不会改变补偿前的有功分量，故有

$$\dot{I}_{1a}=\dot{I}_{2a}$$

向量图如图 12-5 所示。

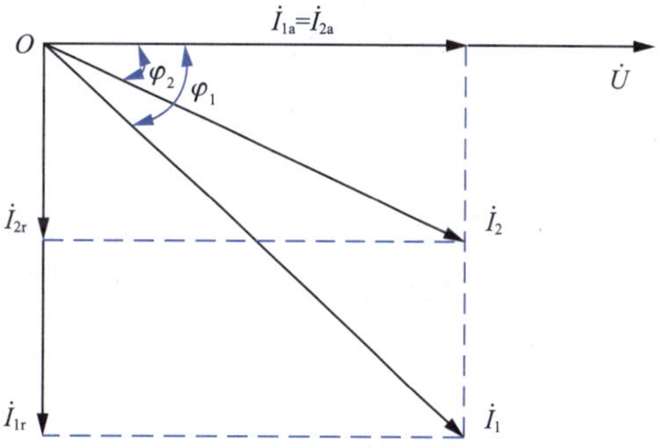

图 12-5 加装电容器前后的向量图

补偿前的线损 ΔP_1 为

$$\Delta P_1=3I_1^2R=3\left(\frac{I_{1a}}{\cos\varphi_1}\right)^2R$$

补偿后的线损 ΔP_2 为

$$\Delta P_2=3I_2^2R=3\left(\frac{I_{2a}}{\cos\varphi_2}\right)^2R$$

补偿后线损降低的百分值 $\Delta P_s\%$为

$$\begin{aligned}\Delta P_s\%&=\frac{\Delta P_1-\Delta P_2}{\Delta P_1}\times100\%\\&=\frac{3\left(\frac{I_{1a}}{\cos\varphi_1}\right)^2R-3\left(\frac{I_{2a}}{\cos\varphi_2}\right)^2R}{3\left(\frac{I_{1a}}{\cos\varphi_1}\right)^2R}\times100\%\\&=\left[1-\left(\frac{\cos\varphi_1}{\cos\varphi_2}\right)^2\right]\times100\%\end{aligned} \tag{12-53}$$

式中：ΔP_1 为补偿前的线损；ΔP_2 为补偿后的线损；$\Delta P_s\%$为补偿后线损降低的百分数。

补偿容量 Q_C 为

$$\begin{aligned}Q_C&=\sqrt{3}U\Delta I_x=\sqrt{3}U(I_1\sin\varphi_1-I_2\sin\varphi_2)\\&=\sqrt{3}U\left(\frac{I_{1a}}{\cos\varphi_1}\sin\varphi_1-\frac{I_{2a}}{\cos\varphi_2}\sin\varphi_2\right)\\&=\sqrt{3}UI_{1a}(\tan\varphi_1-\tan\varphi_2)=P(\tan\varphi_1-\tan\varphi_2)\end{aligned}$$

式中：ΔI_x 为补偿前后容性电流差值；U 为线路电压；P 为有功功率。

因此，补偿容量与式（12-50）是一致的。

3. 从提高运行电压需要来确定补偿容量

在配电线路的末端，特别是重负荷、细导线的线路，运行电压较低，加装补偿电容以后，可以提高运行电压，但补偿电容过大时产生过电压。此外，在网络电压正常的线路中，装设补偿电容时，网络电压的压升不能越限。为了满足以上约束条件，必须求出无功容量 Q 和网络电压增量之间的关系。

当装设补偿电容以前，网络电压可用下述表达式计算，即

$$U_1=U_2+\frac{PR+QX}{U_2}$$

装设补偿电容后，电源电压 U_1 不变，变电站母线电压 U_2 升到 U_2'，且

$$U_1=U_2'+\frac{PR+(Q-Q_C)X}{U_2'}$$

所以

$$\Delta U = U_2' - U_2 = \frac{Q_C X}{U_2'},\ Q_C = \frac{U_2' \Delta U}{X} \tag{12-54}$$

式中：U_2'为投入电容母线电压值，kV；X 为阻抗容性分量；U_1 为电源电压；U_2 为变电站母线电压；ΔU 为投入电容后电压增量，kV。

三相所需总容量为

$$\sum Q_C = 3Q_C = 3\frac{U'_{2L}}{\sqrt{3}} \times \frac{\Delta U_L}{\sqrt{3}} \times \frac{1}{X} = \frac{\Delta U_L U'_{2L}}{X} \tag{12-55}$$

式中：U'_{2L}为线电压；ΔU_L 为投入电容后线电压增量。

可见，除所包含的电压和电压的增量是线电压和相电压的区别外，三相补偿容量的表达式［式（12-55）］与单相补偿容量的表达式［式（12-54）］是一样的。

4. 用补偿当量确定补偿容量

当采用补偿当量确定补偿容量时，可将线路分为 n 段，算出每段的有功损耗值 ΔP_i，即

$$\Delta P_i = \frac{Q_{ri}(2Q_i - Q_{ri})R_i \times 10^{-3}}{U_N^2}$$

式中：Q_i 为第 i 段线路的补偿容量；Q_{ri} 为第 i 段线路的无功损耗；R_i 为第 i 段线路的电阻。

则 n 个线路有功损耗的减少的总值为

$$\sum \Delta P_i = \sum_{i=1}^{n} \frac{Q_{ri}(2Q_i - Q_{ri})R_i \times 10^{-3}}{U_N^2}$$

因此，补偿容量为

$$Q_C = \frac{\sum \Delta P_i}{C_b} \tag{12-56}$$

式中：C_b 为无功经济当量，即线路投入单位补偿量时有功损耗的减少量。

12.6.2 低压电网的无功补偿

低压无功补偿的目标是实际无功的就地平衡，通常采用的方式有随机补偿、随器补偿和跟踪补偿三种。

1. 随机补偿

随机补偿就是将低压电容器组与电动机并接，通过控制、保护装置与电动机同时投切。农用电动机，特别是排灌电动机，应优先选用此种补偿方式。

随机补偿的优点是：用电设备运行时无功补偿投入，用电设备停运时补偿设备退出；不需频繁调整补偿容量，具有投资少、占位小、安装容易、配置方便灵活、维护简单、事故率低等优点。

为防止电动机退出运行时产生自励过电压，补偿容量一般不应大于电动机的空载无功负荷，通常推荐

$$Q_C = (0.95 \sim 0.98)\sqrt{3}U_N I_0 \tag{12-57}$$

式中：U_N 为额定电压；I_0 为电动机空载电流；Q_C 为补偿电容器容量。

2. 随器补偿

随器补偿是指将低压电容器通过低压熔断器接在配电变压器二次侧，以补偿配电变压器空载无功的补偿方式。

配电变压器在轻载或空载时的无功负荷主要是变压器的空载励磁无功功率，即

$$Q_0 = I_0\% S_N \times 10^{-2} \tag{12-58}$$

式中：Q_0 为变压器空载励磁无功功率，kvar；$I_0\%$为空载电流百分数；S_N 为变压器额定容量，kV·A。

对于轻负载配电变压器而言，这部分损耗占供电量的比例较大，导致电费单价增高。由于随器补偿在低压侧，故而接线简单，维护管理方便，且可以有效地补偿配电变压器空载无功，使该部分无功就地平衡，从而提高配电变压器利用率，降低无功网损，是目前补偿配电变压器无功的有效手段之一。

由于随器补偿属于固定补偿，能有效地限制电网无功基荷，补偿效果好，具有较高的经济性，因此应提倡在各个容量等级的配电变压器上进行随器补偿。

随器补偿只能补偿配电变压器的空载无功功率 Q_0，如果补偿容量 $Q_C > Q_0$，则在配电变压器接近空载时造成过补偿，而且理论分析和试验以及运行经验表明，在此条件下，当出现配电变压器非全相运行时，易产生铁磁谐振，因此推荐选用 $Q_C = (0.95 \sim 0.98) Q_0$。

3. 跟踪补偿

跟踪补偿指以无功补偿投切装置作为控制、保护装置，将低压电容器组补偿在大用户0.4kV母线上的补偿方式。补偿电容器的固定连接组可起到相当于随器补偿的作用，补偿用户自身的无功基荷；投切连接组用于补偿无功峰荷部分。投切方式分为自动和手动两种。一般地，用户负荷有一定的波动性，故推荐选用自动投切方式，采用无功补偿自动投切装置。此种装置可较好地跟踪无功负荷变化，运行方式灵活，运行维护工作量小。

考虑到电动机投运的不同时率和单台电动机补偿容量限制等因素，对于较大的乡镇企业用户，采用跟踪补偿比随机、随器补偿能获得更好的补偿效果，而且不需要提高补偿度，并可适当调整各组电容器的运行时间，使其寿命相对延长，从而降低电器的购置更新费用。跟踪补偿所需的自动投切装置较随器、随机补偿的控制、保护装置复杂，功能更完善，初投资也大一些。

选择自动投切装置应特别注意其性能和质量，必须满足以下五个条件：

(1) 能根据无功负荷的变化自动投切电容器组，使功率因素保持在0.95以上且不过补偿；

(2) 能实现电容器组自动循环投切，使电容器、接触器使用概率接近，延长使用寿命；

(3) 元器件性能稳定可靠，受环境影响小，便于维护；

(4) 具有过电压保护功能；

(5) 在轻负荷时，不会引起电容器组投切振荡现象。

投切振荡现象是指在分组自动投切电容器时，未投入某一组电容器的功率因数低于给定的下限，而投入后又高于其上限，于是在自控器的作用下反复进行投切。

上述三种补偿方式均可对特定种类无功负荷实现就地平衡的无功补偿，降损节能效果好。

随机补偿适用于补偿电动机的无功损耗，以补偿励磁无功为主，排灌用电动机可适当加大补偿容量。此种方式较好地限制农网无功峰荷。年运行小时数在 1000h 以上的电动机，采用随机补偿较其他补偿方式更经济，补偿设备投资可在 1～2 年内收回。

随器补偿应用于补偿配电变压器空载无功，属于固定补偿方式，补偿容量不宜超过配电变压器空载无功。此种补偿方式可削减农网无功基荷。对于容量在 50kV·A 及以上 JB 500-1964 系列、JB 1300-1973 系列专用变压器、综合变压器，均应提倡采用随器补偿。JB 6451.1-1986 系列 125kV·A 以上容量的配电变压器，也应采用随器补偿。

跟踪补偿适用于 100kV·A 以上专用配电变压器用户，可以替代随机、随器两种补偿方式。补偿效果好，且电容器组可得到较前两种方式更可靠的保护。在跟踪补偿与随机、随器补偿的经济性接近时，应优先选用跟踪补偿方式。

习　题

1. 无功补偿的作用和意义？
2. 电力网络无功补偿规划的目的要求和常用的目标函数是什么？
3. 无功补偿的基本原则是什么？
4. 在我国电网中有哪些无功补偿和控制设备？
5. 在我国电网中有哪些电压调整设备，他们是如何进行电压调整的？
6. 叙述各个电压等级变电站功率因素的变化范围。

参 考 文 献

[1]《中华人民共和国电力工业史》编委会. 中华人民共和国电力工业史. 北京：中国电力出版社，2004.
[2] 黄晞. 中国近现代电力技术发展史. 山东：山东教育出版社，2006.
[3] 中国电力企业联合会. 中国电力工业史：综合卷. 北京：中国电力出版社，2021.
[4] 陈允鹏，黄晓莉，杜忠明. 能源转型与智能电网. 北京：中国电力出版社，2017.
[5]《新型电力系统发展蓝皮书》编写组. 新型电力系统发展蓝皮书. 北京：中国电力出版社，2023.
[6] 中国科学院"构建符合我国国情的智能电网"咨询项目工作者. 中国智能电网的技术与发展. 北京：科学出版社，2013.
[7] 王锡凡. 电力系统优化规划. 北京：水利电力出版社，1990.
[8] 王锡凡. 电力系统规划基础. 北京：水利电力出版社，1994.
[9] 王锡凡. 现代电力系统分析. 北京：科学出版社，2003.
[10] 康重庆. 电力系统负荷预测. 北京：中国电力出版社，2017.
[11] 牛东晓，曹树华. 电力负荷预测技术及其应用. 北京：中国电力出版社，2006.
[12] 程浩忠，张焰，严正，等. 电力系统规划. 北京：中国电力出版社，2008.
[13] 程浩忠，张焰，严正，等. 电力系统规划. 2 版. 北京：中国电力出版社，2014.
[14] 程浩忠，王智冬，张宁，等. 高比例可再生能源并网的输电网规划理论与方法. 北京：科学出版社，2021.
[15] 顾洁. 电力系统中长期负荷预测理论与方法研究. 上海：上海交通大学，2002.
[16] 尚芳屹. 组合预测在区域级饱和负荷预测中的应用. 上海：上海交通大学，2013.
[17] 刘杰锋，程浩忠，韩新阳，等. 多维度饱和负荷预测方法及其应用. 电力系统及其自动化学报，2015，27（2）：44 - 50.
[18] 肖远兵，程浩忠，张晶晶. 城市饱和负荷预测方法及判据研究. 电力与能源. 2015，36（4）：459 - 463.
[19] 吴丹，程浩忠，奚珣，等. 基于模糊层次分析法的电力负荷组合预测. 华东电力. 2006（4）：10 - 13.
[20] 徐光虎，申刚，顾洁，等. 基于自适应进化规划的电力系统负荷预测综合模型. 电力自动化设备，2002（6）：29 - 32.
[21] Kandil M S，El - Debeiky S M，Hasanien N E. Long - term load forecasting for fast developing utility using a knowledge - based expert system. IEEE Trans on Power Systems，2002，17（2）：491 - 496.
[22] Al - Hamadi H M，Soliman S A. Long - term/mid - term electric load forecasting based on short - term correlation and annual growth. Electric Power Systems Research，2005，74（3）：353 - 361.
[23] L E. 布西. 工业投资项目的经济分析. 陈启申，译. 北京：机械工业出版社，1985.
[24] 国家发展改革委，建设部发布. 建设项目经济评价方法与参数. 北京：中国计划出版社，2006.
[25] 孙洪波. 电力网络规划. 重庆：重庆大学出版社，1996.
[26] 陈章潮，程浩忠. 城市电网规划与改造. 2 版. 北京：中国电力出版社，2007.
[27] 程浩忠，陈章潮. 城市电网规划与改造. 3 版. 北京：中国电力出版社，2015.
[28] R. L. 沙利文. 电力系统规划. 孙绍兴，译. 北京：水利电力出版社，1984.
[29] E. Lakervi，E. J. Holmes . 配电网络规划与设计. 范明天，张祖平，岳宗斌，译. 北京：中国电力出版社，1999.
[30] 刘振亚，特高压电网. 北京：中国经济出版社，2005.

[31] 程浩忠，张焰. 电力网络规划的方法与应用. 上海：上海科学技术出版社，2002.
[32] 侯煦光. 电力系统最优规划. 武汉：华中理工大学出版社，1991.
[33] 朱海峰. 不确定性信息的电网灵活规划方法. 上海：上海交通大学，2000，7.
[34] Wang Xifan. Equivalent energy function approach to power system probabilistic modeling. IEEE Trans on Power Systems，1988，3（3）：823-829.
[35] 张宁，康重庆，肖晋宇，等. 风电容量可信度研究综述与展望. 中国电机工程学报，2015，35（1）：82-94.
[36] 王榆楗，吴琼，柳璐，等. 新能源运行容量可信度的精细化评估方法. 可再生能源，2023，41（1）：90-98.
[37] 李湃，王伟胜，黄越辉，等. 大规模新能源基地经特高压直流送出系统中长期运行方式优化方法. 电网技术，2023，47（1）：31-44.
[38] 袁杨，张衡，程浩忠，等. 发输电系统鲁棒优化规划研究综述与展望. 电力自动化设备，2022，42（1）：10-19.
[39] Zeng Bo，Zhao Long. Solving two-stage robust optimization problems using a column-and-constraint generation method. Operations Research Letters，2013，41（5）：457-461.
[40] D. D. William，R. B. Thomas. Planning for new electric generation technologies a stochastic dynamic programming approach. IEEE Trans on Power Apparatus and Systems，1984，PAS-103（6）.
[41] H. T. Yang，S. L. Chen. Incorporating a multi-criteria decision procedure into the combined dynamic programming/production simulation Algorithm for generation expansion planning. IEEE Trans on Power Systems，1989，4（1）：165-175.
[42] 王锡凡. 电源规划模型. 西安交通大学学报，1986，20（2）：1-12.
[43] 王锡凡，王秀丽，别朝红. 电力市场条件下电力系统可靠性问题. 电力系统自动化. 2000，24（8）：19-22.
[44] Zhang Heng，Cheng Haozhong，Liu Lu，et al. Coordination of generation，transmission and reactive power sources expansion planning with high penetration of wind power. International Journal of Electrical Power & Energy Systems，2019，108：191-203.
[45] Dimitris Bertsimas，Melvyn Sim. The price of robustness. Operations Research，2004，52（1）：35-53.
[46] Wang Cheng，Gao Rui，Wei Wei，Miadreza Shafie-khah，Bi Tianshu. Risk-based distributionally robust optimal gas-power flow with Wasserstein distance. IEEE Transactions on Power Systems，2019，34（3）：2190-2204.
[47] 张衡，程浩忠，曾平良，等. 基于随机优化理论的输电网规划研究综述. 电网技术，2017，41（10）：3121-3129.
[48] Zhang Yiling，Shen Siqian，Johanna L. Mathieu. Distributionally robust chance-constrained optimal power flow with uncertain renewables and uncertain reserves provided by loads. IEEE Transactions on Power Systems，2017，32（2）：1378-1388.
[49] Bland R G. New finite pivoting rules for the simplex method. Mathematics of Operations Research，1997：103-107.
[50] 张焰. 电网规划中的模糊可靠性评估方法. 中国电机工程学报，2000，20（11）：77-80.
[51] 谢敏，陈金富，段献忠，等. 基于模糊阻塞管理的启发式电网规划方法. 中国电机工程学报，2005，25（22）：61-67.
[52] 高赐威，程浩忠，王旭. 盲信息的模糊评价模型在电网规划中的应用. 中国电机工程学报，2004，24（9）：24-29.

[53] Da Silva Edson Luiz, Gil Hugo Alejandro, Areiza Jorge Mauricio. Transmission network expansion planning under an improved genetic algorithm. IEEE Trans on Power Systems. 2000, 15 (3): 1168 - 1175.
[54] 朱海峰，程浩忠，张焰，等. 电网灵活规划的研究进展. 电力系统自动化，1999，23 (17): 38 - 41.
[55] Rana Mukerji, William J. Burke, Hyde M. Merrill, et al. Creating data bases for power systems planning using high order linear interpolation. IEEE Transactions on Power Systems, 1988, 3 (4): 1699 - 1705.
[56] Merrill, H. M. , A. J. Wood. Risk and uncertainty in power system planning. Electric Power & Energy Systems, 1991, 13 (2): 81 - 90.
[57] 刘开第，吴和琴，庞彦军，等. 不确定性信息数学处理及应用. 北京：科学出版社，1999.
[58] 吴际舜. 电力系统静态安全分析. 上海：上海交通大学出版社，1985.
[59] Enrique O. Crousillat, Peter Dorifner, Pablo Alvarado, et al. Conflicting objectives and risk in power system planning. IEEE Transactions on Power Systems, 1993, 8 (3): 887 - 893.
[60] R. Tanabe, K. Yasuda, R. Yokoyama, et al. Flexible generation mix under multi objectives and uncertainties. IEEE Transactions on Power Systems, 1993, 8 (2): 581 - 587.
[61] 朱海峰，程浩忠，张焰，等. 考虑线路被选概率的电网灵活规划方法. 电力系统自动化，24 (17)，2000：20 - 24.
[62] 杨志荣，劳德容. 综合资源规划方法与需求方管理技术. 北京：中国电力出版社，1996.
[63] 阙讯，程浩忠. 考虑柔性约束的电网规划方法. 电力系统自动化，2000，24 (24)：17 - 20.
[64] Wong K P, Wong Y W. Genetic and genetic/simulated - annealing approaches to economic dispatch. IEE Proceedings: Part C, 1994, 141 (5): 507 - 513.
[65] Wong K P, Wong Y W. Thermal generator scheduling using hybrid genetic/simulated - annealing approach. IEE Proceedings: Part C, 1995, 142 (4): 372 - 380.
[66] 张洪明，樊亚亮，廖培鸿. 输电系统规划的灵活决策方法. 中国电机工程学报，1998，18 (1)：48 - 56.
[67] H Lee Willis, R W Rowell, H N Tram. Long - range distribution planning with load forecast uncertainty. IEEE Transactions on Power system, 1987 PWRS - 2 (3): 684 - 691.
[68] N Kagan, R N Adams. Electrical power distribution systems planning using fuzzy mathematical programming. Electrical Power Energy Systems, 1994. 16 (3): 191 - 196.
[69] 程浩忠，朱海峰，马则良，等. 基于等微增率准则的电网灵活规划方法. 上海交通大学学报，2003，37 (9)：1351 - 1353.
[70] 程浩忠，阙讯，马则良，等. 考虑出力调整和柔性约束的电网综合规划方法. 上海交通大学学报，2005，39 (3)：417 - 420.
[71] Kim K J, Park Y M, Lee K Y. Optimal long term transmission expansion planning based on maximum principle. IEEE Transactions on Power Systems, 1988, 3 (4): 1494 - 1501.
[72] Levi V A, Calovic M S. Linear programming based decomposition method for optimal planning of transmission network investment. IEE Proceedings: Part C, 1993, 140 (6): 516 - 522.
[73] 徐向军. 多目标多阶段电网模糊规划. 上海：上海交通大学，1995.
[74] 张洪明，仲建中，廖培鸿. 非确定性电网规划 - 多级决策法. 电力系统自动化学报，1994，6 (2)：29 - 38.
[75] Miranda Vladimiro, Ranito J V, Proenca L M. Genetic algorithms in optimal multistage distribution network planning. IEEE Transactions on Power Systems, 1994, 9 (4): 1927 - 1933.
[76] Kirkpatrick S. Optimization by simulated annealing. Science, 1983, 220 (5): 671 - 679.

[77] Romero R，Gallego R A，Monticelli A. Transmission system expansion planning by simulated annealing. IEEE Transactions on Power Systems，1996，11（1）：364－369.

[78] Gallego R A，Alves A B，Monticelli A，et. al. Parallel simulated annealing applied ato long term transmission network expansion planning. IEEE Transactions on Power Systems，1997，12（1）：181－188.

[79] Mario V F Pereira，Leontina M V G Pinto. Application of sensitivity analysis of load supplying capability to interactive transmission expansion planning. IEEE Transactions on Power Apparatus and Systems，1985，104（2）：381－389.

[80] Arun P Sanghvi，Neal J Balu，Mark G Lauby. Power system reliability planning practices in North America. IEEE Transactions on Power Systems，1991，6（4）：1485－1491.

[81] Agarwal S K，Torre W V. Development of reliability targets for planning transmission facilities using probabilistic techniques — a utility approach. IEEE Transactions on Power Systems，1997，12（2）：704－709.

[82] Gerd Kjolle，Lars Rolfseng，Eyolf Dahl. The economic aspect of reliability in distribution system planning. IEEE Transactions on Power Delivery，1990，5（2）：1153－1157.

[83] 谢敬东，王磊，唐国庆. 遗传算法在多目标电网优化规划中的应用. 电力系统自动化，1998，22（10）：20－22.

[84] Kariuki K K，Allan R N. Applications of customer outage costs in system planning，design and operation. IEE Proceedings：Part C，1996，143（4）：305－312.

[85] 曹世光，柳焯，于尔铿. 缺电成本与可靠性规划的研究. 电网技术，1997，21（9）：52－54.

[86] Billinton R，Oteng－Adjei J. Utilization of interrupted energy assessment rates in generation and transmission system planning. IEEE Transactions on Power Systems，1991，6（3）：1245－1253.

[87] Miranda Vladimiro，Srinivasan Dipti，Proenca L M. Evolutionary computation in power systems. Electrical Power & Energy System，1998，20（2）：89－98.

[88] Lee T Y，Hick K L. Transmission Expansion by Branch—Bound Integer Programming With Optimal Cost—Capacity Curves. IEEE Trans PAS，1974，93（5）：1390－1400.

[89] 周勤慧，吴耀武. 输电网络规划协调优化模型及其应用. 水电能源科学，1996，14（2）：108－112.

[90] Meliopoulos A P，Webb R. Optimal long range transmission planning with AC Load Flow. IEEE Trans PAS，1982，101（10）：4156－4163.

[91] 王秀丽，王锡凡. 遗传算法在输电系统规划中的应用. 全国高等学校电力系统及其自动化专业第十届学术年会论文集，上海：上海交通大学，1994.

[92] 张俊芳，王秀丽. 遗传算法在电网规划应用中的改进. 电网技术，1997，21（4）：25－32.

[93] 程浩忠，高赐威，马则良，等. 多目标电网规划的分层最优化方法. 中国电机工程学报，2003，23（10）：11－16.

[94] 程浩忠，高赐威，马则良，等. 多目标电网规划的一般最优化模型. 上海交通大学学报，2004 38（8）：1229－1232，1237.

[95] 钱颂迪. 运筹学. 3 版. 北京：清华大学出版社，2005.

[96] 李文沅（加）. 电力系统风险评估（模型方法和应用）. 周家启，译. 北京：科学出版社，2006.

[97] Cheng Haozhong，Chen Zhangchao，H. Sasaki，N. Yorino，Din Gaoshan，Ren Nianrong. Optimal placement planning of compensating capacitors and reactors in urban power transmission networks. Proceeding of International Conf. on Power System Technology，1994：851－855.

[98] 程浩忠，廖培鸿. 地区电网补偿电容最优配置规划. 电力系统自动化，1987. 6：3－11.

[99] 程浩忠，廖培鸿. Optimal control of reactive power and voltage for distribution systems IFAC

symposium on power systems and power plants, IFAC PREPINTS POWE RSYSTEM AND POWER PLANT CONTROL. 1986. 474 - 477.

[100] 程浩忠，陈章潮. 城市送电网中电力电容器配置的优化规划. 电力电容器，1995. 62 (4)：6 - 8.

[101] 程浩忠，祝达康，万善良，等. 城市电网发展规划方案的无功优化配置与分析. 电网技术，1997 (10)：41 - 43.

[102] 程浩忠，吴浩. 电力系统无功与电压稳定性. 北京：中国电力出版社，2004.

[103] 程浩忠，周荔丹，王丰华. 电能质量. 2 版. 北京：清华大学出版社，2017.

[104] 范舜，韩水. 配电网无功优化及无功补偿装置. 北京：中国电力出版社，2003.

[105] Pingtao Yan, Mengchu Zhou. A life cycle engineering approach to development of flexible manufacturing systems. IEEE Transactions on Robotics and Automation, 2003, 19 (3): 465 - 473.

[106] Liew S N, Strbac G. Maximizing penetration of wind generation in existing distribution networks. IEEE Proceedings of Transmission and Distribution, 2002, 149 (3): 256 - 262.

[107] H. Yu, C. Y. Chung, K. P. Wong, et al. A Chance Constrained Transmission Network Expansion Planning Method With Consideration of Load and Wind Farm Uncertainties. IEEE Transactions on Power systems, 2009, 24 (3): 1568 - 1576.

[108] LuBo, Shahideh Pour M. Unit commitment with flexible generating units. IEEE Transactions on Power systems, 2005, 20 (2): 1022 - 1034.

[109] Grey A, Sekar A. Unified solution of security - constrained unit commitment Problem using a linear Programming methodology. IET Generation Transmission & Distribution, 2008, 2 (6): 856 - 867.

[110] Vladimiro Miranda, Pun Sio Hang. Economic Dispatch Model With Fuzzy Wind Constraints and Attitudes of Dispatchers. IEEE Transactions On Power Systems. 2005, 20 (4): 2143 - 2145.

[111] Senjyu T, Shimabukuro K, Uezato K, et al. A fast technique for unit commitment Problem by extended Priority list. IEEE Transactions on Power systems, 2003, 18 (2): 882 - 888.

[112] Jaeseok Choi, Tran T, El - Keib A A, et al. A method for transmission system expansion planning considering probabilistic reliability criteria. IEEE Transaction on Power Systems, 2005, 20 (3): 1606 - 1615.

[113] Zhang P, Lee S T, Probabilistic Load Flow Computation Using The Method of Combined Cumulants and Gram - Charlier Expansion, IEEE Transaction on Power Systems, 2004, 19 (1), 676 - 682.

[114] 欧阳武. 含分布式发电的配电网规划研究. 上海：上海交通大学，2009.

[115] Pipattanasomporn Manisa, Willingham Michael, Rahman Saifur. Implication of on - site distributed generation for commercial/industrial facilities. IEEE Transactions on power systems, 2005, 20 (1): 206 - 212.

[116] 缪源诚，程浩忠，龚小雪，等. 含微网的配电网接线模式探讨. 中国电机工程学报，2011，32 (1)：17 - 23.

[117] Jun Xiao, Fangxing Li, Wenzhuo Gu, et al, Total supply capability and its extended indices for distribution systems: definition, model calculation and applications. IET Generation, Transmission & Distribution, Volume 5, Issue 8: 869 - 876.

[118] 王梓旭，林伟，杨知方，等. 考虑负荷弹性空间的配电网可靠性扩展规划方法. 中国电机工程学报，2022，42 (18)：6655 - 6667.

[119] 赵波，王财胜，周金辉，等. 主动配电网现状与未来发展. 电力系统自动化，2014，38 (18)：125 - 135.

[120] 邢海军，程浩忠，张沈习，等. 主动配电网规划研究综述. 电网技术，2015，39 (10)：2705 - 2711.

[121] 张沈习，王浩宇，李然，等. 考虑智能软开关接入的主动配电网扩展规划方法. 中国电机工程学报，2023，43（1）：48 - 60.

[122] 张世旭，李姚旺，刘伟生，等. 面向微电网群的云储能经济 - 低碳 - 可靠多目标优化配置方法. 电力系统自动化，2024，48（1）：21 - 30.

[123] 郭力，杨书强，刘一欣，等. 风光储微电网容量规划中的典型日选取方法. 中国电机工程学报，2020，40（8）：2468 - 2478.

[124] 余贻鑫，栾文鹏. 智能电网. 电网与清洁能源，2009，25（1）：7 - 11.

[125] 程浩忠，姜祥生. 20kV 配电网规划与改造. 北京：中国电力出版社，2010.

[126] 刘振亚. 中国电力与能源 . 北京：中国电力出版社，2012.

[127] 李蕊，李跃，苏剑，等. 配电网重要电力用户停电损失及应急策略. 电网技术，2011，35（10）：170 - 176.

[128] Asiedu Y. Product life cycle cost analysis：state of the art review. International Journal of Production Research，1998，36（4）：883 - 908.

[129] Ingo Jeromin，Gerd Balzer，Jurgen Backes，et al. Life cycle cost analysis of transmission and distribution systems. 2009 IEEE Bucharest Power Tech Conference，June 28 - July 2，2009，Burcharest，Romania：1 - 6.

[130] 张宁，康重庆，陈治坪，等. 基于序列运算的风电可信容量计算. 中国电机工程学报，2011，31（25）：1 - 9.

[131] Bowden G J，Barker P R，Shestopal V O，et al. The Weibull distribution function and wind power statistics. Wind Engineering，1983，7（2）：85 - 98.

[132] Balouktsis A，Chassapis D，Karapantsios T D. A nomogram method for estimating the energy produced by wind turbine generators. Solar Energy，2002，72（3）：251 - 259.

[133] Damousis I G，Alexiadis M C，Theocharis J B，et al. A fuzzy model for wind speed prediction and power generation in wind parks using spatial correlation. IEEE Transactions on Energy Conversion，2004，19（2）：352 - 361.